普通高等院校 精品课程规划教材
优质精品资源共享教材
江苏高校品牌专业建设工程资助项目（TAPP）

暖通空调技术

主　编　王晓璐　郑慧凡
副主编　杨　磊　李玉娜　吴　恩

U0212404

中国建材工业出版社

图书在版编目（CIP）数据

暖通空调技术/王晓璐，郑慧凡主编．--北京：
中国建材工业出版社，2016.9（2023.8重印）
普通高等院校精品课程规划教材　普通高等院校优质
精品资源共享教材
ISBN 978-7-5160-1632-9

Ⅰ.①暖⋯　Ⅱ.①王⋯　②郑⋯　Ⅲ.①采暖设备—高
等学校—教材②通风设备—高等学校—教材③空气调节设
备—高等学校—教材　Ⅳ.①TU83
中国版本图书馆CIP数据核字（2016）第205814号

内 容 简 介

本书共11章，对暖通空调工程领域的理论和实用技术进行全面详细的阐述，介绍采暖、通风和空调各系统的结构组成及工作原理，具体说明了各系统的分类及性能特点。本书对基本概念和基础理论叙述严谨，计算方法讲解透彻，例题丰富，信息量大，理论与实践结合紧密，并介绍了变风量空调系统、温湿度单独控制和毛细管网辐射空调等新型空调技术。在第11章中介绍了典型公共建筑的空调工程设计实例。

本书适合作为建筑电气与智能化、建筑环境与设备专业的暖通空调课程教材，还可供从事相关专业工程设计、施工或监理的工程技术人员参考。

本书有配套课件，读者可登录中国建材工业出版社官网（www.jccbs.com）自行下载。

暖通空调技术

主　编　王晓璐　郑慧凡
副主编　杨　磊　李玉娜　吴　恩

出版发行：中国建材工业出版社
地　　址：北京市海淀区三里河路11号
邮　　编：100831
经　　销：全国各地新华书店
印　　刷：北京雁林吉兆印刷有限公司
开　　本：787mm×1092mm　1/16
印　　张：22.75
字　　数：560千字
版　　次：2016年9月第1版
印　　次：2023年8月第3次
定　　价：69.00元

前　　言

随着我国经济建设的高速发展和人民生活水平的不断提高，采暖、通风和空调技术得到了快速发展和广泛应用，国内设计、制造、安装和管理水平已经达到甚至超过发达国家或地区水平。同时新型的技术和产品不断出现，产品也不断向着绿色节能环保目标改进，这一切都对该专业的人才培养提出了更高的要求。

为适应培养21世纪高素质复合型人才的需要，以培养卓越工程师的基本素质为目标，编者总结了多年来的教学实践经验，同时结合国内外暖通空调领域的工程经验及相关新技术情况，力求在编写中做到基本概念与基础理论叙述严谨，知识体系条干清晰，理论与实际结合紧密。在叙述风格上做到深入浅出、融会贯通，有利于学生理解和掌握。本书按64学时编写。

本书由金陵科技学院王晓璐和中原工学院郑慧凡担任主编，中原工学院杨磊、郑州电力高等专科学校李玉娜和金陵科技学院吴恩担任副主编。其中各章分工如下：

第1章和第2章由杨磊编写；第3章由李小民（中原工学院）编写；第4章由吴恩编写；第5章和第8章由王晓璐编写；第6章由李玉娜编写；第7章、第9章和第11章由郑慧凡编写；第10章由孙昆峰（中原工学院）编写。

在本书编写过程中，金陵科技学院机电学院的领导给予了极大的关心与支持，金陵科技学院建筑电气及智能化专业唐济强、徐卫芳、韦刚、马磊、周秦容及中原工学院建筑设备与能源应用工程专业的田国记等同学为本书插图绘制做了大量工作，在此一并表示感谢！

由于作者的水平和能力有限，书中难免存在疏漏，敬请读者批评指正。

编　者

2016 年 8 月

目　　录

第1章 室内污染物的控制与通风管道

1.1 室内污染物及其控制

建筑物室内的环境影响着人员健康、工作效率、产品质量等，其中起直接作用的是建筑物内部的空气，其是由多种气体、一些悬浮的固体杂质与液体微粒组成的混合物。

据美国环保机构估计，美国每年直接用在由室内空气污染物引起疾病的医疗费用高达10亿美元，由此而产生的直接或间接损失达600亿美元。据有关统计，我国每年由于室内空气污染引起的死亡人数可达11.11万人，门诊数达22万人次，急诊数达430万人次。而发展中国家有近200万例死亡是由室内空气污染所致，全球约4%的疾病与室内环境有关。中国标准化协会近期公布的一份调查显示：室内空气污染程度高出室外5～10倍；近70%的疾病根源于室内空气污染；由于室内环境的恶化，我国的肺癌发病率以每年26.9%的惊人速度递增；50%的白血病发病率与室内空气污染有直接关系；因装修污染引起上呼吸道感染而导致重大疾病的儿童约有210万名。另据北京市化学物质检测中心报道：北京市每年发生有毒建筑装饰材料引起的急性中毒事件400多起，中毒人数达10000人以上，死亡人数约350人，慢性中毒的范围更加广泛。全球每年因室内空气污染而导致死亡人数达280万人。严重的室内环境污染不仅给人们的健康造成影响，而且造成了巨大的经济损失。

现代空气污染研究开始于1939年，美国成立工业卫生协会（American Industrial Hygiene Association，AIHA），这标志着生产环境对人体健康的影响已经开始受到重视。非生产场所的室内空气污染物控制的概念源于20世纪60年代的北欧和北美，原因有两个：一是人们环境意识不断加强；二是空调开始普及，建筑物密闭程度不断提高，各种化学制品进入室内，从而使室内化学污染物浓度提高，进一步导致长期居留室内的人群常常感到不适，这时出现了建筑综合症（Sick Building Syndromes，SBS）和"军团病"等新问题。

1.1.1 室内污染物

室内污染物主要指对人体健康、产品质量等产生危害的物质、能量，主要包括颗粒物、有害气体、有毒气体、余热、余湿等。

1. 颗粒物

颗粒物是指能在空气中浮游的微粒。按照其形态分类有固态颗粒物和液态颗粒物。固态颗粒物在工业领域也称为粉尘。一种物质的微粒分散在另一种物质之中可以构成一个分散系统，我们把固体或液体微粒分散在气体介质中而构成的分散系统称为气溶胶。当分散在气体中的微粒为固体时，该气溶胶通称为含尘气体；当分散在气体中的微粒为液体时，该气溶胶通称为雾。

按照环境空气质量标准，颗粒物可分为以下几种。

总悬浮颗粒物（Total Suspended Particulate，TSP）：普遍公认地指能悬浮在空气中，空气动力学当量直径≤100μm 的颗粒物。

可吸入颗粒物（Inhalable Particulate Matter，PM10）：普遍公认地指悬浮在空气中，空气动力学当量直径≤10μm 的颗粒物，也称飘尘。

呼吸性颗粒物（Respirable Particulate Matter，PM2.5）：普遍公认地指悬浮在空气中，空气动力学当量直径≤2.5μm 的颗粒物，也称细颗粒物。

按照气溶胶的来源及物理性质，颗粒物又可细分为以下四种。

（1）灰尘（dust）

灰尘包括所有固态分散性微粒，粒径上限约为 200μm。较大的微粒沉降速度快，经过一定时间后不可能仍处于浮游状态。粒径在 10μm 以上的称为"降尘"，粒径在 10μm 以下的称为"飘尘"。灰尘主要来源于工业排尘、建筑工地扬尘和道路扬尘等。

（2）烟（smoke）

烟包括所有凝聚性固态微粒，以及液态粒子和固态粒子因凝集作用而生成的微粒，通常是高温下生成的产物，粒径范围为 0.01～1.0μm，一般在 0.50μm 以下。例如，铅金属蒸气氧化生成的 PbO，木材、煤或焦油燃烧生成的烟就属于这一类。其主要来源于工业炉窑、餐饮和民用炉窑等。

（3）雾（mist）

雾包括所有液态分散性微粒的液态凝集性微粒，如很小的水滴、油雾、漆雾和硫酸雾等，粒径在 0.10～10μm 之间。

（4）烟雾（smog）

烟雾原指大气中形成的自然雾与人为排出的烟气（煤粉尘和二氧化硫等）的混合体，其粒径在 0.10～100μm 之间。还有一种光化学烟雾，是工厂和汽车排烟中的氮氧化物和碳氢化物经太阳紫外线照射而生成的二次污染物，是一种浅蓝色的有毒烟雾。

2. 有毒、有害气体

有毒气体指在一定条件下，暴露较小剂量即造成生物体功能性或器官损害的气体，如氰、氰化氢等，吸入少量后即可致人死亡。有害气体是指长时间接触或浓度较大时，会对人体或产品质量产生危害的气体。

常见的有毒、有害气体有汞蒸气、铅、苯、一氧化碳、二氧化硫、氮氧化物（NO_x）等。对于民用建筑，室内空气中主要有毒、有害气体有甲醛、挥发性有机物和酸性无机污染物（如臭氧、CO_2、CO、SO_2 和 NO_x 等）。

3. 余热、余湿

余热是在一定经济技术条件下，在能源利用设备中没有被利用的能源，也就是多余、废弃的能源。余湿是超出满足建筑环境空气品质和工艺过程等要求的水蒸气。

1.1.2　建筑环境空气污染物控制

　　室内空气污染物控制方法应根据各类污染物的来源、污染途径及其耦合作用的形式和特点，在室内空气污染链上的每一个环节（源、传播、末端）加强控制，典型综合控制措施包括污染物源头治理、通风措施、空气的净化和处理。

　　污染物源头治理指应严格控制室内污染物的释放，避免或减少室内污染源的产生。通风措施指采用合理的局部通风或全面通风的方式，在有效的气流组织下，最大限度地将室内污染物的浓度水平控制在卫生标准以下，其包括自然通风和机械通风两种方式。自然通风的优点是节电节能，但是存在可靠性差的缺点；而机械通风的优点是可靠性高，但耗电耗能。因此，可结合当地室外气象条件，通过自然通风和机械通风的有机组合来改善建筑物的室内环境，找出一种符合可持续性发展理念的、节能的、健康的调节方式。

　　空气的净化和处理是为保证室内污染物浓度水平符合特定要求而采取的措施，如产品生产环境或其他用途的洁净室所要求的室内空气净化技术。空气的净化和处理需要采取多种综合技术措施才能达到特定的要求。这些技术措施包括：送入足够量的经过处理的清洁空气，采用产生污染物少的生产工艺及设备，采取必要的隔离和负压措施防止生产工艺产生的污染物质向周围扩散，采用产尘少、不易滋生微生物的室内装修材料及加工器具，减少人员及物料带入室内的污染物质、细菌等。

1.2　局部通风

　　根据国家规范要求，为了不使产生的散发热、蒸汽或有害物质在室内扩散，应在散发处设置自然或机械的局部排风，将其就地排出，这是经济有效的措施。局部通风系统分为局部排风和局部送风两大类。

1.2.1　局部排风系统

　　局部排风系统主要由四部分组成（图 1-1）。

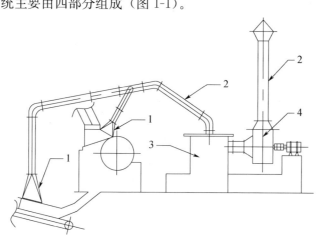

图 1-1　局部排风系统示意图

1—局部排风罩；2—风管；3—净化设备；4—风机

（1）局部排风罩。在局部排风系统中使用，设置在有害物质发生源处，就地捕集和控制有害物质向周围环境扩散的通风部件。在工厂应用中，其特点是在不妨碍生产工艺和生产操作的条件下，以较小的排风量获得最佳技术效果。

（2）风管。用来输送含尘、含毒气体的管道，将各设备或部件连成一个整体。

（3）净化设备。当排出气体中有害物浓度超过排放标准时，用来净化气体的设备。可分为除尘器和有害气体净化装置两类。

（4）风机。为排风系统提供动力的设备。

1. 外部吸气罩

外部吸气罩是局部排风罩的重要形式之一，简称外部罩或集气罩。

排风量和压力损失为集气罩的主要技术经济指标。

（1）排风量的确定

1）集气罩排风量 L（m^3/s）的实验测定，可以通过实测罩口上的平均吸气速度 v_0（m/s）和罩口面积 F（m^2）确定，即

$$L = F v_0 \qquad (1\text{-}1)$$

如图 1-2 所示，也可以通过测得连接集气罩直管中的气体流的平均动压 p_d（Pa）或气体静压 p_j（Pa）及其断面积 F（m^2）按下式确定，即

$$L = F \sqrt{\frac{2 p_d}{\rho}} \qquad (1\text{-}2)$$

或

$$L = \mu_1 F \sqrt{\frac{2 |p_j|}{\rho}} \qquad (1\text{-}3)$$

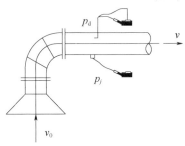

图 1-2 集气罩流量测定

式中，ρ——气体密度，kg/m^3；

μ_1——集气罩的流量系数，计算方法见下式：

$$\mu_1 = \sqrt{\frac{p_d}{p_j}} \qquad (1\text{-}4)$$

在实际中，测定动压 p_d 比较麻烦，可以测定连接直管中的气流静压，并按公式（1-3）确定排风量，称之为静压法；公式（1-2）称为动压法。这是工程中常用的两种测定方法。

2）在工程设计中，常用控制速度法和流量比法来计算集气罩的排风量。

① 控制速度法。

污染源散发出的污染物具有一定的扩散速度，该速度随污染物的扩散而逐渐减小。控制速度是指在罩口前污染物扩散方向的任意点上均能使污染物随吸入气流流入罩内，并将其捕集所必须达到的最小吸气速度。吸气气流有效作用范围的最远点称为控制点。

② 流量比法。

为了准确地计算集气罩的排风量，国外学者研究了集气罩罩口上同时有污染气流和吸气气流的气流运动规律，提出了按罩口污染气流与吸气气流的流线合成来求取排风量的流量比法。

流量比法的基本思路是：把集气罩的排风量 L_p 看成是污染气流量 L_1 和从罩口周围吸入室内空气量 L_2 之和，即

$$L_p = L_1 + L_2 = L_1(1 + L_2/L_1) = L_1(1 + K) \tag{1-5}$$

比值 $K = L_2/L_1$ 称为流量比。显然，K 值越大，污染物越不易溢出罩外，但集气罩排风量也随之增大。

（2）设计中应注意的问题

在设计外部罩时，有些共性的问题应该加以注意：

1）为提高外部罩的排风效果和减少排风量，应采取有效措施防止有害物的扩散及车间横向气流的干扰，因此外部罩的安装位置应配合工艺尽量靠近有害物源。

2）在不妨碍操作的情况下，排风罩的位置应使吸风气流从操作人员一侧流向有害物源，以防止有害物对操作人员的影响。

3）一般伞形罩的罩口面积不应小于有害物扩散区的面积；侧吸罩的罩口长度应不小于有害物扩散区的边长。当有害物扩散区很宽时，可分设 2 个、3 个，以至 4 个侧吸罩。

4）外部罩上的排风管，应尽量设置在有害物扩散区的中心，罩口面积与排风管面积之比最大不应超过 16：1，喇叭形侧吸罩的长度应为管道直径的 3 倍，以保证侧吸罩吸风均匀。

5）侧吸罩的罩口面积，在保证气流分布均匀和不妨碍操作的情况下，应尽量加大，以降低罩口速度及压力损失，扩大排风罩的吸气区域。

6）为保证排风罩的排风均匀，罩壳的扩张角 α 应小于或等于 60°，如图 1-3（a）所示。罩口的平面尺寸较大时，可采取的措施有：把一个大排风罩分割成几个小排风罩，如图 1-3（a）所示；在罩内设分层板，如图 1-3（b）所示；在罩口上设条缝口，要求条缝口风速在 10m/s 以上，如图 1-3（c）所示；在罩口上设置挡板，如图 1-3（d）、（e）所示。

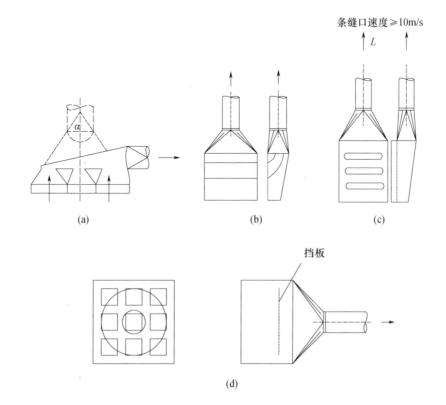

5

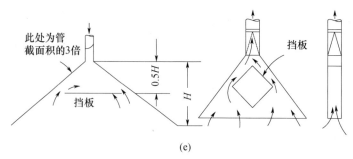

图 1-3　保证罩口气流均匀的措施

2. 密闭罩和柜式吸气罩

（1）全密闭罩

全密闭罩是将整个尘源密封起来的排风罩，其上只设置一些必要的观察窗和检查孔。按照全密闭罩密封范围的大小，可将它分为以下三种：

1）局部密闭罩。只将产尘点予以密闭，其特点是产尘设备及传动装置在罩外，便于观察和检修。罩内容积小，所需排风量小。但是当含尘气流速度较大或产尘设备引起的诱导气流速度较大时，罩内不易造成负压，致使粉尘外逸。因此，局部密闭罩适用于集中连续散发粉尘且含尘气流速度不大的尘源。

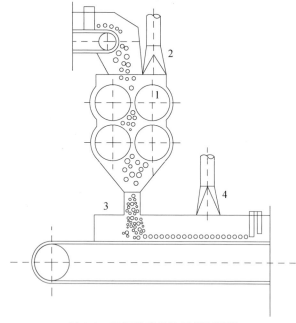

图 1-4　四辊破碎机的局部密闭罩

1—四辊破碎机；2—上部排气口；3—局部密闭罩；4—下部排气口

图 1-4 所示为四辊破碎机的局部密闭罩。物料在破碎过程中以及破碎后落到皮带机上均散发出大量粉尘，因此设置局部密闭罩。粉尘经排气口 2 和 4 排走。

2）整体密闭罩。将产尘设备大部或全部予以密闭，只将传动装置留在罩外，其特点是密闭罩基本上可成为独立整体，设计容易，密封性好。罩上设置观察窗监视设备运转情况。检修时可打开检修门，必要时可拆除部分罩体。整体密闭罩运用于含尘气流速度较大、阵发性散发粉尘、设备多处产尘等情况。

图 1-5 所示为斗式提升机整体密闭罩。该密闭罩同时又是提升机的外壳。在罩的上部和下部分别开设排气口 4 和 6。某些情况下可用顶部排气口 5 代替上部排气口 4，但在输送热物料时，不应设顶部排气口 5。当提升高度小于 10m 时，可只设一个排气口 4 或 6。

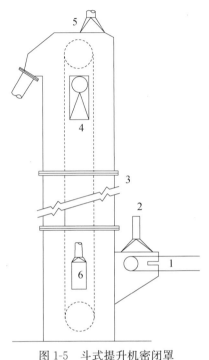

图 1-5　斗式提升机密闭罩

1—皮带运输机；2—皮带运输机排气罩；3—整体密闭罩（外壳）；
4—上部排气口；5—可供选择顶部排气口；6—下部排气口

3）室式密闭罩。将产尘设备（包括传动机构）全部密闭，形成独立的小室，其特点是罩内容积大，粉尘不易外逸；检修设备时可直接进入罩内。这种罩适用于产尘量大且不宜采用局部和整体密闭罩的情况，特别是设备需要频繁检修的场合。其缺点是占地面积大，建造费用高，不宜大量采用。图 1-6 所示为振动筛室式密闭罩，振动筛及其传动机构都密闭在罩内。

在选择密闭罩的形式时，一般应优先考虑局部密闭罩。为了有效地控制粉尘外逸，必须对密闭罩进行排风，在罩内造成一定的负压，使工作孔和缝隙只向里进气，不向外冒尘。物料飞溅也可在罩内局部点形成正压。图 1-7（a）是一个密闭的料仓内产生飞溅时的情况，飞溅时局部尘化气流流速很高，到达壁面时其动能转化为静压，使局部地点压强升高，粉尘外逸。这时若单靠排风在罩内形成负压加以控制，则会使排风量成倍增加。一种更有效的办法是扩大罩子的容积［图 1-7（b）］，含尘气流到达罩壁处速度已大为减小，则用较小排风量可将其控制住，不致外逸。

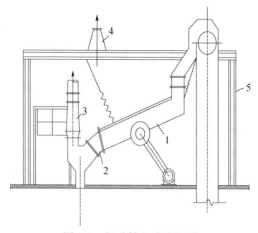

图 1-6 振动筛室式密闭罩
1—振动筛；2—帆布接管；3、4—排气口；5—密闭小室

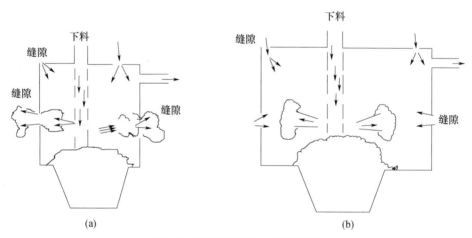

图 1-7 密闭罩内物料飞溅的控制

设计全密闭罩时，应遵循以下几项原则：

① 全密闭罩的结构及型式不应妨碍工艺生产过程，尽量便于工人操作。

② 尽可能将尘源或产尘设备完全密闭，罩上所有的接缝要严密以防止漏风。为便于操作和维修而设置的观察窗与检修孔等开口的面积应尽可能小，开口位置要避开罩内的正压部位。

③ 为了便于检修，罩的结构应尽可能是可拆卸式的，或设置检修门。

④ 为防止含尘气流从工作孔或缝隙处泄露，应对密闭罩进行排风，以使罩内保持一定的负压，排气口的位置应设在罩内压力最高的部位，但须注意避开含尘浓度高或物料飞溅的部位，以免将过多的物料或粉尘吸入除尘系统。

⑤ 工作孔口和缝隙处进入罩内的空气速度，与工艺设备的型号、规格和罩子型式有关，可从有关手册中查得，一般取 1～4m/s。

⑥ 为避免将过多物料或粉尘吸走，密闭罩排气口的空气速度不宜太高，可参考下列数值：对于块状物料，入口风速≤2m/s；对于粒状物料，入口风速≤1m/s；对于粉

状物料，入口风速≤0.7m/s。

全密闭罩所需排风量的准确计算是很困难的，目前多采用经验估算法。对于大多数情况，排风量 L_p 满足下式：

$$L_p = L_1 + L_2 \tag{1-6}$$

式中，L_1——物料运动或设备运转带入罩内的诱导空气量，m^3/s；

L_2——由孔口及不严密缝隙的无规则吸入空气量，m^3/s。

L_1 主要是由于物料下落时诱导周围的空气而产生的，要获得准确的关系式比较困难。为解决这一问题，可适当提高空气通过孔口或缝隙的吸入速度，使 $L_2 \gg L_1$，则式（1-6）可变为

$$L_p = L_2 = v_h \sum F_i \tag{1-7}$$

式中，v_h——孔口或缝隙处空气的吸入速度，m/s；

F_i——第 i 个孔口或缝隙的面积，m^2。

在实际问题中，F_i 不易确定，只能估算。

对于某些工艺设备，其排风量可根据设备的型号、规格和罩子形式直接从有关手册给出的推荐数值来确定。密闭罩的阻力是通风除尘系统总阻力的一部分，在进行系统阻力计算时要用到。

（2）半密闭罩

当工艺生产条件不允许对尘源全部密闭，只能大部分密闭时，可采用半密闭罩。在粉料装袋、喷漆、打磨、抛光等作业中常常使用半密闭罩。一般情况下，半密闭罩有一面全部或大部分敞开，形成大面积的孔口，以便于工人操作，为防止有害物从半密闭罩的敞开面外逸，还必须对半密闭罩进行排风。半密闭罩的种类有很多，按罩中作业过程是否放热可分为热过程半密闭罩和冷过程半密闭罩两种；按罩上排气口的位置又可分为上部排气、下部排气和上、下同时排气半密闭罩三种。

半密闭罩的排气口位置对于其敞开面上的空气速度分布有很大影响。若该面上速度分布不均匀，含尘气体就有可能从速度低的部位逸出罩外。图1-8（a）表示冷过程半密闭罩采用上部排气口时气流运动情况。经实验研究发现，工作孔上部吸入速度为孔口断面平均流速的150%，而下部仅为断面平均流速的60%。这时若按断面平均流速设计排风量，则含尘气体有可能从孔口下部逸出。加大排风量可避免含尘气体从下部逸出，但整个系统的负荷将增大，经济性变差。为了改善这种状况，应把排气口设在罩子的下部，如图1-8（b）所示。当罩内尘源产生较大热量时，气体受热向上升浮，这时排气口如设在下部，含尘气体有可能从孔口上部逸出［图1-8（c）］。因此，**热过程半密闭罩必须在上部排风**［图1-8（d）］。

半密闭罩排风量比相应的全密闭罩大，对冷过程或发热量不大的过程，半密闭罩的排风量 L_p 可按下式计算：

$$L_p = L_c + F v_{min} \beta \tag{1-8}$$

式中，L_c——罩内工艺过程产生的污染气体量，m^3/s；

F——敞开面面积，m^2；

v_{min}——敞开面上所需断面最小平均风速，m/s，一般为 $0.7 \sim 1.5 m/s$，对于不同的有害物，可按附录1-1取值；

β——安全系数，一般取 $β=1.05\sim1.1$。

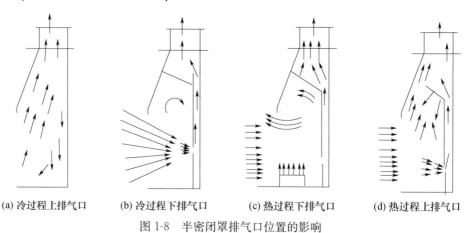

(a) 冷过程上排气口　　(b) 冷过程下排气口　　(c) 热过程下排气口　　(d) 热过程上排气口

图 1-8　半密闭罩排气口位置的影响

当罩内存在发热量较大的热源时，排风量 L_p 可按下式计算

$$L_p = 0.525 \cdot \sqrt[3]{hQF^2} \tag{1-9}$$

式中，h——敞开面高度，m；

　　Q——罩内发热量，W；

　　F——敞开面面积，m^2。

（3）通风柜

通风柜是密闭罩的一种特殊形式，其上一般设有可开闭的操作孔和观察孔，产生有害物的操作完全在罩内进行。图 1-9 为典型的上部排风通风柜，当通风柜内产生的有害气体密度比空气小，或当柜内存在发热体时，应选择该设备。图 1-10 为典型的下部排风通风柜，当柜内无发热量，且产生的有害气体密度比空气大，柜内气流下降时，应选择该设备。图 1-11 为典型的上下联合排风通风柜，当柜内发热体的发热量不稳定或产生密度大小不等的有害气体时，为有效地适应各种不同的工况条件，可选用该设备。图 1-12 为上部有拉链式风量调节板的上下联合排风通风柜。另外，还有一种供气式通风柜，其工作孔口上部及两侧设有吹风口，由供气管道输送的空气从吹风口吹出，形成隔挡室内空气的气幕，也称节能型通风柜。

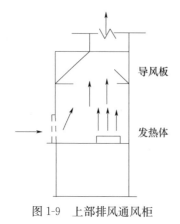

导风板

发热体

图 1-9　上部排风通风柜

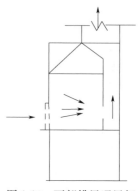

图 1-10　下部排风通风柜

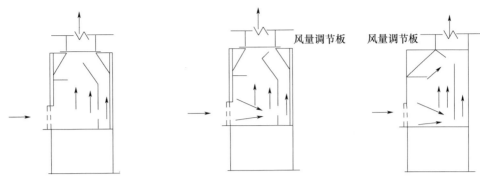

图 1-11　固定导风板上下
联合排风通风柜

图 1-12　调节风板式上下联合排风通风柜

3. 排风口位置的确定

尘源密闭后，要防止粉尘外逸，还需要排风消除罩内正压。罩内形成正压的主要因素有三个方面。

（1）机械设备运动

当图 1-13 所示的圆筒筛在工作过程中高速转动时，会带动周围空气一起运动，造成一次尘化气流。高速气流与罩壁发生碰撞时，把自身的动压转化成静压，使罩内压力升高。在这种情况下，排风口应尽量靠近进料口设置。

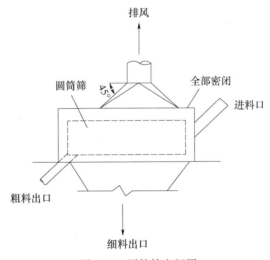

图 1-13　圆筒筛密闭罩

（2）物料运动

图 1-14 是皮带运输机转落点的工作情况。物料的落差较大时，高速下落的物料诱导周围空气一起从上部罩口进入下部皮带密闭罩，使罩内压力升高。物料下落时的飞溅是造成罩内正压的另一个原因。为了消除下部密闭罩内诱导空气的影响，物料的落差大于 1m 时，应按图 1-14（a）所示在下部进行抽风，同时设置宽大的缓冲箱以减弱飞溅的影响；落差小于或等于 1m 时，物料诱导空气量较小，可按图 1-14（b）设置排风口。

11

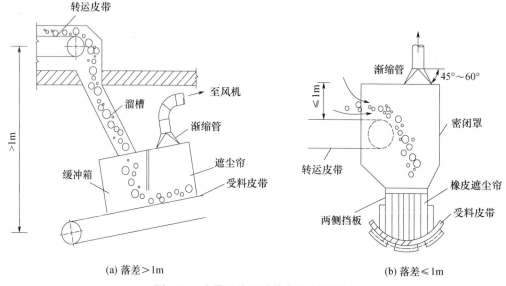

(a) 落差＞1m
(b) 落差≤1m

图 1-14　皮带运输机转落点的密闭抽风

（3）室内外温度差

图 1-15 是斗式提升机。当提升机提升高度较小、输送冷料时，主要在下部的物料受料点造成正压，可按图 1-15（a）在下部设排风点。当提升机输送热的物料时，提升机机壳类似于一根垂直风管，热气流带着粉尘由下向上运动，在上部形成较高的热压。因此，当物料温度在 50～150℃时，要在上、下同时排风，物料温度大于 150℃时只需在上部排风，见图 1-15（b）。

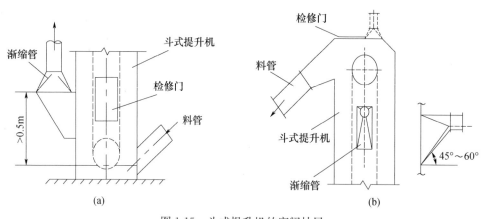

(a)
(b)

图 1-15　斗式提升机的密闭抽风

1.2.2　局部送风系统

1. 局部送风系统的型式

局部送风就是将干净的空气直接送到室内人员所在位置，改善每位工作人员周围的局部环境，使其达到要求的标准，而并非使整个空间环境达到该标准。这种方法比较适用于房间面积和高度都很大，而且人员分布不密集的场所。图 1-16 是一种局部送风系统示意图。

高温车间采取了隔热及自然通风措施后，如果人员工作地点的空气温度仍无法达到卫生标准，或者辐射强度超过 $350W/m^2$，就应设置局部送风系统。局部送风系统分为系统式和分散式两种。系统式局部送风系统可以对送出的空气进行加热、冷却和净化处理，而分散式送风系统一般采用再循环的轴流风扇或喷雾风扇。后者不适用于污染严重的作业环境。

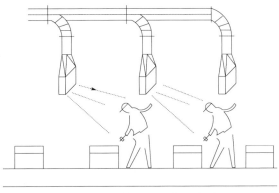

图 1-16　局部送风系统示意图

（1）轴流风扇

轴流风扇一般用在辐射强度小，温度不是很高的车间（一般不超过 35℃）。风扇吹风能帮助人体散热，但对散放粉尘的车间不宜采用。通常工作地点的风速控制范围为：轻作业 2～4m/s，中作业 3～5m/s，重作业 5～7m/s。

（2）喷雾风扇

对于热辐射强度较大的高温车间，同时工艺中又允许环境中有一定的雾滴存在的中、重作业地点，可以采用喷雾风扇进行降温。

喷雾风扇是指在风扇的送风气流中加入微细水滴的一种送风方式。图 1-17 为在普通的轴流风机上加设甩水盘（或喷雾），由供水管向甩水盘供水的喷雾风扇。风机旋转时，甩水盘上的水在惯性离心力的作用下，沿切向甩出，形成许多细小的雾滴，随气流一起吹出。

喷雾风扇除了增加工作地点的风速外，由于雾滴的蒸发吸热，可对周围空气起到降温的作用。未蒸发的雾滴悬浮在空气中，可以吸收一定的辐射热。

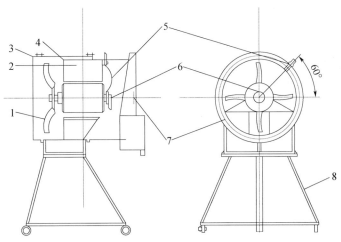

图 1-17　喷雾风扇结构示意图

1—叶片；2—固定式支架；3—轮毂；4—导流板；5—供水管；

6—甩水盘；7—机壳；8—移动式支架

（3）系统式局部送风

如果工人操作地点的热辐射强度和空气温度较高，但工艺不允许有雾滴，或作业地带产生的有害物质浓度过高超过卫生标准；或者作业地带散发有害气体或粉尘，不允许采用再循环空气（例如，铸造车间的浇铸线，产生有毒气体的熔化炉等）时，则应采用系统式局部送风系统。系统式局部送风系统一般需经过过滤和冷却处理。

系统式局部送风系统在结构上与一般的送风系统相同，只是送风口的结构不同。系统式局部送风的送风口称为"喷头"，有固定式、旋转式和球形三种。固定式喷头采用渐扩短管［图 1-18（a）］，适用于工作地点比较固定的场合，其紊流系数为 0.090。旋转式喷头［图 1-18（b）］的出口设有活动的导流叶片，能调节气流方向，适用于操作人员活动范围较大的场合。球形喷头调节方便，适用于需要调整气流方向及风量大小的场合。

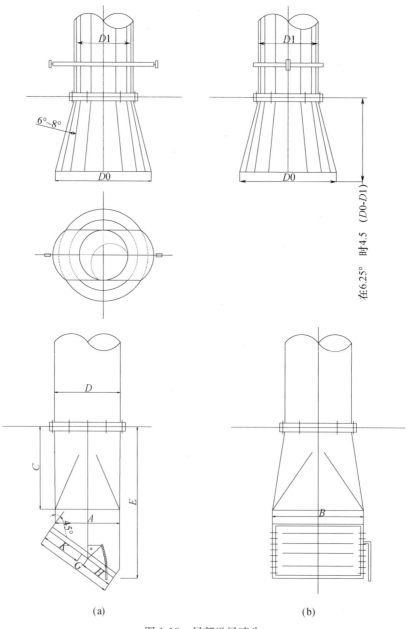

(a)   (b)

图 1-18 局部送风喷头

表 1-1 给出了系统式局部送风的气象参数，供设计选用。根据表中要求，按自由射流公式计算，即可得出送风射流的参数、喷头的几何尺寸。

表 1-1　系统式局部送风的气象参数

辐射强度（W/m²） [kCal/（m²·h）]	冬季		夏季	
	温度（℃）	速度（m/s）	温度（℃）	速度（m/s）
<350（300）	20～25	1.0～2.0	26～31	1.5～3.0
700（600）	20～25	1.0～3.0	26～30	2.0～4.0
1400（1200）	18～22	2.0～3.0	25～29	3.0～5.0
2100（1800）	18～22	3.0～4.0	24～28	4.0～6.0

2. 吹吸罩

吹吸罩多应用于工业槽上，从吹风口送出的气流覆盖大部分的污染面，而仅在排风口附近借助于吸气作用使送出的气流连同卷入的周围空气（包括污染物源散出的污染气体）一起进入排风罩。因此，吹吸罩适用于槽宽超过 1200mm 的槽，但不适用于加工件频繁地从槽内取出或放入时，槽面上有障碍物扰乱吹出气流（如挂具、加工件露出液面等），以及操作人员经常在槽子两侧工作时。

1.3　全　面　通　风

国家规范要求，当局部排风达不到卫生要求时，应辅以全面通风或采用全面通风。全面通风也称稀释通风，在用清洁空气稀释室内空气中有害物浓度的同时，不断地将污染空气排至室外，使室内空气中有害物浓度低于卫生标准规定的最高允许浓度。全面通风系统的一般组成如图 1-19 所示。

1.3.1　全面通风量的确定

在体积为 V_f 的房间内，有害物的散发速率为 X，那么在任何一个微小时间间隔 $d\tau$ 内，室内得到的有害物量（即有害物源散发的有害物量和送风气流带入的有害物量）与从室内排出的有害物量（排出气流带走的有害物量）之差应等于整个房间内有害物的增量，即

$$Ly_0 d\tau + X d\tau - Ly d\tau = V_f dy \qquad (1\text{-}10)$$

式中，L——全面通风量，m^3/s；

　　y_0——送风气流中有害物浓度，g/m^3；

　　X——有害物散发速率，g/s；

　　y——在某一时刻室内空气中有害物浓度，g/m^3；

　　V_f——房间体积，m^3；

　　$d\tau$——某一段无限小的时间间隔，s；

　　dy——在 $d\tau$ 时间内房间内浓度的增量，g/m^3。

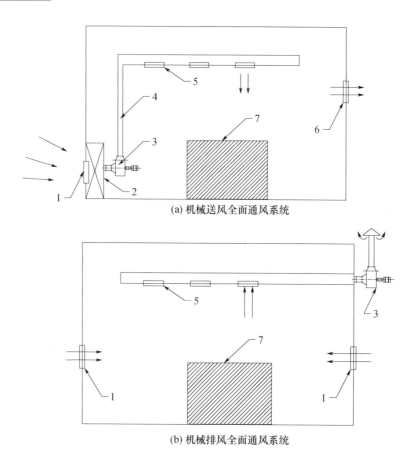

(a) 机械送风全面通风系统

(b) 机械排风全面通风系统

图 1-19　全面通风系统示意图

1—新风口；2—静压箱；3—风机；4—送风管道；5—送风口或排风口；6—排风口；7—污染物源

公式（1-10）称为全面通风的基本微分方程式，它反映了任何瞬间室内空气中有害物浓度 y 与全面通风量 L 之间的关系。

通过变换公式（1-10），可求得通风量一定时，任意时刻室内的有害物浓度 y_2 为

$$y_2 = y_1 \exp\left(-\frac{\tau L}{V_f}\right) + \left(\frac{X}{L} + y_0\right)\left[1 - \exp\left(-\frac{\tau L}{V_f}\right)\right] \tag{1-11}$$

若室内空气中初始的有害物浓度 $y_1 = 0$，当时间 $\tau \to \infty$ 时，室内有害物浓度 y_2 趋于一个稳定的值，即

$$y_2 = y_0 + \frac{X}{L} \tag{1-12}$$

实际上，室内有害物浓度趋于稳定的时间并不需要 $\tau \to \infty$，如当 $\frac{\tau L}{V_f} \geqslant 3$ 时，exp（-3）= 0.0497 ≪ 1，因此可近似认为 y_2 已趋于稳定。

根据公式（1-12）可画出室内有害物浓度 y_2 随通风时间 τ 变化的曲线，见图 1-20。

变换公式（1-12），可得到室内有害物浓度 y_2 趋于稳定时所需的全面通风量为

$$L = \frac{X}{y_2 - y_0} \tag{1-13}$$

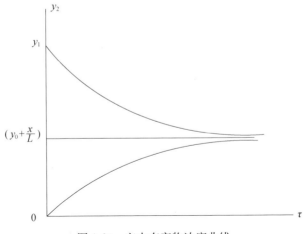

图 1-20 室内有害物浓度曲线

实际上，室内有害物的分布及通风气流是不可能非常均匀的，见图 1-21。为了将有害物源附近工人呼吸区的有害物浓度控制在容许值以下，实际所需的全面通风量应大于理论计算量。公式（1-13）可改写为

$$L = \frac{K_v \cdot X}{y_2 - y_0} \qquad (1\text{-}14)$$

式中，K_v——安全系数，一般通风车间，按经验在 3～10 之间选取。

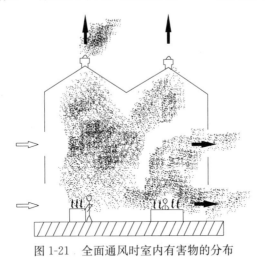

图 1-21 全面通风时室内有害物的分布

如果室内产生余热或余湿，为了消除余热或余湿所需的全面通风量可分别用下式计算：

消除余热所需要的通风量为

$$G_1 = 3600 \frac{Q_r}{(t_p - t_j) c_p} \qquad (1\text{-}15)$$

消除余湿所需要的通风量为

$$G_2 = \frac{W_{sh}}{d_p - d_j} \qquad (1\text{-}16)$$

17

式中，Q_r——余热量，kW；

       t_p——排出空气的温度，℃；

       t_j——进入空气的温度，℃；

       c_p——空气的比热，1.01kJ/（kg·K）；

     W_{sh}——余湿量，g/h；

       d_p——排出空气的含湿量，g/kg；

       d_j——进入空气的含湿量，g/kg。

根据卫生标准的规定，当数种溶剂（苯及其同系物或醇类或醋酸类）的蒸汽，或数种刺激性气体（S_2O_3 及 SO_3 或 HF 及其盐类等），同时在室内放散时，由于它们对人体的作用是相同的，全面通风量应是将各种气体分别稀释至容许浓度所需空气量的和；同时放散数种其他有害物质时，全面通风量应分别计算稀释各有害物质所需的通风量，然后取最大值。

当散入室内的有害物量无法准确计算时，全面通风量可按类似房间换气次数的经验数据进行计算。换气次数就是通风量 L（m^3/h）与通风房间体积 V_f（m^3）的比值，即 $n=L/V_f$（次/h）。各种类型房间的换气次数可从有关的资料中查取。

1.3.2 送排风方式

房间通风效果不仅与通风量有关，还与通风气流的组织有关。一般房间通风气流组织的形式有：上送下排、下送上排及中间送上下排等，工程设计时可参照如下原则进行：

（1）排风口尽量靠近有害物源或有害物浓度高的区域，缩短有害物在室内的停留时间。

（2）送风口应接近操作地点，或使送风沿着最短的线路先行到达人的呼吸区，然后再携带污染物排至室外。

（3）在整个通风房间内，应尽量使送风气流均匀分布，减少涡流，避免有害物在局部积聚。

图 1-22 给出了几种不同的气流组织方式，其中图 1-22（a）、（b）和（c）所示的气流组织方式通风效果差，图 1-22（d）、（e）和（f）所示的通风效果较好。

有害气体在房间内的浓度分布是设计全面通风时须重点关注的问题。有害气体在房间内并不是单独存在的，它的浓度分布除与它本身的密度有关，更取决于混合气体的密度。在室内空气中，有害气体的含量很少，有害气体造成的密度增加值不会很大，但是空气温度变化对其影响显著，如由 15℃升高到 16℃时，空气密度就会由 1.226kg/m³ 减少为 1.222kg/m³。因此，只要室内气体有极小的不均匀，有害气体就会随着室内空气一起运动。当室内没有对流气流时，密度较大的有害气体才会集中在房间下部。另外有些密度较小的挥发性物质，如汽油、醚等，由于蒸发吸热，会使周围空气冷却，和周围空气一起有下降的趋势。

因此，工程设计中，通常采用以下的气流组织方式：

（1）如果散发的有害气体温度比周围空气温度高，或受室内发热设备影响产生上升气流时，均应采用下送上排的气流组织形式。

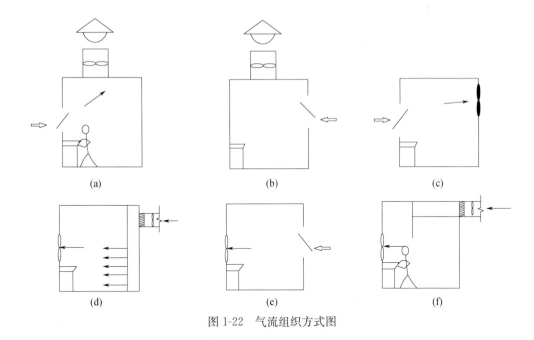

图 1-22　气流组织方式图

（2）如果没有热气流的影响，散发的有害气体密度比周围空气密度小时，应采用下送上排的形式；比周围空气密度大时，应从上、下两个部位排出，从中间部位将清洁空气直接送至工作地点。

应当指出的是，通风房间内有害气体浓度分布除了受对流气流的影响外，还受到穿堂风、机械设备运动气流等因素的影响。

1.3.3　空气平衡和热平衡

1. 空气平衡

在通风房间中，不论采用何种通风方式，都需要空气质量保持平衡，即单位时间内进入房间的空气质量应与同一时间内排出房间的空气质量保持相等，可表示为

$$G_{zj} + G_{jj} = G_{zp} + G_{jp} \tag{1-17}$$

式中，G_{zj}——自然进风量，kg/s；

G_{jj}——机械进风量，kg/s；

G_{zp}——自然排风量，kg/s；

G_{jp}——机械排风量，kg/s。

在无组织自然通风的房间内，当机械进、排风量相等（$G_{jj} = G_{jp}$）时，室内空气压力等于室外大气压力，室内外压差为零。当机械进风量大于机械排风量（$G_{jj} > G_{jp}$）时，室内压力处于正压状态。反之，室内压力处于负压状态。由于通风房间并非完全密闭状态，当室内处于正压或负压时，室内外的部分空气会通过房间不严密的缝隙或窗户、门洞等处渗透，我们将这部分空气称为无组织排风或进风。需要注意的是，冬季房间的无组织进风量不宜过大，一般生产车间的无组织进风量以不超过一次换气为宜。对于机械排风量大的房间，必须设置送风系统。室内负压引起的危害见表 1-2。

表 1-2 室内负压引起的危害

负压（Pa）	风速（m/s）	危害
2.45～4.90	2.0～2.9	使操作者有吹风感
2.45～12.25	2.0～4.5	自然通风的抽力下降
4.90～12.25	2.9～4.5	燃烧炉出现逆火
7.35～12.25	3.5～6.4	轴流式排风扇工作困难
12.25～49.00	4.5～9.0	大门难以启闭
12.25～61.25	6.4～10.0	局部排风系统能力下降

2. 热平衡

通风房间除了需要保持空气质量平衡外，还需要保持室内热量平衡，即必须使房间的总得热量等于总失热量。通风房间热平衡方程式的一般表达式为

$$\sum Q_{sh} + c_p L'_p \rho_p t_p + c_p L_p \rho_n t_n = \sum Q_d + c_p L_{jj} \rho_{jj} t_{jj} + c_p L_{zj} \rho_w t_w + c_p L_{xh} \rho_n (t_s - t_n) \quad (1-18)$$

式中，$\sum Q_{sh}$——围护结构、材料吸热的总失热量，kW；

$\quad\quad \sum Q_d$——生产设备、产品及采暖散热设备的总放热量，kW；

$\quad\quad L_{zj}$——自然进风量，m^3/s；

$\quad\quad L_{jj}$——机械进风量，m^3/s；

$\quad\quad L'_p$——房间上部地区的排风量，m^3/s；

$\quad\quad L_p$——工作区的局部和全面排风量，m^3/s；

$\quad\quad L_{xh}$——考虑节能，室内的再循环空气量，m^3/s；

$\quad\quad \rho_{jj}$——机械进风时空气密度，kg/m^3；

$\quad\quad \rho_n$——室内空气密度，kg/m^3；

$\quad\quad \rho_w$——室外空气密度，kg/m^3；

$\quad\quad \rho_p$——自然排风空气密度，kg/m^3；

$\quad\quad t_n$——室内温度，℃；

$\quad\quad t_p$——自然排风温度，℃；

$\quad\quad t_w$——室外温度，℃。在冬季，对于局部排风及稀释有害气体的全面通风，采用冬季采暖室外设计温度。对于消除余热、余湿及稀释低毒性有害物质的全面通风，采用冬季通风室外计算温度；

$\quad\quad t_{jj}$——机械进风温度，℃；

$\quad\quad t_s$——再循环送风温度，℃；

$\quad\quad c_p$——空气的质量比热，$c_p = 1.01 kJ/（kg \cdot ℃）$。

实际的通风问题较为复杂，但不管如何复杂，都可通过空气平衡和热平衡的原理来解决。

【例 1-1】 已知某车间内生产设备散热量 $Q_1 = 350kW$，围护结构失热量 $Q_2 = 420kW$，上部天窗排风量 $L_{zp} = 2.85 m^3/s$，局部排风量 $L_{jp} = 4.36 m^3/s$，自然进风量 $L_{zj} =$

1.53m³/s，室内工作区 2m 处温度 $t_n = 18℃$，室外空气温度 $t_w = -10℃$，车间内温度梯度为 0.3℃/m，上部天窗中心高 10m（图 1-23）。

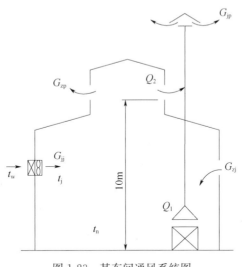

图 1-23　某车间通风系统图

求：（1）机械进风量 G_{jj}；（2）机械送风温度 t_j；（3）加热机械送风所需的热量 Q_{jj}。

【解】

步骤一：列空气平衡方程式

$$G_{jj} + L_{zj} \cdot \rho_{-10} = L_{jp} \cdot \rho_{18} + L_{zp} \cdot \rho_p$$

步骤二：计算天窗排风温度

$$t_p = t_n + 0.3 \times (H-2) = 18 + 0.3 \times (10-2) = 20.4℃$$

步骤三：根据气体状态方程式，确定相应空气温度下的密度

$$\rho_{-10} = 1.34 kg/m^3；\rho_{18} = 1.21 kg/m^3；\rho_{20.4} = 1.20 kg/m^3$$

步骤四：计算机械进风量

$$G_{jj} = L_{jp} \cdot \rho_{18} + L_{zp} \cdot \rho_p - L_{zj} \cdot \rho_{-10}$$
$$= 4.36 \times 1.21 + 2.85 \times 1.20 - 1.53 \times 1.34 = 6.65 kg/s$$

步骤五：列热平衡方程式

$$Q_1 + G_{jj} \cdot c_p \cdot t_j + L_{zj}\rho_{-10zj} \cdot c_p \cdot t_w = Q_2 + L_{jp}\rho_{18jp} \cdot c_p \cdot t_n + L_{zp}\rho_{20.4zp} \cdot c_p \cdot t_p$$

将已知数据带入上式可计算得到

$$350 + 6.65 \times 1.01 \times t_j + 1.53 \times 1.34 \times 1.01 \times (-10)$$
$$= 420 + 4.36 \times 1.21 \times 1.01 \times 18 + 2.85 \times 1.20 \times 1.01 \times 20.4$$

解上式，得机械送风温度为 $t_j = 38.28℃$

步骤六：计算加热机械送风所需要的热量

$$Q_{jj} = G_{jj} \cdot c_p \cdot (t_j - t_w) = 6.65 \times 1.01 \times (38.28 + 10) = 324.27 kW$$

1.3.4　事故通风

事故通风是全面通风的一种特殊方式。当有可能散发大量有害气体或爆炸性气体

时，建筑物应设置事故通风系统，一般采用事故排风。事故排风的换气次数不应小于下列数值：

当有害气体的容许浓度大于 5mg/m³ 时：

(1) 车间高度在 6m 及 6m 以下者 8 次/h；

(2) 车间高度在 6m 以上者 5 次/h。

当有害气体的容许浓度小于或等于 5mg/m³ 时，换气次数应不小于上述数值的 1.5 倍。

可能突然发散大量有害气体或有爆炸危险气体场所的事故通风量，宜根据有害物的种类、安全及卫生浓度要求，按照全面通风计算，且换气次数不应小于 12 次/h。

1.4 自 然 通 风

自然通风是指利用建筑物内外空气的密度差引起的热压或室外大气运动引起的风压来引进室外新鲜空气，达到通风换气目的的一种通风方式。具体表现为通过墙体缝隙的空气渗透和通过门窗的空气流动。这种通风特别适合于气候温和地区，目的是降低室内温度或引起空气流动，改善热舒适性。自然通风在一般的居住建筑、普通办公楼、工业厂房（尤其是高温车间）中有广泛的应用，能经济有效地满足室内人员的空气品质要求和生产工艺的一般要求。

对室内空气温度、湿度、清洁度和气流速度无严格要求的场合，可优先考虑自然通风。对于空气污染和噪声污染比较严重的地区，不宜全面采用自然通风，可考虑机械送风和自然排风相结合的方式。

不同的建筑、不同的驱动力以及不同的室内气流运动形式，构成了不同特点的自然通风：

(1) 按建筑空间对象不同，可分为单空间自然通风 [图 1-24 (a)]、多空间自然通风 [图 1-24 (b)] 以及建筑楼栋自然通风 [图 1-24 (c)]。

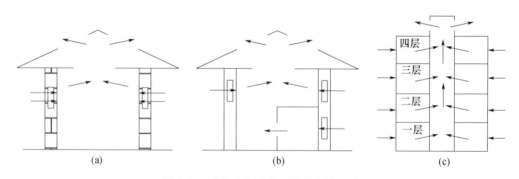

图 1-24 建筑空间对象不同的自然通风

(2) 按室内气流形式不同，分为置换式自然通风和混合式自然通风。

(3) 按驱动力不同，分为单独风压作用穿堂风式自然通风 [图 1-25 (a)]、单独热压作用式自然通风 [图 1-25 (b)] 和热压风压共同作用式自然通风等。

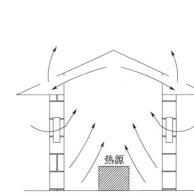

迎风面　　　　　　　　背风面

热源

(a)　　　　　　　　　　　　　　　(b)

图 1-25　驱动力不同的自然通风

1.4.1　自然通风作用原理

国家规范对热压和风压作用的自然通风量进行了规定，以风压作用为例，当建筑迎风面与计算季节的最多风向成 $45°\sim90°$ 角时，该面上的外窗或开口可作为进风口计算自然通风量。因此，如果建筑物外墙上的窗孔两侧存在压差 Δp，空气就会流过该窗孔，空气流过窗孔时的阻力就等于 Δp，即

$$\Delta p = \xi \frac{\rho v^2}{2} \tag{1-19}$$

式中，Δp——窗孔两侧的压力差，Pa；

　　　v——空气流过窗孔时的速度，m/s；

　　　ρ——流过空气的密度，kg/m³；

　　　ξ——窗孔的局部阻力系数。

上式可改写为

$$v = \sqrt{\frac{2\Delta p}{\xi \rho}} = \mu_2 \sqrt{\frac{2\Delta p}{\rho}} \tag{1-20}$$

式中，μ_2——窗孔的流量系数，μ_2 值的大小与窗孔的构造有关。

则通过窗孔的质量流量为

$$G_w = L_w \rho = v F_w \rho = \mu_2 F_w \sqrt{2\Delta p \cdot \rho} \tag{1-21}$$

式中，G_w——流过窗孔的空气质量，kg/s；

　　　L_w——流过窗孔的空气流量，m³/s；

　　　F_w——窗孔的面积，m²。

由上式可知，只要知道窗孔两侧的压差 Δp 和窗孔的面积 F_w，就能够求得该窗孔的自然通风量。

1.4.2　自然通风风帽

自然通风风帽指在建筑的进风井或者排风井上安装的，利用风压或热压驱动建筑内气流流动的装置。通风系统常用的风帽有伞形风帽、筒形风帽和锥形风帽三种形式，如

图 1-26～图 1-28 所示。伞形风帽分圆形和矩形两种，适用于一般机械通风系统；筒形风帽适用于自然通风系统，一般还须在风帽下安装滴水盘，以防止冷凝水滴在房间内；锥形风帽适用于除尘系统及非腐蚀性有毒系统。另外，还有一种无动力风帽（图 1-29）在自然通风系统中的应用也日益广泛。

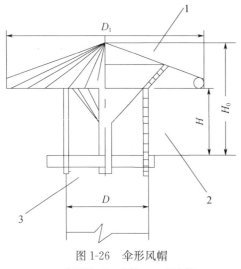

图 1-26　伞形风帽

1—伞形罩；2—支撑；3—固定箍

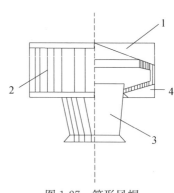

图 1-27　筒形风帽

1—伞形罩；2—外筒；3—扩散管；4—支撑

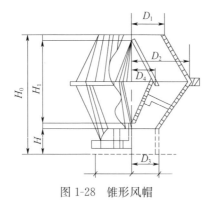

图 1-28　锥形风帽

图 1-29　无动力风帽

1.5　置换通风

置换通风（Displacement Ventilation）是近年采用的一种新的通风方式，是借助空气热浮力作用的机械通风方式。这种通风方式与传统的混合通风相比较，室内工作区得到较高的空气品质和较高的热舒适性，并具有较高的通风效率。

1.5.1　置换通风原理

图 1-30 是置换通风的气流运动示意图。设在房间下部的送风口以低速在房间下部

送风，气流以类似层流的活塞流的状态缓慢向上移动，到达一定高度时，受热源（如人、设备等）和顶板的影响发生紊流现象，产生紊流区。气流产生热力分层现象出现两个区域，即上部混合区及下部单向流动区。空气温度场和浓度场在这两个区域内有明显的不同特性，下部单向流动区存在一个明显的垂直温度梯度和浓度梯度，而上部紊流混合区的温度场和浓度场则比较均匀。因此，从理论上讲，只要保证分层高度在工作区以上，由于温度低，送风紊流度低，即可保证在工作区大部分区域风速低于 0.15m/s，不产生吹风感。另外，新鲜洁净空气直接吹入工作区，先经过人体，这样就可以保证人体处于一个相对洁净的环境中，从而有效地提高工作区空气品质。排风口设置在房间的顶部，将污染空气排出。送风口送入室内的新鲜空气温度低于室内工作区的温度，空气密度较大，因而下降到地表面。由于风速较低，一般为 0.25m/s 左右，送风的动量很低，以致对室内热源的浮力作用所形成的主导气流无任何的实际影响，低温的新鲜空气如泻水般地扩散到整个地面，从而形成所谓的空气湖。

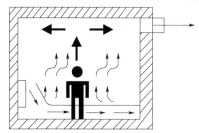

图 1-30　置换通风的气流运动示意图

由于置换通风的主导气流受室内热源所控制，这种通风方式称为热置换通风。

1.5.2　换气效率

通风换气的效果即换气效率不仅与换气次数有关，而且在很大程度上受气流组织的影响。气流分布特性是用室内某点空气或全部空气被更新的时间作为评价指标的，由此就引出了空气龄的问题。

1. 空气质点的空气龄

空气质点的空气龄是指空气质点自进入房间起至到达房间某一点所经历的时间。

2. 局部平均空气龄

局部平均空气龄是指同时到达空间中某一微小区域（即某一空间点）的所有空气质点的空气龄的平均值。空气质点在室内运动过程中会不断吸收有害物，新鲜程度下降。由于局部平均空气龄短的点的空气吸收有害物的机会少，比较新鲜，换气能力强，因此可以用局部平均空气龄来定义换气效率。局部平均空气龄的概念比较抽象，直接测量比较困难，现在一般多以示踪气体为媒介，进行间接测量。

3. 全室平均空气龄

空气刚进入室内时，空气龄为零。所谓整个房间的平均空气龄，就是全室各点的局部平均空气龄的平均值。

空气通过房间所需的最短时间是房间体积与单位换气量之比，称为时间常数。

4. 换气效率

理论上，房间内某一点实际换气时间与单向流通风时的空气龄之比，称为该点的换气效率 ε，该参数反映的是新鲜空气替换原有空气的有效程度。

某点换气效率是随换气时间的增加而下降的，只有对于图 1-31（a）所示的单向流通风，在理论条件下，某点换气效率为 100%；在其他通风方式下，某点换气效率均小于 100%。

对于整个通风房间而言，房间换气效率 η 为实际通风条件下该房间平均空气龄与单向流通风下的比值，该值一般小于 1（除置换通风外），反映了新鲜空气置换原有空气的快慢与单向流通风下置换快慢的比较。

图 1-31 列出了四种不同通风方式下的 ε 和 η 值。

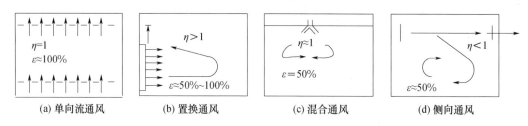

(a) 单向流通风　　(b) 置换通风　　(c) 混合通风　　(d) 侧向通风

图 1-31　四种不同通风方式下的 ε 和 η 值

1.5.3　置换通风的特点

传统的混合通风是以稀释原理为基础的，室内气流多为流体动力控制气流，而置换通风是一种热力控制气流分布。这两种通风方法在设计目标上存在差别，前者是控制整个建筑空间的空气环境，而后者把控制范围局限于室内工作区。

1.5.4　置换通风房间内的自然对流

置换通风房间内的热源有工作人员、办公设备及机器设备三大类。在混合通风的热平衡设计中，仅把热源的发热量作为计算参数而忽略了热源产生的上升气流。置换通风的主导气流是依靠热源产生的上升气流（即烟羽流）而驱动房间内的气流流动。热源产生的热上升气流如图 1-32（a）所示，站姿人产生的热上升气流如图 1-32（b）所示。

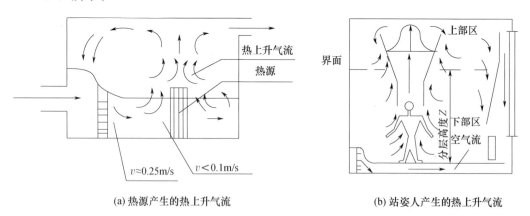

(a) 热源产生的热上升气流　　　　　　(b) 站姿人产生的热上升气流

图 1-32　两种热上升气流

关于热源引起的上升气流流量，现推荐德国妥思公司提供的数据（表 1-3）。

表 1-3　热源引起的上升气流流量

热源形式		有效能量折算（W）	在离地 1.1m 处的空气流量（m³/h）	在离地 1.8m 处的空气流量（m³/h）
人坐或站，轻度或中度劳动		100～120	80～100	180～210
办公设备	台灯	60	40	100
	计算机/传真机	300	100	200
	投影仪	300	100	200
	台式复印机/打印机	400	120	250
	落地式复印机	1000	200	400
	散热器	400	40	100
机器设备	约1m直径，1m高	2000	—	600
	约1m直径，2m高	4000		800
	约2m直径，1m高	6000		900
	约2m直径，2m高	8000		1000

思考题与习题

1. 室内污染物主要有哪些？分别有什么特点？

2. 请通过网络等方式查询南京市室内、外空气污染物状况，特别是近一年室外 PM2.5 月平均水平，并尝试分析这种 PM2.5 污染水平对人体健康的影响。

3. 局部排风系统主要有哪些型式？各自有什么特点？

4. 全面通风量是怎样确定的？

5. 自然通风与置换通风的区别是什么？

6. 已知某车间内生产设备散热量 $Q_1 = 1200\text{kW}$，围护结构失热量 $Q_2 = 420\text{kW}$，上部天窗排风量 $L_{zp} = 3.00\text{m}^3/\text{s}$，局部排风量 $L_{jp} = 6.16\text{m}^3/\text{s}$，自然进风量 $L_{zj} = 0.22\text{m}^3/\text{s}$，室内工作区温度 $t_n = 18℃$，室外空气温度 $t_w = -12℃$，车间内温度梯度为 0.3℃/m，上部天窗中心高 10m（参见图 1-23）。

求：（1）机械进风量 L_{jj}；（2）机械进风温度 t_{jj}；（3）加热机械送风所需的热量 Q_{jj}。

第 2 章　建筑供暖工程

建筑供暖系统主要设计目的是保证建筑物室内卫生和舒适条件的用热需求。本部分的研究对象和主要内容，是以热水或蒸汽作为热媒的建筑物供暖（采暖）系统和集中供热系统，生产工艺方面的用热作为热能工程的主要研究对象，不在本教材介绍范围。

建筑供暖就是提供给室内热量，保持一定的室内温度，以创造适宜的生活条件或者工作条件。所有建筑物供暖系统都是由热媒制备（热源）、热媒输送和热媒利用（散热设备）三个主要部分组成。根据这三个主要组成部分的相互位置关系来分，建筑物供暖系统可分为局部供暖系统和集中式供暖系统。

局部供暖系统为热媒制备、热媒输送和热媒利用三个主要组成部分在构造上都在一起的室内供暖系统，如烟气供暖、电热供暖和燃气供暖等。集中式供暖系统为热源和散热设备分别设置，用热媒管道相连接，由热源向各个房间或各个建筑物供给热量的供暖系统。

图 2-1 是集中式热水供暖系统的示意图。热水锅炉 1 与散热器 2 分别设置，通过热水管道（供水管和回水管）3 相连接。循环水泵 4 使热水在锅炉内加热，在散热器冷却后返回锅炉重新加热。膨胀水箱 5 用于容纳供暖系统升温时的膨胀水量，并使系统保持一定的压力。

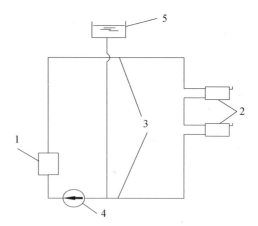

图 2-1　集中式热水供暖系统示意图

1—热水锅炉；2—散热器；3—热水管道；4—循环水泵；5—膨胀水箱

根据室内供暖系统中在室内部分散热设备的散热方式不同，主要可分为对流供暖和辐射供暖两类系统。对流供暖是以对流换热为主要方式。对流供暖系统的室内部分散热设备是散热器时，系统称为散热器供暖系统；对流供暖系统利用热空气作为热媒，向室内供热时，系统称为热风供暖系统。辐射供暖是以辐射传热为主，其散热设备主要是采用金属辐射板或者以建筑物部分顶棚、地板或墙壁作为辐射散热面。

下面分别就室内供暖系统的设计热负荷、室内供暖系统的末端装置、室内热水供暖系统及水力计算等几部分内容进行阐述。

2.1 室内供暖系统的设计热负荷

供暖系统的热负荷是指在某一室外温度 t_w 下，为了达到要求的室内温度 t_n，供暖系统在单位时间内向建筑物供给的热量，它随着建筑物得失热量的变化而变化。

供暖系统的设计热负荷，是指在设计室外温度下，为达到要求的室内温度，供暖系统在单位时间内向建筑物供给的热量，它是设计供暖系统的最基本依据。

2.1.1 室内供暖系统设计热负荷的组成

冬季供暖通风系统的设计热负荷应根据建筑物或房间的得、失热量确定。

失热量 Q_{sh} 有：

（1）围护结构传热耗热量 Q_1。

（2）加热由门、窗缝隙渗入室内的冷空气的耗热量 Q_2，称冷风渗透耗热量。

（3）加热由门、孔洞及相邻房间侵入的冷空气的耗热量 Q_3，称冷风侵入耗热量。

（4）水分蒸发的耗热量 Q_4。

（5）加热由外部运入的冷物料和运输工具的耗热量 Q_5。

（6）通风耗热量：通风系统将空气从室内排到室外所带走的热量 Q_6。

得热量 Q_d 有：

（1）生产车间最小负荷班的工艺设备散热量 Q_7。

（2）非供暖通风系统的其他管道和热表面的散热量 Q_8。

（3）热物料的散热量 Q_9。

（4）太阳辐射进入室内的热量 Q_{10}。

此外，还会有通过其他途径散失或获得的热量 Q_{11}。

对于没有由于生产工艺所带来得、失热量而需设置通风系统的建筑物或房间（如一般的民用住宅建筑、办公楼等），建筑物或房间的热平衡就简单多了。失热量 Q_{sh} 只考虑上述前三项耗热量。得热量 Q_d 只考虑太阳辐射进入室内的热量。至于住宅中其他途径的得热量，如人体散热量、炊事和照明散热量（统称为自由热），一般散发量不大，且不稳定，通常可不予计入。

因此，对没有装置机械通风系统的建筑物，供暖系统的设计热负荷可用下式表示：

$$Q' = Q'_{sh} - Q'_d = Q'_1 + Q'_2 + Q'_3 - Q'_{10} \tag{2-1}$$

式中，带"'"的上标符号均表示在设计工况下的各种参数（下同）。

围护结构的传热耗热量是指当室内温度高于室外温度时，通过围护结构向外传递的热量。在工程设计中，计算供暖系统的设计热负荷时，常把它分成围护结构传热的基本耗热量和附加（修正）耗热量两部分进行计算。基本耗热量是指在设计条件下，通过房间各部分围护结构（门、窗、墙、地板、屋顶等）从室内传到室外的稳定传热量的总和，附加（修正）耗热量是指围护结构的传热状况发生变化而对基本耗热量进行修正的耗热量。附加（修正）耗热量包括风力附加、高度附加、朝向修正和外门附加等耗热量。朝向修正是考虑围护结构的朝向不同，太阳辐射得热量不同而对基本耗热量进行的修正。

因此，在工程设计中，供暖系统的设计热负荷，一般可分几部分进行计算，即

$$Q' = Q'_{1.j} + Q'_{1.x} + Q'_2 + Q'_3 \tag{2-2}$$

式中，$Q'_{1.j}$——围护结构的基本耗热量，kW；

$\quad\quad Q'_{1.x}$——围护结构的附加（修正）耗热量，kW。

计算围护结构附加（修正）耗热量时，太阳辐射得热量 Q'_{10} 可用减去一部分基本耗热量的方法列入，而风力和高度影响用增加一部分基本耗热量的方法进行附加。式（2-2）中前两项表示通过围护结构的计算耗热量，后两项表示室内通风换气所耗的热量。

本章主要阐述供暖系统设计热负荷的计算原则和方法。对具有供暖及通风系统的建筑（如工业厂房和公共建筑等），供暖及通风系统的设计热负荷需要根据生产工艺设备使用或建筑物的使用情况，通过得、失热量的热平衡和通风的空气量平衡综合考虑才能确定。这部分内容在第一章第三节中进行了详细阐述。

2.1.2　围护结构的基本耗热量

在工程设计中，围护结构的基本耗热量是按一维稳定传热过程进行计算的，即假设在计算时间内，室内、外空气温度和其他传热过程参数都不随时间变化。实际上，这是一个不稳定传热过程。但对室内温度允许有一定波动幅度的一般建筑物来说，采用稳定传热计算可以简化计算方法并能基本满足要求。但对于室内温度要求严格，温度波动幅度要求很小的建筑物或房间，就需采用不稳定传热原理进行围护结构耗热量计算。

围护结构各部分基本耗热量，可按下式计算：

$$Q'_{1.j.i} = K_e F_e (t_n - t'_w) a / 1000 \tag{2-3}$$

式中，K_e——围护结构的传热系数，$W/m^2 \cdot ℃$；

$\quad\quad F_e$——围护结构的面积，m^2；

$\quad\quad t_n$——冬季室内计算温度，℃；

$\quad\quad t'_w$——供暖室外计算温度，℃；

$\quad\quad a$——围护结构的温差修正系数，取值可参考中华人民共和国国家标准《民用建筑供暖通风与空气调节设计规范》（GB 50736—2012）。

整个建筑物或房间的基本耗热量 $Q'_{1.j}$ 等于它的围护结构各部分基本耗热量 $Q'_{1.j.i}$ 的总和，即

$$Q'_{1.j} = \sum Q'_{1.j.i} = \sum K_e F_e (t_n - t'_w) a / 1000 \tag{2-4}$$

其中，室内计算温度是指距地面 2m 以内人们活动地区的平均空气温度。

按照国家现行《室内空气质量标准》（GB/T 18883—2002）要求，把民用建筑的主要房间的室内温度范围定为 18～24℃。从设计单位实际调查结果看，较多地把建筑供暖设计温度范围定为 18～20℃。

生产厂房的工作地点的冬季室内计算温度可参考中华人民共和国国家标准《采暖通风与空气调节设计规范》（GB 50019—2003）（简称《暖通规范》，下同）规定取值。

而对于民用建筑的主要房间及辅助建筑物或辅助用室，冬季室内计算温度值应按照最新实施的中华人民共和国国家标准《民用建筑供暖通风与空气调节设计规范》（GB 50736—2012）要求设计：

（1）寒冷地区或严寒地区主要房间应采用 18～24℃。

（2）夏热冬冷地区主要房间宜采用 16～20℃。

（3）辅助建筑物及辅助用室的冬季室内计算温度值，见附录 2-1。

对于高度较高的生产厂房，由于对流作用，上部空气温度必然高于工作地区温度，通过上部围护结构的传热量增加。因此，对于层高超过 4m 的建筑物或房间，冬季室内计算温度 t_n 应按下列规定采用：

（1）计算地面的耗热量时，应采用工作地点的温度，t_g（℃）。

（2）计算屋顶和天窗耗热量时，应采用屋顶下的温度，t_d（℃）。

（3）计算门、窗和墙的耗热量时，应采用室内平均温度 $t_{p.j}$，$t_{p.j}＝（t_g＋t_d）/2$（℃）。

屋顶下的空气温度 t_d 受诸多因素影响，难以用理论方法确定。最好是按已有的类型厂房进行实测确定，或按经验数值，用温度梯度法确定。即

$$t_d＝t_g＋(H_1-2)\Delta t \tag{2-5}$$

式中，H_1——屋顶距地面的高度，m；

　　　　Δt——温度梯度，℃/m。

对于散热量小于 23W/m² 的生产厂房，当其温度梯度值不能确定时，可用工作地点温度计算围护结构耗热量，但应按后面讲述的高度附加的方法进行修正，增大计算耗热量。

2.2　室内供暖系统的末端装置

作为室内供暖系统的末端装置，散热设备向房间传热的方式主要有下列三种：

（1）供暖系统的热媒（蒸汽或热水），通过散热设备的壁面，主要以对流传热方式（对流传热量大于辐射传热量）向房间传热。这种散热设备通称为散热器。

（2）供暖系统的热媒（蒸汽、热水、热空气、燃气或电热），通过散热设备的壁面，主要以辐射方式向房间传热，这种散热设备通称为辐射板。

（3）利用热空气做媒质的对流采暖方式的系统称为热风供暖系统。热风供暖系统既可以采用集中送风的方式，也可以利用暖风机加热室内再循环空气的方式向房间供热。

下面主要阐述两种设备：散热器和钢制辐射板，并对暖风机作简要介绍。

2.2.1　散热器

在中华人民共和国国家标准《民用建筑供暖通风与空气调节设计规范》（GB 50736—2012）中规定散热器供暖系统应采用热水作为热媒，热媒温度为 75/50℃ 或 85/60℃ 连续供暖进行设计。目前国际上的趋势是采用 60℃ 以下低温热水作为热媒。

对散热器的基本要求，主要有以下几点：

（1）热工性能方面的要求。

散热器的传热系数 K 值越高，说明其散热性能越好，可以采用增加外壁散热面积

（在外壁上加肋片）、提高散热器周围空气流动速度和增加散热器向外辐射强度等途径提高其散热性能。

（2）经济方面的要求。

散热器传给房间的单位热量所需金属耗量越少，经济性越好。因此，散热器的金属热强度成为衡量散热器经济性的一个标志。金属热强度是指散热器内热媒平均温度与室内空气温度差为1℃时，每公斤质量散热器单位时间所散出的热量，即

$$q_s = K_s / m_s \qquad (2\text{-}6)$$

式中，q_s——散热器的金属热强度，W/kg·℃；

K_s——散热器的传热系数，W/m²·℃；

m_s——散热器每1m²散热面积的质量，kg/m²。

q_s值越大，说明散出同样的热量所耗的金属量越小。对各种不同材质的散热器，其经济评价标准宜以散热器单位散热量的成本（元/W）来衡量。

（3）安装使用和工艺方面的要求。

散热器应具有一定的机械强度和承压能力；散热器结构尺寸要小；散热器的生产工艺应满足大批量生产的要求。

（4）卫生和美观方面的要求。

（5）使用寿命的要求。

目前，国内生产的散热器种类繁多，按其制造材质，主要有铸铁、钢制散热器两大类；按其构造形式，主要分为柱型、翼型、管型、平板型等。

1. 铸铁散热器

铸铁散热器具有结构简单，防腐性好，使用寿命长以及热稳定性好的优点；但其金属耗量大，且金属热强度低于钢制散热器。我国目前应用较多的铸铁散热器有两种。

（1）翼型散热器

翼型散热器分圆翼型［图2-2（a）］和长翼型［图2-2（b）］两类。

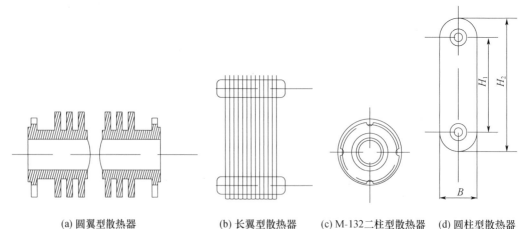

(a) 圆翼型散热器　　(b) 长翼型散热器　　(c) M-132二柱型散热器　　(d) 圆柱型散热器

图2-2　铸铁散热器示意图

1）圆翼型散热器是管子外面带有许多圆形肋片的铸件。管子两端配置法兰，可将

数根组成平行叠置的散热器组。管子最高工作压力：以热水为热媒，水温低于 150℃ 时，$P_b = 0.6\text{MPa}$；以蒸汽为热媒时，$P_b = 0.4\text{MPa}$。

2）长翼型散热器的外表面具有许多竖向肋片，外壳内部为一扁盒状空间。长翼型散热器的标准长度 L 分 200mm、280mm 两种，宽度 $B = 115\text{mm}$，同侧进出口中心距 $H_1 = 500\text{mm}$，高度 $H = 595\text{mm}$，最高工作压力：热水温度低于 130℃ 时，$P_b = 0.4\text{MPa}$；以蒸汽为热媒时，$P_b = 0.2\text{MPa}$。

翼型散热器制造工艺简单，长翼型的造价也较低；但翼型散热器的金属热强度和传热系数比较低，外形不美观，灰尘不易清扫，特别是它的单体散热量较大，设计选用时不易恰好组成所需的面积，因而目前不少设计单位，趋向不选用这种散热器。

（2）柱型散热器

柱型散热器是呈柱状的单片散热器 ［图 2-2（c）、（d）］。外表面光滑，每片各有几个中空的立柱相互连通。根据散热面积的需要，可把各个单片组装在一起形成一组散热器。

我国目前常用的柱型散热器主要有二柱、四柱两种类型。根据国家标准，散热器每片长度 L 有 60mm 和 80mm 两种；宽度 B 有 132mm、143mm 和 164mm 三种，散热器同侧进出口中心距 H_1 有 300mm、500mm、600mm 和 900mm 四种标准规格尺寸。最高工作压力：对普通灰铸铁，当热水温度低于 130℃ 时，$P_b = 0.5\text{MPa}$（当以稀土灰铸铁为材质时，$P_b = 0.8\text{MPa}$）；以蒸汽为热媒时，$P_b = 0.2\text{MPa}$。

柱型散热器有带脚和不带脚的两种片型，便于落地或挂墙安装。

柱型散热器与翼型散热器相比，其金属热强度及传热系数高，外形美观，易清除积灰，容易组成所需的面积，因而得到较广泛应用。

2. 钢制散热器

目前我国生产的钢制散热器主要有下面几种型式：

（1）闭式钢串片对流散热器

由钢管、钢片、联箱、放气阀及管接头组成（图 2-3）。钢管上的串片采用 0.5mm 的薄钢片，串片两端折边 90°形成封闭形。许多封闭垂直空气通道，增强了对流放热能力，同时也使串片不易损坏。

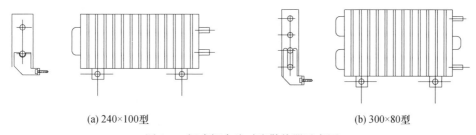

(a) 240×100型　　　　　　　　　　　(b) 300×80型

图 2-3　闭式钢串片对流散热器示意图

闭式钢串片式散热器规格以高×宽表示，其长度可按设计要求制作。

（2）板型散热器

由面板、背板、进出水口接头、防水门固定套及上下支架组成（图 2-4）。背板有带对流片和不带对流片两种板型。面板、背板多用 1.2～1.5mm 厚的冷轧钢板冲压成型，在面板直接压出呈圆弧形或梯形的散热器水道。水平联箱压制在背板上，经复合滚焊形成整体。为增大散热面积，在背板后面焊上 0.5mm 的冷轧钢板对流片。

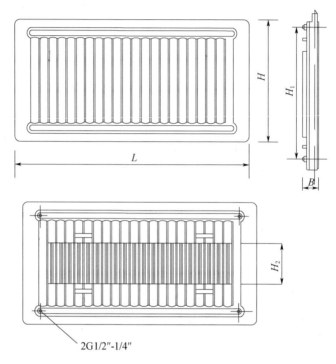

图 2-4　钢制板型散热器示意图

国内散热器标准给出的规格尺寸见表 2-1。

表 2-1　某型号钢制板型散热器尺寸

项目	单位	参数值				
高度	mm	380	480	580	680	980
同侧进出口中心距（H_1）	mm	300	400	500	600	900
对流片高度（H_2）	mm	130	230	330	430	730
宽度	mm	50	50	50	50	50
长度（L）	mm	600，800，1000，1200，1400，1600，1800				

（3）钢制柱型散热器

其构造与铸铁柱型散热器相似，每片也有几个中空立柱（图 2-5）。这种散热器是采用 1.25～1.5mm 厚冷轧钢板冲压延伸形成片状半柱型。将两片片状半柱型钢板经压力滚焊复合成单片，单片之间经气体弧焊联接成散热器。

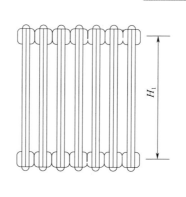

图 2-5 钢制柱型散热器示意图

国内散热器标准给出的规格尺寸见表 2-2。

表 2-2 钢制柱型散热器（标号 GZ-）尺寸

项目	单位	参数值										
高度（H）	mm	400			600			700			1000		
同侧进出口中心距（H_1）	mm	300			500			600			900		
宽度（B）	mm	120	140	160	120	140	160	120	140	160	120	140	160

（4）扁管型散热器

它是采用 52mm×11mm×1.5mm（宽×高×厚）的水通路扁管叠加焊接在一起，两端加上断面 35mm×40mm 的联箱制成（图 2-6）。扁管型散热器外形尺寸是以 52mm 为基数，形成 3 种高度（H）规格：416mm（8 根），520mm（10 根）和 624mm（12 根）。长度（L）由 600mm 起，以 200mm 进位至 2000mm，共 8 种规格。

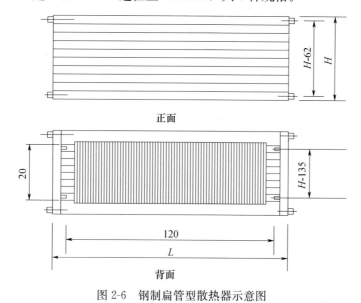

图 2-6 钢制扁管型散热器示意图

扁管散热器的板型有单板、双板、单板带对流片以及双板带对流片四种结构形式。单双板扁管散热器两面均为光板，板面温度较高，有较多的辐射热。

钢制散热器与铸铁散热器相比，具有如下一些特点：

（1）金属耗量少。钢制散热器大多数是由薄钢板压制焊接而成。金属热强度可达 $0.8 \sim 1.0 W/kg \cdot \text{℃}$，而铸铁散热器的金属热强度一般仅为 $0.3 W/kg \cdot \text{℃}$ 左右。

（2）耐压强度高。铸铁散热器的承压能力 $P_b = 0.4 \sim 0.5 MPa$。钢制板型及柱型散热器的最高工作压力可达 $0.8 MPa$；钢串片的承压能力更高，可达 $1.0 MPa$。因此，从承压角度来看，钢制散热器适用于高层建筑供暖和高温水供暖系统。

（3）外形美观整洁，占地小，便于布置。钢制散热器高度较低，扁管和板型散热器厚度薄，占地小，便于布置。

（4）除钢制柱型散热器外，钢制散热器的水容量较少，热稳定性差些。在供水温度偏低而又采用间歇供暖时，散热效果明显降低。

（5）钢制散热器的最主要缺点是容易被腐蚀，使用寿命比铸铁散热器短。此外，在蒸汽供暖系统中不应采用钢制散热器。对具有腐蚀性气体的生产厂房或相对湿度较高的房间，不宜设置钢制散热器。

由于钢制散热器存在上述缺点，它的应用范围受到一些限制。因此，铸铁柱型散热器仍是目前国内应用最广的散热器。

除上述几种钢管散热器外，还有光面管（排管）散热器、钢铝合金散热器等。

除了铸铁及钢制散热器外，也有采用其他材质制造的散热器。

3. 散热器的选用

设计选择散热器时，应符合下列原则性的规定：

（1）散热器的工作压力，当以热水为热媒时，不得超过制造厂规定的压力值。

（2）在民用建筑中，宜采用外形美观，易于清扫的散热器。

（3）在发散粉尘或防尘要求较高的生产厂房，应采用易于清扫的散热器。

（4）在具有腐蚀性气体的生产厂房或相对湿度较大的房间，宜采用铸铁散热器。

（5）热水系统采用钢制散热器时，应采取必要的防腐措施（如表面喷涂，补给水除氧等措施），蒸汽采暖系统不得采用钢制柱型、板型和扁管等散热器。

2.2.2 散热器的计算

散热器计算是确定供暖房间所需散热器的面积和片数。

1. 散热面积的计算

散热器散热面积 F_s 按下式计算：

$$F_s = \frac{Q_s}{K_s(t_{pj} - t_n)} \beta_1 \beta_2 \beta_3 \tag{2-7}$$

式中，Q_s——散热器的散热量，W；

t_{pj}——散热器内热媒平均温度，℃；

t_n——供暖室内计算温度，℃；

K_s——散热器的传热系数，$W/m^2 \cdot \text{℃}$；

β_1——散热器组装片数修正系数；

β_2——散热器连接形式修正系数；

β_3——散热器安装形式修正系数。

2. 散热器内热媒平均温度 t_{pj}

散热器内热媒平均温度 t_{pj} 随供暖热媒（蒸汽或热水）参数和供暖系统形式而定。

（1）在热水供暖系统中，t_{pj} 为散热器进出口水温的算术平均值。

$$t_{pj}=(t_{sg}+t_{sh})/2 \tag{2-8}$$

式中，t_{sg}——散热器进水温度，℃；

t_{sh}——散热器出水温度，℃。

对双管热水供暖系统，散热器的进、出口温度分别按系统的设计供、回水温度计算。

对单管热水供暖系统，由于每组散热器的进、出口水温沿流动方向下降，所以每组散热器的进、出口水温必须逐一分别计算。

（2）在蒸汽供暖系统中，当蒸汽表压力≤0.03MPa 时，t_{pj} 取 100℃；当蒸汽表压力＞0.03MPa 时，t_{pj} 取散热器进口蒸汽压力相应的饱和温度。

3. 散热器传热系数 K_s 及其修正系数值

散热器传热系数 K_s 值的物理概念，是表示当散热器内热媒平均温度 t_{pj} 与室内气温 t_n 相差 1℃时，每 $1m^2$ 散热器面积单位时间内所散出的热量 W，单位为 $W/m^2 \cdot ℃$。它是散热器散热能力强弱的主要标志。影响散热器传热系数的因素很多，只有通过实验方法确定。哈尔滨建筑工程学院、清华大学等单位，利用 ISO 标准试验台对我国常用的散热器进行大量实验，其实验数据见附录 2-2。

采用影响传热系数和散热量的最主要因素——散热器热媒与空气平均温差 Δt，来反映 K_s 和 Q_s 值随其变化的规律，是符合散热器的传热机理的。因为散热器向室内散热，主要取决于散热器外表面的换热阻；而在自然对流传热下，外表面换热阻的大小主要取决于温差 Δt。Δt 越大，则传热系数 K_s 及散热量 Q_s 值越高。

如前所述，散热器的传热系数 K_s 和散热量 Q_s 值是在一定的条件下，通过实验测定的。若实际情况与实验条件不同，则应对所测值进行修正。公式（2-7）中的 β_1、β_2 和 β_3 值都是考虑散热器的实际使用条件与测定实验条件不同，而对 K_s 或 Q_s 值，亦即对散热器面积 F_s 引入的修正系数。

（1）散热器组装片数修正系数 β_1 值

柱型散热器是以 10 片作为实验组合标准。散热器组装片数的修正系数 β_1 值，可按附录 2-3 选用。

（2）散热器连接形式修正系数 β_2 值

当散热器支管与散热器的连接方式不是散热器支管与散热器同侧连接，上进下出时，散热器修正系数 β_2 值，可按附录 2-4 取用。

（3）散热器安装形式修正系数 β_3 值

散热器安装形式修正系数 β_3 值，当散热器明装，敞开布置时 β_3 值可取 1.0；当散热器安装在墙面上并加盖板时，β_3 值可取 1.02～1.05（加盖板距散热器越近取值应越大）；当散热器安装在墙龛内时，β_3 值可取 1.06～1.11（墙龛上部距散热器越近取值应越大）；当散热器安装在墙面，并安装罩子，在罩子上部及前面下端有空气流通孔时，

β_3 值可取 1.12～1.25（空气流通孔越小取值应越大）；当散热器安装在墙面，并安装罩子，在罩子前面上下端有空气流通孔时，β_3 值可取 1.20～1.40（空气流通孔越小取值应越大）；其他形式可参考上述取值办法取值。

散热器表面采用涂料不同，对 K_s 值和 Q_s 值也有影响。银粉（铝粉）的辐射系数低于调合漆，散热器表面涂调和漆时，传热系数比涂银粉漆时高 10% 左右。

在蒸汽供暖系统中，蒸汽在散热器内表面凝结放热，散热器表面温度较均匀，在相同的计算热媒平均温度 t_{pj}（如热水散热器的进、出水温度为 130℃/70℃ 与蒸汽表压力低于 0.03MPa 的情况相对比），蒸汽散热器的传热系数 K_s 值要高于热水散热器的 K_s 值。

4. 散热器片数或长度的确定

按公式（2-7）确定所需散热器面积后（由于每组片数或总长度未定，先按 $\beta_1 = 1$ 计算），可按下式计算所需散热器的总片数或总长度，即

$$n_s = F_s / f_s \tag{2-9}$$

式中，f_s——每片或每 1m 长的散热器散热面积，m^2/片或 m^2/m。

然后根据每组片数或长度乘以修正系数 β_1，最后确定散热器面积。

5. 考虑供暖管道散热量时，散热器散热面积的计算

对于暗装未保温的管道系统，在设计中要考虑热水在管道中的冷却，计算散热器面积时，要用修正系数 β_4（$\beta_4 > 1$）值予以修正。β_4 值可查阅一些设计手册。

对于明装于供暖房间内的管道，考虑到全部或部分管道的散热量会进入室内，抵消热水冷却的影响，因而计算散热面积时，通常可不考虑这个修正因素。

在精确计算散热器散热量的情况下（如民用建筑的标准设计或室内温度要求严格的房间），应考虑明装供暖管道散入供暖房间的散热量。供暖管道散入房间的热量，可用下式计算：

$$Q_g = f_s K_g l \Delta t \eta \tag{2-10}$$

式中，Q_g——供暖管道散热量，W；

　　　f_s——每米长管道的表面积，m^2；

　　　l——明装供暖管道长度，m；

　　　K_g——管道的传热系数，W/m^2 · ℃；

　　　Δt——管道内热媒温度与室内温度差，℃；

　　　η——管道安装位置的修正系数。

沿顶棚下面的水平管道，$\eta = 0.5$；沿地面上的水平管道，$\eta = 1.0$；立管，$\eta = 0.75$；连接散热器的支管，$\eta = 1.0$。

计算散热器散热面积时，应减去供暖管道散入房间的热量。同时应注意，需要计算出热媒在管道中的温降，以求出进入散热器的实际水温 t_g，并用此参数确定各散热器的传热系数 K_s 值或 Q_s 值，然后扣除相应管道的散热量，再确定散热器面积。

6. 散热器的布置

布置散热器时，应注意下列的一些规定：

（1）散热器一般应安装在外墙的窗台下，这样沿散热器上升的对流热气流能阻止和改善从玻璃窗下降的冷气流和玻璃冷辐射的影响，使流经室内的空气比较暖和舒适。

（2）为防止冻裂散热器，两道外门之间，不准设置散热器。在楼梯间或其它有冻结危险的场所，其散热器应由单独的立、支管供热，且不得装设调节阀。

（3）散热器一般应明装，布置简单。内部装修要求较高的民用建筑可采用暗装。托儿所和幼儿园应暗装或加防护罩，以防烫伤儿童。

（4）在垂直单管或双管热水供暖系统中，同一房间的两组散热器可以串联连接；贮藏室、盥洗室、厕所和厨房等辅助用室及走廊的散热器，可同邻室串联连接。两串联散热器之间的串联管直径应与散热器接口直径（一般为 $\Phi 1\frac{1}{4}''$）相同，以便水流畅通。

（5）在楼梯间布置散热器时，考虑楼梯间热流上升的特点，应尽量布置在底层或按一定比例分布在下部各层。

（6）铸铁散热器的组装片数，不宜超过下列数值。

粗柱型（包括柱翼型）——20 片；细柱型——25 片；长翼型——7 片。

【例 2-1】　某房间设计热负荷为 1800W，室内安装 M-132 型散热器，散热器明装，上部有窗台板覆盖，散热器距窗台板高度为 150mm。供暖系统为双管上供式。设计供、回水温度为 95℃/70℃，室内供暖管道明装，支管与散热器的连接方式为同侧连接，上进下出，计算散热器面积时，不考虑管道向室内散热的影响。求散热器面积及片数。

【解】　已知：$Q_s = 1800W$，$t_{pj} = (95+70)/2 = 82.5℃$，$t_n = 18℃$，$\Delta t = t_{pj} - t_n = 82.5 - 18 = 64.5℃$

查附录 2-2，对 M-132 型散热器

$$K_s = 2.426\Delta t^{0.286} = 2.426 \times 64.5^{0.286} = 7.99 W/m^2 \cdot ℃$$

修正系数：

散热器组装片数修正系数，先假定 $\beta_1 = 1.0$；

散热器连接形式修正系数，查附录 2-4，$\beta_2 = 1.0$；

散热器安装形式修正系数，根据上面表述，$\beta_3 = 1.02$。

根据公式（2-7）得

$$F'_s = \frac{Q_s}{K_s\Delta t}\beta_1\beta_2\beta_3 = \frac{1800}{7.99 \times 64.5} \times 1.0 \times 1.0 \times 1.02 = 3.56 m^2$$

M-132 型散热器每片散热面积为 0.24m²，计算片数 n'_s 为

$$n'_s = F'_s/f_s = 3.56/0.24 = 14.8 片 \approx 15 片$$

查附录 2-3，当散热器片数为 11～20 片时，$\beta_1 = 1.05$。

因此，实际所需散热器面积为

$$F_s = F'_s \cdot \beta_1 = 3.56 \times 1.05 = 3.74 m^2$$

实际采用片数 n_s 为

$$n_s = F_s/f_s = 3.74/0.24 = 14.96 片$$

取整数，应采用 M-132 型散热器 15 片。

2.2.3　钢制辐射板

设置钢制辐射板的辐射供暖系统，通常也称为中温辐射供暖系统（其板面平均温度

为 80~200℃），这种系统主要应用于工业厂房。

1. 钢制辐射板的型式

根据辐射板长度的不同，钢制辐射板有块状辐射板和带状辐射板两种型式。

图 2-7 是《全国通用建筑标准设计图集》（CN 501-1）中介绍的钢制块状辐射板构造示意图。

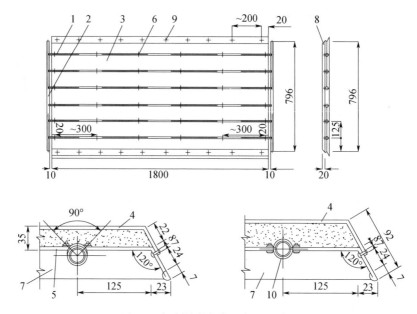

图 2-7　钢制块状辐射板构造示意图

1—加热器；2—连接管；3—辐射板表面；4—辐射板背面；5—垫板；
6—等长双头螺栓；7—侧板；8—隔热材料；9—铆钉；10—内外管卡

钢制辐射板的特点是采用薄钢板，小管径和小管距。薄钢板的厚度一般为 0.5~1.0mm，加热管通常为水煤气管，管径为 DN15、20、25；保温材料为蛭石、珍珠岩、岩棉等。

根据钢管与钢板连接方式不同，单块钢制辐射板分为 A 型和 B 型两类。

A 型：加热管外壁周长的 1/4 嵌入钢板槽内，并以 U 型螺栓固定；

B 型：加热管外壁周长的 1/2 嵌入钢板槽内，并以管卡固定。

辐射板的背面处理，有另加背板内填散装保温材料、带块状或毡状保温材料、和背面不保温等几种方式。

辐射板背面加保温层，是为了减少背面方向的散热损失，让热量集中在板前辐射出去，这种辐射板称为单面辐射板。它向背面方向的散热量，约占板总散热量的 10%。

背面不保温的辐射板，称为双面辐射板。双面辐射板可以垂直安装在多跨车间的两跨之间，使其双向散热，其散热量比同样的单面辐射板增加 30% 左右。

钢制块状辐射板构造简单，加工方便，便于就地生产，在同样的放热情况下，它的耗金属量可比铸铁散热器供暖系统节省 50% 左右。

带状辐射板是将单块辐射板按长度方向串联而成的。带状辐射板通常采用沿房屋的长度方向布置，长达数十米，水平吊挂在屋顶下或屋架下弦下部（图 2-8）。

(a) 组成

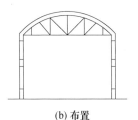
(b) 布置

图 2-8　带状辐射板示意图

带状辐射板适用于大空间建筑。带状辐射板与块状板比较，由于排管较长，加工安装不便；而且排管的热膨胀，排空气以及排凝结水等问题也较难解决。

2. 钢制辐射板的散热量

钢制辐射板的散热量，包括辐射散热量和对流散热量两部分，即

$$Q_{gf} = Q_f + Q_d \tag{2-11}$$

$$Q_f = \theta C_0 \Psi F_f \left[\left(\frac{T_1}{100} \right)^4 - \left(\frac{T_2}{100} \right)^4 \right] \tag{2-12}$$

$$Q_d = \alpha F_f (t_1 - t_2) \tag{2-13}$$

式中，Q_f——辐射板的辐射放热量，W；

Q_d——辐射板的对流放热量，W；

θ——辐射板表面材料的黑度，它与油漆的光泽等有关，无光漆取 0.91～0.92；

C_0——绝对黑体的辐射系数，$C_0 = 5.67 \text{W/m}^2 \cdot \text{K}^4$；

Ψ——辐射角系数，对封闭房间 Ψ 取 1.0；

F_f——辐射板的表面积，m^2；

T_1——辐射板的表面平均温度，K；

T_2——房间围护结构的内表面平均温度，K；

α——辐射板的对流换热系数，$\text{W/m}^2 \cdot \text{℃}$；

t_1——辐射板的平均温度，℃；

t_2——辐射板前的空气温度，℃。

实际上，辐射板的散热量通常都是通过实验方法，给出不同构造的辐射板在不同条件下的散热量，供工程设计选用。

3. 钢制辐射板的设计与安装

在工程设计中，当采用辐射板供暖系统向整个建筑物或房间全面供暖时，建筑物或房间的供暖设计耗热量，可近似地按下式计算：

$$Q_f' = \omega Q' \tag{2-14}$$

式中，Q'——对流供暖系统耗热量设计方法得出的设计耗热量，W；

Q_f'——全面辐射供暖的设计耗热量，W；

ω——修正系数，$\omega = 0.8～0.9$。

确定全面辐射供暖设计耗热量后，即可确定所需的块状或带状辐射板的块数 n_f，即

$$n_f = \frac{Q_f'}{q_f} \tag{2-15}$$

式中，q_f——单块辐射板的散热量，W。

辐射板的辐射放热量与板的表面平均温度 T_1 的四次方成单调增加函数关系，即 T_1 越高，辐射放热量增大越多。因此，应尽可能提高辐射板供暖系统的热媒温度。一般宜以蒸汽作为热媒，蒸汽表压力宜高于或等于 400kPa，不应低于 200kPa；以热水作为热媒时，热水平均温度不宜低于 110℃。

钢制辐射板的安装，可有下列三种形式，如图 2-9 所示。

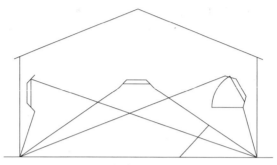

图 2-9　辐射板安装示意图

（1）水平安装，热量向下辐射。

（2）倾斜安装，倾斜安装在墙上或柱间，热量倾斜向下方辐射。采用时应注意选择合适的倾斜角度，一般应使板中心的法线通过工作区。

（3）垂直安装，单面板可以垂直安装在墙上，双面板可以垂直安装在两个柱子之间，向两面散热。

钢制辐射板的最低安装高度，应根据热媒平均温度和安装角度，按附录 2-5 采用。

此外，在布置全面采暖的辐射板时，应尽量使生活地带或作业地带的辐射照度均匀，并应适当增多外墙和大门处的辐射板数量。

如前所述，钢制辐射板还通常作为大型车间内局部区域供暖的散热设备，在此情况下，考虑温度较低的非局部区域的影响，可按整个房间全面辐射供暖时算得的耗热量，乘以该局部区域与所在房间面积的比值并乘以表 2-3 所规定的附加系数，确定局部区域辐射供暖的耗热量。

表 2-3　局部区域辐射供暖耗热量的附加系数

供暖区域面积与房间总面积比	0.5	0.4	0.25
附加系数	1.30	1.35	1.50

2.2.4　暖风机

暖风机是由通风机、电动机及空气加热器组合而成的联合机组。在风机的作用下，空气由吸风口进入机组，经空气加热器加热后，从送风口送至室内，以维持室内要求的温度。

暖风机分为轴流式与离心式两种，常称为小型暖风机和大型暖风机。根据其结构特点及使用的设备不同，又可分为蒸汽暖风机，热水暖风机，蒸汽、热水两用暖风机以及冷、热水两用暖风机等。目前国内常用的轴流式暖风机主要有蒸汽、热水两用的 NC 型和 NA 型暖风机（图 2-10）和冷、热水两用的 S 型暖风机；离心式大型暖风机主要有蒸汽、热水两用的 NBL 型暖风机（图 2-11）。

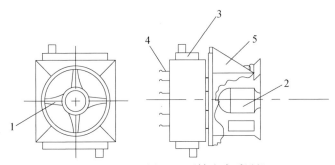

图 2-10　NC 型和 NA 型轴流式暖风机

1—轴流式风机；2—电动机；3—加热器；4—百叶片；5—外壳

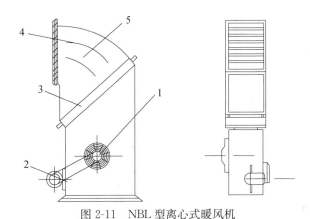

图 2-11　NBL 型离心式暖风机

1—离心式风机；2—电动机；3—加热器；4—导流叶片；5—外壳

2.3　室内热水供暖系统及水力计算

2.3.1　室内热水供暖系统的分类

以热水作为热媒的供暖系统，称为热水供暖系统。

热水供暖系统，可按下述方法分类：

（1）按系统循环动力的不同，可分为重力（自然）循环系统和机械循环系统。靠水的密度差进行循环的系统，称为重力循环系统；靠机械（水泵）力进行循环的系统，称为机械循环系统。

（2）按供、回水方式的不同，可分为单管系统和双管系统。热水经立管或水平供水管顺序流过多组散热器，并按顺序地在各散热器中冷却的系统，称为单管系统。热水经供水立管或水平供水管平行地分配给多组散热器，冷却后的回水自每个散热器直接沿回水立管或水平回水管流回热源的系统，称为双管系统。

（3）按系统管道敷设方式的不同，可分为垂直式和水平式系统。

（4）按热媒温度的不同，可分为低温水供暖系统和高温水供暖系统。

我国习惯认为，水温低于或等于100℃的热水，称为低温水，水温超过100℃的热水，称为高温水。目前，欧洲许多国家已经开始采用60℃以下的低温热水供暖。

室内热水供暖系统，大多采用低温水作为热媒。设计供、回水温度多采用95℃/70℃（也有采用85℃/60℃的情况），实际上正在运行的绝大多数供暖系统并没有采用95℃/70℃运行，因为研究表明采用散热器的集中供暖系统，当二次网设计参数取75℃/50℃时年运行费用最低，其次是85℃/60℃。高温水供暖系统一般宜在生产厂房中应用。设计供、回水温度大多采用120～130℃/70～80℃。

1. 重力（自然）循环热水供暖系统

（1）重力循环热水供暖系统的工作原理及其作用压力

图2-12是重力循环热水供暖系统的工作原理图。在图中假设整个系统只有一个放热中心1（散热器）和一个加热中心2（锅炉），用供水管3和回水管4把锅炉与散热器相连接，在系统的最高处连接一个膨胀水箱5，用它容纳水在受热后膨胀而增加的体积。

在系统工作之前，先将系统中充满冷水。当水在锅炉内被加热后，密度减小，同时受从散热器流回来密度较大的回水的驱动，使热水沿供水干管上升，流入散热器。在散热器内水被冷却，再沿回水干管流回锅炉。这样形成如图2-12箭头所示的方向循环流动。

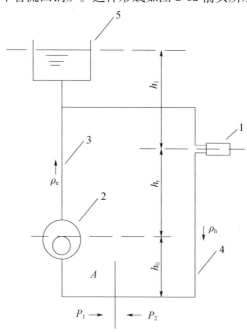

图2-12　重力循环热水供暖系统工作原理图

1—散热器；2—热水锅炉；3—供水管路；4—回水管路；5—膨胀水箱

由此可见，重力循环热水供暖系统的循环作用压力的大小，取决于水温（水的密度）在循环环路的变化状况。为了简化分析，先不考虑水在沿管路流动时因管壁散热而使水不断冷却的因素，认为在图2-12的循环环路内，水温只在锅炉（加热中心）和散热器（冷却中心）两处发生变化，以此来计算循环作用压力的大小。

如假设图 2-12 的循环环路最低点的断面 $A—A$ 处有一个假想阀门。若突然将阀门关闭，则在断面 $A—A$ 两侧受到不同的水柱压力。这两方所受到的水柱压力差就是驱使水在系统内进行循环流动的作用压力。

设 P_1 和 P_2 分别表示 $A—A$ 断面右侧和左侧的水柱压力，则

$$p_1 = g(h_0\rho_h + h_r\rho_h + h_1\rho_g)$$
$$p_2 = g(h_0\rho_h + h_r\rho_g + h_1\rho_g)$$

断面 $A—A$ 两侧之差值，即系统的循环作用压力为

$$\Delta p = p_1 - p_2 = gh_r(\rho_h - \rho_g) \tag{2-16}$$

式中，Δp——重力循环系统的作用压力，Pa；

　　　g——重力加速度，m/s^2，取 $9.81 m/s^2$；

　　　h_r——冷却中心至加热中心的垂直距离，m；

　　　ρ_h——回水密度，kg/m^3；

　　　ρ_g——供水密度，kg/m^3。

不同水温下水的密度，见附录 2-6。

由公式（2-16）可见，起循环作用的只有散热器中心和锅炉中心之间这段高度内的水柱密度差。如供水温度为 95℃，回水 70℃，则每米高差可产生的作用压力为

$$\Delta p = p_1 - p_2 = gh_r(\rho_h - \rho_g) = 9.81 \times 1 \times (977.81 - 961.92) = 156 Pa。$$

（2）重力循环热水供暖系统的主要型式

重力循环热水供暖系统主要分双管和单管两种型式。图 2-13（a）为双管上供下回系统，右侧图 2-13（b）为单管上供下回顺流式系统。

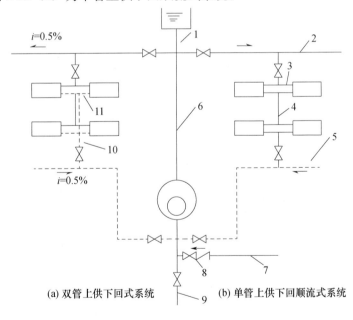

图 2-13　重力循环热水供暖系统

1—膨胀水箱连接管；2—供水干管；3—散热器供水支管；4—供水立管；5—回水干管；6—总立管；

7—充水管（接上水管）；8—止回阀；9—泄水管（接下水道）；10—回水立管；11—回水支管

上供下回式重力循环热水供暖系统管道布置的一个主要特点是：系统的供水干管必须有向膨胀水箱方向上升的流向，其反向的坡度为 $0.5\% \sim 1.0\%$；散热器支管的坡度一般取 1.0%。这是为了使系统内的空气能顺利地排除，因系统中若积存空气，就会形成气塞，影响水的正常循环。在重力循环系统中，水的流速较低，水平干管中流速小于 $0.2\mathrm{m/s}$，在干管中空气气泡的浮升速度为 $0.1 \sim 0.2\mathrm{m/s}$，在立管中约为 $0.25\mathrm{m/s}$。因此，在上供下回重力循环热水供暖系统充水和运行时，空气能逆着水流方向，经过供水干管聚集到系统的最高处，通过膨胀水箱排除。

为使系统顺利排除空气和在系统停止运行或检修时能通过回水干管顺利地排水，回水干管应有向锅炉方向的向下坡度。

（3）重力循环热水供暖双管系统作用压力的计算

在如图 2-14 的双管系统中，由于供水同时在上、下两层散热器内冷却，形成了两个并联环路和两个冷却中心。它们的作用压力分别为

$$\Delta p_1 = g h_1 (\rho_{\mathrm h} - \rho_{\mathrm g}) \tag{2-17}$$

$$\Delta p_2 = g(h_1 + h_2)(\rho_{\mathrm h} - \rho_{\mathrm g}) = \Delta p_1 + g h_2 (\rho_{\mathrm h} - \rho_{\mathrm g}) \tag{2-18}$$

式中，Δp_1——通过底层散热器 aS_1b 环路的作用压力，Pa；

Δp_2——通过上层散热器 aS_2b 环路的作用压力，Pa。

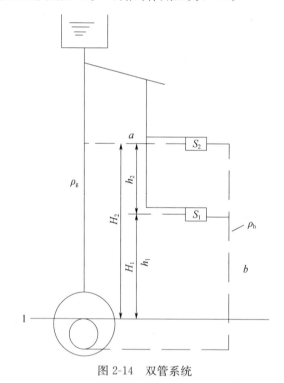

图 2-14 双管系统

由公式（2-18）可见，通过上层散热器环路的作用压力比通过底层散热器的大，其差值为：$g h_2 (\rho_{\mathrm h} - \rho_{\mathrm g})$ Pa。因而在计算上层环路时，必须考虑这个差值。

由此可见，在双管系统中，由于各层散热器与锅炉的高差不同，虽然进入和流出各层散热器的供、回水温度相同（不考虑管路沿途冷却的影响），也将形成上层作用压力

大，下层压力小的现象。如选用不同管径仍不能使各层阻力损失达到平衡，由于流量分配不均，必然要出现上热下冷的现象。

在供暖建筑物内，同一竖向的各层房间的室温不符合设计要求的温度，而出现上、下层冷热不均的现象，通常称作系统垂直失调。由此可见，双管系统的垂直失调，是由于通过各层的循环作用压力不同而出现的；而且楼层数越多，上下层的作用压力差值越大，垂直失调就会越严重。

（4）重力循环热水供暖单管系统作用压力的计算

如前所述，单管系统的特点是热水顺序流过多组散热器，并逐个冷却，冷却后回水返回热源。

在图 2-15 所示的上供下回单管式系统中，散热器 S_2 和 S_1 串联。由图 2-15 分析可见，引起重力循环作用压力的高差是（$h_1 + h_2$）m，冷却后水的密度分别为 ρ_2 和 ρ_h，其循环作用压力值为

$$\Delta p = g h_1 (\rho_h - \rho_g) + g h_2 (\rho_2 - \rho_g) \tag{2-19}$$

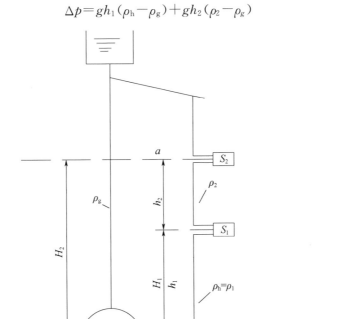

图 2-15　单管系统

公式（2-19）也可改写为

$$\Delta p = g(h_1 + h_2)(\rho_2 - \rho_g) + g h_1(\rho_h - \rho_2) = g H_2(\rho_2 - \rho_g) + g H_1(\rho_h - \rho_2)$$

同理，如图 2-16 所示，若循环环路中有 N 组串联的冷却中心（散热器）时，其循环作用压力可用一个通式表示，即

$$\Delta p = \sum_{i=1}^{N} g h_i (\rho_i - \rho_g) = \sum_{i=1}^{N} g H_i (\rho_i - \rho_{i+1}) \tag{2-20}$$

式中，N——在循环环路中，冷却中心的总数；

i——表示 N 个冷却中心的顺序数，令沿水流方向最后一组散热器为 $i=1$；

g——重力加速度，m/s^2，$g=9.81m/s^2$；

ρ_g——供暖系统供水的密度，kg/m^3；

h_i——从计算的冷却中心 i 到冷却中心（$i-1$）之间的垂直距离，m，当计算的冷却中心 $i=1$（沿水流方向最后一组散热器）时，h_i 表示与锅炉中心的垂直距离，m；

ρ_i——流出所计算的冷却中心的水的密度，kg/m^3；

H_i——从计算的冷却中心到锅炉中心的垂直距离，m；

ρ_{i+1}——进入所计算的冷却中心 i 的水的密度，kg/m^3（当 $i=N$ 时，$\rho_{i+1}=\rho_g$）。

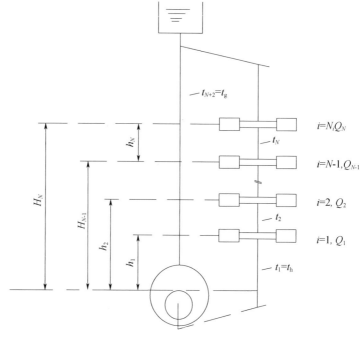

图 2-16　计算单管系统中层立管水温示意图

从作用压力的计算公式可见，单管热水供暖系统的作用压力与水温变化，加热中心与冷却中心的高度差以及冷却中心的个数等因素有关。每一根立管只有一个重力循环作用压力，而且即使最底层的散热器低于锅炉中心（h_1 为负值），也可能使水循环流动。

为了计算单管系统重力循环作用压力，需要求出各个冷却中心之间管路中水的密度 ρ_i。为此，就首先要确定各散热器之间管路的水温 t_i。

现仍以图 2-16 为例，设供、回水温度分别为 t_g、t_h。建筑物为八层（$N=8$），每层散热器的散热量分别为 Q_1、Q_2、$\cdots$、Q_8，即立管的热负荷为

$$\sum Q = Q_1 + Q_2 + \cdots + Q_8 \tag{2-21}$$

通过立管的流量，按其所担负的全部热负荷计算，可用下式确定：

$$G_1 = \frac{A\sum Q}{c(t_g - t_h)} = \frac{3.6\sum Q}{4.187(t_g - t_h)} = 0.86\frac{\sum Q}{(t_g - t_h)} \tag{2-22}$$

式中，$\sum Q$——立管的总热负荷，W；

$\qquad t_g$、t_h——立管的供、回水温度，℃；

$\qquad c$——水的热容量，$c=4.187 \text{kJ/kg} \cdot \text{℃}$；

$\qquad A$——单位换算系数（$1W=1J/s=3600/1000\text{kJ/h}=3.6\text{kJ/h}$）。

流出某一层（如第 2 层）散热器的水温 t_2，根据上述热平衡方式计算：

$$G_2 = 0.86 \frac{(Q_2 + Q_3 + \cdots + Q_8)}{(t_g - t_2)} \tag{2-23}$$

公式（2-23）与公式（2-22）相等，由此，可求出流出第二层散热器的水温 t_2 为

$$t_2 = t_g - \frac{(Q_2 + Q_3 + \cdots Q_8)}{\sum Q}(t_g - t_h) \tag{2-24}$$

根据上述计算方法，串联 N 组散热器的系统，流出第 i 组散热器的水温 t_i（令沿水流动方向最后一组散热器为 $i=1$），可按下式计算：

$$t_i = t_g - \frac{\sum\limits_{i}^{N} Q_i}{\sum Q}(t_g - t_h) \tag{2-25}$$

式中，t_i——流出第 i 组散热器的水温，℃；

$\sum\limits_{i}^{N} Q_i$——沿水流动方向，在第 i 组（包括第 i 组）散热器前的全部散热器的散热

$\qquad\qquad$ 量，W；

其他符号同前。

当管路中各管段的水温 t_i 确定后，相应可确定其 ρ_i 值。利用公式（2-20），即可求出单管重力循环系统的作用压力值。

单管系统与双管系统相比，除了作用压力计算不同外，各层散热器的平均进、出水温度也是不相同的。在双管系统中，各层散热器的平均进、出水温度是相同的；而在单管系统中，各层散热器的进、出口水温是不相等的。越在下层，进水温度越低，因而各层散热器的传热系数 K_s 值也不相同。由于这个影响，单管系统立管的散热器总面积一般比双管系统的稍大些。

在单管系统运行期间，由于立管的供水温度或流量不符合设计要求，也会出现垂直失调现象，这是由于各层散热器的传热系数 K_s 随各层散热器平均计算温度差的变化程度不同而引起的。

在上述的计算里，并没有考虑水在管路中沿途冷却的因素，假设水温只在加热中心（锅炉）和冷却中心（散热器）发生变化。水的温度和密度沿循环环路不断变化，它不仅影响各层散热器的进、出口水温，同时也增大了循环作用压力，由于重力循环作用压力也考虑在内。

在工程计算中，首先按公式（2-17）和公式（2-18）的方法，确定只考虑水在散热器内冷却时产生的作用压力；然后再根据不同情况，增加一个考虑水在循环管路中冷却的附加作用压力。它的大小与系统供水管路布置状况、楼层高度、所计算的散热器与锅炉之间的水平距离等因素有关，其数值选用，可参考附录 2-7。

总的重力循环作用压力，可用下式表示：

$$\Delta p_{zh} = \Delta p + \Delta p_f \tag{2-26}$$

式中，Δp——重力循环系统中，水在散热器内冷却所产生的作用压力，Pa；

Δp_f——水在循环环路中冷却的附加作用压力，Pa。

重力循环热水供暖系统通常只能在单幢建筑物中应用，其作用半径不宜超过50m。

2. 机械循环热水供暖系统

机械循环热水供暖系统与重力循环系统的主要差别在系统中设置了循环水泵，靠水泵的机械能，使水在系统中强制循环。在机械循环系统中，设置了循环水泵，增加了系统的经常运行电费和维修工作量；但由于水泵所产生的作用压力很大，因而供暖范围可以扩大。机械循环热水供暖系统不仅可用于单幢建筑物中，也可以用于多幢建筑，甚至发展为区域热水供暖系统。机械循环热水供暖系统成为应用最广泛的一种供暖系统。

现将机械循环热水供暖系统的主要型式分述如下。

（1）垂直式系统

垂直式系统，按供、回水干管布置位置不同，有下列几种型式：

① 上供下回式双管和单管热水供暖系统。

② 下供下回式双管热水供暖系统。

③ 中供式热水供暖系统。

④ 下供上回式（倒流式）热水供暖系统。

⑤ 混合式热水供暖系统。

1）机械循环上供下回式热水供暖系统

图2-17为机械循环上供下回式热水供暖系统。图左侧为双管式系统，图右侧为单管式系统。机械循环系统除膨胀水箱的连接位置与重力循环系统不同外，还增加了循环水泵和排气装置。

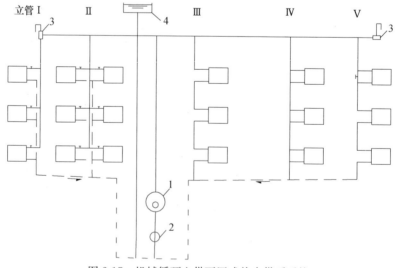

图 2-17　机械循环上供下回式热水供暖系统
1—热水锅炉；2—循环水泵；3—集气装置；4—膨胀水箱

在机械循环系统中，水流速度往往超过从水中分离出来的空气气泡的浮升速度。为了使气泡不致被带入立管，供水干管应按水流方向设上升坡度，使气泡随水流方向流动汇集到系统的最高点，通过在最高点设置排气装置 3，将空气排出系统外。供水及回水干管的坡度，宜采用 0.003，不得小于 0.002，回水干管的坡向与重力循环系统相同，应使系统水能顺利排出。

图 2-17 左侧的双管式系统，在管路与散热器连接方式上与重力循环系统没有差别。

图 2-17 右侧立管 III 是单管顺流式系统。单管顺流式系统的特点是立管中全部的水量顺次流入各层散热器。顺流式系统型式简单、施工方便、造价低，是国内目前一般建筑广泛应用的一种型式。它最严重的缺点是不能进行局部调节。

图 2-17 右侧立管 IV 是单管跨越式系统。立管的一部分水量流进散热器，另一部分立管水量通过跨越管与散热器流出的回水混合，再流入下层散热器。与顺流式相比，由于只有部分立管水量流入散热器，在相同的散热量下，散热器的出水温度降低，散热器中热媒和室内空气的平均温差 Δt 减小，因而所需的散热器面积比顺流式系统大一些。

在高层建筑（通常超过六层）中，国内出现了一种跨越式与顺流式相结合的系统型式，上部几层采用跨越式，下部采用顺流式（如图 2-17 右侧立管 V 所示）。通过调节设置在上层跨越管段上的阀门开启度，在系统试运转或运行时，调节进入上层散热器的流量，可适当地减轻供暖系统中经常会出现的上热下冷的现象。但这种折中形式，并不能从设计角度有效地解决垂直失调和散热器的可调节性能。

对一些要求室温波动很小的建筑（如高级旅馆等），可在双管和单管跨越式系统散热器支管上设置室温调节阀，以代替手动的阀门（图 2-17）。

图 2-17 所示的上供下回式机械循环热水供暖系统的几种型式，也可用于重力循环系统上。

2）机械循环下供下回式双管系统

下供下回式管道布置合理，是最常用的一种布置型式，如图 2-18 所示。

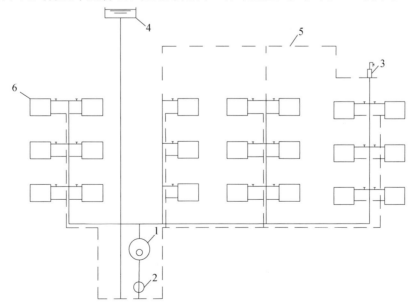

图 2-18　机械循环下供下回式双管系统

1—热水锅炉；2—循环水泵；3—集气罐；4—膨胀水箱；5—空气管；6—冷风阀

系统的供水和回水干管都敷设在底层散热器下面，在设有地下室的建筑物，或在平屋顶建筑顶棚下难以布置供水干管的场合，常采用下供下回式系统。

3）机械循环中供式热水供暖系统

如图 2-19 所示，从系统总立管引出的水平供水干管敷设在系统的中部。上部系统可采用下供下回式［双管，见图 2-19（a）］，下部系统可采用上供下回式［单管，见图 2-19（b）］。中供式系统可避免由于顶层梁底标高过低，致使供水干管挡住顶层窗户的不合理布置，并减轻了上供下回式楼层过多，易出现垂直失调的现象；但上部系统要增加排气装置。

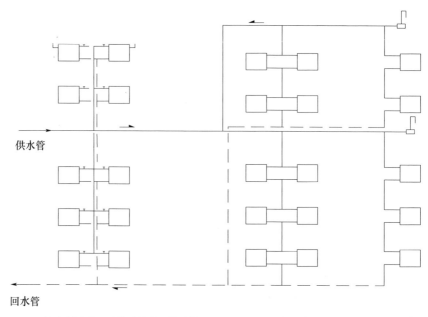

(a) 上部系统—下供下回式双管系统　　　　　(b) 下部系统—上供下回式单管系统

图 2-19　机械循环中供式热水供暖系统

4）机械循环下供上回式（倒流式）热水供暖系统

如图 2-20 所示，系统的供水干管设在下部，而回水干管设在上部，顶部还设置有顺流式膨胀水箱。立管布置主要采用顺流式。

5）机械循环混合式热水供暖系统

如图 2-21 所示，混合式系统是由下供上回式（倒流式）和上供下回式两组串联组成的系统。

6）异程式系统与同程式系统

如图 2-17 所示，通过立管 III 循环环路的总长度比通过立管 V 的短，这种布置型式称为异程式系统。异程式系统供、回水干管的总长度短，但在机械循环系统中，由于作用半径较大，连接立管较多，因而通过各个立管环路的压力损失较难平衡。有时靠近总立管最近的立管，即使选用了最小的管径 ϕ15mm，仍有很多的剩余压力。初调节不当时，就会出现近处立管流量超过要求，而远处立管流量不足。在远、近立管处出现流量失调而引起在水平方向冷热不均的现象，称为系统的水平失调。

图 2-20　机械循环下供上回式（倒流式）热水供暖系统

1—热水锅炉；2—循环水泵；3—膨胀水箱

注：i 代表水平管道坡度。

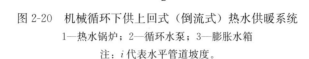

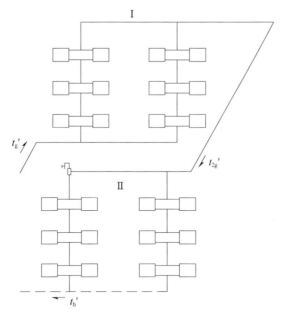

图 2-21　机械循环混合式热水供暖系统

　　为了消除或减轻系统的水平失调，在供、回水干管走向布置方面，可采用同程式系统。同程式系统的特点是通过各个立管的循环环路的总长度都相等，如图 2-22 所示。

　　（2）水平式系统

　　水平式系统按供水管与散热器的连接方式分，同样可分为顺流式（图 2-23）和跨越式（图 2-24）两类，在机械循环和重力循环系统中都可应用。

53

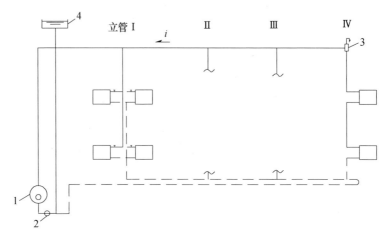

图 2-22　同程式系统

1—热水锅炉；2—循环水泵；3—集气罐；4—膨胀水箱

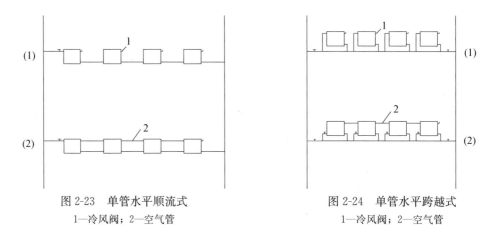

图 2-23　单管水平顺流式

1—冷风阀；2—空气管

图 2-24　单管水平跨越式

1—冷风阀；2—空气管

3. 高层建筑热水供暖系统

目前国内高层建筑热水供暖系统，有如下几种型式。

（1）分层式供暖系统

在高层建筑供暖系统中，垂直方向分成两个或两个以上的独立系统称为分层式供暖系统。

下层系统通常与室外网路直接连接。上层系统与外网采用隔绝式连接（图 2-25），利用水加热器使上层系统的压力与室外网路的压力隔绝。上层系统采用隔绝式连接，是目前常用的一种型式。

当外网供水温度较低，可考虑采用如图 2-26 所示的双水箱分层式供暖系统。

（2）双线式系统

双线式系统有垂直式和水平式两种型式。

1）垂直双线式单管热水供暖系统

垂直双线式单管热水供暖系统，如图 2-27 所示。

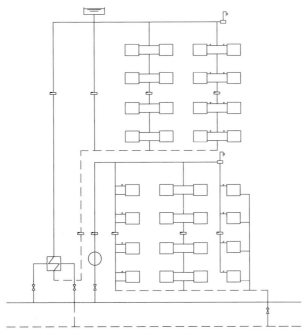

图 2-25　分层式热水供暖系统

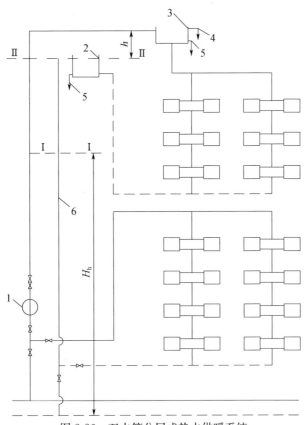

图 2-26　双水箱分层式热水供暖系统

1—加压水泵；2—回水箱；3—进水箱；4—进水箱溢流管；5—信号管；6—回水箱溢流管

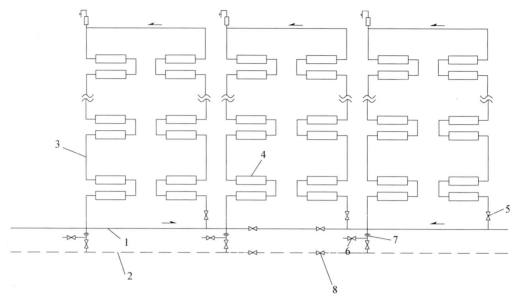

图 2-27　垂直双线式单管热水供暖系统

1—供水干管；2—回水干管；3—双线立管；4—散热器；5—截止阀；6—排水阀；7—节流孔板；8—调节阀

2）水平双线式热水供暖系统

水平双线式热水供暖系统如图 2-28 所示。

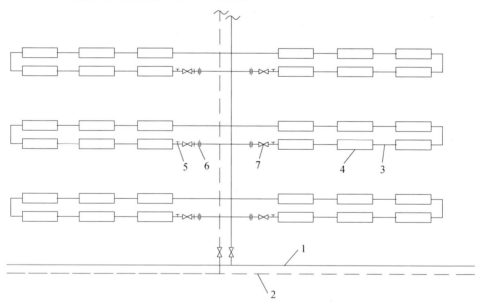

图 2-28　水平双线式热水供暖系统

1—供水干管；2—回水干管；3—双线水平管；4—散热器；5—截止阀；6—节流孔板；7—调节阀

（3）单、双管混合式系统（图 2-29）

4. 膨胀水箱

膨胀水箱的作用是用来储存热水供暖系统加热的膨胀水量。在重力循环上供下回式系统中，还起着排气作用。膨胀水箱的另一个作用是恒定供暖系统的压力。

膨胀水箱的容积，可按下式计算确定：

$$V_p = a_p \Delta t_{max} V_c \qquad (2\text{-}27)$$

式中，V_p——膨胀水箱的有效容积，L；

　　a_p——水的体积膨胀系数，$a_p = 0.0006$，1/℃；

　　V_c——系统内的水容量，L；

　　Δt_{max}——考虑系统内水受热和冷却时水温的最大波动值，一般以 20℃水温算起。

如 95/70℃低温水供暖系统中，$\Delta t_{max} = 95 - 20 = 75$℃，则公式（2-27）可简化为

$$V_p = 0.045 V_c \qquad (2\text{-}28)$$

为简化计算，V_c 值可按供给 1kW 热量所需设备的水容量计算，其值可按附录 2-8 选取。求出所需的膨胀水箱有效容积后，可按《全国通用建筑标准设计图集》（CN 501-1）选用所需的型号。

2.3.2　热水供暖系统管路水力计算的基本原理

1. 重力循环双管系统水力计算方法

如前所述，重力循环双管系统通过散热器环路的循环作用压力的计算公式为

$$\Delta p_{zh} = \Delta p + \Delta p_f = gH(\rho_h - \rho_g) + \Delta P_f \qquad (2\text{-}29)$$

式中，Δp——重力循环系统中，水在散热器内冷却所产生的作用压力，Pa；

　　g——重力加速度，$g = 9.81\text{m/s}^2$；

　　H——所计算的散热器中心与锅炉中心的高差，m；

　　ρ_g、ρ_h——供水和回水密度，kg/m^3；

　　Δp_f——水在循环环路中冷却的附加作用压力，Pa。

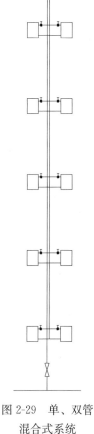

图 2-29　单、双管混合式系统

应注意，通过不同立管和楼层的循环环路的附加作用压力 Δp_f 值是不相同的，应按附录 2-7 选定。

重力循环异程式双管系统的最不利循环环路是通过最远立管底层散热器的循环环路，计算应由此开始。

2. 机械循环单管系统水力计算方法

机械循环单管系统进行水力计算时，机械循环室内热水供暖系统多根据入口处的资用循环压力，按最不利循环环路的平均比摩阻 R_{pj} 来选用该环路各管段的管径。当入口处资用压力较高时，管道流速和系统实际总压力损失可相应提高。但在实际工程设计中，最不利循环环路的各管段水流速度过高，各并联环路的压力损失难以平衡，所以常用控制 R_{pj} 值的方法。

可以知道：

（1）重力循环系统和机械循环系统的系统热负荷、立管数、热媒参数和供热半径都相同，机械循环系统的作用压力比重力循环系统大得多，系统的管径也细得多。

（2）由于机械循环系统供回水干管的 R 值选用较大，系统中各立管之间的并联环路压力平衡较难。在系统初调节和运行时，只能靠立管上的阀门进行调节，否则在异程式系统必然会出现近热远冷的水平失调。为了避免这种情况，在工程设计中，可供、回水干管采用同程式布置或者对异程式系统首先计算最近立管环路的方法，来防止或减轻系统的水平失调现象。

思考题与习题

1. 室内供暖系统设计热负荷由几部分组成？
2. 围护结构的附加（修正）耗热量需要考虑的因素有哪些？
3. 什么是围护结构最小传热阻？
4. 计算冷风渗透耗热量的常用方法有哪些？
5. 散热设备向房间传热的方式主要有哪些？
6. 目前散热器的类型主要有哪些？请分别阐述它们的优缺点和适用场合。
7. 某房间设计热负荷为 2000W，室内安装 M-132 型散热器，散热器明装，上部有窗台板覆盖，散热器距窗台板高度为 140mm。供暖系统为双管上供式。设计供、回水温度为：95℃/70℃，室内供暖管道明装，支管与散热器的连接方式为同侧连接，上进下出，计算散热器面积时，不考虑管道向室内散热的影响。求散热器面积及片数。

第3章 湿空气的焓-湿学基础

3.1 湿空气的物理性质

湿空气是干空气与水蒸气的混合物。许多工业过程，如空气的温度和湿度调节过程、物体的干燥过程、冷却水塔中的水冷却过程等，都涉及湿空气的计算。

就气体混合物而言，湿空气的特点在于其中一种组元——蒸汽在一定条件下将发生集态的变化，即蒸汽凝结成液体或固体，或者相反的蒸发过程。为了使问题简化，在分析中作如下假定：

1. 把气相混合物看作是理想气体混合物，即无论是其中的干空气或水蒸气，或混合物整体，均按理想气体性质计算。

2. 当蒸汽凝结成液相或固相时，液相或固相中不包含溶解的空气。

3. 空气的存在，不影响蒸汽与其凝聚相之间的相平衡。也就是说，虽然湿空气中蒸汽的压力（为它在混合物中的分压力）与凝聚相压力（为混合物总压力）不相同，但其平衡温度仍按蒸汽分压对应的饱和温度计算。

以上假定，在高压下可能导致较大的误差。但是，在空调工程中遇到的湿空气多处于大气压力或更低的压力，在这种压力范围内，按以上假定处理具有足够的精确性。

湿空气中包含的水蒸气量和它所处的状态是许多工业过程和湿空气计算中通常关心的问题。为此，除一般描述混合物的参数以外，还引入了一些新的描述湿空气的参数和概念。在表示各种参数的符号中，脚标"v"表示该参数属于水蒸气。"a"表示属于干空气，"s"表示水蒸气的饱和参数，不加脚标的量表示属于整个湿空气。

3.1.1 空气湿度及物理性质

1. 绝对湿度及饱和空气

湿空气的绝对湿度是指单位体积湿空气中包含的水蒸气的质量，即水蒸气的密度 ρ_v。ρ_v 由湿空气温度 T 及其中的水蒸气分压力 p_v 确定。根据第一个假定，按照理想气体状态方程，有

$$\rho_v = \frac{1}{v_v} = \frac{p_v}{R_{g,v} T} \tag{3-1}$$

式中，v_v——湿空气比容，m^3/kg；

$R_{g,v}$——水蒸气气体常数，$461 J/mol \cdot K$。

由上式可见，在一定温度下，湿空气中水蒸气的分压力越高，其绝对湿度越大。但是，在一定温度下水蒸气的分压力 p_v 不可能超过其相应的饱和压力 p_s，因达到饱和压

力时，水蒸气即开始凝结。因此，水蒸气达到饱和时，湿空气具有该温度下最大的湿度 ρ_s。这时的湿空气称为饱和空气。

2. 相对湿度 φ

空气的潮湿程度对人体感觉和健康的影响、对设备的影响以及对工业过程的影响，主要取决于空气距离饱和的程度。因此，常用湿空气的绝对湿度 ρ_v 与同温度下饱和空气的绝对湿度 ρ_s 的比值来衡量空气的潮湿程度。这个比值称为相对湿度，用符号 φ 表示，并由式（3-1）得

$$\varphi = \frac{\rho_v}{\rho_s} = \frac{p_v}{p_s} \tag{3-2}$$

相对湿度的数值在 $0 \sim 100\%$ 的范围内。相对湿度越小，表示空气中的水蒸气距离饱和状态越远，空气吸收水分的能力越大，即越干燥；相对湿度越大，表示空气中水蒸气距离饱和状态越近，空气吸收水分的能力越小，即空气越潮湿。饱和空气的相对湿度为 100%，除非提高空气的温度，否则它不能再吸收水分。

3. 饱和蒸汽压力 p_s 和露点温度 T_l

未饱和空气中的水蒸气处于过热状态，如图 3-1（a）中的状态 1，而饱和空气中的水蒸气处于饱和蒸汽状态，即处于图中的上界线上。未饱和空气达到饱和可以经历不同的途径。在温度不变的情况下，水分向空气中蒸发，水蒸气的分压力增加，可以达到饱和空气状态，如图中定温过程 $1 \rightarrow s$ 所示。达到饱和时，蒸汽分压力就是对应于空气温度的饱和蒸汽压力 p_s。另外，在保持湿空气中水蒸气压力 p_v 不变的情况下，降低湿空气温度，也可达到饱和空气状态，如图中定压过程 $1 \rightarrow l$ 所示。这样达到的饱和状态 l 称为湿空气的露点，露点所处的温度是对应于水蒸气压力 p_v 的饱和温度，称为湿空气的露点温度，用符号 T_l 表示。

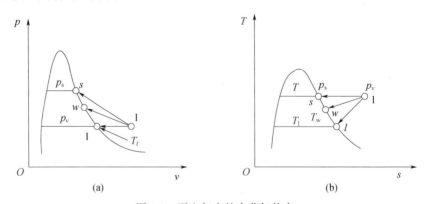

图 3-1　湿空气中的水蒸气状态

此外，在绝热的条件下向湿空气加入水分，并使其蒸发，也可使空气达到饱和空气状态，如图 3-1（b）中 $1 \rightarrow w$ 线所示。这样达到的饱和状态称为绝热饱和状态，相应的温度 T_w 称为绝热饱和温度。在绝热饱和过程中，水分蒸发一方面使空气中的水蒸气分压力升高，另一方面水分蒸发时从空气中吸热而使湿空气的温度降低。所以，绝热饱和温度 T_w 总是低于湿空气温度 T，而高于露点温度 T_l。

4. 含湿量 d

湿空气的含湿量是指湿空气中包含的水蒸气质量 m_v 与干空气质量 m_a 的比值，用符号 d 表示，即

$$d = \frac{m_v}{m_a} \tag{3-3}$$

由式（3-3）可见，含湿量表示单位质量的干空气中所携带的水蒸气质量，其单位为 kg/kg（a），其中 kg（a）表示每千克干空气。

按照理想气体状态方程，湿空气中水蒸气与干空气的质量分别为

水蒸气的质量 m_v 为

$$m_v = \frac{p_v V}{R_{g,v} T} = \frac{p_v M_v V}{RT}$$

式中，V——水蒸气体积。

干空气的质量 m_a 为

$$m_a = \frac{p_a V}{R_{g,a} T} = \frac{p_a M_a V}{RT}$$

式中，$R_{g,a}$——干空气气体常数；

　　　R——通用气体常数。

将上述两式带入式（3-3），同时考虑到水蒸气的摩尔质量为 $M_v = 18.016\text{g/mol}$，干空气的摩尔质量为 $M_a = 28.97\text{g/mol}$，可得到湿空气的含湿量为

$$d = \frac{M_v}{M_a} \frac{p_v}{p_a} = 0.622 \frac{p_v}{p_a} \tag{3-4}$$

由于湿空气的总压力为水蒸气的分压力与干空气的分压力之和，即 $p = p_v + p_a$，则式（3-4）也可写成

$$d = 0.622 \frac{p_v}{p - p_v} \tag{3-5}$$

由上式可以看到：在总压力 p 不变的情况下，一定的蒸汽分压力对应着一定的含湿量。结合式（3-2），上式还可改写成

$$d = 0.622 \varphi \frac{p_s}{p - p_v} \tag{3-6}$$

式中，p_v、p_a、p_s——水蒸气分压力，干空气分压力，饱和水蒸气分压力，Pa。

一般情况下空气总压力 p 等于大气总压力 B，单位是 Pa 或 kPa，海平面的标准大气压是 101325Pa 或 101.325kPa，大气压力随海拔高度而变化，一般在 ±5% 范围内波动。

5. 湿空气的焓 H

按照理想气体混合物的性质，湿空气的焓为其中干空气焓与水蒸气焓的总和，即

$$H = m_a h_a + m_v h_v$$

考虑到在空气调节、冷却塔等设备的湿空气处理过程中，湿空气中水蒸气的质量是经常变化的，而干空气的质量却是稳定的，所以湿空气的比焓 h 是相对于单位质量的干空气而言的，即

$$h = \frac{H}{m_a} = h_a + d h_v \tag{3-7}$$

显然，湿空气比焓 h 的单位为 kJ/kg（a）。

取 $0℃$ 时干空气的焓值为零，则 $t℃$ 时干空气的比焓 h_a 可按下式计算：

$$h_a = c_{p,a} t \tag{3-8}$$

式中，$c_{p,a}$——干空气的定压比热容，kJ/（kg·℃）。

在低压范围内，水蒸气的比焓 h_v 接近于温度的单值递增函数，并可近似地用下式计算：

$$h_v = h_c + c_{p,v} t \tag{3-9}$$

式中，h_c——常数；

$c_{p,v}$——相当于水蒸气定压比热容的经验值，kJ/（kg·℃）。

由此，可将 $t℃$ 时湿空气的比焓 h 写成

$$h = h_a + d h_v = c_{p,a} t + d(h_c + c_{p,v} t) \tag{3-10}$$

将湿空气各具体参数代入，上式为

$$h = 1.005t + d(2501 + 1.86t) \tag{3-11}$$

其中，温度 t 的单位为℃，比焓 h 的单位为 kJ/kg（a）。

3.1.2 空气湿度测定

实践中，含湿量通常通过测量湿空气的干球温度和湿球温度得到，现对其测量原理予以介绍。如图 3-1 所示的绝热饱和过程 $1 \rightarrow w$，该过程的特征是绝热，即水分蒸发吸收的热量与湿空气在该过程中放出的热量相等。此外，在绝热饱和过程中湿空气的总压保持不变。据此，按照开口系统热力学第一定律，绝热饱和过程 $1 \rightarrow w$ 为等焓过程，即

$$H_1 + H' = H_w \tag{3-12}$$

式中，H_1——湿空气处于状态 1 时的焓，$H_1 = m_a(h_{a,1} + d_1 h_{v,1})$

H_w——湿空气达到绝热饱和状态时的焓，$H_w = m_a(h_{a,w} + d_w h_{v,w})$

H'——加入水分带入的焓，$H' = m_a(d_w - d_1)h'$

将 H_1、H_w、H' 带入式（3-12）可得：

$$m_a(h_{a,1} + d_1 h_{v,1}) + m_a(d_w - d_1)h' = m_a(h_{a,w} + d_w h_{v,w}) \tag{3-13}$$

整理后得到湿空气的含湿量 d_1 为

$$d_1 = \frac{(h_{a,w} - h_{a,1}) + d_w(h_{v,w} - h')}{h_{v,1} - h'} \tag{3-14}$$

绝热饱和过程中干空气温度降低放出的热量，为水分蒸发进入湿空气提供能量，即

$$h_{a,w} - h_{a,1} = c_{p,a}(T_w - T_1)$$

式中，d_w——绝热饱和温度 T_w 时饱和湿空气的含湿量；

$h_{v,w}$——T_w 时饱和蒸汽的比焓；

h'——加入水分的比焓，如果取加入水分的温度正好为 T_w，则有：$h' = h_w'$，

$h_w = 4.19 t_w$。

式（3-14）中的 $h_{v,w} - h'$ 就是当温度为 T_w 时待加入水分的汽化潜热 r_w，即：$r_w = h_{v,w} - h'$。此时，式（3-14）可进一步写成：

$$d_1 = \frac{c_{p,a}(T_w - T_1) + d_w r_w}{h_{v,1} - h_w'} \tag{3-15}$$

式中，r_w——T_w时水分的汽化潜热；

　　　$h_w{'}$——T_w时饱和水的比焓值。

显然，如果知道了绝热饱和温度 T_w，即可得到上述三项的具体数值。可以这样设想，如果采取绝热过程使湿空气达到饱和，只需测量得到 T_1、T_w，即可使用上式得到湿空气的含湿量 d_1。使用通常的温度计即可测量得到 T_1，而 T_w 的测量却相对困难。但是，大量实验表明，湿空气的湿球温度与绝热饱和温度在数值上非常接近，故可认为测量得到的湿球温度等于绝热饱和温度。

【例 3-1】　室内空气压力 $p=0.1MPa$，温度 $t=30℃$。如已知相对湿度 $\varphi=40\%$，试计算：（1）水蒸气分压力和露点温度；（2）含湿量；（3）在定压下将含 1kg 干空气的室内空气加热至 50℃所需的热量。

【解】

（1）由饱和水蒸气表查得 $t=30℃$时饱和蒸汽的压力为 $p_s=4.232\times10^3Pa$，由空气的相对湿度为 $\varphi=40\%$，按式（3-2），可得到水蒸气的分压力为

$$p_v=\varphi p_s=0.4\times4.232\times10^3=1.6928\times10^3Pa$$

露点温度是指水蒸气分压力保持不变而达到饱和状态的温度，则由饱和蒸汽表上查得压力 p_v 对应的饱和温度即为露点温度：$t_l=14.3℃$。

（2）由水蒸气的分压力 $p_v=1.6928\times10^3Pa$、室内空气压力 $p=0.1MPa$，通过式（3-5)可计算得到湿空气的含湿量为

$$d_1=0.622\frac{p_v}{p-p_v}=0.0107kg/kg(a)$$

（3）在定压下将含 1kg 干空气的室内空气加热至 50℃所需的热量为加热前后湿空气的焓差。由式（3-11），加热前湿空气的比焓 h_1 为

$$h_1=1.005t_1+d_1(2501+1.86t_1)=1.005\times30+0.0107\times(2501+1.86\times30)$$
$$=57.51kJ/kg(a)$$

因加热过程中湿空气的含湿量不变，故加热到 50℃时湿空气的含湿量 $d_2=d_1=0.0107kg/kg（a）$，则加热后湿空气的比焓 h_1 为

$$h_2=1.005t_2+d_2(2501+1.86t_2)=1.005\times50+0.0107\times(2501+1.86\times50)$$
$$=78.01kJ/kg(a)$$

最后得到需要加入的热量 q 为

$$q=h_2-h_1=78.01-57.51=20.50kJ/kg(a)$$

3.2　湿空气的焓-湿图

3.2.1　焓-湿图

将湿空气各种参数之间的关系用图线表示，制成湿度图，应用甚为方便。在空气调节、冷却塔等设备的湿空气处理过程中，尽管干空气的含量不变，但水蒸气的含量却会发生变化。由于通常将此类设备中的湿空气看作干空气与水蒸气组成的二元气体混合

物，其状态需要由三个独立参数确定。而湿度图通常为平面图，其上的状态点只有两个独立参数，所以在湿度图制作过程中，常在一定总压力的前提下，再选定两个独立参数为坐标制作。采用的坐标可以有各种选择，常见的有以含湿量 d 和干球温度 t 为坐标的 d-t 图，以比焓 h 和含湿量 d 为坐标的 h-d 图。各种湿度图的制作原理和应用方法基本相同，本节主要介绍在我国应用较多的焓-湿图（h-d 图）。

图 3-2 为压力 1atm（1atm＝101325Pa）时湿空气的 h-d 图，以比焓 h 为纵坐标、含湿量 d 为横坐标。图上画出了定含湿量 d、定蒸汽分压力 p_v、定露点温度 t_l、定焓 h、定湿球温度 t_s、定干球温度 t、定相对湿度 φ 等各组定值线簇，现对这些线簇之间的关系和形状予以说明。

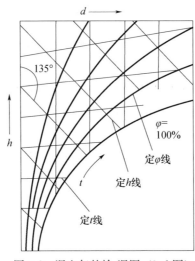

图 3-2　湿空气的焓-湿图（h-d 图）

1. 定含湿量线簇（定 d 线簇）

定含湿量线簇是一组垂直线，考虑到含湿量与湿空气中水蒸气的分压、露点温度一一对应，定含湿量线簇也是定水蒸气分压线簇和定露点温度线簇。按照式（3-5），在一定的总压力下，湿空气中的水蒸气分压力 p_v 与 d 值之间一一对应，因此定 d 线也就是定 p_v 线。进一步考虑到湿空气的露点温度 t_l 只与水蒸气分压力 p_v 有关，只需知道湿空气中的水蒸气分压力，即可由饱和蒸汽表查得 p_v 压力下的饱和蒸汽温度，即露点温度。

2. 定焓线簇（定 h 线簇）

在 h-d 图中，定焓线簇原则上应是垂直于纵坐标的一组水平线。但是，为使图线不致过于密集，在 h-d 图制作过程中，将定 h 线作为一组与纵坐标轴夹角为135°的平行直线。考虑到湿空气比焓 h 与湿球温度 t_s 近似呈一一对应关系，当温度范围不高时，定焓线簇也可近似看成定湿球温度线簇，下面对此作出说明。

对 1kg 干空气的湿空气（m_a＝1kg），由式（3-13）知该绝热饱和过程中的能量平衡方程可写成

$$h_a + dh_v + (d_w - d)h' = h_{a,w} + d_w h_{v,w}$$

式中，$h_a + dh_v$——初始湿空气状态的焓值；

　　（$d_w - d$）h'——使湿空气达到绝热饱和状态而加入的补充水的焓；

$h_{a,w} + d_w h_{v,w}$——湿空气经绝热过程最终达到饱和状态时的焓值 h_w。

上式又可写成

$$h + (d_w - d)h' = h_w \tag{3-16}$$

由于在湿空气的绝热饱和过程中 $(d_w - d)$ 一般是个很小的值，且所加入水的焓 h' 与湿空气的焓 h 和 h_w 相比，数值也相对较小。因此，在计算过程中，可将上式中的 $(d_s - d)h'$ 项忽略掉。

再有，h_w 为空气处于绝热饱和状态时的焓，具体数值取决于绝热饱和温度。考虑到湿空气的绝热饱和温度与湿球温度在数值上非常接近，可以近似认为 h_w 等于湿球温度 t_w 时饱和湿空气的焓值，即 h_w 与湿球温度之间近似呈一一对应关系：$h_w \approx f(t_w)$。

综上所述，式（3-16）可近似写成

$$h \approx f(t_w) \tag{3-17}$$

上式表明，湿空气的焓值 h 与湿球温度 t_s 之间近似呈单值函数关系。相应的，焓-湿图上的定 h 线簇就可以近似看成定湿球温度线簇。应用表明，在温度范围不高时，将 h-d 图上的定 h 线簇看成定 t_s 线簇具有足够的准确性。

3. 定干球温度线簇（定 t 线簇）

由式（3-10）可知，当温度（干球温度 t）不变时，h 与 d 之间呈线性关系，斜率为 $(h_c + c_{p,v}t)$，恒为正值。因此，h-d 图上定温线簇是一组斜率为正的斜直线。考虑到斜率 $(h_c + c_{p,v}t)$ 随温度 t 的升高而增大，h-d 图上定温线的斜率将随着温度增加而逐渐增大。

4. 定相对湿度线簇（定 φ 线簇）

h-d 图上的定相对湿度线簇是一组向上凸的曲线。它表征，在一定的相对湿度 φ 下，随着焓值的增加，湿空气中的含湿量 d 相应增加。在一定的 d 值下，考虑到焓值与温度之间的线性关系（式 3-10），相对湿度 φ 将随着温度的降低而增大，此时定 φ 线随 φ 值增大而位置下移。当相对湿度 φ 达到 100% 时，湿空气呈饱和状态。故在 h-d 图上，对应 φ 等于 100% 的定 φ 线位于最低位置，由于该定 φ 线上的空气处于饱和状态，故将其称为饱和空气线。由于饱和空气的干球温度 t、湿球温度 t_s 和露点温度 t_l 数值相同，因此饱和空气曲线上标出的温度值既是露点温度，又是湿球温度，也是干球温度。由于不存在 $\varphi > 100\%$ 的湿空气状态，湿空气的状态点均位于饱和空气线的上方。

5. 热湿比线（ε 线）

热湿比 ε 是指湿空气的焓变化与湿量变化之比，也叫角系数，即

$$\varepsilon = \frac{\Delta h}{\Delta d} \tag{3-18}$$

焓-湿图的右下角给出了不同 ε 值的等值线。如果某状态点的 ε 值已知，则过该点作平行于 ε 等值线的平行线，该直线代表的是湿空气状态变化的方向。若在 h-d 图上有 A、B 两个状态点，则由状态 A 到状态 B 的热湿比为

$$\varepsilon = \frac{h_B - h_A}{d_B - d_A} \tag{3-19}$$

由上述热湿比的定义，热湿比可以取正值，也可以取负值，代表了湿空气状态变化的方向。

最后需要再次说明的是，鉴于湿空气可看作由干空气与水蒸气组成的二元气体混合物，需要三个独立参数决定其所处的状态，而湿度图是平面图，因此总是在一定的总压力下制作 h-d 图。附图给出了总压力为 1atm 时的 h-d 图，可供计算时使用。

3.2.2 焓-湿图的用法

利用 h-d 图查取湿空气的各项参数非常方便。

如果已知湿空气的某一状态点 A 的位置，可直接读出通过点 A 的四条参数线的数值，它们是相互独立的参数：干球温度 t、相对湿度 φ、含湿量 d 及比焓 h。进而可由 d 值读出与其相关但互不独立的参数：水蒸气分压 p_v、露点温度 t_l 的数值；由 h 值读出与其相关但互不独立的参数绝热饱和温度，以及湿球温度 t_s（近似认为湿球温度等于绝热饱和温度）。

例如，图 3-3 中的点 A 代表一定状态的湿空气，则湿空气的其他参数如下。

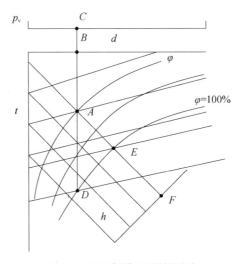

图 3-3 湿空气焓-湿图的用法

（1）含湿量 d：由 A 点沿等 d 线向上，与水平轴的交点 B，即可读出 A 点的含湿量 d。

（2）比焓值 h：通过 A 点作等焓线的平行线，与纵轴交于 F 点，即可读得 A 点的焓值 h。

（3）水蒸气的分压力 p_v：由 A 点沿等湿度线向上，交水蒸气分压线于 C，即可读出 A 点的水蒸气的分压力 p_v。

（4）露点温度 t_l：由 A 点沿等 d 线向下，与 $\varphi=100\%$ 的饱和线相交于 D 点，再由过 D 点的等 t 线读出露点 t_l。

（5）湿球温度 t_s：由 A 点出发，沿等焓线与 $\varphi=100\%$ 的饱和线相交于 E 点，再由过 E 点的等 t 线读出绝热饱和温度，近似认为绝热饱和温度等于湿球温度 t_s。

通过上述查图可知，首先必须确定代表湿空气状态的点（例如图 3-3 中的 A 点），然后才能查得各项参数。

通常根据下述已知条件之一来确定湿空气的状态点，已知条件是：

(1) 湿空气的干球温度 t 和湿球温度 t_s。

(2) 湿空气的干球温度 t 和露点温度 t_l。

(3) 湿空气的干球温度 t 和相对湿度 φ。

【例 3-2】　已知湿空气的总压 $B=101325\text{Pa}$，相对湿度 φ 为 50%，干球温度 t 为 $20℃$。试用 h-d 图求解：(1) 水蒸气的分压力 p_v；(2) 含湿量 d；(3) 比焓 h；(4) 露点温度 t_l；(5) 湿球温度 t_s；(6) 如将含 500kg/h 干空气的湿空气加热至 $60℃$，求所需加热器的热功率 Q。

【解】　由已知条件 $B=101325\text{Pa}$，相对湿度 $\varphi=50\%$，干球温度 $t=20℃$，查压力 $p=101325\text{Pa}$ 的焓-湿图，其中的等相对湿度线（$\varphi=50\%$）与等干球温度线（$t=20℃$）的交点即为湿空气的状态点 A。

(1) 水蒸气的分压力 p_v：由 A 点沿等水蒸气分压线（也是等 d 线与等露点温度线）向上，查得水蒸气分压力 $p_{v,A}=12×10^2\text{Pa}$。

(2) 湿度 d：由 A 点沿等 d 线向上，查得湿空气湿度为 $d_A=7.5\text{g/kg}$（a）。

(3) 比焓 h：通过 A 点作斜轴的平行线，查得湿空气的焓 $h_A=39\text{kJ/kg}$（a），或 9.33kcal/kg（a）。

(4) 露点温度 t_l：由 A 点沿等 d 线向下，得到其与 $\varphi=100\%$ 饱和线的交点 B，由通过 B 点的等干球温度线查得露点温度 $t_{l,A}=9.5℃$。

(5) 湿球温度 t_s：湿球温度与绝热饱和温度近似相等，故可由 A 点沿等 h 线向下，得到其与相对湿度 $\varphi=100\%$ 饱和线的交点 C，然后由通过 C 点的等干球温度线查得湿球温度 $t_{s,A}=14℃$。

(6) 湿空气加热过程中，比焓 h 增加而含湿量 d 不变。由于将湿空气加热到 $60℃$，故由 A 点出发，沿等 d 线向上，得到其与 $60℃$ 的等干球温度线的交点 D，然后由通过 D 点的等焓线查得该点的焓值为 $h_D=79\text{kJ/kg}$（a）。由开口系统的热力学第一定律，湿空气在加热过程中未对外作出有用功，故其所需加热器的热功率 Q 为

$$Q=500\text{kg(a)/h}×(h_D-h_A)=500\text{kg/h}×[79\text{kJ/kg(a)}-39\text{kJ/kg(a)}]=5.56\text{kW}$$

【例 3-3】　已知大气压力 $B=101325\text{Pa}$，湿空气的初参数 $t_A=20℃$，相对湿度 $\varphi_A=60\%$，当增加 10000kJ/h 的热量和 2kg/h 的湿量后，湿空气温度升高到 $t_B=28℃$，求湿空气的终状态？

【解】　由题设中大气压力 $B=101325\text{Pa}$，需查压力 $p=101325\text{Pa}$ 的焓-湿图。由湿空气的初参数 $t_A=20℃$，相对湿度 $\varphi_A=60\%$，则焓-湿图中 60% 的等相对湿度线与 $20℃$ 的等干球温度线的交点即为湿空气的初始状态点 A。

因增加 10000kJ/h 的热量和 2kg/h 的湿量，故由式（3-19）得到热湿比 ε 为

$$\varepsilon=\frac{\Delta h}{\Delta d}=\frac{10000}{2}=5000$$

过 A 点作与等值线 $\varepsilon=5000$（h-d 图右下角）的平行线，得到其与 $28℃$ 等干球温度线的交点 B，该点即为加热加湿后的湿空气状态点。查得

$$\varphi_B=51\%, d_B=12\text{g/kg(a)}, h_B=59\text{kJ/kg(a)}$$

3.3　湿球温度与露点温度

在湿空气过程的分析和计算中，通常需要确定湿空气的含湿量 d 或相对湿度 φ。使用干-湿球温度计是测定空气相对湿度或含湿量的较方便的方法。干-湿球温度计如图 3-4 所示。

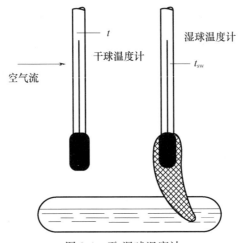

图 3-4　干-湿球温度计

图中，干球温度计是一支普通的温度计，而湿球温度计头部被尾端浸入水中的吸液芯包裹。当湿空气流过时，干球温度计指示出空气温度 t，也叫干球温度。湿球温度计反映的是吸液芯中水的温度，这个温度值叫湿球温度，用 t_s 表示。当湿空气未饱和时，一方面，吸液芯中的水将向空气蒸发而使水温降低，水分向空气中的蒸发包括扩散传质与对流传质两个部分；另一方面，空气与水之间的温差则会使空气向吸液芯中的水传热，从而阻止水温的不断下降。这样，当达到平衡时，湿球温度 t_s 总是低于干球温度，但高于空气的露点温度 t_l。湿球温度 t_s 的值取决于上述蒸发和传热过程的速率，并主要受空气的相对湿度的影响。如果空气是饱和的，那么蒸发过程不会发生，从而传热过程也不会发生，这时湿球温度和干球温度是相同的。空气的相对湿度越小，湿球温度降低越快。

空气流的速度对上述蒸发和传热过程都有影响，因而对湿球温度值也有一定的影响。但实验表明，当气流速度在 $2\sim10\text{m/s}$ 范围内时，对流传质对水分蒸发的影响较小，流速对湿球温度值影响很小。

在测得空气的干球温度 t 和湿球温度 t_s 后，就可以在干-湿球温度计的标尺上读出空气的相对湿度 φ，或在湿空气的焓-湿图上，由定干球温度线和定湿球温度线交点确定湿空气状态。实验表明，湿空气的湿球温度与绝热饱和温度数值很接近，故在测得湿球温度以后，可以用式（3-15）确定湿空气的含湿量 d：

$$d=\frac{c_{p,a}(t_s-t)+d_w r_w}{h_v-h'_w}$$

【例 3-4】　测得空气温度 $t=15℃$，湿球温度 $t_s=12℃$，大气压力 $B=10^5\text{Pa}$。试计算空气的含湿量 d 和相对湿度 φ?

【解】　湿空气含湿量 d 的计算式为：

$$d = \frac{c_{p,a}(t_s - t) + d_w r_w}{h_v - h'_w} \quad (1)$$

其中，

$$c_{p,a}(t_s - t) = 1.005 \times (12 - 15) = -3.015 \text{kJ/kg}$$

$$h_v = h_c + c_{p,v}t = 2501 + 1.86 \times 15 = 2528.9 \text{kJ/kg}$$

据题设中湿球温度 $t_s = 12℃$，由饱和水蒸气表查得：

湿球温度 t_s 下水的潜热为：$r_w = 2473 \text{kJ/kg}$

湿球温度 t_s 下水蒸气的饱和蒸气压为：$p_s = 1401.5 \text{Pa}$；

根据式（3-5）得 $d = 0.622 \dfrac{p_v}{p - p_v}$

因为饱和空气中的水蒸气为饱和蒸汽，故 $p_v = p_s$，则可得到湿球温度 t_s 下湿空气的含湿量为

$$d_w = 0.622 \frac{p_v}{p - p_v} = 0.622 \times \frac{1401.5}{10^5 - 1401.5} = 0.00884 \text{kg/kg(a)}$$

取水的比热容为 4.186kJ/(kg·℃)，则可得到湿球温度 t_s 下补充水的焓 h_s' 为

$$h_w' = 4.186 \times t_s = 4.186 \times 12 = 50.2 \text{kJ/kg}$$

将上述各项数据带入（1）式，得到湿空气的含湿量为

$$d = \frac{-3.015 + 0.00884 \times 2473}{2528.9 - 50.2} = 0.0076 \text{kg/kg(a)}$$

湿空气相对湿度 φ 的计算：

根据式（3-5）：$d = 0.622 \dfrac{p_v}{p - p_v}$，可得到水蒸气的分压 p_v 为

$$p_v = 1207.1 \text{Pa}$$

由干球温度 $t = 15℃$，查饱和水蒸气性质表得到 $15℃$ 时水蒸气的饱和压力 p_s 为

$$p_s = 1704.1 \text{Pa}$$

最后，得到湿空气的相对湿度 φ 为

$$\varphi = \frac{p_v}{p_s} = \frac{1207.1}{1704.1} = 70.8\%$$

3.4　焓-湿图的应用

湿空气在流过空气处理设备时，经历了绝热混合、降温去湿、单纯加热等复杂的过程，但这些复杂过程均是由一些相对简单的典型湿空气过程的组合。显然，对各种典型湿空气过程进行分析，对分析空调系统中的复杂湿空气过程非常重要。下面对工业生产、居民生活中使用到的一些典型湿空气过程进行分析。

3.4.1　加热或冷却过程

对湿空气单纯地加热或冷却的过程，其特征是在过程进行中含湿量 d 保持不变，

此时，热湿比 $\varepsilon \to \pm\infty$，过程沿定 d 线进行，如图 3-5 所示的 $0 \to 1$ 过程和 $0 \to 1'$ 过程。$0 \to 1$ 过程为单纯的空气加热过程，随着热量的加入，湿空气温度 t 升高，相对湿度 φ 降低；$0 \to 1'$ 过程为单纯的冷却过程，与单纯加热过程正好相反：随着热量的散失，湿空气温度 t 降低，相对湿度 φ 增加。

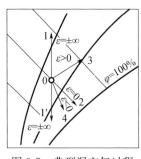

图 3-5　典型湿空气过程

对于单位质量的干空气而言，单纯加热或冷却过程中，根据热力学第一定律，加入或放出的热量为

$$q = h_1（或 h_1'）- h_0$$

式中，h_0——加热或冷却前湿空气的焓；

　　　　h_1（或 h_1'）——加热（或冷却）后湿空气的焓。

式中忽略了湿空气宏观动能和重力势能的变化。

3.4.2　绝热加湿过程

在绝热的条件下，向空气加入水分以增加其含湿量的过程，叫做绝热加湿过程。显然，在绝热加湿过程中，所加入水分蒸发形成水蒸气，蒸发吸热完全来自空气自身。加湿以后空气温度将降低，所以绝热加湿过程又叫蒸发冷却过程。

当忽略宏观动能和重力位能的变化时，对于单位质量的干空气，绝热加湿前后的能量平衡方程为

$$h_0 + (d_2 - d_0)h_w = h_2 \tag{3-20}$$

式中，$(d_2 - d_0)$——绝热加湿过程中空气含湿量的增量，即对单位质量干空气加入的水分；

　　　　h_w——所加入水分带入的焓，与湿空气的焓相比，h_w 总是很小的，故可在能量平衡计算中予以忽略，这时上式变为

$$h_0 \approx h_2 \tag{3-21}$$

由式（3-21）可见，绝热加湿过程可近似地看成是湿空气焓值不变的过程，此时其热湿比 $\varepsilon = 0$，过程沿定 h 线向 d 和 φ 增大，t 降低的方向进行，如图 3-5 中的 $0 \to 2$ 过程。

3.4.3　加热加湿过程

对湿空气同时加入水分和热量，湿空气的焓和含湿量都将增加，此时热湿比 $\varepsilon > 0$，过程线如图 3-5 中的 $0 \to 3$ 过程所示。它介于单纯加热过程 $0 \to 1$ 线与绝热加湿过程 $0 \to 2$ 线之间。不断散发出热量和水分的车间或矿井内的空气状态，就是按这样的过程变化的。

如果在对空气加入水分的同时，使其冷却放热，这种加湿而放热的过程的热湿比 $\varepsilon < 0$，过程线介于单纯冷却过程 $0 \to 1'$ 线与绝热加湿过程 $0 \to 2$ 线，如图 3-5 中的 $0 \to 4$ 过程。

过程中加入或放出的热量等于湿空气的焓变化量，加入的水分等于其含湿量的增量。

3.4.4　冷却除湿过程

在湿空气被冷却的过程中，如果空气被冷却到饱和状态以后仍然继续受冷，则将有蒸汽不断凝结析出。此时，空气总是处于饱和状态，沿饱和空气线向含湿量减小，温度降低的方向变化，如图 3-6 中 1→2 过程所示。

冷却除湿过程中，从每单位质量干空气中析出的水分为湿空气的含湿量的减小量 (d_1-d_2)，冷却剂带走的热量 q 为

$$q=(h_1-h_2)-(d_1-d_2)h_w \qquad (3-22)$$

式中，h_w——凝结水的焓；

$(d_1-d_2)h_w$——凝结水带走的能量。

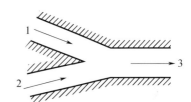

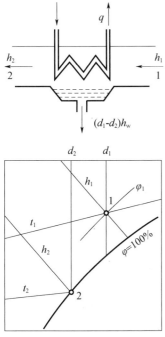

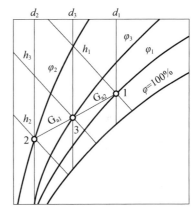

图 3-6　湿空气的冷却除湿过程　　　　　图 3-7　湿空气的绝热混合过程

3.4.5　绝热混合过程

将两股或多股状态不同的湿空气混合，以得到温度和湿度符合一定要求的空气，是空气调节装置中经常采用的方法。如果混合过程中气流与外界之间无热量交换，则将其称为绝热混合过程。绝热混合得到的湿空气状态，确定于混合前各股空气的状态和它们的流量比例。

图 3-7 表示两股分别处于状态 1 和 2、干空气的质量流量分别为 G_{a1} 和 G_{a2} 的空气流，在管内的绝热混合。混合后的空气流状态用 3 表示，其干空气质量流量为 G_{a3}。按照质量守恒定律，对干空气，有

$$G_{a1}+G_{a2}=G_{a3} \qquad (3-23)$$

对空气流中包含的水蒸气的质量有

$$G_{a1}d_1 + G_{a2}d_2 = G_{a3}d_3 \tag{3-24}$$

当忽略混合过程中空气流的宏观动能与重力位能的变化时，绝热混合过程中的能量守恒方程为

$$G_{a1}h_1 + G_{a2}h_2 = G_{a3}h_3 \tag{3-25}$$

上述三个方程是绝热混合过程的三个基本方程。如果已经知道混合前各股气流的状态和流量，按照这三个方程式就可以解出混合后空气流的流量以及含湿量、焓，也就确定了混合后空气所处的状态。

此外，还可以在焓-湿图上用图解的方法确定混合后空气的状态点 3。由式（3-23）与式（3-24）联立得出

$$\frac{G_{a1}}{G_{a2}} = \frac{d_3 - d_2}{d_1 - d_3}$$

同样，由式（3-23）与式（3-24）可联立得到

$$\frac{G_{a1}}{G_{a2}} = \frac{h_3 - h_2}{h_1 - h_3}$$

因此，有

$$\frac{G_{a1}}{G_{a2}} = \frac{d_3 - d_2}{d_1 - d_3} = \frac{h_3 - h_2}{h_1 - h_3} \tag{3-26}$$

上式表明，混合后空气的状态点 3 落在连接混合前两股空气的状态点 1 和 2 的直线上，而且点 3 到点 1 的距离 $\overline{13}$ 和点 3 到点 2 的距离 $\overline{23}$ 与 G_{a1} 和 G_{a2} 成反比。这样，就可以在焓-湿图上用图解的方法确定混合后空气的状态点 3，从而确定其余的状态参数，如图 3-7 所示。

此外，两种不同状态空气的混合，若其混合点处于"结雾区"，如图 3-8 所示，则此种空气状态是饱和空气加水雾，是一种不稳定状态。如果知道了饱和空气状态点 4，则混合点 3 的比焓值 h_3 应等于 h_4 与水雾的比焓值 $4.19t_4\Delta d$ 之和［水的比热容为 $4.19\mathrm{kJ/(kg \cdot ℃)}$］，即

$$h_3 = h_4 + 4.19t_4\Delta d \tag{3-27}$$

在式（3-27）中，h_3 已知，而 h_4、t_4、Δd 等却是未知量，可以通过试算法找到一组满足上式的值，则 4 状态即可确定。

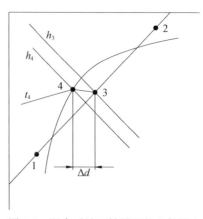

图 3-8　混合后处于结雾区的空气状态

【例 3-5】　将压力为 101325Pa，$t_1 = 25℃$、$\varphi_1 = 60\%$ 的空气，在加热器中加热到 $t_2 = 50℃$，然后送入干燥箱用以烘干物体。空气从干燥箱出来时温度 $t_3 = 40℃$。在这样的过程中每蒸发 1kg 水分需供入多少空气，加热器中应加入多少热量？

【解】　由压力为 101325Pa，查该压力时的 $h-d$ 图进行计算。

由 $t_1 = 25℃$、$\varphi_1 = 60\%$，查得空气焓值为：$h_1 = 56$kJ/kg（a），$d_1 = 0.012$kg/kg（a）。

湿空气在加热器中的加热为单纯加热过程，加热前后含湿量不变，则有

$$d_2 = d_1 = 0.012\text{kg/kg(a)}$$

结合题设中的 $t_2 = 50℃$，查得流出加热器的空气焓值：$h_2 = 82$kJ/kg（a）。

由此得到加热器提供给单位质量干空气的热量为

$$q = h_2 - h_1 = 82 - 56 = 26\text{kJ/kg(a)}$$

热空气在干燥箱中的加热过程是绝热加湿过程，绝热加湿前后焓值不变，则有

$$h_3 = h_2 = 82\text{kJ/kg(a)}$$

结合题设中给出的空气从干燥箱出来时温度 $t_3 = 40℃$，查得绝热加湿流出干燥箱的空气含湿量为：$d_3 = 0.016$kg/kg（a）。

绝热加湿前后湿空气含湿量的增加量为：$\Delta d = d_3 - d_2 = 0.016 - 0.012 = 0.004$kg/kg（a）。显然，空气含湿量增加的水蒸气部分是被烘干物体提供的，即为被烘干物质的水分蒸发量。则被烘干物体蒸发 1kg 水分所需提供的空气量 m 为：$m = 1/\Delta d = 250$kg（a）。

由 $q = 26$kJ/kg（a），得到蒸发 1kg 水分时，加热器需提供的热量 Q 为

$$Q = q \times m = 250 \times 26 = 6500\text{kJ}$$

【例 3-6】　由于设备工作，某车间每分钟散发出的热量 $Q = 170$kJ/min，蒸发出水分 $W = 0.38$kg/min。室外空气温度 $t_0 = 5℃$、相对湿度 $\varphi_0 = 80\%$。若将室外空气加热后供给车间，并要求维持车间空气温度 $t_1 = 22℃$、相对湿度 $\varphi_1 = 70\%$，试确定供入车间的空气状态及需要的通风量，以及对空气的加热量？

【解】　由室外空气参数 $t_0 = 5℃$、相对湿度 $\varphi_0 = 80\%$，在焓-湿图上查得室外空气状态点 0，如图 3-9 所示，查得 0 点空气焓值为 $h_0 = 16$kJ/kg（a），$d_0 = 0.0042$kg/kg（a）。

车间空气温度 $t_1 = 22℃$、相对湿度 $\varphi_1 = 70\%$，在焓-湿图上查得车间内的空气状态点 1，如图 3-9 所示，查得 1 点空气焓值为 $h_1 = 52$kJ/kg（a），$d_1 = 0.0121$kg/kg（a）。

车间的热湿负荷分别为：热负荷 $Q = 170$kJ/min，湿负荷 $W = 0.38$kg/min，则得到车间内空气状态变化的热湿比 ε 为

$$\varepsilon = \frac{\Delta h}{\Delta d} = \frac{Q}{W} = 170/0.38 = 447\text{kJ/kg}$$

由焓-湿图右下角的热湿比，作平行于 $\varepsilon = 447$kJ/kg，通过车间内的空气状态点 1 的直线，如图 3-9 所示。为除去车间的热湿负荷，要求车间送风状态点需位于该直线上。

车间送风采用加热室外空气后送入车间，该过程为单纯加热过程，加热前后空气的含湿量不变，由室外空气状态点 0，可知室外空气含湿量 $d_0 = 0.0042$kg/kg（a），则含湿量为 0.0042kg/kg（a）的等 d 线与 $\varepsilon = 447$kJ/kg 的热湿比线的交点 M 为车间送风点，如图 3-9 所示。查得 M 点空气参数为：$h_M = 48.5$kJ/kg（a），$d_M = d_0 = 0.0042$kJ/kg。

由车间热湿负荷 $Q = 170$kJ/min、$W = 0.38$kg/min，可得按照热负荷计算得到的车间送风量 $G_{a,Q}$ 为

$$G_{a,Q} = \frac{Q}{h_1 - h_M} = \frac{170}{52 - 48.5} = 48.5\text{kg(a)/min}$$

或

$$G_{a,q} = \frac{W}{d_1 - d_M} = \frac{0.38}{0.0121 - 0.0042} = 48.1\text{kg(a)/min}$$

原则上按照热负荷与湿负荷计算得到的通风量应该相同，二者之间的偏差是由查图误差导致的，可取二者之中的较大值，即可见通风量 G_a 为

$$G_a = \text{MAX}(G_{a,Q}, G_{a,q}) = 48.5\text{kg(a)/min}$$

单位质量空气的加热量 q 为室外空气加热到车间送风状态之间的焓差，即

$$q = h_M - h_0 = 48.5 - 6 = 42.5\text{kJ/kg(a)}$$

由计算得到的车间送风量 $G_a = 48.5\text{kg(a)/min}$，得到对送风的加热量 Q 为

$$Q = q \times G_a = 48.5 \times 42.5 = 2061.25\text{kW}$$

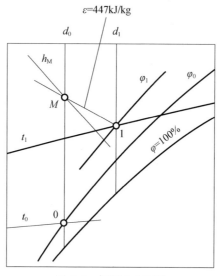

图 3-9　例题 3-6 用图

思考题与习题

1. 已知湿空气的温度 t、压力 p 与露点温度 t_1，试确定其相对湿度 φ、水蒸气分压力 p_v、含湿量 d 以及焓值 h。

2. 湿空气温度为 30℃，压力为 101325Pa，露点温度为 22℃，计算其相对湿度和含湿量。

3. 干-湿球温度计的读数为：干球温度 30℃、湿球温度 25℃，大气压力为 101325Pa。试用焓-湿图确定空气的状态参数（比焓、含湿量、相对湿度、露点温度、水蒸气分压力和绝对湿度）。

4. 室内空气的压力和温度分别为 0.1MPa 和 25℃，相对湿度为 60%，求水蒸气的分压力、露点温度和含湿量。

5. 40℃与 101325Pa 的湿空气，其初始相对湿度为 60%。当对其定压冷却到 20℃时，试确定此时的相对湿度、含湿量的变化量。

6. 在稳定绝热流动过程中，两股空气流混合。一股空气流温度为 12℃，相对湿度为 20%，流量为 25kg/min；另一股空气流温度为 25℃，相对湿度为 80%，流量为 40kg/min。如所处压力均为 0.1MPa，求混合后空气的相对湿度、温度和含湿量。

7. 体积为 0.5m³ 的刚性容器内，存储有 101325Pa、35℃、相对湿度为 70% 的湿空气。在定容条件下冷却到即将析出水滴为止，试确定冷却后的终温。

8. 将温度为 35℃、压力为 101325Pa 和相对湿度为 60% 的湿空气送入除湿器中去湿，然后将去湿后的湿空气再加热到 20℃、相对湿度为 50%。试确定离开除湿器时的温度，以及除湿器放出的热量。

9. 2kg 压力为 200kPa、温度为 5℃、相对湿度为 80% 的湿空气与 4kg 压力为 200kPa、温度为 40℃、相对湿度为 20% 的湿空气，在稳态稳流条件下进行绝热混合，混合过程中忽略压力损失和动位能变化，试确定混合后湿空气的含湿量、温度和相对湿度。

10. 烘干物体时所用空气的参数为：温度 20℃、相对湿度 30%。首先在加热器中将其加热到 85℃，然后送入烘箱中烘干物体。从烘箱中流出时温度为 35℃，试计算从被烘干物体中吸收 1kg 水分所消耗的干空气质量与热量。

11. 环境空气的温度为 36℃、相对湿度为 70%。要求对室内供应温度为 20℃、相对湿度为 50% 的冷风，供应量为 10m³/min。试选择一种空调方案并计算之。

第4章 空调负荷计算与送风量的确定

空调系统的作用是平衡室内、外干扰因素的影响，使室内温度、湿度维持为设定的数值。在空调技术中将这些干扰因素对室内的影响称为负荷。空调负荷计算的目的在于确定空调系统的送风量，并作为选择空调设备（如空气处理机组中的冷却器、加热器、加湿器等）容量的基本依据。

空调的负荷可分为冷负荷、热负荷和湿负荷三种。冷负荷是指为了维持室内设定的温度，在某一时刻必须由空调系统从房间带走的热量，或者某一时刻需要向房间供应的冷量；热负荷是指为补偿房间失热在单位时间内需要向房间供应的热量；湿负荷是指湿源向室内的散湿量，即为维持室内的含湿量恒定需要从房间除去的湿量。

4.1 室内、外空气计算参数的确定

4.1.1 室内空气计算参数

空调房间室内温度、湿度通常用两组指标来规定，即温度、湿度基数和空调精度。室内温、湿度基数是指在空调区域内所需保持的空气基准温度与基准相对湿度；空调精度是指在空调区域内，在工件旁一个或数个测温（或相对湿度）点上水银温度计（或相对湿度计）在要求的持续时间内，所示的空气温度（或相对湿度）偏离室内温（湿）度基数的最大差值。例如，$t_n = (20\pm0.5)\text{℃}$ 和 $\phi_n = 50\%\pm5\%$，这样两组指标便完整地表达了室内温、湿度参数的要求。

根据空调的目的和空调系统所服务的对象不同，可分为舒适性空调和工艺性空调。前者主要从人体舒适感出发确定室内温、湿度设计标准，一般不提空调精度要求；后者主要满足工艺过程对室内温、湿度基数和空调精度的特殊要求，同时兼顾人体的卫生要求。

1. 舒适性空调的室内空气计算参数

舒适性空调的室内空气计算参数是基于人体对周围环境温度、相对湿度和风速的舒适性要求，并结合我国经济情况和人们的生活习惯及衣着情况等因素，参照国家现行标准《室内空气质量标准》（GB/T 18883—2002）等资料制定的。在舒适性空调中，涉及到热舒适标准与卫生要求的室内设计计算参数有6项：温度、湿度、新风量、风速、噪声声级和室内空气含尘浓度。

根据我国国家标准《室内空气质量标准》（GB/T 18883—2002）的规定，室内空气设计计算参数可按表4-1规定的数值选用。

表 4-1　室内空气质量标准

序号	参数类别	参数	单位	标准值	备注
1	物理性	温度	℃	22～28	夏季空调
				16～24	冬季采暖
2		相对湿度	%	40～80	夏季空调
				30～60	冬季采暖
3		空气流速	m/s	0.3	夏季空调
				0.2	冬季采暖
4		新风量	m³/（h·人）	30	
5	化学性	二氧化硫 SO_2	mg/m³	0.50	1h 均值
6		二氧化氮 NO_2	mg/m³	0.24	1h 均值
7		一氧化碳 CO	mg/m³	10	1h 均值
8		二氧化碳 CO_2	%	0.10	日平均值
9		氨 NH_3	mg/m³	0.20	1h 均值
10		臭氧 O_3	mg/m³	0.16	1h 均值
11		甲醛 HCHO	mg/m³	0.10	1h 均值
12		苯 C_6H_6	mg/m³	0.11	1h 均值
13		甲苯 C_7H_8	mg/m³	0.20	1h 均值
14		二甲苯 C_8H_{10}	mg/m³	0.20	1h 均值
15		苯并（a）芘 ［B（a）P］	mg/m³	1.0	日平均值
16		可吸入颗粒 PM10	mg/m³	0.15	日平均值
17		总挥发性有机物 TVOC	mg/m³	0.60	8h 均值
18	生物性	菌落总数	cfu/m³	2500	依据仪器定
19	放射性	氡 ^{222}Rn	Bq/m³	400	年平均值（行动水平[b]）

a. 新风量要求不小于标准值，除温度、相对湿度外的其他参数要求不大于标准值。

b. 行动水平即达到此水平建议采取干预行动以降低室内氡浓度。

　　民用建筑中存在人员长期逗留与短期逗留区域，因此分别给出相应的室内计算参数。根据我国国家标准《民用建筑供暖通风与空气调节设计规范》（GB 50736—2012）的规定，对于舒适性空调，长期逗留区域空气调节室内计算参数应符合表 4-2 的规定。

表 4-2　长期逗留区域空气调节室内计算参数

季节	热舒适等级	温度（℃）	相对湿度（%）	风速（m/s）
冬季	Ⅰ 级	22～24	30～60	≤0.2
	Ⅱ 级	18～21	≤60	≤0.2
夏季	Ⅰ 级	24～26	40～70	≤0.2
	Ⅱ 级	27～28		≤0.25

民用建筑短期逗留区域空气调节室内计算参数，可在长期逗留区域参数基础上适当放低要求。夏季空调室内计算温度宜在长期逗留区域基础上提高 2℃，冬季空调室内计算温度宜在长期逗留区域基础上降低 2℃。

供暖与空气调节室内的热舒适性应按照《中等热环境 PMV 和 PPD 指数的测定及热舒适条件的规定》（GB/T 18049），采用预计的平均热感觉指数（PMV）和预计不满意者的百分数（PPD）评价，热舒适度等级 I 级规定：$-0.5 \leqslant PMV \leqslant 0.5$，$PPD \leqslant 10\%$；热舒适度等级 II 级规定：$-1 \leqslant PMV \leqslant -0.5$，$0.5 \leqslant PMV \leqslant 1$，$PPD \leqslant 27\%$。

根据我国国家标准《公共建筑节能设计标准》（GB 50189—2005）的规定，对于公共建筑空调系统室内计算参数可按表 4-3 规定的数值选用。

表 4-3　公共建筑空调系统室内计算参数

参数		冬季	夏季
温度（℃）	一般房间	20	25
	大堂、过厅	18	室内外温差≤10
风速（v）（m/s）		$0.10 \leqslant v \leqslant 0.20$	$0.15 \leqslant v \leqslant 0.30$
相对湿度（%）		30～60	40～65

2. 工艺性空调的室内空气计算参数

对于设置工艺性空气调节的工业建筑，其室内参数应根据工艺要求，并考虑必要的卫生条件确定。在可能的条件下，应尽量提高夏季室内温度基数，以节省建设投资和运行费用。另外，室温基数过低（如 20℃），由于夏季室内外温差太大，工作人员普遍感到不舒适，室温基数提高一些，对改善室内工作人员的卫生条件也是有好处的。

4.1.2　室外空气计算参数

室外空气计算参数对空调设计而言，主要会从两个方面影响系统的设计容量：一是由于室内外存在温差，通过建筑围护结构的传热量；二是空调系统采用的新鲜空气量在其状态不同于室内空气状态时，需要花费一定的能量将其处理到室内空气状态。因此，确定室外空气的设计计算参数时，既不应选择多年不遇的极端值，也不应任意降低空调系统对服务对象的保证率。

我国《民用建筑供暖通风与空气调节设计规范》（GB 50736—2012）中规定选择下列统计值作为室外空气设计参数：

（1）历年平均不保证 1 天的日平均温度作为冬季空调室外空气计算温度。

用该参数计算冬季新风和围护结构的传热量。由于这个参数对整个空调系统的建设投资和经常运行费用影响不大，没有必要将新风和围护结构传热的计算温度分开。

（2）用累年最冷月平均温度作为冬季空调室外计算温度。

累年最冷月是指累年逐月平均气温最低的月份。一般情况下累年最冷月为一月，但在少数地区也会存在十二月或二月的情况。本条的计算温度适用于机械送风系统补偿消除余热、余湿等全面排风的耗热量时使用；对于选择机械送风系统的空气加热器时，室外计算参数宜采用供暖室外计算温度。

（3）用累年最冷月平均相对湿度作为冬季空调室外计算相对湿度。

规定本条的目的是为了在不影响空调系统经济性的前提下，尽量简化参数的统计方法，同时采用这一参数计算冬季的热湿负荷也是比较安全的。

（4）用历年平均不保证 50h 的干球温度作为夏季空调室外计算干球温度。

即每年中存在一个干球温度，超出这一温度的时间有 50h，然后取近若干年中每年的这一温度值的平均值。另外注意，统计干球温度时，宜采用当地气象台站每天 4 次的定时温度记录，并以每次记录值代表 6h 的温度值核算。

（5）用历年平均不保证 50h 的湿球温度作为夏季空调室外计算湿球温度。

实践证明，在室外干、湿球温度不保证 50h 的综合作用下，室内不保证时间不会超过 50h。统计湿球温度时，同样宜采用当地气象台站每天 4 次的定时温度记录，并以每次记录值代表 6h 的温度值核算。

（6）用历年平均不保证 5d 的日平均温度作为夏季空调室外计算日平均温度。

取不保证 5d 的日平均温度，大致与室外计算湿球温度不保证 50h 是相对应的。夏季计算经围护结构传入室内的热量时，应按不稳定传热过程计算，因此必须已知设计日的室外日平均温度和逐时温度。

（7）夏季计算日空调室外计算逐时温度是为适应关于按不稳定传热计算空气调节冷负荷的需要，可按式（4-1）确定。

$$t_{\text{sh}} = t_{\text{wp}} + \beta \Delta t_{\tau} \tag{4-1}$$

式中，t_{sh}——室外计算逐时温度，℃；

t_{wp}——夏季空气调节室外计算日平均温度，℃；

β——室外温度逐时变化系数，按表 4-4 采用；

Δt_{τ}——夏季室外计算平均日较差，应按下式计算：

$$\Delta t_{\tau} = \frac{t_{\text{wg}} - t_{\text{wp}}}{0.52} \tag{4-2}$$

式中，t_{wg}——夏季空气调节室外计算干球温度，℃。

表 4-4　室外温度逐时变化系数

时刻	1：00	2：00	3：00	4：00	5：00	6：00
β	−0.35	−0.38	−0.42	−0.45	−0.47	−0.41
时刻	7：00	8：00	9：00	10：00	11：00	12：00
β	−0.28	−0.12	0.03	0.16	0.29	0.40
时刻	13：00	14：00	15：00	16：00	17：00	18：00
β	0.48	0.52	0.51	0.43	0.39	0.28
时刻	19：00	20：00	21：00	22：00	23：00	24：00
β	0.14	0.00	−0.10	−0.17	−0.23	−0.28

（8）室外计算参数的统计年份宜取 30 年。不足 30 年者，也可按实有年份采用，但不得少于 10 年；少于 10 年时，应对气象资料进行修正。

4.2　得热量与冷负荷的关系

房间得热量是指通过围护结构进入房间的，以及房间内部散出的各种热量。由两部分组成：一是由于太阳辐射进入房间的热量和室内外空气温差经围护结构传入房间的热量；另一部分是人体、照明、各种工艺设备和电气设备散入房间的热量。根据性质的不同，房间得热量可分为潜热和显热两类，而显热又包括对流热和辐射热两种成分。为了节省投资和运行费用，在计算得热量时，只计算空气调节区（在房间或封闭空间中，保持空气参数在给定范围之内的区域）得到的热量，处于空气调节区域外的得热量不应计算。按照现行的《民用建筑供暖通风与空气调节设计规范》（GB 50736）上的规定，空调区的夏季计算得热量，应根据下列各项确定：

（1）通过围护结构传入的热量。

（2）通过外窗进入的太阳辐射热量。

（3）人体散热量。

（4）照明散热量。

（5）设备、器具、管道及其他内部热源的散热量。

（6）食品或物料的散热量。

（7）渗透空气带入的热量。

（8）伴随各种散湿过程产生的潜热量。

围护结构热工特性及得热量的类型决定了得热量和冷负荷的关系。在瞬时得热中的潜热得热及显热得热中的对流成分是直接放散到房间空气中的热量，它们立即构成瞬时冷负荷。而显热得热中的辐射成分则不能立即成为瞬时冷负荷。因为辐射热透过空气传递到各围护结构内表面和家具的表面，提高了其表面的温度。一旦其表面温度高于室内空气温度时，它们又以对流方式将贮存的热量再散发给空气。当然，如果考虑到围护结构内装修和家具的吸湿和蓄湿作用，潜热得热也会存在延迟。

确定空调区冷、热负荷的大小，需要掌握各种得热的对流和辐射的比例。但是对流散热量与辐射量的比例又与热源的温度和室内空气温度有关，各表面之间的长波辐射量也与各内表面的角系数有关。表 4-5 给出了各种瞬时得热中的热量成分，该表仅是为了计算方便而针对一般情况得出的参考结论。

表 4-5　各种瞬时得热量中所含热量成分

得热类型	辐射热（%）	对流热（%）	潜热（%）	得热类型	辐射热（%）	对流热（%）	潜热（%）
太阳辐射（无内遮阳）	100	0	0	白炽灯	80	20	0
太阳辐射（有内遮阳）	58	42	0	传导热	60	40	0
传导热	60	40	0	人　体	40	20	40
荧光灯	50	50	0	机械或设备	20～80	80～20	0

　　从上述分析可知,在多数情况下冷负荷与得热量有关,但并不等于得热量。如果热源只有对流散热,各围护结构内表面和各室内设施表面的温差很小,则冷负荷基本就等于得热量,否则冷负荷与得热量是不同的。如果有显著的长波辐射部分存在,由于各围护结构内表面和家具的蓄热作用,冷负荷与得热量之间就存在着相位差和幅度差,冷负荷对得热的响应一般都有延迟,幅度也有所衰减。因此,冷负荷与得热量之间的关系取决于房间的构造、围护结构的热工特性和热源的特性。热负荷同样也存在这种特性。

　　图 4-1 是太阳辐射得热量与冷负荷之间的关系示意图。由该图可知,实际冷负荷的峰值大致比太阳辐射得热量的峰值少 40%,而且出现的时间也迟于太阳辐射热得热量峰值出现的时间。图中左侧阴影部分表示蓄存于结构中的热量。由于保持室温不变,两部分阴影面积是相等的。

　　图 4-2 是照明得热与实际冷负荷之间的关系示意图。由于灯光照明散热比较稳定,灯具开启后,大部分的热量被蓄存起来,随着时间的延续,蓄存的热量就逐渐减小。图 4-2 中上部直线表示荧光灯的瞬时得热,下部曲线表示使空调房间保持温度恒定时,由荧光灯引起的实际冷负荷。阴影部分表示蓄热量和从结构中除去的蓄热量。

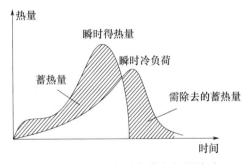

图 4-1　得热量与冷负荷之间的关系

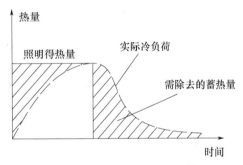

图 4-2　照明得热与实际冷负荷之间的关系

　　另外,空调系统在间歇使用时,室温存在一定的波动,从而引起围护结构额外的蓄热和放热,结果使得空调设备要自房间多取走一些热量。这种在非稳定工况下空调设备自房间带走的热量称为除热量。

　　图 4-3 表示上述几个概念之间的关系。

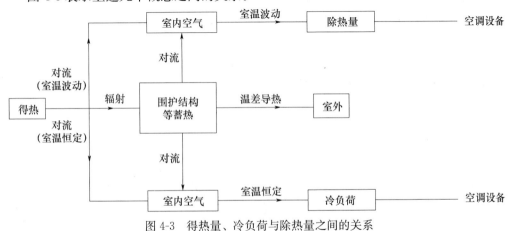

图 4-3　得热量、冷负荷与除热量之间的关系

图 4-4 给出了建筑物空调区的计算冷负荷和空调系统计算冷负荷的形成过程及组成。

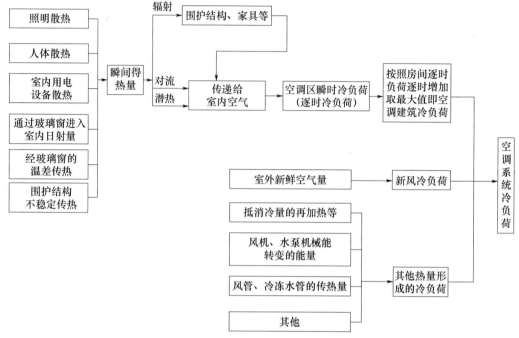

图 4-4　建筑物内空调系统计算冷负荷组成框图

4.3　围护结构负荷的计算方法

围护结构的负荷计算是空调系统设计的重要工作基础。围护结构的传热过程是时变的，在时间序列上，任何一个时刻的热状况都与历史过程有关，因此一个最简单的房间的负荷计算也需要通过求解一组庞大的偏微分方程组才能完成。采用差分法可对偏微分方程直接求得数值解，但计算工作量大，且方法非一般工程设计人员可以掌握。为了达到能够在工程设计中实际应用的目的，研究人员在开发可供建筑设备工程师在设计中使用的负荷求解方法方面进行了不懈的努力。

我国从 20 世纪 70 年代开始对负荷计算方法展开了研究，1982 年经原城乡建设环境保护部主持、评议通过了两种新的冷负荷计算法：谐波反应法和冷负荷系数法。这些方法针对我国的建筑物特点推出了一批典型围护结构的冷负荷温差（冷负荷温度）以及冷负荷系数（冷负荷强度系数），为我国的暖通空调设计人员提供了实用的设计工具。另外，随着计算机应用的普及，使用计算机模拟软件进行辅助设计或对整个建筑物的全年能耗和负荷状况进行分析，已经成为暖通空调领域的一个研究热点。

目前国内外常用的负荷求解的方法主要包括：①稳态计算法；②采用积分变换求解围护结构负荷的不稳定计算方法；③采用模拟分析软件计算法。

4.3.1 稳态计算法

稳态计算法的特点是不考虑建筑物历史时刻传热过程的影响，而仅采用室内外瞬时或平均温差与围护结构传热系数、传热面积的积来求取负荷值。该方法在计算过程中由于不考虑建筑的蓄热性能，所求得的冷、热负荷往往偏大。该计算误差会随围护结构的蓄热性能的提高而变大，因而容易造成设备投资的浪费，但该计算法可以用于计算蓄热性能不强的轻型、简易围护结构的负荷近似计算中，计算过程也因此变得非常简单直观，甚至可以直接手工计算。此外，如果室内外温差的平均值远远大于室内外温差的波动值时，采用平均温差的稳态计算带来的误差也比较小，在工程设计中是可以接受的。例如，在我国北方的冬季，室外温度的波动幅度远小于室内外的温差（图 4-5），因此目前在做空调热负荷计算时，采用的就是基于日平均温差的稳态计算法，即

$$Q = \alpha F K(t_{nd} - t_{wd}) \tag{4-3}$$

式中，Q——围护结构的基本耗热量形成的热负荷，W；

$\quad\ \ \alpha$——围护结构的温差修正系数；

$\quad\ \ F$——围护结构的面积，m^2；

$\quad\ \ K$——围护结构的传热系数，$W/(m^2 \cdot ℃)$；

$\quad\ \ t_{nd}$——冬季空调室内的计算温度，℃；

$\quad\ \ t_{wd}$——冬季空调室外计算温度，℃。

但计算夏季冷负荷是不能采用日平均温差的稳态算法的，否则可能导致完全错误的结果，因为尽管夏季瞬时室外温度在日间可能要比室内温度高很多，但在夜间却有可能低于室内温度。因此，与冬季相比，室内外平均温差并不大，但波动的幅度却相对比较大，如果采用日平均温差的稳态算法，则会导致冷负荷计算结果偏小。另一方面，如果采用逐时室内外温差，忽略围护结构的衰减延迟作用，则会导致冷负荷计算结果偏大。

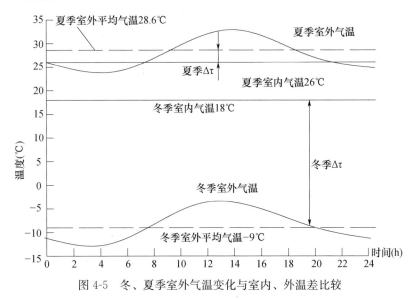

图 4-5 冬、夏季室外气温变化与室内、外温差比较

4.3.2　采用积分变换求解围护结构负荷的不稳定计算方法

积分变换法的原理是对于常系数的线性偏微分方程,采用积分变换如傅里叶变换或拉普拉斯变换。积分变换的概念是把函数从一个域中移到另一个域中,在这个新的域中,函数呈现较简单的形式,因此可以求出解析解。然后再对求得的变换后的方程解进行逆变换,获得最终解。采用哪一种积分变换取决于方程与定解条件的特点。对于板壁围护结构的不稳定传热问题的求解,可采用拉普拉斯变换。通过拉普拉斯变换,可以把复杂函数变为简单函数,把偏微分方程变换为常微分方程,把常微分方程变换为代数方程,使求取解析解成为可能。采用积分变换法求解围护结构的不稳定传热过程,需要经历 3 个步骤,即:①对边界条件进行离散或分解;②求对单元扰量的响应;③对单元扰量的响应进行叠加。

4.3.3　采用模拟分析软件计算法

采用模拟法,建筑物和系统的数学模拟必须体现围护结构的热性能,空调系统的热性能和设备的热性能。每一个模拟都可以根据输入量来计算输出量。建筑物的描述,气象参数以及室内散热量作为建筑模拟的输入项,计算室内温度和显热负荷,结果用于作为辅助系统模拟的输入项。辅助系统模拟利用这些信息计算需要基本系统提供的冷水,热水以及蒸汽负荷。最后基本系统模拟根据这些负荷来预测每小时的用电量、用气量或者其他形式能量的消耗。

(1) DOE-2。DOE-2 是由美国能源部主持,美国劳伦斯伯克利国家实验室开发,于 1979 年首次发布的建筑全年逐时能耗模拟软件,是目前国际上应用最普遍的建筑热模拟商用软件。其中,冷、热负荷模拟部分采用的是反应系数法,并假定室内温度恒定,不考虑不同房间之间的相互影响。

(2) ESP-r。ESP-r 是由英国 Strathclyde 大学于 1977~1984 年间开发的建筑与设备系统能耗动态模拟软件。负荷计算采用有限差分法,可模拟具有非线性部件的建筑的热过程。该软件实现了建筑物与空调系统的同步仿真,有效地解决了系统模拟的结果可能和空调区负荷不匹配的问题。

(3) EnergyPlus。EnergyPlus 是 20 世纪 90 年代开发的用于商用、教学研究的建筑热模拟软件,其负荷计算采用的是传递函数法(反应系数法)。

4.4　空调区冷负荷的计算

4.4.1　冷负荷系数法计算冷负荷

冷负荷系数法是在传递函数法的基础上为便于在工程中进行手算而建立起来的一种简化计算法。为了简化计算,对日射得热所形成的冷负荷,冷负荷系数法利用传递函数法的基本方程和相应的房间传递函数形成了空调冷负荷系数。对经围护结构传入热所形成的冷负荷,冷负荷系数法利用相应传递函数形成了冷负荷温度。这样,当计算某建筑物空调冷负荷时，则可按照相应条件查出冷负荷系数与冷负荷温度，用一维稳定热传导公式即可计算出日射得热形成的冷负荷和经围护结构传入热所形成的冷负荷。具体计算方法如下：

1. 围护结构瞬变传热形成冷负荷的计算方法

（1）外墙和屋顶瞬变传热引起的冷负荷

在日射和室外气温综合作用下，外墙和屋顶瞬变传热引起的逐时冷负荷可按下式计算：

$$CL = KF(t'_{wl} - t_{nx}) \tag{4-4}$$

$$t'_{wl} = (t_{wl} + t_d)k_a k_\rho \tag{4-5}$$

式中，CL——外墙或屋顶瞬变传热形成的逐时冷负荷，W；

K——外墙和屋顶的传热系数，$W/(m^2 \cdot ℃)$，可根据外墙和屋顶的不同构造，由附录 4-1 和附录 4-2 中查取；

F——外墙和屋顶的传热面积，m^2；

t'_{wl}——外墙和屋顶冷负荷计算温度的逐时值，℃；

t_{nx}——夏季空气调节室内计算温度，℃；

t_{wl}——以北京地区的气象条件为依据计算出的外墙和屋顶冷负荷计算温度的逐时值，℃，根据外墙和屋顶的不同类型分别在附录 4-3 和附录 4-4 中查取；

t_d——地点修正值，℃，根据不同的设计地点在附录 4-5 中查取；

k_a——外表面放热系数修正值，在表 4-6 中查取；

k_ρ——外表面吸收系数修正值，在表 4-7 中查取，考虑到城市大气污染和中、浅颜色的耐久性差，建议吸收系数一律采用 $\rho = 0.90$，即 $k_\rho = 1.0$。但如确有把握经久保持建筑围护结构表面的中、浅色时，则可乘以表 4-7 所列的吸收系数修正值。

表 4-6　外表面放热系数修正值 k_a

$h_w/[W/(m^2 \cdot ℃)]$ $[kcal/(hm^2 \cdot ℃)]$	14.2 (12)	16.3 (14)	18.6 (16)	20.9 (18)	23.3 (20)	25.6 (22)	27.9 (24)	30.2 (26)
k_a	1.06	1.03	1.0	0.98	0.97	0.95	0.94	0.93

表 4-7　外表面吸收系数修正值 k_ρ

颜色	类别	外墙	屋面
浅色		0.94	0.88
中色		0.97	0.94

对于室温允许波动范围大于或等于 $\pm 1.0℃$ 的舒适性空调区，其非轻型外墙传热形成的冷负荷，根据《民用建筑供暖通风与空气调节设计规范》（GB 50736—2012）上的规定可以近似按照稳态传热计算，即

$$CL = KF(t_{zp} - t_{nx}) \tag{4-6}$$

$$t_{zp} = t_{wp} + \frac{\rho J_p}{h_w} \tag{4-7}$$

式中，CL、K、F、t_{nx}——同式（4-4）；

$\qquad\qquad t_{zp}$——夏季空气调节室外计算日平均综合温度，℃；

$\qquad\qquad t_{wp}$——夏季空气调节室外计算日平均温度，℃；

$\qquad\qquad \rho$——围护结构外表面对于太阳辐射热的吸收系数；

$\qquad\qquad J_p$——围护结构所在朝向太阳总辐射照度的日平均值，W/m^2；

$\qquad\qquad \alpha_w$——围护结构外表面换热系数，$W/(m^2 \cdot ℃)$。

（2）内围护结构冷负荷

当邻室为通风良好的非空调房间时，通过内墙和楼板的温差传热而产生的冷负荷可按公式（4-4）计算。当邻室与空调区的夏季温差大于3℃时，宜按下式计算通过空调房间隔墙、楼板、内窗、内门等内围护结构的温差传热而产生的冷负荷：

$$CL = KF(t_{ls} - t_{nx}) \qquad\qquad (4-8)$$

$$t_{ls} = t_{wp} + \Delta t_{ls} \qquad\qquad (4-9)$$

式中，CL、K、F、t_{nx}——同式（4-4）；

$\qquad\qquad t_{ls}$——邻室计算平均温度，℃；

$\qquad\qquad \Delta t_{ls}$——邻室计算平均温度与夏季空气调节室外计算日平均温度的差值，℃，可按表4-8选取。

表4-8　温度的差值

邻室散热量（W/m^2）	Δt_{ls}（℃）	邻室散热量（W/m^2）	Δt_{ls}（℃）
很少（如办公室、走廊）<23	0~2 3	23~116 >116	5 7

（3）外玻璃窗瞬变传热引起的冷负荷

在室内外温差作用下，通过外玻璃窗瞬变传热引起的冷负荷可按下式计算：

$$CL = C_w K_w F_w(t_{wl} + t_d - t_{nx}) \qquad\qquad (4-10)$$

式中，CL、t_{nx}——同式（4-4）；

$\qquad\qquad K_w$——外玻璃窗传热系数，$W/(m^2 \cdot ℃)$，单层窗可查附录4-6，双层窗可查附录4-7，不同结构材料的玻璃可查附录4-8；

$\qquad\qquad F_w$——窗口面积，m^2；

$\qquad\qquad t_{wl}$——外玻璃窗的冷负荷温度的逐时值，℃，可由附录4-9查得；

$\qquad\qquad C_w$——玻璃窗传热系数的修正值，根据窗框类型，可由附录4-10查得；

$\qquad\qquad t_d$——玻璃窗地点修正值，可从附录4-11中查得。

值得说明的是，在计算高层或超高层建筑围护结构形成的空调负荷时，可用稳定传热方法计算外围护结构的传热负荷，可忽略不透明外墙的传热负荷，只计算玻璃窗形成的负荷。

2. 透过玻璃窗的日射得热形成冷负荷的计算方法

透过玻璃窗进入室内的日射得热分为两部分，一部分是透过玻璃窗直接进入室内的太阳辐射热 q_t，另一部分是玻璃窗吸收太阳辐射后传入室内的热量 q_a。由于窗户的类型，遮阳设施，太阳入射角及太阳辐射强度等因素的各种组合太多，人们无法建立太阳辐射得热与太阳辐射强度之间的函数关系，于是提出了日射得热因数的概念。

采用 3mm 厚的普通平板玻璃作"标准玻璃",在玻璃内表面放热系数为 8.7W/(m²·℃) 和玻璃外表面放热系数为 18.6W/(m²·℃) 条件下,得出夏季(以 7 月份为代表)通过这一"标准玻璃"的日射得热量 q_t 和 q_a 以及 D_j 值,即

$$D_j = q_t + q_a \tag{4-11}$$

称 D_j 为日射得热因数。

经过大量统计计算工作,得出我国 40 个城市夏季 9 个不同朝向的逐时日射得热因数值 D_j 及其最大值 $D_{j,max}$,经过相似分析,得出了适用于各地区[不同纬度带(每一带宽为 ±2°30′纬度)]的 $D_{j,max}$,由附录 4-12 查得。

考虑到在非标准玻璃情况下,以及不同窗户类型和遮阳设施对得热的影响,可对日射得热因数加以修正,通常乘以窗玻璃的综合遮挡系数 $C_{c\cdot s}$,即

$$C_{c\cdot s} = C_s C_i \tag{4-12}$$

式中,C_s——窗玻璃的遮阳系数,定义为 $C_s = \dfrac{\text{实际玻璃的日射得热}}{\text{标准窗玻璃的日射得热}}$,由附录 4-13 查得;

C_i——窗内遮阳设施的遮阳系数,由附录 4-14 查得。

有外遮阳的算法基本相同,但更为繁琐,此处不作介绍。

因此,透过玻璃窗进入室内的日射得热形成的逐时冷负荷 CL,可按下式计算:

$$CL = C_a C_s C_i F D_{j,max} C_{LQ} \tag{4-13}$$

式中,F——窗口面积,m²;

C_a——有效面积系数,由附录 4-15 查得;

C_{LQ}——窗玻璃冷负荷系数,无因次,由附录 4-16~附录 4-19 查得。

必须指出 C_{LQ} 值按南北区的划分而不同。南北区划分的标准为:建筑地点在北纬 27°30′以南的地区为南区,以北的地区为北区。

3. 室内热源造成的冷负荷

室内热源散热主要指室内工艺设备及办公等设备散热、照明散热、人体散热和食物散热等部分。室内热源散热包括显热和潜热两部分。潜热散热作为瞬时冷负荷,显热散热中以对流形式散出的热量成为瞬时冷负荷,而以辐射形式散出的热量则先被围护结构表面所吸收,然后再缓慢地逐渐散出,形成滞后冷负荷。因此,必须采用相应的冷负荷系数。

(1)室内热源显热冷负荷

1)设备显热冷负荷。

设备和用具显热形成的冷负荷按下式计算:

$$CL = \dot{Q}_s C_{LQ} \tag{4-14}$$

式中,CL——设备和用具显热形成的冷负荷,W;

$\dot{Q}_s$——设备和用具的实际显热散热量,W;

C_{LQ}——设备和用具显热散热冷负荷系数,可由附录 4-20 和附录 4-21 查得。如果空调系统不连续运行,则 $C_{LQ} = 1.0$。

实际显热散热量 $\dot{Q}_s$ 的计算可以根据设备和用具的不同分别计算。

① 电动设备的散热量。电动设备是指电动机及其所带动的工艺设备。电动机在带动工艺设备进行生产的过程中向室内空气散发的热量主要有两部分:一是电动机本体由于温度升高而散入室内的热量;二是电动机所带动的设备散出的热量。

当工艺设备及其电动机都放在室内时，

$$\dot{Q}_s = 1000 n_1 n_2 n_3 N/\eta \tag{4-15}$$

当工艺设备在室内，而电动机不在室内时，

$$\dot{Q}_s = 1000 n_1 n_2 n_3 N \tag{4-16}$$

当工艺设备不在室内，而电动机在室内时，

$$\dot{Q}_s = 1000 n_1 n_2 n_3 \frac{1-\eta}{\eta} N \tag{4-17}$$

式中，N——电动设备的安装功率，W；

    η——电动机效率系数，可由产品样本查得，或见表 4-9；

    n_1——同时使用系数，即房间内电动机同时使用的安装功率与总安装功率之比，根据工艺过程的设备使用情况而定，一般为 0.5～1.0；

    n_2——利用系数（安装系数），是电动机最大实耗功率与安装功率之比，一般可取 0.7～0.9，可用以反映安装功率的利用程度；

    n_3——电动机负荷系数，每小时的平均实耗功率与设计最大实耗功率之比，它反映了平均负荷达到最大负荷的程度，一般可取 0.4～0.5，精密机床取 0.15～0.4。

上述各系数的确切数据，应根据设备的实际工作情况确定。

表 4-9　电动机效率系数

电动机类型	功率（kW）	满负荷效率	电动机类型	功率（kW）	满负荷效率
罩极电动机	0.04	0.35	三相电动机	1.5	0.79
	0.06	0.35		2.2	0.81
	0.09	0.35		3.0	0.82
	0.12	0.35		4.0	0.84
分相电动机	0.18	0.54		5.5	0.85
	0.25	0.56		7.5	0.86
	0.37	0.60		11.0	0.87
三相电动机	0.55	0.72		15.0	0.88
	0.75	0.75		18.5	0.89
	1.1	0.77		22.0	0.89

② 电热设备的散热量。对于无保温密闭罩的电热设备，散热量按下式计算：

$$\dot{Q}_s = 1000 n_1 n_2 n_3 n_4 N \tag{4-18}$$

式中，n_4——通风保温系数，见表 4-10；

其他符号意义同前。

表 4-10　通风保温系数

保温情况	有局部排风时	无局部排风时
设备有保温	0.3～0.4	0.6～0.7
设备无保温	0.4～0.6	0.8～1.0

③ 电子设备的散热量。计算公式同式（4-15），其中系数 n_3 的值根据使用情况而定，对于电子计算机可取 1.0，一般仪表取 0.5～0.9。

④ 办公设备的散热量。空调区办公设备的散热量 Q_s（W）可按下式计算：

$$Q_s = \sum_{i=1}^{p} s_i q_{a,i} \tag{4-19}$$

式中，p——设备的种类数；

　　　s_i——第 i 类设备的台数；

　　　$q_{a,i}$——第 i 类设备的单台散热量，W，见表 4-11。

表 4-11　办公设备散热量

名　称 及 类 别		单台散热量（W）		名　称 及 类 别		单台散热量（W）		
		连续工作	省能模式			连续工作	每分钟输出 1 页	待机状态
计算机	平均值	55	20	打印机	小型台式	130	75	10
	安全值	65	25		台　式	215	100	35
	高安全值	75	30		小型办公	320	160	70
显示器	小屏幕（330～380mm）	55	0		大型办公	550	275	125
	中屏幕（400～460mm）	70	0	复印机	台　式	400	85	20
	大屏幕（480～510mm）	80	0		办　公	1100	400	300

当办公设备的类型和数量事先无法确定时，可按表 4-12 给出的单位面积散热指标估算空调区的办公设备散热量。

此时空调区办公设备的散热量 Q_s（W）可按下式计算：

$$Q_s = F q_f \tag{4-20}$$

式中，F——空调区面积，m^2；

　　　q_f——办公设备单位面积平均散热指标，W/m^2，见表 4-12。

表 4-12　办公设备单位面积平均散热指标

办公散热强度等级	一套办公设备的平均占地面积（m^2）	单位面积的平均散热指标（W/m^2）	负荷系数	说　明
低	16	5	主机/显示器/传真机：0.67 打印机：0.33	所谓"一套办公设备"，指的是：主机、显示器、打印机、传真机各一台，并包括配套的办公家具
中	12	11	主机/显示器/传真机：0.75 打印机：0.50	
中高	9	16	主机/显示器：0.75 打印机/传真机：0.50	
高	8	22	主机/显示器：1.00 打印机/传真机：0.50	

2）照明设备冷负荷。

当电压一定时，室内照明散热量是不随时间变化的稳定散热量，但是照明散热方式仍以对流与辐射两种方式进行散热，因此照明散热形式的冷负荷计算仍采用相应的冷负荷系数。

根据照明灯具的类型和安装方式不同，其冷负荷计算式分别为

白炽灯

$$CL=1000NC_{LQ} \tag{4-21}$$

荧光灯

$$CL=1000n_1 n_2 NC_{LQ} \tag{4-22}$$

式中，CL——照明设备散热形成的冷负荷，W；

N——照明设备所需功率，kW；

n_1——镇流器消耗功率系数，当明装荧光灯的镇流器装在空调房间内时，取 n_1 =1.2，当暗装荧光灯镇流器装设在顶棚内时，可取 n_1 =1.0；

n_2——灯罩隔热系数，当荧光灯罩上部穿有小孔（下部为玻璃板），可利用自然通风散热于顶棚内时，取 n_2 =0.5～0.6，而荧光灯罩无通风孔时，取 n_2 =0.6～0.8；

C_{LQ}——照明散热冷负荷系数，可由附录4-22查得。

3）人体显热冷负荷。

人体向室内空气散发的热量有显热和潜热两种形式。前者通过对流、传导或辐射等方式散发出来，后者是指人体散发的水蒸气所包含的汽化潜热。人体散发的潜热量和显热量中的对流热部分直接形成瞬时冷负荷，而辐射散发的热量将会形成滞后冷负荷。因此，应采用相应的冷负荷系数进行计算。

人体散热与性别、年龄、衣着、劳动强度及周围环境条件（温、湿度等）等多种因素有关。为了方便考虑，计算时以成年男子散热量为基础。而对于不同功能的建筑物中由各类人员（成年男子、女子、儿童等）不同的组成进行修正，为此引入人员群集系数 φ，即因人员的年龄构成、性别构成以及密集程度等情况的不同而考虑的折减系数，见表4-13。

表 4-13 典型空调建筑物内的人员群集系数 φ

工作场所	影剧院	百货商店（售货）	旅店	体育馆	图书阅览室	工程轻劳动	银行	工厂重劳动
群集系数 φ	0.89	0.89	0.93	0.92	0.96	0.90	1.0	1.0

人体显热散热引起的冷负荷计算式为

$$CL_s=n\varphi q_s C_{LQ} \tag{4-23}$$

式中，CL_s——人体显热散热形成的冷负荷，W；

n——室内全部人数；

φ——群集系数；

q_s——不同室温和劳动性质成年男子显热散热量，W，见表4-14；

C_{LQ}——人体显热散热冷负荷系数，由附录4-23中查得。对于人员密集的场所（如电影院、剧院、会堂等），由于人体对围护结构和室内物品的辐射换热量相应减少，故取 C_{LQ} =1.0。

4）食物显热冷负荷。

进行餐厅冷负荷计算时，需要考虑食物的散热量。食物的显热散热形成的冷负荷，可按每位就餐客人9W考虑。

（2）室内热源潜热冷负荷

空调区的夏季计算散湿量，应根据下列各项确定：

①人体散湿量；②渗透空气带入的湿量；③化学反应过程的散湿量；④各种潮湿表面、液面或液流的散湿量；⑤食品或其他物料的散湿量；⑥设备散湿量；⑦地下建筑围护结构的散湿量。

大多数情况下，空调区的湿负荷来自人体散湿和敞开水槽表面的散湿量。

1）人体散湿量。

计算时刻人体散湿形成的潜热冷负荷 Q_τ（W），可按下式计算：

$$Q_\tau = \varphi n_\tau q_2 \tag{4-24}$$

式中，φ——群集系数；

n_τ——计算时刻空调区内的总人数；

q_2——一名成年男子小时潜热散热量，W，见表4-14。

计算时刻的人体散湿量 W_τ（kg/h），可按下式计算：

$$W_\tau = 0.001 \varphi n_\tau g \tag{4-25}$$

式中，n_τ——计算时刻空调区内的总人数；

g——一名成年男子小时散湿量，g/h，见表4-14。

表4-14　不同室温和劳动性质下一名成年男子的散热量（W）和散湿量（g/h）

体力活动性质		散热（湿）量	室内温度（℃）										
			20	21	22	23	24	25	26	27	28	29	30
静坐	影剧院 会 堂 阅览室	显热	84	81	78	74	71	67	63	58	53	48	43
		潜热	26	27	30	34	37	41	45	50	55	60	65
		全热	110	108	108	108	108	108	108	108	108	108	108
		湿量	38	40	45	45	56	61	68	75	82	90	97
极轻劳动	旅 馆 体育馆 手表装配 电子元件	显热	90	85	79	75	70	65	60.5	57	51	45	41
		潜热	47	51	56	59	64	69	73.3	77	83	89	93
		全热	137	135	135	134	134	134	134	134	134	134	134
		湿量	69	76	83	89	96	109	109	115	132	132	139
轻度劳动	百货商店 化学实验室 电子计算 机　房	显热	93	87	81	76	70	64	58	51	47	40	35
		潜热	90	94	80	106	112	117	123	130	135	142	147
		全热	183	181	181	182	182	181	181	181	182	182	182
		湿量	134	140	150	158	167	175	184	194	203	212	220
中等劳动	纺织车间 印刷车间 机加工车间	显热	117	112	104	97	88	83	74	67	61	52	45
		潜热	118	123	131	138	147	152	161	168	174	183	190
		全热	235	235	235	235	235	235	235	235	235	235	235
		湿量	175	184	196	207	219	227	240	250	260	273	283
重度劳动	炼钢车间 铸造车间 排练厅 室内运动场	显热	169	163	157	151	145	140	134	128	122	116	110
		潜热	238	244	250	256	262	267	273	279	285	291	297
		全热	407	407	407	407	407	407	407	407	407	407	407
		湿量	356	365	373	382	391	400	408	417	425	434	443

2）室内敞开水槽表面散湿量。

$$W = \beta(p_s - p_v)F\frac{B_0}{B} \tag{4-26}$$

式中，W——室内敞开水槽表面散湿量，kg/s；

p_s——相应于水槽表面温度下饱和空气的水蒸气分压力，Pa；

p_v——空气的水蒸气分压力，Pa；

B_0——标准大气压力，$B_0 = 101325$Pa；

B——当地大气压力，Pa；

F——室内敞开水槽表面积，m^2；

β——质交换系数，kg/（N·s）。

β 按下式计算为

$$\beta = (\alpha + 0.00363v) \times 10^{-5} \tag{4-27}$$

式中，α——不同水温下的扩散系数，kg/（N·s），见表4-15；

v——水面上周围空气的流速，m/s。

表 4-15　不同水温下的扩散系数 α

水温（℃）	<30	40	50	60	70	80	90	100
α［kg/（N·s）］	0.0043	0.0058	0.0069	0.0077	0.0088	0.0096	0.0106	0.0125

4. 计算实例

【例 4-1】　试计算北京某宾馆某客房夏季的空调计算负荷。客房平面尺寸如图 4-6 所示，层高为 3500mm。屋顶、外墙的构造分别如图 4-7、图 4-8 所示。其他条件如下：

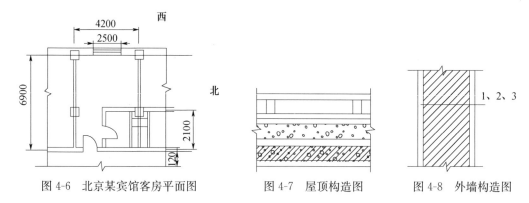

图 4-6　北京某宾馆客房平面图　　　　图 4-7　屋顶构造图　　　图 4-8　外墙构造图

（1）屋顶属于 Ⅱ 型，传热系数 $K = 0.48$W/（m^2·K），由上至下分别为：

①预制细石混凝土板 25mm，表面喷白色水泥浆；②通风层≥200mm；③卷材防水层；④水泥砂浆找平层 20mm；⑤保温层，沥青膨胀珍珠岩 125mm；⑥隔汽层；⑦现浇钢筋混凝土板 70mm；⑧内粉刷。

（2）外墙属于 Ⅱ 型，传热系数 $K = 1.50$W/（m^2·K），由外至内分别为：

①水泥砂浆；②砖墙，370mm 厚；③白灰粉刷。

（3）外窗高为 2000mm，为双层窗结构；玻璃采用 3mm 厚的普通玻璃；窗框为金属，玻璃比例为 80%；窗帘为白色（浅色）。

(4) 邻室包括走廊，均与客房温度相同，不考虑内墙传热；

(5) 每间客房 2 人，在客房内的总小时数为 16 小时，(16：00 至第二天的 8：00)；

(6) 室内压力稍高于室外大气压力；

(7) 室内照明采用 200W 明装荧光灯，开灯时间为 16：00～24：00；

(8) 空调设计运行时间 24h；

(9) 北京市纬度为北纬 39°48′；经度为东经 116°28′；海拔高度为 31.2m；大气压力为夏季 998.6kPa，冬季 1020.4kPa；夏季空调室外计算干球温度为 33.2℃；夏季空调室外计算湿球温度为 26.4℃；

客房夏季室内计算干球温度为 26℃；室内空气相对湿度≤65%。

【解】 按本题条件，分项计算如下。

(1) 屋顶冷负荷

由附录 4-4 查得北京地区屋顶的冷负荷计算温度逐时值 t_{wl}，即可按式 (4-4) 和式 (4-5)算出屋顶逐时冷负荷，计算结果列于表 4-16 中。

表 4-16 屋顶逐时冷负荷 (W)

时刻	11：00	12：00	13：00	14：00	15：00	16：00	17：00	18：00	19：00	20：00	21：00	22：00	23：00	24：00
t_{wl}	35.6	35.6	36.0	37.0	38.4	40.1	41.9	43.7	45.4	46.7	47.5	47.8	47.7	47.2
t_d	0													
k_a	1.04①													
k_ρ	0.94													
t'_{wl}	34.80	34.80	35.19	36.17	37.54	39.20	40.96	42.72	44.38	45.65	46.44	46.73	46.63	46.14
t_R	26													
K	0.48													
F	4.2×(6.9−0.06)=28.7													
CL	121.23	121.23	126.60	140.10	158.98	181.84	206.09	42.72	44.38	45.65	46.44	46.73	46.63	46.14

注①$a_0=3.5+5.6v=3.5+5.6\times2.2=15.82$W/ $(m^2 \cdot K)$ $(v=2.2$m/s$)$

(2) 西外墙冷负荷

由附录 4-3 查得 Ⅱ 型外墙冷负荷计算温度逐时值 t_{wl}，将其计算结果列入表 4-17 中。

表 4-17 西外墙逐时冷负荷 (W)

时刻	11：00	12：00	13：00	14：00	15：00	16：00	17：00	18：00	19：00	20：00	21：00	22：00	23：00	24：00
t_{wl}	36.3	35.9	35.5	35.2	34.9	34.8	34.8	34.9	35.3	35.8	36.5	37.3	38.0	38.5
t_d	0													
k_a	1.04													
k_ρ	0.94													
t'_{wl}	35.49	35.10	34.70	34.41	34.12	34.02	34.02	34.12	34.51	35.00	35.68	36.46	37.15	37.64
t_R	26													
Δt	9.49	9.10	8.70	8.41	8.12	8.02	8.02	8.12	8.51	9.00	9.68	10.46	11.15	11.64
K	1.5													
F	4.2×3.5−2.5×2=9.7													
CL	138.08	132.41	126.59	122.37	118.15	116.69	116.69	118.15	123.82	130.95	140.84	152.19	162.23	169.36

（3）西外窗瞬时传热冷负荷

根据 $\alpha_i = 8.7 \mathrm{W/（m^2 \cdot K）}$，$\alpha_o = 15.82 \mathrm{W/（m^2 \cdot K）}$，由附录 4-7 查得 $K_w = 2.93 \mathrm{W/（m^2 \cdot K）}$。由附录 4-10 查得玻璃窗传热系数的修正值，对于金属框双层窗，应乘以 1.2 的修正系数。由附录 4-9 查出玻璃窗冷负荷计算温度的逐时值 t_{wl}，根据式（4-10）计算，并将计算结果列入表 4-18 中。

表 4-18 西外窗瞬时传热冷负荷（W）

时刻	11：00	12：00	13：00	14：00	15：00	16：00	17：00	18：00	19：00	20：00	21：00	22：00	23：00	24：00
t_{wl}	29.9	30.8	31.5	31.9	32.2	32.2	32.0	31.6	30.8	29.9	29.1	28.4	27.8	27.2
t_d	0													
$t_{wl}+t_d$	29.9	30.8	31.5	31.9	32.2	32.2	32.0	31.6	30.8	29.9	29.1	28.4	27.8	27.2
t_R	26													
Δt	3.9	4.8	5.5	5.9	6.2	6.2	6.0	5.6	4.8	3.9	3.1	2.4	1.8	1.2
$C_w K_w$	$2.93 \times 1.2 = 3.516$													
F_w	$2.5 \times 2 = 5$													
CL	68.56	84.38	96.69	103.72	109.00	109.00	105.48	98.45	84.38	68.56	54.50	42.19	31.64	21.10

（4）透过玻璃窗进入日射得热引起冷负荷

由附录 4-15 中查得双层钢窗有效面积系数 $C_a = 0.75$，故窗的有效面积 $F_w = 5 \times 0.75 = 3.75 \mathrm{m^2}$。由附录 4-13 中查得遮挡系数 $C_s = 0.86$，由附录 4-14 中查得遮阳系数 $C_i = 0.5$，于是综合遮挡系数 $C_{c \cdot s} = C_s \cdot C_i = 0.86 \times 0.5 = 0.43$。再由附录 4-12 中查得纬度 40° 时（北京市北纬 39°48′），西向日射得热因数最大值 $D_{j,max} = 599 \mathrm{W/m^2}$。因北京地区地处北纬 37°30′ 以北，属于北区，故由附录 4-17 查得北区有内遮阳的玻璃窗冷负荷系数逐时值 C_{LQ}。用式（4-13）计算逐时进入玻璃窗日射得热引起的冷负荷，列入表 4-19 中。

表 4-19 西窗日射得热引起的逐时冷负荷（W）

时刻	11：00	12：00	13：00	14：00	15：00	16：00	17：00	18：00	19：00	20：00	21：00	22：00	23：00	24：00
C_{LQ}	0.19	0.20	0.34	0.56	0.72	0.83	0.77	0.53	0.11	0.10	0.09	0.09	0.08	0.08
$D_{j,max}$	599													
$C_{c,s}$	0.43													
F_w	$2.5 \times 2 \times 0.75 = 3.75$													
CL	183.52	193.18	328.40	540.90	695.44	801.69	743.73	511.92	106.25	96.59	86.93	86.93	77.27	77.27

（5）照明散热形成的冷负荷

由于明装荧光灯，镇流器装设在客房内，故镇流器消耗功率系数 n_1 取 1.2。灯罩隔热系数 n_2 取 1.0。根据室内照明开灯时间为 16：00～24：00，开灯时数为 8h，由附录 4-22 查得照明散热冷负荷系数，按公式（4-22）计算，并将计算结果列入表 4-20 中。

表 4-20　照明散热引起的逐时冷负荷（W）

时刻	11：00	12：00	13：00	14：00	15：00	16：00	17：00	18：00	19：00	20：00	21：00	22：00	23：00	24：00
C_{LQ}	0.10	0.09	0.08	0.07	0.06	0.37	0.67	0.71	0.76	0.79	0.81	0.83	0.84	0.29
n_1	1.2													
n_2	1.0													
N	200													
CL	24.00	21.60	19.20	16.80	14.40	88.80	160.80	170.40	182.40	189.60	194.40	199.20	201.60	69.60

（6）人员散热引起冷负荷

宾馆属极轻劳动。查表 4-15，当室温为 26℃时，成年男子每人散发的显热和潜热量为 60.5W 和 73.3W，由表 4-13 查取群集系数 $\varphi=0.93$。根据每间客房 2 人，在客房内的总小时数为 16h（16：00 至第二天的 8：00），由附录 4-23 查得人体显热散热冷负荷系数逐时值。按式（4-23）计算人体显热散热逐时冷负荷，按式（4-24）计算人体潜热散热引起的冷负荷，然后将其计算结果列入表 4-21 中。

表 4-21　人体散热引起的逐时冷负荷（W）

时刻	11：00	12：00	13：00	14：00	15：00	16：00	17：00	18：00	19：00	20：00	21：00	22：00	23：00	24：00
C_{LQ}	0.28	0.24	0.20	0.18	0.16	0.62	0.70	0.75	0.79	0.82	0.85	0.87	0.88	0.90
q_s	60.5													
n	2													
φ	0.93													
CL_s	31.51	27.01	22.51	20.26	18.01	69.77	78.77	84.40	88.90	92.27	95.65	97.90	99.03	101.28
q_2	73.3													
Q_τ	136.34	136.34	136.34	136.34	136.34	136.34	136.34	136.34	136.34	136.34	136.34	136.34	136.34	136.34
合计	167.85	163.35	158.85	156.60	154.35	206.11	215.11	220.74	225.24	228.61	231.99	234.24	235.37	237.62

（7）各分项逐时冷负荷汇总

室内压力略高于室外大气压力，因此不用考虑由室外空气渗透所引起的冷负荷。现将上述各分项逐时冷负荷计算结果列入表 4-22 中，并逐时相加，以便求得客房内的冷负荷值。

表 4-22　各分项逐时冷负荷汇总表（W）

时刻	11：00	12：00	13：00	14：00	15：00	16：00	17：00	18：00	19：00	20：00	21：00	22：00	23：00	24：00
屋顶负荷	121.23	121.23	136.60	140.10	158.98	181.84	206.09	42.72	44.38	45.65	46.44	46.73	46.63	46.14
外墙负荷	138.08	132.41	126.59	122.37	118.15	116.69	116.69	118.15	123.82	130.95	140.84	152.19	162.23	169.36
窗传热负荷	68.56	84.38	96.69	103.72	109.00	109.00	105.48	98.45	84.38	68.56	54.50	42.19	31.64	21.10
窗日射负荷	183.52	193.18	328.40	540.90	695.44	801.69	743.73	511.92	106.25	96.59	86.93	86.93	77.27	77.27
人员负荷	167.85	163.35	158.85	156.60	154.35	206.11	215.11	220.74	225.24	228.61	231.99	234.24	235.37	237.62
灯光负荷	24.00	21.60	19.20	16.80	14.40	88.80	160.80	170.40	182.40	189.60	194.40	199.20	201.60	69.60
总计	703.24	716.15	856.33	1080.49	1250.32	1504.13	1547.90	1162.38	766.47	759.56	755.1	761.48	754.74	621.09

由表 4-22 可以看出，此客房最大冷负荷值出现在 17：00 时，其值为 1547.90W。

4.4.2 空调总冷负荷的确定

空调区计算冷负荷的确定方法是：将此空调区的各分项冷负荷按各计算时刻累加，得出空调区总冷负荷逐时值的时间序列，之后找出序列中的最大值，即作为该空调区的计算冷负荷。

集中空调系统的计算冷负荷，应根据所服务的空调建筑中各分区的同时使用情况、空调系统类型及控制方式等各种情况不同，综合考虑下列各分项负荷，经过焓-湿图分析和计算确定。

（1）系统所服务区域的空调建筑的计算冷负荷。

（2）该空调建筑的新风计算冷负荷。

对空调方式为风机盘管加新风的空调系统来说，新风并不负担室内负荷，因此空调设备还要能补偿新风引起的冷负荷。新风冷负荷可由下式计算：

$$CL_w = G_w(h_{wx} - h_{nx}) \tag{4-28}$$

式中，CL_w——新风冷负荷，kW；

G_w——新风量，kg/s；

h_{wx}——室外新风比焓值，kJ/kg；

h_{nx}——室内空气比焓值，kJ/kg。

（3）风系统由于风机、风管产生温升以及系统漏风等引起的附加冷负荷。

（4）水系统由于水泵、水管、水箱产生温升以及系统补水引起的附加冷负荷。

（5）当空气处理过程产生冷、热抵消现象时，尚应考虑由此引起的附加冷负荷。例如，某些空调系统因在夏季采用再热空气处理过程，导致了冷、热量的抵消，因此这部分被抵消的冷量应该得到补偿；采用顶棚回风时，部分灯光热量可能被回风带入系统而产生附加冷负荷。

由此可知，集中空调系统的计算冷负荷应为上述 5 部分负荷的和。

空调冷源的计算冷负荷，应根据所服务的各空调系统的同时使用情况，并考虑输送系统和换热设备的冷量损失，经计算确定，并满足下列规定：

（1）设有温度自控时，空调系统夏季总冷负荷按所有空调区作为一个整体空间进行逐时冷负荷计算所得的综合最大小时冷负荷确定；无温度自控时，空调系统夏季总冷负荷按所有空调区逐时冷负荷的累计值确定；

（2）空调系统夏季总冷负荷应计入各项有关的附加负荷。

（3）应考虑各空调区在使用时间上的不同，采用小于 1 的同时使用系数。

4.5 空调区热负荷的计算

空调区的热负荷应根据建筑物散失和获得的热量确定。空调区热负荷的计算方法与采暖热负荷的计算方法基本相同，不同之处主要有两点：①考虑到空调内热环境条件要求较高，区内温度的不保证时间应少于一般采暖房间，因此在选取室外计算温度时，应采用冬季空气调节室外计算温度；②当空调区有足够的正压时，不必计算经由门窗缝隙渗入室内冷空气的耗热量。对于民用建筑，空调区冬季热负荷主要为由围护结构传热所形成的耗热量。根据《民用建筑供暖通风与空气调节设计规范》（GB 50736—2012），围护结构的耗热量包括基本耗热量、附加耗热量和高度附加耗热量三部分。

4.5.1　围护结构的基本耗热量

由于冬季室外温度的波动幅度远小于室内外的温差，在围护结构的基本耗热量计算中，采用的是基于日平均温差的稳态计算法，如公式（4-3）所示。其中，围护结构的温差修正系数 α 可由表 4-23 中选取。

表 4-23　围护结构的温差修正系数 α

围护结构特征	α	围护结构特征	α
外墙、屋顶、地面以及与室外相通的楼板等	1.00	非采暖地下室上面的楼板，外墙上无窗且位于室外地坪以下时	0.40
闷顶和与室外空气相通的非采暖地下室上面的楼板等	0.90	与有外门窗的不采暖楼梯间相邻的隔墙（1～6层建筑）	0.60
与有外门窗的不采暖楼梯间相邻的隔墙（7～30层建筑）	0.50	非采暖地下室上面的楼板，外墙上有窗时	0.75
非采暖地下室上面的楼板，外墙上无窗且位于室外地坪以上时	0.60	与无外门窗的非采暖房间相邻的隔墙	0.40
与有外门窗的非采暖房间相邻的隔墙	0.70	伸缩缝墙、沉降缝墙	0.30
防震缝墙	0.70		

4.5.2　围护结构的附加耗热量

围护结构的附加耗热量应按其占基本耗热量的百分率确定。各项附加百分率，宜按照下列规定选用。

1. 朝向修正率

不同朝向的围护结构，受到的太阳辐射热量是不同的；同时，不同的朝向，风的速度和频率也不同。因此，规范规定对不同的垂直外围护结构进行修正，其修正率为：

北、东北、西北朝向：0～10%；

东、西朝向：−5%；

东南、西南朝向：−10%～−15%；

南向：−15%～−30%。

2. 风力附加率

在规范中明确规定：建筑在不避风的高地、河边、海岸、旷野上的建筑物，以及城镇特别高出的建筑物，垂直的外围护结构热负荷附加 5%～10%。

3. 外门附加率

为加热开启外门时侵入的冷空气，对于短时间开启无热风幕的外门，可以用外门的基本耗热量乘以表 4-24 中查出的相应的附加率。阳台门不应考虑外门附加。

表 4-24　外门开启附加率（%）

建筑物性质	附加率	建筑物性质	附加率
公共建筑的主要出入口	500	无门斗的单层外门	$65n$
有门斗的两道门	$80n$	有双门斗的三道门	$60n$

注：表中的 n 为楼层数。

4.5.3　围护结构的高度附加率

由于室内温度梯度的影响，往往使房间上部的传热量加大。因此，规范中规定：当房间高度超过 4m 时，每增加 1m 应附加 2% 的高度附加率，但总的附加率不应超过 15%。

4.6　空调房间送风状态与送风量的确定

在已知空调区冷（热）、湿负荷的基础上，确定消除室内余热、余湿，维持室内所要求的空气参数所需的送风状态及送风量，是选择空气处理设备的重要依据。

4.6.1　空调房间送风状态的变化过程

图 4-9 表示一个空调房间的热湿平衡示意图，房间余热量（即房间冷负荷）为 Q（kW），房间余湿量（即房间湿负荷）为 W（kg/s），送入 G（kg/s）的空气，吸收室内余热余湿后，其状态由 O（h_O，d_O）变为室内空气状态 N（h_N，d_N），然后排出室外。

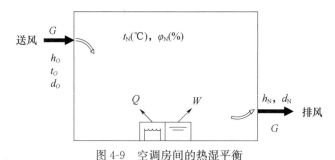

图 4-9　空调房间的热湿平衡

当系统达到平衡后，总热量和湿量均达到了平衡，即

总热量平衡
$$\left. \begin{array}{l} Gh_O + Q = Gh_N \\ G = \dfrac{Q}{h_N - h_O} \end{array} \right\} \tag{4-29}$$

湿量平衡
$$\left. \begin{array}{l} Gd_O + W = Gd_N \\ G = \dfrac{W}{d_N - d_O} \end{array} \right\} \tag{4-30}$$

式中，G——送入房间的风量，kg/s；

　　　Q——余热量，kW；

　　　W——余湿量，kg/s；

h_O——送风状态空气的比焓值，kJ/kg；

d_O——送风状态空气的含湿量，kg/kg；

h_N——室内空气的比焓值，kJ/kg；

d_N——室内空气的含湿量，kg/kg。

同理，可利用空调区的显热冷负荷和送风温差来确定送风量。

$$G = \frac{Q_x}{c_p(t_N - t_O)} \quad (4\text{-}31)$$

式中，Q_x——显热冷负荷，kW；

c_p——空气的定压比热容，1.01kJ/（kg·K）。

上述公式均可用于确定消除室内负荷应送入室内的风量，即送风量的计算公式。图 4-10 为送入室内的空气（送风）吸收热、湿负荷的状态变化过程在 $h\text{-}d$ 图上的表示。图中 N 为室内状态点，O 为送风状态点。热湿比或变化过程的角系数为

$$\varepsilon = \frac{Q}{W} = \frac{h_N - h_O}{d_N - d_O} \quad (4\text{-}32)$$

由上可得，送风状态 O 在余热 Q，余湿 W 作用下，在 $h\text{-}d$ 图上沿着过送风状态点 O 且 $\varepsilon = Q/W$ 的过程线变化到 N 点。

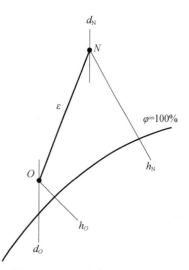

图 4-10　送风状态的变化过程

4.6.2　夏季送风状态的确定及送风量的计算

在系统设计时，室内状态点是已知的，冷负荷与湿负荷及室内过程的角系数 ε 也是已知的，待确定量是 G 和 O 的状态参数。

工程上常根据送风温差 $\Delta t_0 = t_N - t_O$ 来确定 O 点。送风温差对室内温、湿度效果有一定影响，是决定空调系统经济性的主要因素之一。在保证既定的技术要求的前提下，加大送风温差有突出的经济意义。但送风温度过低，送风量过小则会使室内空气温度和湿度分布的均匀性和稳定性受到影响。因此，对于室内温、湿度控制严格的场合，送风温差应小些。对于舒适性空调和室内温、湿度控制要求不严格的工艺性空调，可以选用较大的送风温差。根据规定，当送风口高度≤5m 时，5℃≤Δt_0≤10℃；当送风口高度＞5m 时，10℃≤Δt_0≤15℃。送风温差的大小与送风方式关系很大，对混合式通风可加大送风温差，但对置换通风方式，送风温差不受限制。目前，对于舒适性空调或夏季以降温为主的工艺性空调，工程设计中经常采用"露点"送风，即取空气冷却设备可能把空气冷却到的状态点，一般为相对湿度 90％～95％的"机器露点"L_x。工艺性空调的送风温差宜按表 4-25 确定。

表 4-25　工艺性空调的送风温差和换气次数

室温允许波动范围（℃）	送风温差（℃）	每小时换气次数 [n（次/h）]
＞±1.0	≤15	
±1.0	6～9	5（高大空间除外）
±0.5	3～6	8
±0.1～0.2	2～3	12（工作时间不送风的除外）

空调区的换气次数是通风和空调工程中常用来衡量送风量的指标，其定义是：该空调区的总风量（m³/h）与空气调节区体积（m³）的比值，用符号 n（次/h）表示。换气次数和送风温差之间有一定的关系。对于空调区来说，送风温差加大，换气次数即随之减小。采用推荐的送风温差所算得的送风量折合成换气次数应大于表 4-25 推荐的 n 值。表中所规定的换气次数是和所规定的送风温差相适应的。

选定送风温差之后，即可按以下步骤确定夏季送风状态和送风量（见图 4-11）：

（1）在 h-d 图上找出室内空气状态点 N。

（2）根据算出的余热 Q 和余湿 W 求出热湿比 $\dfrac{Q}{W}$，并过 N 点画出过程线 ε。

（3）根据所选定的送风温差 Δt_O，求出送风温度 t_O，过 t_O 的等温线和过程线 ε 的交点 O 即为送风状态点。

（4）按式（4-29）或式（4-30）计算送风量。

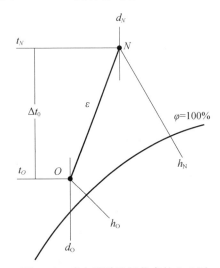

图 4-11　确定夏季送风状态的 h-d 图

【例 4-2】　某空调区夏季总余热量 $Q=3906\text{W}$，总余湿量 $W=0.310\times10^{-3}\text{kg/s}$，要求室内全年保持空气状态为：$t_N=(22\pm1)\text{℃}$，$\varphi_N=(55\pm5)\%$，当地大气压力为 101325Pa，求送风状态和送风量。

【解】

（1）求热湿比。

$$\varepsilon=\frac{Q}{W}=\frac{3906}{0.310}\text{kJ/kg}=12600\text{kJ/kg}$$

（2）在 h-d 图上（图 4-12）确定室内状态点 N，通过该点画出 $\varepsilon=12600$ 的过程线。取送风温差 $\Delta t_O=8\text{℃}$，则送风温度 $t_O=22\text{℃}-8\text{℃}=14\text{℃}$，得送风状态点 O。在 h-d 图上查得：

$$h_O=35.6\text{kJ/kg};d_O=8.5\text{g/kg};h_N=45.7\text{kJ/kg};d_N=9.3\text{g/kg}$$

（3）计算送风量。

按消除余热，即式（4-29）计算：

$$G=\frac{Q}{h_N-h_O}=\frac{3.906}{45.7-35.6}\text{kg/s}=0.387\text{kg/s}$$

按消除余湿，即式（4-30）计算：

$$G=\frac{W}{d_{N}-d_{O}}=\frac{0.310}{9.3-8.5}\mathrm{kg/s}=0.387\mathrm{kg/s}$$

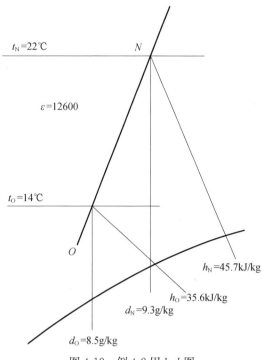

图 4-12　例 4-2 用 h-d 图

按消除余热和消除余湿两种方法所求送风量相同，由此说明计算无误。

送风温度确定后，不用查 h-d 图的办法，通过联解以下三个方程式也可以求出 G、h_{O} 和 d_{O} 三个未知数，而且用计算法确定送风状态的参数和送风量更准确。

4.6.3　冬季送风状态的确定及送风量的计算

在冬季，通过围护结构的温差传热往往是由室内向室外传递的，只有室内热源向室内散热。因此，冬季室内余热量往往比夏季少得多，常常为负值，而余湿量则冬夏一般相同。这样冬季房间的热湿比值一般小于夏季，甚至出现负值，所以冬季空调送风温度 t_{O} 大都高于室温 t_{N}。

由于送热风时送风温差值可以比送冷风时的送风温差值大，冬季送风量可以比夏季送风量小，因此，空调送风量一般是先确定夏季送风量，冬季既可以采取与夏季相同的风量，也可以少于夏季风量。这时只需要确定冬季的送风状态点。全年采取固定送风量的空调系统称为定风量系统。定风量系统调节比较方便，但不够节能。若冬季采用提高送风温度、加大送风温差的方法，可以减少送风量，节约电能，尤其对较大的空调系统减少风量的经济意义更突出。但送风温度不宜过高，一般以不超过 45℃ 为宜，送风量也不宜过小，必须满足最少换气次数的要求。

【例 4-3】　仍按上题基本条件，如冬季余热量 $Q=-1298.9\mathrm{W}$，余湿量 $W=0.310\mathrm{kg/s}$，试确定冬季送风状态及送风量。

【解】

（1）求冬季热湿比 ε。

$$\varepsilon = \frac{Q}{W} = \frac{-1298.9}{0.310} = -4190 \text{kJ/kg}$$

（2）全年送风量不变，计算送风参数。

由于冬、夏室内散湿量基本上相同，所以冬季送风含湿量取与夏季相同值，即 $d_O = 8.5\text{g/kg}$。

（3）在 h-d 图上过 R 点作 $\varepsilon = -4190\text{kJ/kg}$ 的过程线（图 4-13），该线与 $d_O = 8.5\text{g/kg}$ 的等含湿量线的交点 O 即为冬季送风状态点。由 h-d 图查得：$h_O = 49\text{kJ/kg}$；$t_O = 27.1℃$。

另一种解法是，全年送风量不变，则送风量为已知，送风状态参数可由计算求得，即

$$h_O = h_N + \frac{Q}{W} = \left[45.7 + \frac{1.2989}{0.387}\right]\text{kJ/kg} = 49\text{kJ/kg}$$

此时，在 h-d 图上作 $h_O = 49\text{kJ/kg}$ 的等焓线与 $d_O = 8.5\text{g/kg}$ 的等含湿量线，两线的交点即为冬季送风状态点 O。

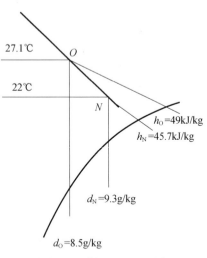

图 4-13　例 4-3 用 h-d 图

4.7　新风量的确定和风量平衡

新风量的多少，是影响空调负荷的重要因素之一。新风量的确定一直沿用每人每小时所需最小新风量这个概念。室内所需新风量，应该是稀释人员污染和建筑物污染的两部分之和。

最小新风量 $L_{w,min}$（m³/h）可由下式计算确定，即

$$L_{w,min} = L_p n + L_b F \tag{4-33}$$

式中，L_p——每人每小时所需最小新风量，m³/（人·h）；

　　　n——室内人员数量；

　　　L_b——单位建筑面积每小时所需的最小新风量，m³/（m²·h），见表 4-26；

　　　F——通风房间建筑面积，m²。

表 4-26　单位建筑面积每小时所需的最小新风量

场所	新风量 [m³/（m²·h）]	场所	新风量 [m³/（m²·h）]
车库，修理维护中心	27	地下商场（0.3 人/m²）	5.4
卧式、起居室	54	二楼商店（0.2 人/m²）	3.6
浴室	65	溜冰，游泳池	9
走廊等公共场所	0.9	学校衣帽间	9
更衣室	9	学校走廊	1.8
电梯	18	候车室	9

《公共建筑节能设计标准》（GB 50189—2005）条文说明中指出：空调系统所需的新风主要有两个用途：一是稀释室内有害物质的浓度，满足人员的卫生要求；二是补充室内排风和保持室内正压。前者的指示物质是 CO_2，使其日平均值保持在 0.1% 以内；后者通常根据风平衡计算确定。

《民用建筑供暖通风与空气调节设计规范》（GB 50736—2012）对民用建筑室内人员所需最小新风量做了如下规定：设置新风系统的居住建筑和医院建筑，其设计最小新风量宜按照换气次数法确定。

4.7.1　单个房间空调系统最小新风量的确定

在系统设计时，必须确定最小新风量，通常应满足以下三个要求：

（1）稀释人群本身和活动所产生的污染物，保证人群对空气品质的要求。《民用建筑供暖通风与空气调节设计规范》（GB 50736—2012）中规定，民用建筑人员所需最小新风量按国家现行有关卫生标准确定；对于公共建筑，由《公共建筑节能设计标准》（GB 50189—2005）规定；对于工业建筑，规定应保证每人不小于 $30m^3/h$ 的新风量。

（2）按照补充室内燃烧所耗的空气或补偿排风（包括局部排风和全面排风）量要求。如果建筑物内有燃烧设备时，系统必须给空调区补充新风，以弥补燃烧所耗的空气。如果空调房间有排风设备，为了不使房间产生负压，至少应补充与局部排风量相等的室外新风。

（3）按照保证房间的正压要求。舒适性空调室内一般采用 5Pa 的正压值就可满足要求。当室内正压值为 10Pa 时，保持室内正压所需的风量，每小时约为 1.0～1.5 次换气，舒适性空调的新风量一般都能满足此要求。室内正压值超过 50Pa 时会使人感到不舒适，而且需加大新风量，增加能耗，同时开门也较困难。对于工艺性空调，与其相通房间的压力差有特殊要求，其压差值应按工艺要求确定。

综上所述，新风量的确定可按图 4-14 所示的框图来选定。在全空气系统中，通常按照上述三条要求确定出新风量中的最大值作为系统的最小新风量。若以上三项中的最大值仍不足系统送风量的 10%，则新风量应按总送风量的 10% 计算，以确保卫生和安全。

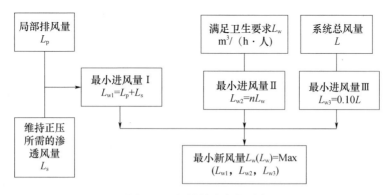

图 4-14　新风量确定的顺序

值得指出的是，对舒适性空气调节和条件允许的工艺性空气调节，当可用室外新风作冷源时，应最大限度地使用新风，以提高空调区的空气品质。另外，有下列情况存在时，应采用全新风空调系统：

（1）夏季空调系统的回风比焓值高于室外空气比焓值。

（2）系统各空调区排风量大于按负荷计算出的送风量。

（3）室内散发有害物质，以及防火、防爆等要求不允许空气循环使用。

（4）采用风机盘管或循环风空气处理机组的空调区，应设有集中处理新风的系统。

4.7.2 多房间空调系统最小新风量的确定

当一个集中式空调系统包括多个房间时，由于同一个集中空气处理系统中所有空调房间的新风比都相同，各个空调房间按比例实际分配得到的新风量就不一定符合以上讨论的最小新风量的确定原则。因此，对于一个空调系统为多个房间服务的场合，需根据空调房间和系统的风量平衡来确定空调系统的最小新风量。

多房间空调系统最小新风量的确定可按下列步骤进行：

（1）确定各空调房间的送风量。

（2）根据前述的卫生要求和满足局部排风及正压排风要求，确定各空调房间所需的最小新风量。

（3）算出各空调房间的最小新风百分比 m_i。用 m_i 中的最大值作为系统的新风百分比。

在实际工程中，如果按以上方法所确定的空调系统的新风量不到总风量的 10%，那么新风量应按总风量的 10% 计算（洁净室除外），同时排出一部分空调系统的回风量。

4.7.3 全年新风量变化时空调系统风量平衡关系

众所周知，空调设计的新风量是指在冬夏设计工况下，应向空调房间提供的室外新鲜空气量，是出于经济和节约能源考虑所采用的最小新风量。在春秋过渡季节可以提高新风比例，甚至可以全新风运行，以便最大限度地利用自然冷源。因此，无论在空调设计时，还是在空调系统运行时，都应十分注意空调系统风量平衡问题。

对于全年新风量可变的空调系统，其空气平衡关系如图 4-15 所示。设房间从回风口吸走的风量为 G_X，门窗渗透排风量为 G_S，进空气处理机的回风量为 G_N，进入空气处理机的新风量为 G_W，应注意下列问题。

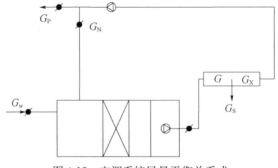

图 4-15　空调系统风量平衡关系式

对于房间来说，送风量：

$$G = G_X + G_S \tag{4-34}$$

对于空气处理机来说，送风量：

$$G = G_N + G_W \tag{4-35}$$

当 $G_W > G_S$ 时，其排风量为 $G_P = G_X - G_N$；当过渡季节加大新风量并减少回风量时，G_S 保持不变，其排风量为 $G_P = G_X - G_N$ 亦不断增大。当全部采用室外新风时，则有

$$G_N = 0, \quad G_W = G = G_X + G_S \quad G_P = G_X = G - G_S$$

思考题与习题

1. 影响人体舒适感的因素有哪些？

2. 在确定室内计算参数时，应注意些什么？

3. 为了保持人的舒适感，在以下条件发生变化时，空气干球温度应作什么变化？

①人的活动量增加；②空气流速下降；③穿的衣服加厚；④周围物体表面温度下降；⑤空气相对湿度 φ 下降。

4. 每天的气温为什么呈现周期性变化？

5. 夏季空调室外计算湿球温度是如何确定的？夏季空调室外计算干球温度是如何确定的？理论依据是什么？它们有什么不同？

6. 冬季空调室外计算参数是否与夏季相同？为什么？

7. 计算经围护结构传入的热量时，为什么要采用空调室外计算日平均温度和空调室外计算干球温度两个数值？

8. 试计算西安市各时刻的室外计算温度。

9. 什么是空调区、空调基数和空调精度？

10. 工艺性空调和舒适性空调有什么区别和联系？

11. 什么是空调区负荷？什么是系统负荷？空调区负荷包括哪些内容？系统负荷包括哪些内容？

12. 什么是得热量？什么是冷负荷？什么是除热量？简述得热量与冷负荷的区别。

13. 冷负荷计算主要包括哪些内容？

14. 夏季送风状态点如何确定？为什么对送风温差有限制？如果夏季允许送风温差可以很大，试分析有没有别的因素限制送风状态取得过低？

15. 冬、夏季空调房间送风状态点和送风量的确定方法是否相同？为什么？

16. 怎样确定室内送风量？怎样确定工艺性空调和舒适性空调的送风量？

17. 为什么在送风温差没有限制的情况下，可利用室内的局部加湿来减少送风量？

18. 确定房间最小新风量的依据是什么？多个房间的最小新风量如何确定？

19. 在集中式空调系统中，如果有一个房间所需新风量比其他房间大得多，问系统新风比是否可取这个最大值？说明理由并提出可行措施。

20. 为什么根据送风温差确定了送风量之后，要根据空调精度校核换气次数？

21. 已知某空调房间内余热量 $Q = 116482W$，无余湿量，室内空气设计参数为 $t = 22℃$，$\varphi = 55\%$，允许送风温差 $\Delta t = 7℃$。试确定送风状态参数和送风量。

22. 试计算武汉地区某空调房间围护结构的瞬时冷负荷值，计算时间为 8：00～20：00，已知条件为：

① 屋顶 $F_1 = 100m^2$，$K_1 = 1.07W/(m^2 \cdot ℃)$，V 形结构，屋面吸收系数 $\rho = 0.9$。

② 南外墙 $F_2 = 10m^2$，外表面为浅色，$K_2 = 1.13W/(m^2 \cdot ℃)$，Ⅱ型结构。

③ 南窗为双层玻璃钢窗，$F_3 = 2.7m^2$，内挂浅色窗帘。

④ 室内温度 $t_n = 20℃$，围护结构内表面放热系数 $K_3 = 8W/(m^2 \cdot ℃)$。

23. 有一空调房间，冷负荷 3kW，湿负荷 3kg/h 全年不变，热负荷 2kW，室内全年保持 $t_n = 20℃ \pm 1℃$，$\varphi = 55 \pm 5\%$，$B = 101325Pa$，求夏、冬送风状态点和送风量（设全年风量不变）？

24. 试证明当送风空气状态位于通过室内空气状态点的热湿比线（按室内余热和余湿确定的）上时，根据余热量和余湿量算得的送风量是相等的。

第5章 空气处理设备

当空调房间内空气温度、湿度和洁净度等参数已设计确定后，空调系统向房间的送风必须经过相应的处理以达到一定的送风状态，该过程需要有相应的空气处理设备。

5.1 空气处理的各种途径

空气处理分为以控制温、湿度为主的热湿处理和以控制洁净度为主的净化处理两大类。两类处理过程所用的控制指标和设计参数是不同的，所用设备也有很大区别。它们应用了不同的工作原理。以控制洁净度为主的净化处理将在本章第4节和第5节中讨论。

5.1.1 空气热湿处理的各种途径

设置空调系统的目的是为了使室内空气保持一定的温度和湿度，但室外的气象条件不断变化，以全部使用室外新风的直流式空调系统为例，夏季状态点 W 和冬季状态点 W' 的室外空气要达到同一送风状态点 O，可能有不同的空气处理途径，如图5-1所示。

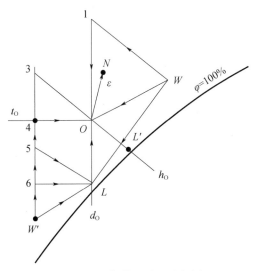

图5-1　空气热湿处理途径图

表5-1中列举了直流式空调系统的各种空气处理途径。其中有些需由简单空气处理过程组合而成。最终应根据空调设备的处理能力、运行时的经济性、可靠性，系统和设备的投资及运行成本来综合决定具体采用何种空气处理途径。

表 5-1　空气热湿处理途径说明

季　节	空气热湿处理途径	具体方案说明
夏季	(1) $W \to L \to O$ (2) $W \to 1 \to O$ (3) $W \to O$	喷水室喷冷水（或用表面冷却器）冷却减湿→加热器再热 固体吸湿剂减湿→表面冷却器等湿冷却 液体吸湿剂减湿冷却
冬季	(1) $W' \to 3 \to O$ (2) $W' \to 4 \to O$ (3) $W' \to 5 \to L \to O$ (4) $W' \to 6 \to L \to O$ (5) $W' \to L \to O$	加热器加热→喷水室绝热加湿 加热器预热→喷蒸汽加湿 加热器预热→喷水室绝热加湿→加热器再热 加热器预热→喷蒸汽加湿→加热器再热 喷水室喷热水加热加湿→加热器再热

5.1.2　空气热湿处理设备的分类

空气的热湿处理设备种类较多，结构差别很大，但都是使空气与其他介质进行热、湿交换的设备。根据各种热湿交换设备的特点不同可将它们分成三大类：间壁式热湿交换设备、混合式热湿交换设备和蓄热式热湿交换设备。

间壁式热湿交换设备中进行热湿交换的介质与空气被金属等固体壁面分隔，两者之间的热量交换是通过固体壁面进行的。由于空气的热容量较小，导热系数小，为提高换热效果，设备的空气侧常采取加肋片形式。空调工程中常用的间壁式热湿交换设备按功能不同可分为表冷器、冷却器和加热器等多个品种。

表冷器的多数形式是肋片管式换热器。空调室内机、空调机组和新风机组中的热交换器在夏季的工作状态均是表冷器。制冷剂、冷水和冷盐水等冷流体在管内流动，需要被冷却的流体——热空气在管外肋片表面流过。作用是将热流体冷却到所需温度，被冷却流体不发生相变，但空气中表面水蒸气会冷却凝结，在表冷器壁面形成水膜，构成空气侧的壁面湿表面。

冷却器的形式与表冷器相同，但工作时外壁面的空气侧不形成水膜（湿表面）。空气的温度会降低，但含湿量不变化。

加热器是将空气加热到所需温度，空气被加热时含湿量不变化。热流体可以是蒸汽或热水。加热器也可分别作为空气的预热器和再热器使用。

混合式热湿交换设备中空气与加热或冷却介质直接接触并允许相互混合，传递热量和质量后再全部或部分分离，因而传热、传质效率较高。空气处理后含湿量可增加也可降低，空气中的含尘量和有害气体浓度降低，混合式热湿交换设备的具体形式包括喷淋室、直接蒸发式冷却器、蒸汽加湿器、局部补充加湿装置以及使用液体吸湿剂的装置等。

蓄热式（回热式或再生式）热湿交换设备中安装具有一定蓄热容量及蓄湿容量的固体构件，依靠蓄热（蓄湿）构件的中间作用，实现冷、热流体间的热湿交换。设备的具体形式包括全热式转轮热回收机、转轮式除湿机等。此类换热器工作时，热空气流过设备的通道时对蓄热转轮加热使其升温，同时，空气中的水蒸气也被转轮表面涂敷的吸湿材料吸收，吸收热量及水分的转轮表面转至冷空气侧时，热量及水分释放，实现了冷、热流体间热量和水分的转移。

5.2　空气热湿处理原理

根据上节内容，空气在处理过程中有多种不同途径，工作机理均有很大的差别。按工作机理的不同，可将它们分为三种不同类型。

5.2.1　空气与水直接接触时传热、传质的机理

在对空气进行热湿处理的过程中，空气主流温度与换热器表面温度或水滴表面的温度不同，空气以一定流速流过换热器表面或水滴表面时，会在固体壁面或水滴表面附近形成流体温度急剧变化的空气薄层，称为热边界层（温度边界层），如图 5-2 所示。温差是热交换的推动力，当边界层内空气温度高于主流空气温度时，由边界层向主流空气传热，空气被加热；相反状态下，则由主流空气向边界层传热，空气被冷却。

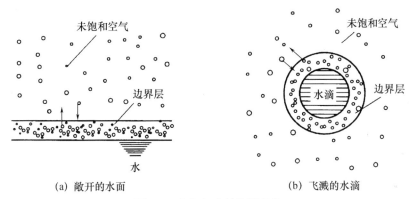

(a) 敞开的水面　　　　　　　　(b) 飞溅的水滴

图 5-2　空气与水的热湿交换

空气流过表冷器表面或水滴表面时，主流空气中水蒸气的含量与表冷器表面或水滴表面的空气层水蒸气含量存在差别，类似于对流换热，会在界面上形成浓度边界层。如果浓度边界层内水蒸气分压力大于主流空气的水蒸气分压力，则水蒸气分子将由边界层向主流空气迁移，空气湿度增加；反之，则水蒸气分子将由主流空气向边界层迁移，空气中水蒸气凝结，湿度降低。在蒸发过程中，边界层中减少了的水蒸气分子又由水面跃出的水分子补充，在凝结过程中，边界层中过多的水蒸气分子将回到水面。在稳定状态下，认为边界层中温度为水表面的温度，边界层空气处于饱和状态，边界层内的水蒸气分压力按水温下水蒸气的饱和压力取值。

主流空气和边界层空气温度分别是 t 和 t_w，空气与水在一微元面积 dF（m^2）上接触时，主流空气与边界层的显热交换量为

$$dQ = \alpha(t - t_w)dF \qquad (5-1)$$

式中，α——空气与水表面间的显热交换系数，$W/(m^2 \cdot {}^\circ C)$。

水蒸气分压力差则是湿（质）交换的推动力，湿交换有两种基本形式：分子扩散和紊流扩散。在静止的流体或做层流运动的流体中的扩散，是由微观分子运动所引起，称为分子扩散，传递机理类似于热交换过程中的导热；在流体中由于紊流脉动引起的物质

传递称为紊流扩散，它的机理类似于热交换过程中的对流作用。在紊流流体中，除有层流底层中的分子扩散外，还有主流中因紊流脉动而引起的紊流扩散，此两者的共同作用称为对流湿交换，其机理与对流换热相类似。以空气掠过水表面为例，水蒸气先以分子扩散的方式进入水表面上的空气层流底层（即饱和空气边界层），然后再以紊流扩散的方式和主体空气混合，形成对流湿交换。

空气与表冷器表面或水滴表面间的水分质量交换量和主流空气与边界层内饱和空气的水蒸气分压力之差有关，它是空气加湿或减湿的推动力。

主流和边界层水蒸气分压力分别是 p_v 和 p_s，湿交换量为

$$dW = \beta(p_v - p_s)dF \qquad (5-2)$$

式中，β——空气与水表面间按水蒸气分压力差计算的湿交换系数，kg/（N·s）。

由于水蒸气分压力差在较小的温度范围内可以用具有不同湿交换系数的含湿量差代替，所以湿交换量也可写成

$$dW = \sigma(d - d_w)dF \qquad (5-3)$$

式中，σ——空气与水表面间按含湿量差计算的湿交换系数，kg/（m²·s）。

d、d_w——主流空气和边界层空气的含湿量，kg/kg（a）。

β 和 σ 的含义类似于对流热交换系数，反映单位压强差下和单位含湿量差推动下，单位时间、单位面积上空气与液膜表面质量交换的强度，它们同样是与空气流速、温度、空气本身的黏度、质扩散系数和空气所流经的壁面形状有关的综合参数。

由于热量传递过程的机理与质量传递过程的机理相类似，两种传输过程存在着类似性，对流湿交换系数与对流热交换系数存在一定关系。

刘伊斯对空气绝热加湿过程中热湿交换的相互影响进行了研究，得到广泛应用关系式。

空气与水在一微元面积 dF（m²）上接触时，空气温度 t 高于水温 t_w，空气向水传递显热用于水分蒸发，水分汽化形成的潜热量回到空气中，即：

$$\alpha(t - t_w)dF = r_w\sigma(d - d_w)dF$$

上式可变换为

$$d - d_w = \frac{\alpha}{\sigma r_w}(t - t_w) \qquad (a)$$

空气处于绝热状态时，单位质量的空气本身的温度、含湿量的总热是平衡的，即

$$r_w(d - d_w) = c_p(t - t_w)$$

式中，r——温度为 t_w 时水的汽化潜热，J/kg；

c_p——空气的定压比热，J/（kg·℃）。

故

$$d - d_w = \frac{c_p}{r_w}(t - t_w) \qquad (b)$$

比较（a）、（b）两式，得

$$\sigma = \frac{\alpha}{c_p} \qquad (5-4)$$

此式即为刘伊斯关系式。它体现了同时存在传热传湿时，对流湿交换系数、热交换系数之比是常数的特点。

理论上将对流湿交换与对流换热对比，比较动量、能量和扩散方程，三个微分方程在形式上是类似的，在浓度较低、扩散通量较小、沿壁面法向的速度较小时，边界条件也能认为是相似的，在实用中有许多工程问题可以满足这样的要求。从边界层理论进行相似性分析，可导出新的相似准则，即刘伊斯数 Le：

$$Le=\frac{\alpha}{D} \tag{5-5}$$

式中，α——空气的热扩散系数，m^2/s；

$\quad D$——水蒸气在空气中的湿扩散系数，m^2/s。

通过分析热量传递过程与质量传递过程的类比模型，可得：

$$\sigma=\frac{\alpha}{c_p}(Le)^{-\frac{2}{3}} \tag{5-6}$$

此公式考虑了构成二元组分的热扩散系数、湿扩散系数差异对两种传输过程相似的影响，是较精确的计算式。

对于空气，当温度为 25℃时，$D=0.251\times10^{-4}\,m^2/s$，$\alpha=0.222\times10^{-4}\,m^2/s$，刘伊斯数 $Le=\dfrac{0.222\times10^{-4}}{0.251\times10^{-4}}=0.884\approx1$，公式（5-6）成为刘伊斯公式，故刘伊斯公式是热量传递过程与质量传递过程类比关系的一个特例。但因其形式简单，物理概念明确，仍被广泛应用，除绝热加湿外，还被广泛用于冷却干燥过程、等焓加湿过程、加热加湿过程以及用表冷器处理空气等过程的分析计算。

进行空气与水之间热湿交换过程的能量分析时，应综合考虑热量交换与质量交换两方面的影响。

主流空气与边界层空气的显热交换量为

$$dQ_x=\alpha(t-t_w)dF \tag{5-6}$$

对应于湿量交换，空气与水表面间的潜热交换量为

$$dQ_q=r_w dW=r_w\sigma(d-d_w)dF$$

空气与水表面间的总热交换量为

$$dQ_z=dQ_x+dQ_q$$

将显热、潜热表达式代入得

$$dQ_z=[\alpha(t-t_w)+r_w\sigma(d-d_w)]dF \tag{5-7}$$

空气与水之间热湿交换过程中，空气显热、潜热传递给水，水的状态也发生变化，dF 微元面积内，水温变化为 dt，则总热交换量可写成

$$dQ_z=Wc\,dt$$

式中，W——dF 微元面积内，与空气接触的水量，kg/s；

$\quad c$——水的定压比热，$kJ/(kg\cdot℃)$。

稳定工况时，空气与水之间的热交换量可列出平衡式为

$$dQ_x+dQ_q=Wc\,dt \tag{5-8}$$

总体上看，室外气象条件是随季节、随昼夜不断变化的，另外空调设备本身运行参数也会波动，设备中处处要达到严格的稳定状态是不现实的，但是考虑到影响空调设备热湿交换的许多因素变化是相对缓慢的，所以在一个时间区间，例如在空调负荷达到最大值的几个小时内将空调设备中的热湿交换过程看成稳定工况求解，可以满足工程问题

111

计算的精度要求。

分析空气与设备表面的水膜或水滴发生显热、潜热交换时，将其合并在一起，用焓值表示更合理。

空气与水表面间的总热交换量为

$$dQ_z = [\alpha(t-t_w) + r_w\sigma(d-d_w)]dF = \sigma\left[\frac{\alpha c_p}{\sigma c_p}(t-t_w) + r_w(d-d_w)\right]dF$$

应用刘伊斯公式，则上式变为

$$dQ_z = \sigma[c_p(t-t_w) + r_w(d-d_w)]dF = \sigma(h-h_w)dF \tag{5-9}$$

上式通常称为麦凯尔（Merkel）方程式，它清楚地说明空气在设备表面进行冷却降湿过程中，湿空气主流与紧靠水面的饱和空气层的焓差是热、湿交换的推动力，在单位时间内、单位面积上的总传热量可近似地用对流湿交换系数 σ 与焓差驱动力 Δh 的乘积来表示。

5.2.2 空气与液体吸湿剂溶液接触时传质的机理

溴化锂、氯化锂、氯化钙等盐类的水溶液和三甘醇等有机溶液等均对空气中的水蒸气有强烈的吸收作用，在空调工程中被用于空气减湿。液体除湿是一项节能环保的空气除湿技术，与其他空气除湿技术相比，具有独特的优势，近几年来逐渐成为节能空调研究的热点之一。

空气与盐类的水溶液或有机溶液接触时，两者间传热、传质计算同样可应用前述的各项公式，但此时液体表面空气边界层中水蒸气分压力或含湿量与溶液种类、溶液浓度、溶液温度等多种因素有关。

1. 液体吸湿剂溶液传质的机理

除湿溶液的物理性质是影响液体除湿系统除湿性能的重要因素，所用除湿剂要有相对较低的蒸汽压、结晶点、黏度和较高的浓度、沸点。吉布斯提出了溶液在多相条件下的平衡条件，具有吸湿性能的盐溶液（如溴化锂、氯化锂、氯化钙、三甘醇溶液等）与水蒸气处于平衡状态时，它们的三个基本状态参数（压强 p、温度 t、浓度 ξ）中必须确定 2 个，才能确定溶液与水蒸气所处的平衡状态。对每一种盐溶液都可作出 p-ξ 和 h-ξ 图线，每一根等压线上或等质量线上的点代表溶液在多相条件下的平衡状态。

在 p-ξ 图中，横坐标表示溶液的浓度，纵坐标表示溶液表面的饱和水蒸气分压力，图中各条曲线是氯化锂水溶液的等温线。由图可知，溶液表面上方饱和水蒸气分压力取决于溶液浓度和溶液温度。

由于溶液表面水分子较少，与同温度下的水相比，溶液表面水蒸气分压力较低，所以周围空气中的水蒸气有向溶液表面迁移的可能。溶液中盐浓度越高、水分子越少，溶液表面上水蒸气分压力越低。

盐水溶液的浓度是不能无限增加的。当溶液的浓度增加到一定限度时即达饱和状态。超过这个限度，多余的盐分就会结晶出来。例如，图 5-3 右端的线为溶液区与结晶区的分界线。由于这条分界线与 60℃ 温度线的交点处 $\xi=50\%$，说明 60℃ 的氯化锂溶液中最多只能含 50% 的氯化锂。在实际应用中，氯化锂溶液一般采用 30%～40% 的浓度范围，此时再生温度比溴化锂溶液低。

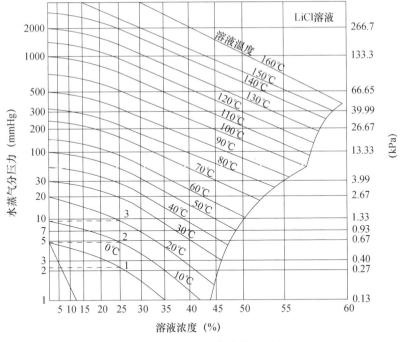

图 5-3　氯化锂水溶液的 p-ξ 图

根据各种盐溶液的 p-ξ 图进一步研究其性质，则不难发现，当溶液浓度一定时，溶液表面饱和空气层的水蒸气分压力 p 与同温度下纯水表面饱和空气层的水蒸气分压力 p_s 之比近似为一常数。即在溶液浓度一定时，反映溶液表面饱和空气层的各状态点都位于空气 h-d 图上同一条等相对湿度线上，盐水溶液的每条等浓度线都相当于空气 h-d 图上某一条等相对湿度线。而 $\xi=0$ 的浓度线相当于 $\varphi=100\%$ 的饱和曲线。故可用 h-d 图将盐水溶液的性质（实际上是盐水溶液表面饱和空气层的性质）表示出来，利用 h-d 图也就可以进行溶液吸湿过程的计算。

高浓度的盐溶液在常温下其水蒸气分压力低于空气中的水蒸气分压力时，就可吸附空气中的水分，空气中水蒸气的分压与盐溶液表面的饱和蒸汽压之差是传质的推动力，由于空气的水蒸气分压高于溶液表面的蒸汽压，水蒸气由气相向液相传递。吸湿溶液表面蒸汽压越低，在相同的空气状态下，溶液的吸湿能力越强。随着传质过程的进行，被处理空气的湿度下降，p_v 减小，而除湿溶液被稀释，p_1 增大；若气液两相接触的时间足够长，则 $p_v=p_1$，$\Delta p=0$，两相的传递过程达到平衡。

图 5-4 说明了典型的液体除湿—再生的连续循环变化过程。1—2 是吸湿溶液的吸湿过程，溶液和湿空气直接接触，由于溶液表面的水蒸气分压小于湿空气的水蒸气分压，水蒸气持续由空气向溶液迁移，除湿过程中释放出来的部分潜热被空气带走，保证传热、传质过程进行得较充分，但水蒸气的凝结潜热大部分被溶液吸收。为控制溶液温度上升、保持除湿剂的吸湿能力，多数需要采用冷却措施防止潜热蓄积或者采用较大的溶液流量以保持温度基本不变；溶液吸收水蒸气后，浓度降低，而空气湿度达到要求数值后一般需进一步降温处理再送入室内。2—3—4 是溶液的再生过程。吸湿后的稀溶液被电能、低压蒸汽、热水或太阳能、工业余热等低品位热源加热，当溶液表面水蒸气分

压大于再生空气中水蒸气分压时，溶液中的水分脱除，溶液被浓缩再生。再生过程耗费的能量满足下列三部分用途：加热吸湿后的稀溶液使得其表面蒸汽压高于周围空气的水蒸气分压力所需的热量；水分脱除过程所需的汽化潜热；溶质析出所需的热量，比水的汽化潜热小，由溶液性质决定。4—1是溶液的冷却过程，所需能量取决于除湿剂的质量、比热以及再生后冷却到重新具有吸收能力之间的温差。

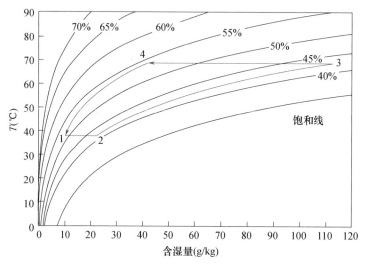

图 5-4　LiBr 溶液除湿—再生循环过程图

1—2 吸湿；2—3 加热；3—4 再生；4—1 冷却

　　为了充分利用在 4—1 冷却过程后浓溶液再生的热量和减少稀溶液在 2—3 加热过程中的热量，在两过程中间加装换热器，既可提高再生器的工作效率，也可减少冷却过程的负荷。

2. 液体吸湿剂溶液的选择

（1）三甘醇

三甘醇是最早用于液体除湿系统的除湿剂，它没有腐蚀性，长期暴露于空气中也不会转化为酸性，无需缓蚀剂或 pH 值控制，可按任何比例溶于水。但它是有机溶剂，黏度较大，在系统循环流动时容易发生停滞，黏附于空调系统的表面，影响系统稳定工作，而且二甘醇、三甘醇等有机物质容易挥发，进入空调房间，对人体造成危害，这些特点使它们在液体除湿空调系统中的应用受到限制，近来已逐渐被金属卤盐溶液所取代。图 5-5 为三甘醇溶液浓度—平衡水蒸气分压曲线。

（2）溴化锂溶液

溴化锂是一种稳定的物质，在大气中不变质、不挥发、不分解、极易溶于水，常温下是无色晶体，无毒、无臭味、有咸苦味。溴化锂极易溶于水。20℃时食盐的溶解度为 35.9g，而溴化锂的溶解度是其 3 倍左右。溴化锂溶液表面的水蒸气分压随质量分数的增加而降低，并远低于同温度下水的饱和蒸汽压，例如温度 30℃、质量分数 35% 的溴化锂溶液表面饱和蒸汽压 2.7kPa，同温度下相对湿度 70% 的空气水蒸气分压 2.968kPa。溴化锂对金属有一定的腐蚀性。

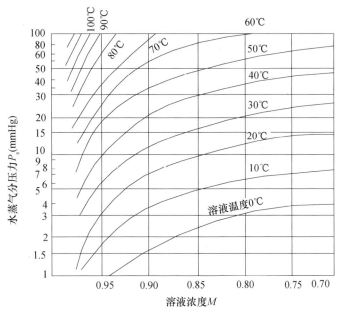

图 5-5　三甘醇溶液的平衡水蒸气分压力

（3）氯化锂溶液

氯化锂是一种白色立方晶体的盐，在水中溶解度很大。氯化锂水溶液无色透明，无毒无臭味，黏度较小，传热性能好，易再生，化学稳定性好。在常规条件下氯化锂水溶液不挥发、不分解、极易溶于水，表面的水蒸气分压低，吸湿能力强，是性能良好的吸湿材料。氯化锂结晶温度随着溶液浓度的增加而增加，在浓度超过 40％时即发生结晶现象，故在除湿使用时浓度不能超过 40％。氯化锂对金属有一定的腐蚀性，钛和钛合金、含钼的不锈钢、铜镍合金、合成聚合物和树酯等能承受氯化锂溶液的腐蚀。

（4）氯化钙溶液

氯化钙是一种白色多孔呈菱形结晶的无机盐，在水中溶解度很大，有咸苦味，吸收水分时放出溶解热、稀释热和凝结热，但不产生氯化氢等气体。氯化钙价格低廉，容易制取，但易产生结晶。

比较以上各种除湿溶液性质可知，在相同质量分数下，与溴化锂溶液和氯化钙溶液相比，经氯化锂溶液处理过的空气具有更低的相对湿度，溶液表面的饱和水蒸气分压更低，可见氯化锂溶液的除湿性能较好，如图 5-6所示。此外，选择除湿剂浓度时，要考虑结晶问题，氯化锂溶液一般采用 30％～40％浓度范围，此时再生温度比溴化锂溶液低，意味着能更有效地利用低温热源。但溴化锂溶液的溶解度大于氯化钙，因而可以使用浓度较大的溶液，以获得较低的表面水蒸气分压。但即使是同一种除湿溶液，也会因为不同产地的金属卤盐纯度的

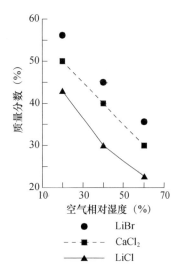

图 5-6　除湿溶液的质量分数与空气相对湿度的关系

差异而导致所配制的除湿溶液的表面水蒸气分压有所不同。

选择除湿剂时除了考虑其本身的除湿性能外，还要考虑除湿剂对除湿器及再生器的器壁有无腐蚀性。氯化钙、溴化锂、氯化锂等都属于非氧化性卤素盐，其溶液对碳钢及铜材料具有一定的腐蚀性，溶液与材料表面接触时发生氧去极化腐蚀，即吸氧腐蚀。碳钢及铜材料的腐蚀与溶液的 pH 值密切相关，如图 5-7 所示。在相同的摩尔浓度下，三种溶液 pH 值的大小顺序是：溴化锂＞氯化锂＞氯化钙。氯化锂是中性盐，溶液 pH 值为 7～10，由于 $CaCl_2$ 溶液偏酸性，对金属的腐蚀性较大，温度升高时腐蚀更加剧烈。相同的温度下，溴化锂和氯化锂溶液腐蚀性能大体相当。然而在再生过程中，溴化锂溶液所需的再生温度比氯化锂高，因此对设备的腐蚀相对较严重。从以上分析可以看出，氯化锂溶液作为液体除湿剂最合适，但若同时考虑成本因素：溴化锂最贵；氯化锂溶液的各项性能虽然都比较令人满意，但价格也较高；而氯化钙最便宜，其市场价格大约是氯化锂的 1/20，但它的溶解性不好，黏度大，长期使用会有结晶现象，且吸湿能力也不如氯化锂。

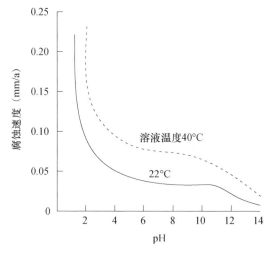

图 5-7　碳钢的腐蚀速度与溶液 pH 值的关系

除湿溶液具有杀菌性，可以避免霉菌等微生物产生，提高室内空气品质。溶液除湿的另一个特点是改变溶液浓度即能任意调节出口空气的相对湿度。此外，液体除湿具有几何结构简单、流程设计灵活、没有大的运动部件、能实现连续除湿、吸湿能力强、出口湿度易调整、环保等优点。但溶液除湿也存在一些缺点，如一些溶液除湿剂具有腐蚀性，液体除湿若流速选得不合适，则将产生溶液飞沫，并和除湿空气一起排至外面，影响人体健康。

5.2.3　空气与固体吸附剂直接接触时传质的机理

固体吸附剂的颗粒内部都有大量的孔隙，因此有极大的孔隙内表面。例如，密度为 $800kg/m^3$ 的 1kg 固体铝胶吸附剂的孔隙内表面可达二十几万平方米。

吸附剂各孔隙内的水表面呈凹面，曲率半径小的凹面上水蒸气分压比平液面上水蒸气分压低，当被处理空气通过吸附材料层时，空气中水蒸气分压高于曲率半径小的凹面上水蒸气分压，则空气的水蒸气向凹面上转移，由气态变为液态并释放出汽化潜热。

吸附的种类包括物理吸附和化学吸附两种。物理吸附时，被吸附的流体分子与固体表面分子间的作用力为分子间吸引力，即所谓的范德华力。它是一种可逆过程。当固体表面分子与气体分子间的引力大于气体内部分子间的引力时，气体的分子就被吸附在固体表面上。从分子运动观点来看，这些吸附在固体表面的分子由于分子运动，也会从固体表面脱离而进入气体中去，其本身不发生任何化学变化。随着温度的升高，气体分子的动能增加，分子就不易滞留在固体表面上，而越来越多地逸入气体中去，即出现所谓"脱附"。这种吸附—脱附的可逆现象在物理吸附中均存在。工业上就利用这种现象，通过改变操作条件，使吸附的物质脱附，使吸附剂再生，回收被吸附物质而达到分离的目的。

化学吸附是固体表面与被吸附物质间的化学键力起作用的结果。这种化学键亲和力的大小可以差别很大，但它大大超过物理吸附的范德华力。化学吸附往往是不可逆的，而且脱附后，脱附的物质常发生化学变化，不再是原有的性状。对于这类吸附的脱附也不易进行，常需要很高的温度才能把被吸附的分子逐出去。

物理吸附的特征是吸附物质不发生任何化学反应，吸附过程进行得极快，参与吸附的各相间的平衡瞬时即可达到。化学吸附过程大多进行得较慢，吸附平衡也需要相当长时间才能达到，升高温度可以大大地增大吸附速率。化学吸附放出的吸附热比物理吸附所放出的吸附热要大得多，达到化学反应热这样的数量级。物理吸附放出的吸附热通常与液体的汽化潜热相近。物理吸附对所吸附的气体选择性不强；化学吸附则具有选择性。

人们还发现，同一种物质，在低温时，它在吸附剂上进行的是物理吸附。当温度升高到一定程度时，它就开始发生化学变化，转为化学吸附。有时两种吸附会同时发生，很难严格区别。

常用的固体吸附剂可分为"极性吸附剂"和"非极性吸附剂"两大类。极性吸附剂具有"亲水性"，属于极性吸附剂的有硅胶、多孔活性铝、沸石等铝硅酸盐类吸附剂。而非极性吸附剂则具有"憎水性"，属于非极性吸附剂的有活性炭等，这些吸附剂对油的亲和性比水强。

硅胶（$SiO_2 \cdot nH_2O$）是传统的吸附除湿剂，它是硅酸的胶体溶液通过受控脱水凝结后形成的吸附剂颗粒。

硅胶性质如下：吸附量与空气的含湿量成正比，空气含湿量低时吸附量明显减少。吸附能力随温度升高而明显下降。增大气体通过硅胶床层的速度时吸水量下降。粒度小时吸附容量大。再生温度较低，为 $150 \sim 200℃$，再生温度高时气体干燥度也高。硅胶如果暴露在水滴中会很快裂解成粉末，失去除湿性能。

工业上用的硅胶分成粗孔和细孔两种。粗孔硅胶在相对湿度饱和的条件下，吸附量可达吸附剂重量的 80% 以上，而在低湿度条件下，吸附量大大低于细孔硅胶。

活性氧化铝（$Al_2O_3 \cdot nH_2O$）通常使用的是 $\gamma\text{-}Al_2O_3$ 或它与 $\chi\text{-}Al_2O_3$、$\eta\text{-}Al_2O_3$ 的混合物，它们是在 $600℃$ 时制成的所谓的过渡态氧化铝。机械强度及耐热度较好，当空气入口处温度为 $20℃$ 时，有最高的吸附剂性效率。吸附时应考虑将吸附热量去除，加热法再生时，加热温度为 $200 \sim 300℃$ 为宜。与硅胶相比，活性铝吸湿能力稍差，但更耐用，且成本也低一半。

分子筛也称为沸石，分子式是〔M（Ⅰ）、M（Ⅱ）O·Al₂O₃·$nSiO_2$·mH_2O〕，M（Ⅰ）、M（Ⅱ）为钠、钾、钙、铝、钡等1价、2价的金属离子。$n=2\sim10$，硅铝比$m=0\sim9$。分子筛是由硅（铝）氧四面体组成的笼形孔洞骨架的晶体，中心是硅原子，四周包围有四个氧原子，经加热脱除结晶水后形成的一定尺寸的孔洞。这种规则的晶状结构使得沸石具有独特的吸附特性。由于沸石内微孔孔径较为单一均匀，小于孔洞的分子被吸入孔内，可根据气体分子的极性、不饱和度、极化率进行选择性吸收，水是极性很强的分子，故分子筛对水有很强的亲和力，含湿量低时吸附能力比硅胶、氧化铝大得多，含湿量高时与前两者相差不大。空气温度较高时仍有较强的吸附剂力，气体流速高时吸水率仍较好。干燥空气的露点温度低，还能吸附其他的微量杂质气体。再生温度为300～350℃。常用于脱除水分的分子筛品种有3A分子筛、4A分子筛、13X分子筛、XH系列制冷剂分子筛、中空玻璃通用型分子筛等。

5.2.4 空气传热传质处理的典型状态变化过程

空气与固体表面、水膜或水滴表面、溶液表面直接接触时，固体或液体表面形成的饱和空气边界层与主体空气之间通过分子扩散与紊流扩散，使边界层的饱和空气与主体空气不断混掺，从而使主体空气状态发生变化。因此，空气热湿交换过程可以视为主体空气与边界层空气不断混合的过程。空气处理过程中依据传热传质机理和所用设备不同可有不同的状态变化，如图5-8所示。

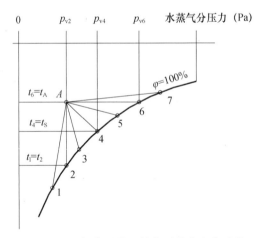

图5-8 空气热湿处理的典型状态变化过程

注：图中t_A、t_s、t_l分别为空气的干球温度、湿球温度、露点温度，t_w为水温。

A—1是空气被减湿和冷却的过程，水温低于空气露点温度，即$t_w<t_1<t_A$，同时$p_{vl}<p_{vA}$，水蒸气凝结时放出的热进入水滴或水膜被水带走。

A—2是空气被等湿冷却的过程，$t_w<t_A$，同时$p_{v2}=p_{vA}$，此时水温等于空气露点温度。

A—3是空气被减焓冷却加湿的过程，此时$t_w<t_A$，$p_{v3}>p_{vA}$，此时水温高于空气露点温度而低于空气湿球温度。

A—4是空气被等焓加湿的过程，这时$t_w=t_s$，水蒸气分压：$p_{v4}>p_{vA}$，由于空气的等湿球温度线与空气的等焓线相近，可以认为空气状态沿等焓线变化而被加湿。在该过程中，由于空气的温度高于水，故空气向水传递显热，水分蒸发时，水蒸气的潜热回到空气中，二者近似相等，总热交换量近似为零。用喷淋室喷循环水可实现这一过程。

$A—5$ 是空气被冷却增焓加湿的过程，这时 $t_w<t_A$，水蒸气分压：$p_{v5}>p_{vA}$，水分蒸发所需热量一部分来自空气，一部分来自水。

$A—6$ 是空气被等温加湿的过程，这时 $t_w=t_A$，水蒸气分压：$p_{v6}>p_{vA}$，说明不发生显热交换，水分蒸发所需热量来自水分本身。当向空气中喷干蒸汽也可实现此加湿过程。

$A—7$ 是空气被加热加湿的过程，这时 $t_w>t_A$，水蒸气分压：$p_{v7}>p_{vA}$，水同时向空气传递显热和潜热，将热水降温的湿空气冷却塔内发生的便是这种过程。

应该说明的是，实际空调设备的工作条件与假想条件有较大不同，在空气处理设备中空气与水的接触时间有限，且水量或设备壁面面积也是有限的，这些将使空气处理设备中的水温变化，进而影响到空气的最终出口状态，会使空气处理过程线不再是直线，而是按空气与水滴或设备中水流的相对运动方向不同，产生不同的弯曲。然而工程中重点关注的是空气处理的结果，而不是空气状态变化的轨迹，所以在已知空气终状态参数时仍可用连接空气初、终状态的直线来表示空气状态的变化过程。

图 5-9（a）是水初温低于空气露点温度，水与空气的运动方向相同即顺流流动的情况。

现以水初温低于空气露点温度，且水与空气的运动方向相反（逆流）的情况为例进行分析［图 5-9（b）］。在开始阶段，状态 A 的空气与已达到终温 t_{w2} 的水接触，一小部分空气达到饱和状态，且温度等于 t_{w2}。这一小部分空气与其余空气混合达到状态点 1，点 1 位于 A 点与 t_{w2} 点的连线上。在第二阶段，由于空气与水是逆向流动的，此时具有点 1 状态的空气与较低温度 t_w'' 的水接触，又有一小部分空气达到饱和。这一小部分空气与其余空气混合达到状态点 2，位于点 1 和点 t_w'' 的连线上。以此类推，最后可得到一条表示空气状态变化过程的折线。间隔划分越细，则所得过程线越接近一条曲线，曲线向外侧弯曲。而且在热湿交换充分完善的条件下空气状态变化的终点将在饱和曲线上，温度将接近于水初温。

图 5-9（c）是水初温高于 A 点空气温度，且水与空气的运动方向相同（顺流）接触热湿处理的情况。

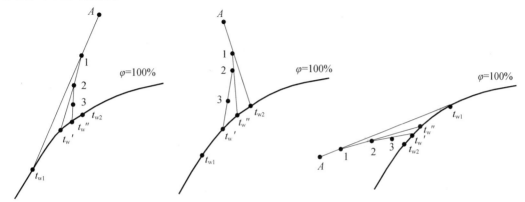

(a) $t_{w1}<t_1$，且水与空气运动方面相同　(b) $t_{w1}<t_1$，且水与空气运动方面相反　(c) $t_{w1}>t_A$，且水与空气运动方面相同

图 5-9　发生在设备内部的空气与水直接接触的变化过程

5.3　空气热湿处理设备

空气热湿处理设备的种类繁多，有许多规格系列，但按工作原理不同，可分为三种基本类型。

间壁式换热器：被处理空气与冷媒、热媒流体之间被固体壁面隔开，在各自的流道中连续流动，两种流体不直接接触，热量通过固体壁面传递。

混合式换热器：两种流体直接接触并允许相互混合，传递热量和质量后再全部或部分分离，因而传热传质效率较高。

蓄热式（回热式或再生式）换热器：设备中安装有热容量较大的固体构件（或填充物）作为蓄热体，通过蓄热体放出或吸收热量来对流体加热或冷却。

5.3.1　间壁式空调设备的结构与计算

空调工程中间壁式换热器是以表面式换热器为主，其中空气在设备外表面流动，冷媒、热媒流体在设备内部流动，表面式换热器种类型式较多。它被广泛应用于整体空调机组、冷冻除湿机、诱导式空调器、风机盘管等设备中。

1. 表面式换热器的结构与工作特点

典型的表面式换热器如图 5-10 和图 5-11 所示。

图 5-10　工业用表面式换热器外形图

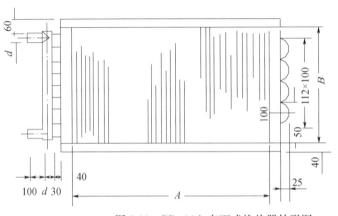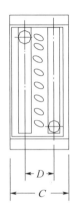

图 5-11　BB -16A 表面式换热器外形图

表面式换热器具有构造简单、安装方便、占地面积小等特点。如用冷热水做加热或冷却介质时，水质要求一般，输水系统电能消耗低，所以广泛应用于空调工程中。表面式换热器分为空气加热器和表面式冷却器两大类。加热器以热水或蒸汽为热媒；冷却器以冷水（或冷盐水和乙二醇）或者制冷剂为冷媒。以制冷剂为冷媒的表面冷却器称为直接蒸发式表面冷却器。

为增加空气侧对流换热面积，表面式换热器的形式一般都是肋片管式，如图 5-12 所示。按照肋片与管子连接和肋片制造方式的不同，肋片管有绕片式、镶片式、轧片式和串片式等形式。组合式空调机组、冷冻除湿机、诱导式空调器、风机盘管的表冷器多数是整体穿片式肋管换热器。近年来，肋片型式不断改进，目前除平片外，还有波纹片、条缝片和蜂窝型片等多种。波纹片、条缝片与平片相比，增加了气流的紊流度，提高了空气侧的换热系数，空气流动阻力和动力消耗也相应增加。为了强化管内侧流体换热，可应用内螺纹管等代替光管。

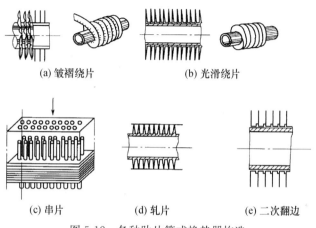

(a) 皱褶绕片　　　　　(b) 光滑绕片

(c) 串片　　　　(d) 轧片　　　　(e) 二次翻边

图 5-12　各种肋片管式换热器构造

表面式换热器安装位置有垂直安装、水平安装及倾斜安装等多种形式，无论何种形式都应使冷凝水能从肋片表面顺利排出，以免肋片积水而降低传热性能和增加空气阻力。使用蒸汽加热的加热器，水平安装时应有不小于 1/100 的坡度，以利于凝结水的排出。

沿空气流动方向，表面式换热器有并联、串联及串并联多种方式，在通过空气流量较大时，使用并联；要求处理前后空气焓差变化大时，应当使用串联。采用多台串联的表面式换热器时，前后各排的水管路也应串联；并联的表面式换热器，管内流体通路也应并联。但是，蒸汽加热器的供蒸汽管只能并联。如能使空气与冷、热媒体之间实现逆向交叉流动，则冷媒与空气之间则能有较大温差。图 5-13 为冷水式表面冷却器水管连接示意图。

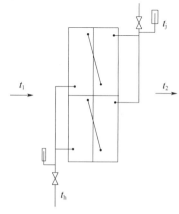

图 5-13　冷水式表面式冷却器水管连接
t_1—进风温度（℃）；t_2—处理后空气温度（℃）；
t_j—进水温度（℃）；t_h—回水温度（℃）

若表面式换热器冷热两用，加热流体是热水时其温度不应超过 65℃，以避免因管内壁面积垢导致传热性能下降。空调水系统中的水应进行软化、过滤处理后使用。

表面式冷却器上下分多部并联安装时，其下部应安装滴水盘和凝结水排出管。凝结水排出管应设水封，以便排水通畅和保证空调箱外空气不能由此被吸入箱内，见图 5-14。

为便于使用和维修，冷（热）媒管路上应设阀门、压力表和温度计。在蒸汽加热器的供蒸汽管上还应设蒸汽压力调节阀，蒸汽凝结水排出管上应设疏水器。为保证换热器的正常工作，在水系统的最高点设放空装置；在水系统的最低点设泄水和排污阀门。

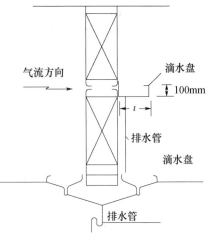

图 5-14 滴水盘安装示意图

2. 表面式换热器的计算与选型

（1）表冷器的热工计算参数

当冷却器表面温度低于被处理空气的干球温度，但高于其露点温度时，空气只被冷却而并不产生凝结水。这种过程称为等湿冷却过程或干冷过程（干工况）。

如果冷却器的表面温度低于空气的露点温度，则空气不但被冷却，而且其中所含水蒸气也将部分地凝结出来，并在冷却器的肋片管表面上形成水膜。这种过程称为减湿冷却过程或湿工况。

湿工况中空气与表冷器之间不但发生显热交换，而且也发生湿交换和由此引起的潜热交换，这时推动总热交换的动力是焓差，而不是温差，即总热交换量为

$$dQ_z=\sigma(h-h_w)dF=\frac{\alpha}{c_p}(h-h_w)dF \tag{5-10}$$

引入析湿系数 ξ，表示与干工况相比，由于存在湿交换而使总换热量增大的倍数，即

$$\xi=\frac{dQ_z}{dQ}=\frac{h-h_w}{c_p(t-t_w)} \tag{5-11}$$

它的值与表冷器上凝结水的数量成正比，在干工况时 $\xi=1$。

表冷器的传热系数与管外表面、内表面与流体间的表面对流换热系数有关，还与冷却过程中水分的凝结过程有关，不同的设备结构也会影响到热湿交换过程，实际中通常将表冷器的传热系数整理成如下形式：

$$K_s=\left[\frac{1}{Av_y^m\xi^p}+\frac{1}{Bw^n}\right]^{-1} \tag{5-12}$$

式中，v_y——被处理空气通过表冷器时的迎面风速，m/s；

$\quad\quad w$——水在表冷器管内的流速，m/s；

$\quad A,B$——由实验得出的系数，无因次；

m,p,n——由实验得出的指数，无因次；

具体数值均可参考附录 5-1。

对于干工况，式（5-12）仍可使用，只不过要取 $\xi=1$。

表冷器热工计算主要有以下两种类型：即设计计算及校核计算。

进行表冷器的设计及校核计算时，均需要应用全热交换效率和通用热交换效率这两个无因次参数。

表冷器的全热交换效率为

$$\varepsilon_1 = \frac{t_1 - t_2}{t_1 - t_{w1}} \qquad (5\text{-}13)$$

式中，t_1——未处理时空气的干球温度，℃；

$\qquad t_2$——处理完成时空气的干球温度，℃；

$\qquad t_{w1}$——冷水初温，℃（图 5-15）。

表冷器的全热交换效率受到空气流量、冷媒流量、设备传热性能、设备结构尺寸等多种因素影响，将这些因素组合在两个无因次参数内，表冷器的全热交换效率为它们的因变量。

在表冷器微元面积 dF 上考虑水蒸气凝结放热，实际总放热量为

$$dQ_z = \xi G_a c_p dt$$

上式表明水蒸气凝结时，空气热容量相当于增大了 ξ 倍，在湿工况下：

空气与冷水热容比

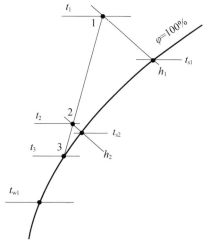

图 5-15　表冷器处理空气时的各个参数

$$C_r = \frac{\xi G_a c_p}{G_w c} \qquad (5\text{-}14)$$

传热单元数

$$NTU = \frac{K_s F}{\xi G_a c_p} \qquad (5\text{-}15)$$

式中，G_a——空气流量，kg/s；

$\qquad G_w$——表冷器内冷水流量，kg/s；

$\qquad c$——水比热，kJ/（kg·℃）；

$\qquad c_p$——空气比热，kJ/（kg·℃）。

在空调系统的表冷器中，空气与冷媒的流动方式可视为逆流交叉流，且当管排数多于 4 排时，可按逆流计算，误差在工程允许范围内。由此可按传热理论导出表冷器的全热交换效率为

$$\varepsilon_1 = \frac{1 - \exp[-NTU(1 - C_r)]}{1 - C_r \exp[-NTU(1 - C_r)]} \qquad (5\text{-}16)$$

表冷器的通用热交换效率表示只考虑空气状态变化时，空气实际放热量和空气与水接触时间足够长的理想状态下空气放热量之比。

$$\varepsilon_2 = \frac{t_1 - t_2}{t_1 - t_3} \qquad (5\text{-}17)$$

式中，t_3——表冷器在理想条件下（接触时间非常充分）工作时，空气终状态的干球温度。

根据空气的焓-湿图，可将通用热交换效率进一步变化为

$$\varepsilon_2 = \frac{t_1 - t_2}{t_1 - t_3} = 1 - \frac{t_2 - t_3}{t_1 - t_3}$$

近似将空气的温度变化与焓变化作为等比关系，则有

$$\varepsilon_2 = 1 - \frac{h_2 - h_3}{h_1 - h_3} = 1 - \frac{t_2 - t_{s2}}{t_1 - t_{s1}} \quad (5\text{-}18)$$

空气处理后达到的终状态是与处理过程中空气流量、设备的结构、表冷器内冷媒的流量有关，按照热湿交换原理可进一步得出通用热交换效率计算式与这些因素的关系。

在表冷器中任取一微元面积 dF，在该面积上，空气放出的全热量与表冷器表面吸收的热量平衡，有

$$-\xi G_a c_p dt = \sigma(h - h_3) dF \quad (\text{a})$$

考虑到

$$-\xi G_a c_p dt = -G_a dh$$

并结合刘伊斯公式

$$\sigma = \frac{\alpha}{c_p}$$

得

$$\frac{dh}{h - h_3} = -\frac{\sigma}{G_a} dF = -\frac{\alpha}{c_p G_a} dF \quad (\text{b})$$

将上式从 0 到 F 积分，得

$$\ln \frac{h_2 - h_3}{h_1 - h_3} = -\frac{\alpha F}{c_p G_a} \quad (\text{c})$$

$$\varepsilon_2 = 1 - \exp\left(-\frac{\alpha F}{c_p G_a}\right) \quad (5\text{-}19)$$

将空气量 $G_a = F_y v_y \rho$ 代入上式，得

$$\varepsilon_2 = 1 - \exp\left(-\frac{\alpha F}{F_y v_y \rho c_p}\right) \quad (5\text{-}20)$$

肋通系数为

$$a = \frac{F}{N F_y} \quad (5\text{-}21)$$

得

$$\varepsilon_2 = 1 - \exp\left(-\frac{\alpha a N}{v_y \rho c_p}\right) = f(v_y, N) \quad (5\text{-}22)$$

式中，N——肋管排数；

$\quad v_y$——表冷器迎面风速，m/s；

$\quad F_y$——表冷器迎风面积，m²。

影响通用热交换效率的因素主要有以下几方面。

表冷器的盘管排数：增加排数可以提高换热效率，但排数过多，增加阻力，而且后面的管排失去作用，因此管排数一般用 4～8 排，在进水温度不能降低时可采用 10 排。

空气迎面风速：降低迎面风速可提高换热系数，但数值过低，会造成换热器尺寸太

大和初投资增加。数值太高，也将增加空气阻力，一般质量流速 $2.5\sim3.5\mathrm{kg/(m^2 \cdot s)}$，相当于迎面风速 $2.0\sim3.0\mathrm{m/s}$。

管内水流速：增加流速，提高换热系数，但水阻力增加，一般采用 $0.6\sim1.8\mathrm{m/s}$。

（2）表冷器的热工计算与选型

表冷器的设计计算任务是按给定的冷媒性质及空气流量、进口及出口温度等参数，确定合适的表冷器类型，计算出设备中的换热面积，确定出具体的通道尺寸，选定型号，即换热器是从无到有的过程。

而表冷器的校核计算则是对已有的表冷器，已知其换热面积和具体的通道尺寸，按给定的流体性质、流量、进口温度，核算冷、热流体出口温度和换热量，计算的目的是确认某表冷器是否能完成新的换热任务。

表冷器的计算方法有干球温度效率法、湿球温度效率法等，这里介绍应用较广泛的干球温度效率法。

按干球温度效率法，表冷器热工计算的主要原则是：

（1）该表冷器能达到的 ε_1、ε_2 应该等于空气处理过程需要的 ε_1、ε_2。

（2）该表冷器能吸收的热量应该等于空气放出的热量。

（3）空气放出的热量等于冷水吸收的热量。

计算过程中需要联立求解 3 个方程式，即

$$\varepsilon_1=\frac{t_1-t_2}{t_1-t_{w1}}=\frac{1-\exp[-NTU(1-C_r)]}{1-C_r\exp[-NTU(1-C_r)]}=f(v_y,w,\xi) \tag{5-23}$$

$$\varepsilon_2=1-\frac{t_2-t_{s2}}{t_1-t_{s1}}=1-\exp\left(-\frac{\alpha aN}{v_y\rho c_p}\right)=f(v_y,N) \tag{5-24}$$

$$Q=G_a(h_1-h_2)=G_wc(t_{w1}-t_{w2}) \tag{5-25}$$

【例 5-1】　已知空调系统送风量 $G_a=5\mathrm{kg/s}$，空气初状态参数 $t_1=35℃$，$t_{s1}=26.9℃$，$h_1=85\mathrm{kJ/kg}$；终状态参数为 $t_2=19℃$，$t_{s2}=18.1℃$，$h_2=51.4\mathrm{kJ/kg}$；空气压强 $101325\mathrm{Pa}$，试选用 JW 型空气冷却器并求出其中的传热系数范围，并确定水温、水量［JW 型表面冷却器的技术数据见附录 5-1。已知：空气密度 $\rho=1.2\mathrm{kg/m^3}$，空气定压比热 $c_p=1.005\mathrm{kJ/(kg \cdot ℃)}$，水定压比热 $c=4.19\mathrm{kJ/(kg \cdot ℃)}$，可选表冷器中水流速范围 $w=0.8\sim1.6\mathrm{m/s}$］。

【解】：① 计算需要的接触系数 ε_2，确定表冷器的排数。

$$\varepsilon_2=1-\frac{t_2-t_{s2}}{t_1-t_{s1}}=1-\frac{19-18.1}{35-26.9}=0.889$$

查附录 5-1 表可知，在常用的 v_y 范围内，JW 型 6 排表冷器能满足 $\varepsilon_2=0.889$ 的要求，故选用 6 排。

② 假定 $v_y'=2.5\mathrm{m/s}$，则 $F_y'=\frac{G_a}{\rho v_y'}=\frac{5}{1.2\times2.5}=1.667\mathrm{m^2}$。

查附录 5-3 可选用 JW20-4 型表冷器一台，其迎风面积 $F_y=1.87\mathrm{m^2}$。

故实际迎面风速 $v_y=\frac{G_a}{F_y \cdot \rho}=\frac{5}{1.2\times1.87}=2.23\mathrm{m/s}$。

查附录 5-1 表可知，在 $v_y=2.23\mathrm{m/s}$ 时，JW 型 6 排表冷器实际的 ε_2 值可以满足要求，所选 JW20-4 型表冷器每排散热面积 $F_d=24.05\mathrm{m^2}$，通水断面积 $F_w=0.00407\mathrm{m^2}$。

③ 求析湿系数 $\xi = \dfrac{h_1-h_2}{c_p(t_1-t_2)} = \dfrac{85-51.4}{1.005\times(35-19)} = 2.1$。

④ 由已知，可选水流速范围 $w=0.8\sim1.2\text{m/s}$

代入 $K = \left[\dfrac{1}{41.5v_y^{0.52}\xi^{1.02}} + \dfrac{1}{325.6w^{0.8}}\right]^{-1}$

当管内冷冻水流速：$w=0.8\text{m/s}$ 时，

$$K = \left[\frac{1}{41.5\times2.23^{0.52}\times2.1^{1.02}} + \frac{1}{325.6\times0.8^{0.8}}\right]^{-1} = 89.9\text{W/}(\text{m}^2\cdot\text{K})$$

当管内冷冻水流速：$w=1.2\text{m/s}$ 时，

$$K = \left[\frac{1}{41.5\times2.23^{0.52}\times2.1^{1.02}} + \frac{1}{325.6\times1.2^{0.8}}\right]^{-1} = 99.0\text{W/}(\text{m}^2\cdot\text{K})$$

⑤ 求冷水量。

根据表面冷却器中过水横断面积和管中水流速，得

$$G_w = 0.00407\times1.2\times10^3 = 4.884\text{kg/s}$$

⑥ 求表面冷却器所能达到的 ε_1。

空气与冷水热容比：$C_r = \dfrac{(G_a c_p)_{\text{空气}}}{(G_w c)_{\text{水}}} = \dfrac{\xi G_a c_p}{G_w c} = \dfrac{2.1\times5\times1.005}{4.884\times4.19} = 0.516$

传热单元数：$NTU = \dfrac{K_s F}{(G_a c_p)_{\text{空气}}} = \dfrac{K_s F}{\xi G_a c_p} = \dfrac{99.0\times24.05\times6}{2.1\times5\times1.005\times10^3} = 1.354$

在此基础上，全热交换效率：$\varepsilon_1 = \dfrac{1-e^{-1.354\times(1-0.516)}}{1-0.516e^{-1.354\times(1-0.516)}} = 0.657$

⑦ 求水初温。

将 $\varepsilon_1 = \dfrac{t_1-t_2}{t_1-t_{w1}}$ 变换，可得：$t_{w1} = 35 - \dfrac{t_1-t_2}{\varepsilon_1} = 35 - \dfrac{35-19}{0.657} = 10.6℃$

⑧ 求冷量及水终温。

$$Q = G_a(h_1-h_2) = 5\times(85-51.4) = 168\text{kW}$$

$$t_{w2} = t_{w1} + \frac{G_a(h_1-h_2)}{G_w c} = 10.6 + \frac{5\times(85-51.4)}{4.884\times4.19} = 18.8℃$$

（3）加热器的计算与选型

空调器中的表面式换热器通常是冷热两用，冬季作为加热器，夏季作为冷却器。在冬季热负荷较大的地区，也要对冬季的加热情况进行计算或校核。

加热器的设计计算任务是按被加热的空气质量流量、加热前后的空气进口及出口温度、热媒初参数，选定加热器的类型和具体型号。

而加热器的校核计算则是已知类型和具体规格，已知热媒初参数，计算冷、热流体出口温度和换热量，检查它能否将空气加热到预定的参数。

空气加热器中只有显热交换，所以它的热工计算方法比较简单，只要让加热器供给的热量等于加热空气需要的热量即可。使用的方法分为对数平均温差法和热交换效率法。设计计算常用平均温差法，表冷器冷热两用，冬季作为加热器使用时属于校核计算，用热交换效率法较为方便，若用平均温差法时则需多次试算。

空气加热器的设计性计算可按以下步骤进行。

1）初选加热器的型号。

加热器型号的大小与要处理的空气流量相关，由于空气被加热时密度变化较大，故用通过加热器有效截面面积的质量流速 ρv 来代替迎面风速 v_y 进行计算，为使运行费和初投资的总和最小，一般可取质量流速 $\rho v=8\text{kg}/(\text{m}^2\cdot\text{s})$。

需要的加热器有效截面面积：$f=\dfrac{G_a}{\rho v}$

加热器面积较小时，可降低设备初投资，但质量流速 ρv 提高时，也会增加空气阻力，提高运行费用。

查加热器产品样本，选择合适的空气加热器，确定合适的每台加热器有效截面面积 f'，每台加热器的加热面积和加热器的并联台数。

2）计算加热器的传热系数。

根据加热器的型号和空气质量流速，按照前述经验公式便可计算传热系数 K。若产品的传热系数经验公式中，用的不是质量流速 ρv 而是迎面风速 v_y，则应根据加热器有效截面与迎风面积之比值换算。

有效截面系数：
$$\alpha=\frac{f}{F_y} \tag{5-26}$$

换算关系式：
$$v_y=\frac{\alpha(\rho v)}{\rho} \tag{5-27}$$

若加热器采用热水加热时，可取热水流速 $w=0.6\sim1.8\text{m/s}$。由于空气加热器中传热阻力主要在空气侧，故提高设备内热水流速对提高传热系数的作用有限，过大的 w 值，也会引起水泵电耗的增加。如果热媒是高温热水，由于水的温降很大，所以水的流速应取得更小。

3）计算需要的加热面积和加热器台数。

计算需要的加热量：
$$Q=G_a c_p(t_1-t_2) \tag{5-28}$$

需要的加热面积：
$$F=\frac{Q}{K\Delta t_m} \tag{5-29}$$

式中，Δt_m——热媒与空气间的平均温差，由于冷热流体在进口和出口端的温差比值常低于 2，故可用算术平均温差代替对数平均温差。

当热媒是热水时，
$$\Delta t_p=\frac{t_{w1}+t_{w2}}{2}-\frac{t_1+t_2}{2} \tag{5-30}$$

当热媒是蒸汽时，
$$\Delta t_p=t_q-\frac{t_1+t_2}{2} \tag{5-31}$$

式中，t_q——热蒸汽的温度，℃。

然后再根据每台加热器的实际加热面积 F_1 确定台数：
$$N=\frac{F}{F_1} \tag{5-32}$$

127

4）检查加热器的安全系数。

$$\frac{NF_1-F}{F}\times100\%=10\%\sim20\%$$

由于设备制造、施工中不可预见的因素，以及运行中内外表面积灰、结垢等影响，选用时应考虑一定的安全系数，一般取传热面积的安全系数为 1.1～1.2。

校核计算是已知加热器的型号及规格，另外还已知空气的流量、热水的流量以及空气进口温度 t_1 和热媒初温 t_{w1}，求空气出口温度 t_2 及热媒终温 t_{w2}。

用热交换效率法进行空气加热器的校核计算可按以下步骤进行：

① 计算出迎面风速 v_y 和管中热媒流速 w。

② 根据 v_y 和 w 求传热系数 K。

③ 根据加热器传热系数 K、面积 F 计算出传热单元数 NTU，计算热容比：$C_r=\dfrac{(G_ac_p)_{空气}}{(G_wc)_水}$。

④ 按式（5-23）计算热交换效率 ε_1，也可在相应的 ε_1-NTU 图上查出热交换效率 ε_1 数值。

⑤ 由 $\varepsilon_1=\dfrac{t_1-t_2}{t_1-t_{w1}}$ 得空气出口温度：$t_2=t_1+\varepsilon_1(t_{w1}-t_1)$；按热平衡方程：$G_ac_p(t_1-t_2)=G_wc(t_{w1}-t_{w2})$，求出热媒流体出口温度 t_{w2}。

（4）表面式换热器的阻力计算

空气加热器的空气阻力及水阻力（热媒为热水时）也是热工计算的组成部分，加热器的空气阻力与加热器型式、构造以及空气流速有关。对于一定结构特性的空气加热器而言，空气阻力可由实验公式求出，即

$$\Delta p_1=B(\rho v)^p \tag{5-33}$$

式中，B、p——实验的系数和指数。

如果热媒是热水，则其阻力可按实验公式计算为

$$\Delta p_2=Cw^q \tag{5-34}$$

式中，C、q——实验的系数和指数。

如果热媒是蒸汽，则依靠加热器前保持一定的剩余压力［不小于 0.03MPa（工作压力）］来克服蒸汽流经加热器的阻力，不必另行计算。

部分空气加热器的阻力计算公式见附录 5-5。

【例 5-2】　将例 5-1 中所选用空调系统 JW-20 型表面冷却器用于冬季空气加热，送风量 $G_a=5$kg/s，空气初状态参数 $t_1=20$℃，$\varphi=40\%$；热水初温 $t_{w1}=60$℃，热水流量 5130kg/h。空气压强 101325Pa，试校核冬季空气加热器中空气出口温度及出水终温，并计算空气加热器阻力［已知：水定压比热 $c=4.19$kJ/（kg·℃）］。

【解】：设空气出口温度可达 45℃，可按 32℃取空气密度 $\rho=1.157$kg/m³，$c_p=1.005$kJ/（kg·℃），计算出迎面风速：

$$v_y=\frac{G_a}{\rho F_y}=\frac{5}{1.157\times1.87}=2.31\text{m/s}$$

计算管中水流速，得 $w=\dfrac{G_w}{F_w}=\dfrac{5130}{3600\times0.00407\times10^3}=0.35$m/s

从附录 5-1 中查得，表面冷却器用热水加热时的传热系数：$K = 30.7 \times 2.31^{0.485} \times 0.35^{0.08} = 42.36 \text{W}/(\text{m}^2 \cdot \text{K})$

若用冷却时的传热系数计算：

$$K = \left[\frac{1}{41.5 v_{\text{y}}^{0.52} \xi^{1.02}} + \frac{1}{325.6 w^{0.8}} \right]^{-1}$$
$$= \left[\frac{1}{41.5 \times 2.31^{0.52} \times 1^{1.02}} + \frac{1}{325.6 \times 0.35^{0.8}} \right]^{-1}$$
$$= 44.24 \text{W}/(\text{m}^2 \cdot \text{K})$$

两者计算结果相差并不大。

求表面冷却器所能达到的 ε_1。

空气与冷水热容比：$C_{\text{r}} = \dfrac{(G_{\text{a}} c_{\text{p}})_{\text{空气}}}{(G_{\text{w}} c)_{\text{水}}} = \dfrac{\xi G_{\text{a}} c_{\text{p}}}{G_{\text{w}} c} = \dfrac{1 \times 5 \times 1.005 \times 3600}{5130 \times 4.19} = 0.84$

传热单元数：$NTU = \dfrac{K_{\text{s}} F}{(G_{\text{a}} c_{\text{p}})_{\text{空气}}} = \dfrac{K_{\text{s}} F}{\xi G_{\text{a}} c_{\text{p}}} = \dfrac{42.36 \times 24.05 \times 6}{5 \times 1.005 \times 10^3} = 1.217$

在此基础上，全热交换效率：$\varepsilon_1 = \dfrac{1 - \text{e}^{-1.217 \times (1-0.72)}}{1 - 0.72 \text{e}^{-1.217 \times (1-0.72)}} = 0.592$

得空气出口温度：$t_2 = t_1 + \varepsilon_1 (t_{\text{w1}} - t_1) = 20 + 0.592 \times (60 - 20) = 43.68 ℃$，与假设值相差不大。

求出热流体出口温度：

$$t_{\text{w2}} = t_{\text{w1}} - \frac{G_{\text{a}} c_{\text{p}}}{G_{\text{w}} c} (t_2 - t_1) = 60 - \frac{5 \times 1.005 \times 3600}{5130 \times 4.19} \times (43.7 - 20) = 40.05 ℃$$

空气阻力：$\Delta p_1 = 16.66 \times 2.31^{1.75} = 72.11 \text{Pa}$

5.3.2 间壁式空调设备的构造与种类

1. 组合式空调机组

表面式换热器是空气处理机组的核心设备，常将它与空气的过滤加湿设备、风机及控制阀门等组合形成一个整体箱式设备，箱体可根据设计需求由各功能段组合而成，其基本形式为卧式机组，基本功能段有新回风混合段、冷却段、加热段、初效或中效过滤段、加湿段、阻性消声段、二次回风段、风机段等，对各个功能段用户可根据需要进行选择。图 5-16～图 5-19 是不同组合方式空调机组简图。

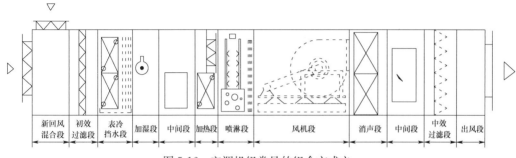

图 5-16　空调机组常见的组合方式之一

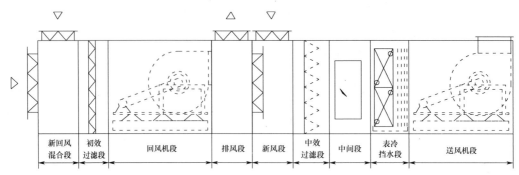

图 5-17 空调机组常见的组合方式之二

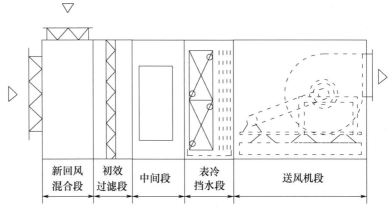

图 5-18 空调机组常见的组合方式之三

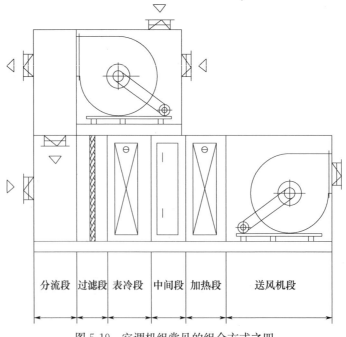

图 5-19 空调机组常见的组合方式之四

目前国内生产卧式组合式空调机组的风量一般在 $2000\sim200000\mathrm{m}^3/\mathrm{h}$，一般待处理的空气焓差范围在 $20.9\sim29.3\mathrm{kJ/kg}$。

国内厂家的卧式组合式空调机组框架都采用组合式设计，箱板为双层板式，双层面板的标准厚度为 25mm，中间层为聚氨脂发泡形成三层一体的结构，不仅防火、保温性能极优，并因聚氨脂的硬化而使得箱板的强度增加。也有用玻璃棉保温层嵌在镀锌钢板之间构成保温层，加强型结构能隔声、保温并能防止保温材料腐蚀。

组合式空调机组所用风机有混流式及离心式两大类，离心风机有前向多翼及后向多翼两种。前向风机的叶轮由镀锌钢板制成，送风静压可达 1270Pa 以上；后向机翼型叶轮为钢板结构，结构坚固耐用，送风静压最高可达 2000Pa 以上，且后向机翼型风机具有不超载运行和噪音低的特性。风机出厂前都经过动静平衡试验。

组合式空调机组可使用双速电机实现变风量，也可加装变频装置实现变风量系统。

机组中表冷器和热交换器的管材一般用铜管，为正三角形排列，翅片为二次翻边，经胀管后翅片与铜管紧密接触，而达到有效的热交换。翅片一般采用铝翅片，还可根据要求采用铜翅片。供冷盘管为 4 排管、6 排管、8 排管。常用的翅片片距为 2.12mm、2.54mm、3.18mm 等规格。制热用热水盘管有 2 排管、4 排管。蒸汽盘管有 1 排管及 2 排管。盘管在组合后一般经过 2.8MPa 高压试验合格，可保长年使用安全可靠。加热也可分为热水、电热管等方式。

组合式空调机组加湿方式有高压喷雾加湿、干蒸汽加湿、湿膜加湿及其他加湿器。比较标准的形式是干蒸汽加湿方式，蒸汽由机外的蒸汽发生器供应至机组，内部再以喷管喷出对空气加湿。凝结水则被隔离从疏水器排出机外。另一种简化的装置为电热式水盘，但加湿能力较小，通常用在空气量较小的场合。当然，喷淋是另一种加湿的方式，喷淋采用广角喷嘴时，雾滴扩散效果及加湿效果好。

组合式空调机组过滤段有粗效、中效、亚高效和高效等四种过滤段。粗效滤料为锦纶棉，中效和亚高效滤料为无纺布或新型化纤布，高效滤料为新型化纤布。粗效过滤可为内部上下或侧面左右装卸。中、高效过滤为箱型整体式，并以旋压方式固定。

空调机组消声段可装阻性消声器、共振型消声器或复合型消声器，根据不同的使用要求及风机噪声特点选用。阻性消声器由穿孔板内置吸声棉构成，装置在风道上，气流经过此段距离时，对中、高频噪声具有良好的消声效果。共振消声器是由微孔板构成空腔，利用物理中的共振吸声原理设计制造，具有不污染、不受潮之优点，其对低频及部分中频噪声起有效的消声作用。

空调机组喷淋段有二排对喷及三排一顺二逆喷淋。在一般情况选用一侧进水，以利于安装和运行维护，在箱体尺寸较大时可选用二侧进水。水盘材质为不锈钢，其上设有排水孔、溢流孔、排污孔及挡水器。喷淋段除有拦截灰尘、杂质的功能外，还可调节进水温度达到加热、冷却、加湿及减湿的不同功能。

混合段是空调机组必备的，段内设有两个风口，一个是新风口，另一个是回风口。在段中将新风和回风充分混合，使气流均匀进入表冷段处理。在新、回风口安装调节阀，使新、回风量可以合理调节，以适应特殊场合使用的需求，调节阀可为对开多叶式或平行多叶式，用自动、气动或电动执行器进行联动调节，使新风、回风按一定比例在此段混合。

2. 吊装式空调机组

吊装式空调机组是将一些功能处理段（如过滤、加热、冷却、加湿等）和风机等组合一起而形成的整体机组，见图 5-20。其主要特点是机组的高度小，机组小巧灵活、安装期短，适合安装在吊顶内，可不占用机房面积，适用于建筑物层高较低的空调场合。但由于机组高度的限制，机组处理的空气量不能太大（最大可达 $15000\text{m}^3/\text{h}$），且机组的表冷段换热器的排数一般为 4～8 排，因此机组处理空气的能力有限。机组一般采用低噪声双吸离心风机，其具有能耗低、噪声小、静压高、经久耐用等优点。空气过滤器采用板式过滤器，具有阻力小、效率高、清洗方便、经久耐用等优点。机组可以根据用户需要配置相应的电控系统。这种机组常作为新风机组使用，也可作为空调机组使用。但在寒冷地区使用时，应注意防冻、防潮的问题。

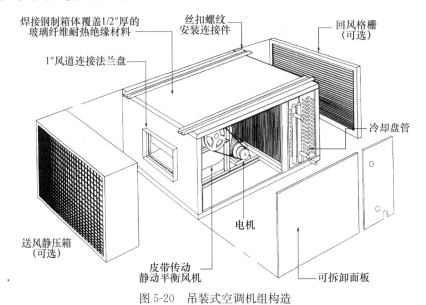

图 5-20　吊装式空调机组构造

3. 风机盘管

风机与表面式换热盘管组成的风机盘管机组（图 5-21）是空调系统中广泛应用的一种末端换热设备，它以水为冷热源，可与冷（热）水机组一起组成风机盘管空调系统。

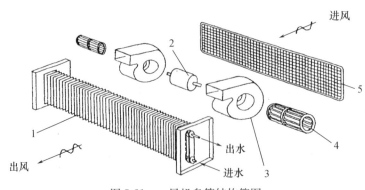

图 5-21　风机盘管结构简图

1—冷却或加热盘管；2—电机；3—风机蜗壳；4—风机叶轮；5—过滤网

　　风机盘管多应用于空调房间数量较多、每个房间面积较小的场合，如办公楼的写字间、宾馆的客房等。风机是低噪音的前向多翼离心式风机或贯流风机，由冲制、滚边组成后需经严格的动静平衡校验，风机电机有固定分相电容式电机、开式单相电容式电机等，温升可达 60℃，轴承为高精度球轴承。按产生风压大小有标准压力型和高静压型可供选择，高静压型的机外余压为 30～50Pa，每一台风机盘管的出风速度分高、中、低三级，三个速度等级之间的风量之比为 1∶(0.75～0.8)∶(0.5～0.65)，国内企业已应用微电脑温度控制器无级调节风机盘管输出风量与温度，可自动比较室内温度与设定温度的差值，自动维持室内恒温状态。

　　风机盘管的管排数为 2～4 排，采用的铜管材有 $\phi 9.52mm$、$\phi 16mm$ 等规格，铝质翅片有波纹型、条缝型、正弦波型等，铝质翅片用胀接法与铜管接合紧密，制造完成后经 2MPa 以上空气试压检漏。

5.3.3　空气除湿设备

　　随着物质生产和生活水平的提高，各类工业制造领域和商业建筑越来越重视对空气湿度的控制，除湿设备已得到越来越广泛的应用。目前常用的空气除湿方法为冷冻除湿法、固体吸附法和液体吸附法。

1. 冷冻除湿设备的种类与构造

　　典型的冷冻除湿机工作原理如图 5-22 所示。处理过程空气的状态变化过程如图 5-23 所示，经蒸发器处理的空气温、湿度大幅降低状态由 1→2，而后经冷凝器加热，温度回升到状态 3。

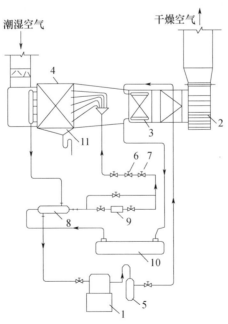

图 5-22　冷冻除湿机的工作原理

1—压缩机；2—送风机；3—冷凝器；4—蒸发器；5—油分离器；6、7—节流装置；
8—热交换器；9—过滤器；10—贮液器；11—集水器

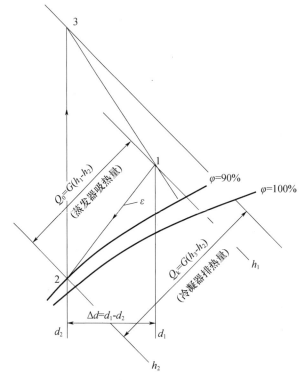

图 5-23　冷冻除湿机中的空气状态变化

冷冻除湿机的除湿量为

$$W=G(d_1-d_2)\tag{5-35}$$

冷冻除湿机的制冷量为

$$Q_0=G(h_1-h_2)\tag{5-36}$$

结合冷凝器的排热量为

$$Q_k=G(h_3-h_2)\tag{5-37}$$

因制冷系统的冷凝放热为蒸发吸热与轴功率 N_i 之和，则有热平衡式

$$G(h_3-h_2)=G(h_1-h_2)+N_i\tag{5-38}$$

则空气出口焓值：

$$h_3=h_1+\frac{N_i}{G}\tag{5-39}$$

蒸发器后空气的相对湿度一般可按 95% 计算，由制冷量 Q_0 及空气流量 G 计算出蒸发器后空气的焓值 h_2，结合 $\varphi=95\%$ 可按空气焓-湿图查得 d_2。由 d_2 和 h_3 在空气焓-湿图上可得 t_3，t_3 就是冷冻除湿机出口空气的温度。

冷冻除湿机的优点是运行简便，效果可靠，适用于空气露点温度高的场合。对高温高湿空气用冷冻除湿成本低，在实际除湿工程中经常采用冷冻除湿机除去空气中的大量水分。若需深度除湿时再用转轮除湿机等进一步除湿。

2. 溶液除湿设备的种类与构造

我国民用建筑空调目前大多采用冷冻除湿方式，即对空气进行降温除湿，去除室内显热负荷和潜热负荷，这种空调方式虽然能提供舒适的室内环境，但存在三个方面的弊端：一是需要把空气降到露点温度，低于室内送风的要求，需要再热，引起再热损失；二是为了提供较低的冷媒温度（空调冷冻机提供的冷水温度通常为 7℃），制冷机不得不降低蒸发温度，而制冷机的效率也随之降低；三是因冷凝水的存在，盘管的表面成了滋生各种霉菌的温床，恶化了室内空气品质，引发多种病态建筑综合症。出现这些问题的根本原因是把空气的降温和除湿同时处理，由于降温和除湿过程的本质不同，容易出现很多问题。液体除湿独立新风空调系统将降温与除湿分开处理，通过除去空气中的水蒸气来处理潜热负荷；对空气降温去除显热负荷。由于液体除湿具有独特的除湿效果、运动部件少、可利用低品位热源，因此可以作为空调新风处理的新方式。

液体除湿装置主要由除湿器、除湿剂再生器、蒸发冷却器、换热器、泵等设备构成。图 5-24 是一个典型的液体除湿装置系统的流程图。

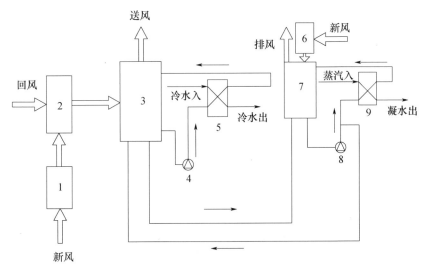

图 5-24　液体除湿系统示意图

1、6—粗、中效过滤器；2—亚高效过滤器；3—吸收塔；4—液下泵；
5—板式换热器 1；7—再生塔；8—耐蚀泵；9—板式换热器 2

除湿器是液体除湿装置系统的核心部分，其工作机理如图 5-25 所示。

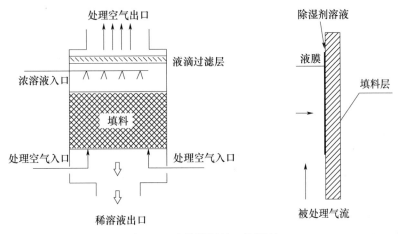

图 5-25　液体除湿的工作原理

135

送风管道将高温、高湿的空气送入紧密床体（大多由填料层构成），自下而上流动，溶液泵将液体除湿剂加压通过液体分布器喷淋到紧密床体上并形成均匀的液膜向下流动，与向上流动的空气在除湿器内进行热湿交换，空气中水分被液体吸收。为提高除湿效果，同时降低空气在除湿器内的压力损失，除湿器也出现了许多不同型式。根据其在除湿过程中是否使用冷却流体可以将除湿器分为两类：绝热型和内冷型，如图 5-26 和图 5-27 所示。

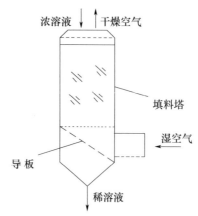

图 5-26　绝热型除湿器结构简图

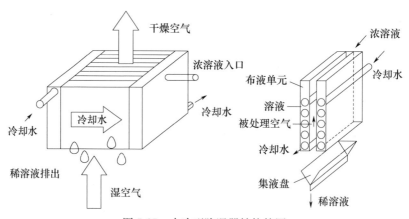

图 5-27　内冷型除湿器结构简图

绝热型除湿器是指在空气和液体除湿剂的流动接触中除湿器与外界的热传递很小可以忽略，除湿过程可近似看成绝热过程。一般采用填料喷淋塔式布液方式，塔内可以填充不同类型的填料，具有结构简单、比表面积大等优点，但同时也增大了空气流动的阻力。由于除湿溶液的绝热吸湿升温，除湿效率低，使其应用受到了限制。图 5-26 给出了一种绝热型除湿器的结构形式，除湿剂溶液从除湿器顶部喷洒而下，在填料塔内的填料层上以均匀薄膜的形式缓缓下流，被处理的空气从塔的下部逆流而上，在塔内与除湿溶液发生热湿交换。另外，保持溶液的大流量，可以起到溶液对自身的冷却效果，以保持良好的除湿性能。

20 世纪 90 年代以来，内冷型除湿器受到了人们的普遍关注。内冷型除湿器中空气和液体除湿剂之间进行除湿的同时，还被外加的冷源（如冷却水或冷却空气等）冷却，带走除湿过程中所产生的潜热（水蒸气液化所放出的潜热），该除湿过程近似于等温过程。一般采用冷水盘管或冷却空气（都不与除湿溶液直接接触）将除湿过程释放出的部分潜热带走，抑制除湿溶液的温升，提高除湿效率。图 5-27 显示的是一种水冷型除湿器，它属于内冷型除湿器。除湿剂溶液从除湿器上部沿着平板往下流动，平板上的涂层使除湿剂溶液均布于整个平板上，被处理的空气从下往上流动，在板间与溶液发生热湿交换。而冷却水管敷设于平板内部，这样湿空气内的水蒸气液化所产生的潜热会被冷却水带走。冷却水或冷却空气的泄漏会影响内冷型除湿器的正常工作，因此要求密封性好，这使得它的制造比绝热型除湿器复杂。

3. 转轮除湿设备的种类与构造

转轮除湿设备结构主要由转轮、处理通风机、再生加热器和再生通风机组成。其中转轮用浸渍了氯化锂、硅胶等吸湿剂的滤纸加工成蜂窝状转轮，也可以用填充了特种金属并浸渍了吸湿剂的玻璃纤维板卷成蜂窝状圆轮。在一般的温度条件下，浸渍过吸湿剂的转轮表面的水蒸气分压力远远低于同温度空气中的水蒸气分压力，在分压力差的作用下，空气中的水蒸气被吸入吸湿剂晶体内形成结晶水而不变成水溶液，即使空气的含湿量很小或空气温度很低，吸湿能力仍然很强。反之在高温时，如果浸渍过吸湿剂材料表面的水蒸气分压力高于同温度空气的水蒸气分压力，在分压力差的作用下浸渍过吸湿剂材料表面的水分就要解吸进入周围空气，而吸湿剂表面的水蒸气分压力的大小和温度成正比，若空气温度高，则水蒸气分压力大，就更容易解吸。

转轮除湿机的工作过程如图 5-28 所示，转轮以每小时 30 转的速度缓慢旋转，待处理的湿空气经过空气过滤器过滤后，进入 3/4 转轮的蜂窝状通道，于是空气中的水分为转轮表面的吸湿剂吸收，通过转轮的干燥空气即被送入室内。在转轮吸湿的同时，一部分再生空气又反向于待处理空气的流向通过再生加热器，经其余 1/4 转轮的蜂窝状通道带走吸湿剂上的水分，在再生通风机作用下，这部分热湿空气便从另外一端排至室外。

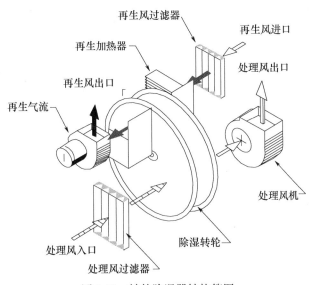

图 5-28　转轮除湿器结构简图

氯化锂转轮除湿机吸湿能力较强，维护管理方便，现国内已有成批生产的多种定型产品可以使用。

为适应空气低湿度的处理要求，除常规的转轮除湿机外，国内厂家还开发了低露点的转轮除湿机，处理送风露点温度可达到$-10\sim-20℃$以下，相对湿度$\leqslant2\%$。机组的电气控制选用 PLC 自动控制，人机界面使用方便，可即时查询各种性能参数，保障设备可靠运行。

为满足电子、医药、精密仪表、锂电池、玻璃加工等工业领域对低湿度空气的需求，在实际除湿工程中也经常采用冷冻除湿机与转轮除湿机联合除湿的方法，实现较大焓差的空气除湿要求。

联合除湿中的空气冷却方式主要有使用表冷器通过冷冻水间接冷却和使用表面式蒸发器通过冷媒直接冷却两种，采用蒸发器直接冷却效率较高，但对生产厂家的制冷机控制和配套水平有一定要求，故一般选择前者的较多。

图 5-29 是一个采用新风预冷却处理同时使用二次回风方式的联合式除湿空调机组的工作过程图，机中新风预冷、一级冷却和二级冷却均采用直接蒸发式冷却方式。图 5-30 是该机的空气处理焓-湿图。

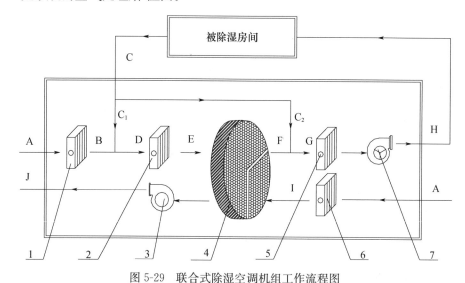

图 5-29 联合式除湿空调机组工作流程图

1—新风预冷蒸发器；2——级蒸发器；3—再生风机；4—转轮；5—二级蒸发器；6—再生加热器；7—处理风机

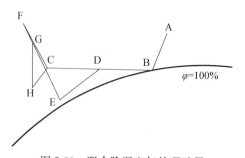

图 5-30 联合除湿空气处理过程

处理过程是将机组一部分回风（一次回风 C_1）与处理过的新风（B）混合，另一部分（二次回风 C_2）则与转轮出来的高温低湿空气（F）混合。一次回风量为总风量的30%，二次回风量为总风量的40%，这主要是考虑了使一级蒸发器和二级蒸发器的进风状态在一个适宜的状态。

联合除湿机可实现较低的空气湿度和较大的空气处理量，维护管理方便，现国内有生产的多种定型产品可供选择。

5.3.4　其他空气加热、加湿设备

在空调系统中，除利用喷水室对空气进行加热、加湿，利用表面式换热器（空气加热器）对空气进行加热外，还可以采用下面一些加热和加湿方法。

1. 电加热器

用电加热器加热空气是应用较广泛的方法。

电加热器是让电流通过电阻丝发热而加热空气的设备，其具有产生的热气体干燥无水分、被加热空间升温快、热量稳定、控制方便等优点。电加热管的使用寿命都很长，一般设计使用寿命有 10000 多小时。但是由于电加热器利用的是高品位能源，所以只宜在一部分空调机组和小型空调系统中采用。在恒温精度要求较高的大型空调系统中，也常用电加热器控制局部加热或在空调器和空调风管做末级加热器使用。

电加热器有两种基本型式：裸线式和管式。

裸线式电加热器由裸露在气流中的电阻丝构成，可以是螺旋形发热丝或直线形发热丝做成的电热元件，用陶瓷（陶土）盘、管、支架和云母板为支撑，兼有绝缘、隔热作用。裸线式电加热器的优点是热惰性小，加热迅速且结构简单，除由工厂批量生产外，也可自己按图纸加工。它的缺点是电阻丝容易烧断，安全性差，所以使用时必须有可靠的接地装置，并应与风机联锁运行，以免发生安全事故。

电热管的发热元件是一种高电阻电热合金丝，沿管内中心轴向均布螺旋电热合金丝（镍铬、铁铬合金），以优质不锈钢管作外壳，并在空隙部分紧密地填充有导热性和绝缘性的改性电熔结晶氧化镁，通过加粉、缩管、高温老化等工艺制成，如图 5-31 所示。为提高空气的换热系数，管状电热元件外表面常制成带翅片形式。电热管两端用硅胶或陶瓷密封，电热丝两端通过两个引出棒与电源相接，它结构简单，但存在表面温度高、安全隐患较大等缺点。

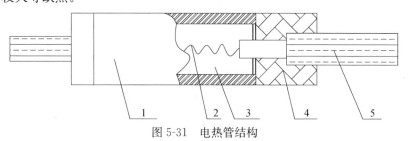

图 5-31　电热管结构

1—金属管；2—电阻丝；3—绝缘材料；4—端部封口材料；5—引出棒

电热管的发热元件可组装成框架式气体加热器或插入式气体电加热器安装在空调器或空调管道中，也可直接组装成风口框架式气体电加热器、风口式气体加热器安装在空

调管道的送风口。

2. PTC 加热器

PTC 加热器是在 $BaTiO_3$ 中掺入少量的稀土原料，可使原来为介电性的材料变成为半导体陶瓷，这种半导体的电阻随温度的变化呈正温度系数的关系，称为正温度系数（Positive Temperature Coefficient，PTC）现象，随后高分子 PTC 材料在 20 世纪 80 年代问世。由于制造工艺稳定性更好、长时间使用后功率无衰减的现象、结构牢固和价格便宜等优点，PTC 加热器得到了广泛的应用。

目前 PTC 加热器件已大量使用于冷暖空调、室内取暖的大功率暖风机（图 5-32）、除湿机、汽车空调、蒸汽发生器等领域。例如，在 KFR-36GW/D 分体壁挂式空调器中，辅助电加热装置采用 PTC 加热器，理论功率为 800W。室内风口在高、中、低三档的出风量分别为 550m³/h、480m³/h、450m³/h，名义制热量为 4000W，在额定工况下的实测制热量为 3920W。

图 5-32　暖风机用 PTC 器件

PTC 发热器件具有恒温、低温加热、表面绝缘的特性，热转换效率高，升温迅速，无明火，无氧耗，不易燃烧，排除了电加热时电阻丝发红、温度高的安全隐患。另外 PTC 发热器上装有温控器和熔断器，起双重保护功能，在环境温度提高后可自动降低发热功率，达到自动节能的效果。PTC 发热器还具有制热迅速的特点，因 PTC 发热器的发热功率随环境温度的降低而提高，同时在启动时有比额定功率更高的冲击功率（电流），所以在环境温度较低时制热速度较快。

PTC 元件的特性和质量是直接决定 PTC 发热器产品性能好坏的关键因素。目前用于暖风机等恒温加热器产品中的 PTC 发热元件都属于高温 PTC 元件，居里温度高于 120℃，超过此温度，PTC 元件阻值将急剧增大，其在制造工艺、性能参数上都与低温 PTC 元件有较大差异。良好的 PTC 特性是获得好的发热性能的基础。

5.3.5　空气的加湿设备

空气的加湿可以在空气处理室（空调箱）或进风管道内对送入房间的空气集中加湿也可在空调房间内部对空气局部补充加湿。

空气的加湿方法有多种。按处理过程中能量与湿度的变化过程不同可分为两种，第一种是等温加湿过程，外界热源使水变成蒸汽与空气混合的方法在 h-d 图上表现为等温过程；第二种是等焓加湿过程，是水吸收空气本身的热量变成蒸汽而加湿，在 h-d 图上表现为等焓过程，故称为等焓加湿或绝热加湿。具体的方法除喷水加湿外，还有喷蒸汽加湿、电热加湿、电极加湿、高压喷雾加湿和超声波加湿等。

下面介绍它们的基本原理和设备。

1. 喷水室

喷水室处理空气是将压力水从成组排列的喷嘴中喷出，雾化成小水滴后与要处理空气直接接触，依靠水与空气间热湿交换使被处理的空气温度、湿度变化。

应用较广泛的单级卧式低速喷水室的构造如图 5-33 所示。

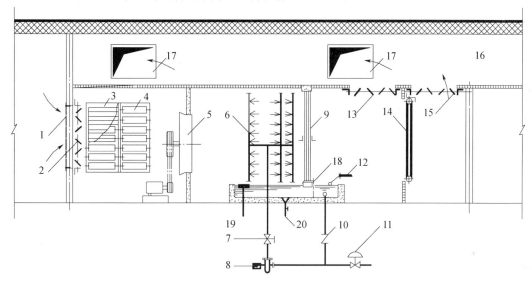

图 5-33　单级卧式低速喷水室的构造

1—回风过滤网；2—回风调节风门；3—新风固定百叶窗；4—新风调节风门；5—送风机；6—喷水排管；
7—调节阀门；8—水泵；9—挡水板；10—止回阀；11—自动调节阀；12—补充水管；13—调节风门；
14—二次加热器；15—调节风门；16—主风道；17—支风道；18—滤水网；19—溢水管；20—排污管

在空气处理过程中，冷水（或热水）经自动调节阀 11 与循环水（经由止回阀 10）混合后，经水泵 8 加压送入输水管，再由喷淋装置 6 上的喷嘴喷出。被处理空气进入喷淋室后，与喷嘴中喷出的水滴接触进行热湿处理，流过挡水板 9 时，空气携带的水滴被拦截，落入下方水池内，以减少喷水室的"过水量"。如需使空气进一步升温，可再使空气经过二次加热器，然后送往空调系统的主风道内。

喷淋室中的喷嘴排数一般为 1～3 排喷嘴，最多 4 排喷嘴。以各种减焓处理过程为例，实验证明单排喷嘴的热交换效果比双排的差，而 3 排喷嘴的热交换效果和双排的差不多。但在喷水系数较大时，如用双排喷嘴，须用较高的水压时，则宜用 3 排喷嘴。

根据喷水方向与空气流动方向相同与否，可将其分为顺喷、逆喷和对喷。实验证明，在单排喷嘴的喷淋室中，逆喷比顺喷的热交换效果好；在双排的喷淋室中，对喷比两排均逆喷效果更好。显然，这是因为单排逆喷和双排对喷时水苗能更好地覆盖喷淋室断面的缘故。如果采用三排喷嘴的喷淋室,则以一顺两逆的喷水方式为好。

喷嘴密度是指喷淋室断面上布置的单排喷嘴个数。实验证明,喷嘴密度过大时,水苗互相叠加,不能充分发挥各自的作用。喷嘴密度过小时,则因水苗不能覆盖整个喷淋室断面,致使部分空气旁通而过,引起热交换效果的降低。喷嘴密度,一般为13~24个/(m²·排),喷水量少时,应取13~18个/(m²·排),一般降温用18~24个/(m²·排)。当需要较大的喷水系数时,通常以保持喷嘴密度不变,提高喷嘴前水压的办法来解决。喷嘴密度较小时,采用梅花形布置,如图5-34所示。

设置挡水板的作用是拦截喷水处理后空气中的水滴和水雾,减少空气中的含湿量。对于减湿处理过程,挡水板过水量越少越好,最大也不应超过0.5g/kg(a)。对于相对湿度取值较高的工艺性空调,挡水板有适当过水量可提高车间湿度和降低空气温度,挡水板过水量与水滴雾化程度有关,雾滴越细,过水量越大。挡水板一般采用镀锌钢板制成折板形,或采用改性聚氯乙烯塑料、玻璃钢等制的蛇形波纹板。选用时应取得挡水板过水量数据,并在设计时考虑过水量的影响。

受惯性力作用空气通过波形挡水板时不断改变气流方向,由于惯性作用,水滴冲到板壁上后进入波形挡水板各段弧线的沟槽之内,在沟槽内聚集,并顺着沟槽向下流入水池,这使得已凝聚的细小水滴不会被后来的气流吹散,如图5-35所示。另外由于波形挡水板呈S形弧线,因此空气中的水滴始终受到离心力作用。而且通过挡板的气流速度越高,水滴受到的离心力越大,离心力把水滴分离出来,贴附在挡水板板壁上。所以波形挡水板的分离水滴效果较好。

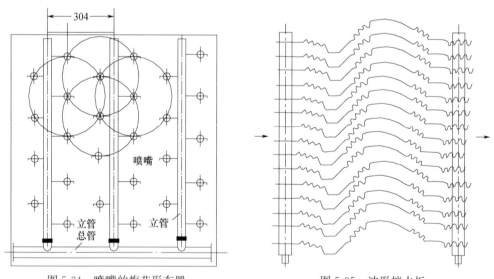

图5-34 喷嘴的梅花形布置　　　　　图5-35 波形挡水板

喷嘴对喷水室性能影响很大,要求喷出的水扩散面大,喷射均匀,不易堵塞,便于维修,安装方便。喷嘴出口直径一般为3~5.5mm。喷嘴直径小,喷出水滴细,与空气接触好,效率高,但易于堵塞,且喷出同样水量,需要较高的压力。适用于空气清洁且有水过滤器的喷水室。对棉纺、毛纺等空气带有纤维的喷水室,宜采用出口直径为6~8mm的喷嘴。

喷嘴一般采用离心式喷嘴，常用的有 Y-1 型、Y-2 型、BTL 型、FKT、FL、PY-1 型等，如图 5-36 和图 5-37 所示。喷嘴喷水压力一般取 $100 \sim 200 kPa$（$1 \sim 2 kg/cm^2$），压力小于 $50 kPa$（$0.5 kg/cm^2$）时，喷出的水散不开，压力太大则耗能多，但是喷嘴前的水压也不宜大于 $250 kPa$（工作压力）。如果需要更大水压，则以增加喷嘴排数为宜。喷嘴要求耐磨、耐锈蚀，材料常为黄铜、尼龙等。

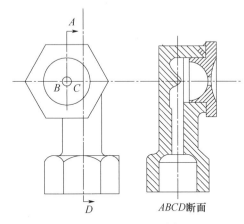

图 5-36　Y-1 离心喷嘴构造

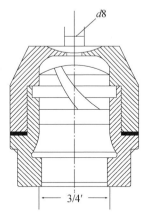

图 5-37　BTL-1 双螺旋离心喷嘴

喷水室的主要特点：

1）能够实现多种空气处理过程，既可用于升温、降温用，也可用于加湿、减湿（同时增焓或减焓），在不同季节均能保证较严格的相对湿度；采用表冷器时，冬季需另设加湿设备，而喷水室不需另设加湿设备。

2）具有一定的净化空气能力，可用于除去灰尘等，应用于纺织厂、卷烟厂等前部工序产尘量大的场合，可提高空气质量。

3）喷水室的金属消耗量和造价比水冷式表冷器低，在工业厂房中可利用建筑空间，可以在现场加工制作。

4）水系统较为复杂：为了适应室外气象条件变化，一般用改变喷水温度的方法调节，即利用一部分循环水，因此每一级喷水一般都设一个水泵，水系统为开式系统，回水无压力，如回水不能靠重力流出或用作其他用途，则需设回水箱和回水泵，水泵耗能多。

5）水与空气直接接触，易受污染变脏。需定期换水，否则将使空气不清新。

2. 蒸汽加湿器

喷蒸汽加湿即为空气中直接喷蒸汽进行加湿。实际使用的蒸汽加湿器又分为蒸汽喷管加湿器和干蒸汽加湿器。如果蒸汽直接经喷管的小孔喷出，由于蒸汽在管内流动过程中被冷却而产生凝结水，喷出蒸汽将夹带凝结水，从而导致细菌繁殖、产生气味等缺点。空调机组目前都采用干蒸汽加湿器，可以避免夹带凝结水。

干蒸汽加湿器工作原理如图 5-38 所示。蒸汽经套管进入分离室，在挡板及惯性作用下将凝结水分离下来。饱和蒸汽经自动调节阀节流后进入干燥室；在干燥室内二次分离水滴，在壁外的高温蒸汽加热作用下，使水滴再汽化并使干燥室内蒸汽稍有过热。蒸汽最后经消声腔从喷管喷入空气。蒸汽在蒸汽套管中轴向流动，利用蒸汽的潜热将中心喷杆加热，确保中心喷管中喷出的是纯的干蒸汽，即不夹带冷凝水的蒸汽。自动调节阀可以根据空气中的湿度调节开度，控制喷蒸汽量。分离出的冷凝水从分离室底部通过疏水器排出。

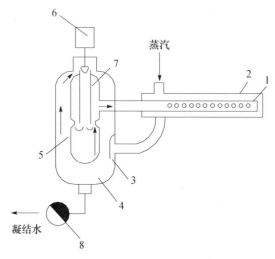

图 5-38　干蒸汽加湿器的工作原理
1—喷管；2—套管；3—挡板；4—分离室；5—干燥室；6—自动调节阀；7—消声腔；8—疏水器

　　蒸汽和空气混合过程中需要较长的吸收距离，否则喷出的蒸汽还没有完全混合就遇到下游的低温物体，产生冷凝水。因此出现了多喷管、快速吸收式的蒸汽加湿器，如图 5-39所示。由于蒸汽是从多根喷管中喷出的，相当于在空气流动过程中出现了一个蒸汽断面，二者可以充分混合，大大减少了蒸汽的吸收距离。如某改进型号的加湿器是蒸汽输出通过连续的狭缝（而不是喷嘴）产生一个蒸汽薄层，这些蒸汽均匀分布在蒸汽分配器的两侧，生成一个较大的空气接触面，吸收距离最小化（是正常系统的一半）。现在又开发了在加湿器的套管、喷管上喷涂覆盖一层高科技的陶制绝缘层，陶瓷涂层仅 0.76mm 厚，却可使蒸汽分配器外表面的温度不超过 50℃，此时管内部温度高达 120℃。能显著减少蒸汽的冷凝热损失，增加蒸汽的使用效率。

图 5-39　干蒸汽加湿器的改进形式

3. 电热式加湿器
电热式加湿器是将浸没在水中的电加热管通电产生热量，把水加热至沸腾，并产生洁净蒸汽的加湿器，如图 5-40 所示。随着蒸汽的产生，水位降低，水位浮子动作，使进水电磁阀开启，自动补水到适当的位置，确保产生恒量蒸汽。

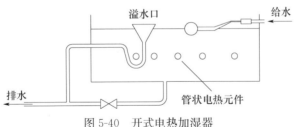

图 5-40　开式电热加湿器

国内厂家采用多组交流继电器和可控硅功率调节模块组合来调节蒸汽产生量。当采用比例信号输入时，可以把控制精度最高调节到 1%。在采用比例控制方式时，如输入的比例信号比较小，则加湿器的输出功率小，水温升高慢。启动预热功能后，加湿器忽略输入的比例信号，直接按照最大功率来加热水，直到水温达到 85℃以上才转入根据输入的比例信号来运行。

电热式加湿器还可设置预热、保温功能。当加湿器短暂停机后，水槽内的水温将降低。为了在下一次启动运行时能快速输出蒸汽，可以启动保温功能，即加湿器在停机过程中，持续地检测水温，能够随时启动电热管把水温提高到 85℃。这样，在下一次开机时，加湿器能快速产生蒸汽。加湿器的双级过热保护功能是通过温度传感器来检测水温，并实现自动报警和保护；同时，水槽的外壁上安装有双金属片式的过热保护开关，当温度达到 115℃时能自动切断电热管的供电。较先进的产品中不锈钢加热管表面经过特殊阻垢工艺处理，并引进国外阳极棒除垢技术，不结垢，使电热管的使用寿命延长 3～5 倍。

4. 电极式加湿器

电极式加湿器的构造如图 5-41 所示。它是利用三根铜棒或不锈钢棒插入盛水的容器中做电极，水作电阻，将电极与三相电源接通之后，就有电流从水中通过，水被加热后产生水蒸气进行加湿。除三相电外，也有使用两根电极的单相电极式加湿器。电极加湿器的控制稳定可靠，利用电流传感器实时检测加湿电流的工作情况和电流值，相关数据输入微电脑控制器（空调控制器）进行数据比较，数值不合理时将实时报警。这样可以准确地检测数值，精确地控制加湿量，以实现环境湿度的精密控制。

电极蒸汽加湿的优点是设备结构紧凑，工作迅速、均匀、稳定易控制，水蒸气无水滴、无白粉、无细菌、无杂质，是公认的洁净加湿方式；缺点是功耗大，受水质影响大，维护费力耗时成本高，需经常检查维护、更换加湿罐或清除罐内水垢。

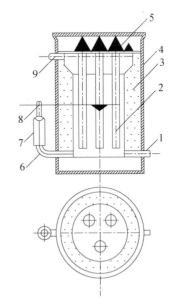

图 5-41　电极式加湿器

1—进水管；2—电极；3—保温层；4—外壳；5—接线柱；6—溢水管；7—橡皮短管；8—溢水嘴；9—蒸汽出口

5. 高压喷雾加湿器

高压喷雾加湿是将自来水管道的水压提到 0.5MPa

左右，然后通过特殊的陶瓷喷头的喷雾孔喷射出去，形成大量的细小水雾，水雾中的水分子通过与空气的充分接触实现热湿交换、汽化而达到加湿的目的，是属于等焓加湿过程，如图 5-42 所示。

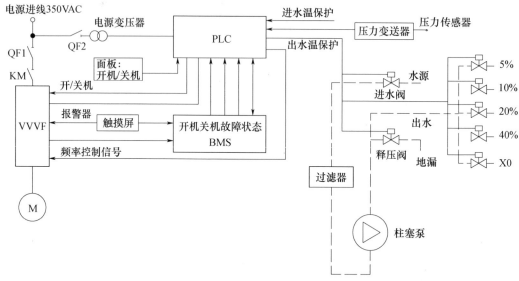

图 5-42　高压喷雾加湿系统及控制流程示意图

高压喷雾加湿的特点是加湿量大：每小时最大达到 1000kg。而且加湿量可有较宽的调节范围，与电极式、电热式的加湿器相比，设备耗电小，平均雾化耗电量是 5W/L，以 8000m² 的面积为例，用水 800kg/h，每 1kg 水可消耗车间中 620kcal 热量，夏季室温降低 4～5℃。这种方式由于是高压雾化，水分子在压力水的喷射作用下，分裂成负离子，使空间中负离子浓度增加到约 1000 个/cm³，可起到净化空气的作用。

要注意的是高压喷雾加湿器的加湿量小于喷雾量。加湿量是指在标准工况下，喷到空调机组内的水雾在单位时间内被空气吸收的那部分水量（又称为有效加湿量）。喷雾量是指加湿器在正常工作状态下，单位时间内（通常指每小时）所有喷头喷出的水雾总和，即

有效加湿量＝喷雾量×加湿效率

高压喷雾加湿器的加湿效率为 80％～100％。因此，在空调机组的喷雾加湿器后应设置挡水板，防止未汽化的水雾滴漂浮在空气中。高压喷雾加湿的用水可用自来水或同等饮用水，它不适用于洁净加湿，因使用了一段时间后，加湿区域会被附着一层薄薄的白色粉末，其主要成分是水中的钙、镁离子。

高压喷雾加湿器在使用中还要注意下列问题。首先高压喷雾系统可以放置在空调室内，也可以直接放置在车间内。空调室内的高压喷雾系统喷出雾滴，和空气混合，由送风系统送入车间；放置在车间内的高压喷雾系统，可以直接向车间喷雾。后者加湿直接，能耗低，但有滴水隐患，前者则相反。对中小型工业企业的车间，应尽可能在车间加湿，以增强加湿效果，降低能耗。其次是车间加湿选用的喷嘴要细，以使喷出的雾滴细小，降低滴水隐患。喷嘴要均布在车间。空调室中的高压喷雾系统，则可选用较粗大的喷嘴，喷头安装位置及喷射角度需慎重考虑，必要时应加装挡水板，防止空气中的水

滴直接进入送风道。最后对高压喷雾系统使用的水要进行严格的过滤及软化，避免杂物及结垢堵塞喷嘴，并定期检修，防止系统堵塞或渗漏。

6. 超声波加湿器

超声波加湿是国内外应用较广的一种空气加湿方式，它具有高效、节能、控制灵敏、无噪音、无冷凝、适用范围广、安全可靠等优点。既可对较大空间进行均匀加湿，也可对特殊空间进行局部湿度补偿，具有较高的使用灵活性。

超声波加湿的原理是利用石英、酒石酸钾钠、锆钛酸铅压电陶瓷晶片等材料作为电声转换元件，将电子线路产生的高频电磁振荡能量转换成高频机械振荡，再通过换能器中的聚焦器把能量集中，产生频率为 2MHz 左右的超声波，使水槽中的水产生共振，同时在液体表面产生有限振幅的表面张力波。把水面的水激化为 $1\sim10\mu m$ 的超微粒子，成雾状从水面上分离扩散。经水雾分离器除去水珠后，由送风系统把雾吹送到需要加湿的空间，达到调节空间湿度的目的。超声波加湿器的主要优点是产生的水滴颗粒细，运行安静可靠。

超声波加湿器的缺点是水中钙、镁、矽酸含量高时，会造成设备本身结垢，超声波加湿器换能片表面形成水垢后，还会导致换能片负载过重，谐振频率下降，雾化量减少，电路板温升过高和电路板元器件损坏。另外加湿环境受到污染等负面影响，容易在墙壁或设备表面上留下白点。因此要求对水进行软化处理。为除去水垢，可用草酸或者柠檬酸等弱酸溶剂清洗换能器及水槽，去除已结水垢。也可用离子交换法将雾化用水软化。

5.4　空气净化处理原理

即使是空调房间，空气中仍会悬浮一些污染物，它们包括粉尘、烟雾、微生物及花粉等。污染物产生的原因有室外空气所含有污染物被新风带入，室内人体活动，室内生产过程中产生的悬浮污染物等。空气净化是指去除空气中的污染物质，控制房间或空间内空气达到一定洁净度要求的技术（亦称为空气洁净技术）。

空气洁净度的控制对于现代工业生产技术与科学研究有着重要影响。例如，电子工业中双向拉伸聚丙烯电容薄膜的生产车间要求夏季温度为 30℃±2℃，相对湿度为 60%～70%，洁净度为 10 万级（尘粒粒径≥$0.5\mu m$，3500 粒/L）；激冷、纵拉罩内夏季温度 30℃±2℃，相对湿度为 60%～70%，洁净度为 1 万级（尘粒粒径≥$0.5\mu m$，550 粒/L）；卫星发射塔进行卫星测试的封闭空间内空调净化设计参数要求：干球温度 18℃±2℃，露点温度 3℃±2℃，洁净度 1 万级，实际测量时空气中粒径≥$0.5\mu m$ 的尘粒数为 42 粒/L。另外在医药、制剂、食品以及医疗机构中都对空气的洁净度及空气细菌数量的控制有着严格要求。空调净化系统已成为制药企业生产合格药品的关键设施之一，空调净化系统的设计、安装和调试是制药厂及生产车间设计建设和管理的重点，它关系到新建或改建制药工程能否达到 GMP 规范的要求。

空气正常成分以外的一些气体和蒸汽，种类繁多，且多为微量，有时却会对人体健康或正常工作与生活造成危害。处理此类污染问题同样是空气净化的内容，且和空气的洁净度控制有密切联系，故也在本节中论述。

5.4.1 内部空间空气中悬浮微粒的净化要求

按照对空气的洁净度要求的高低，通常将空气净化分为三类：

（1）一般净化：只要求一般净化处理，无确定的控制指标要求。

（2）中等净化：对空气中悬浮微粒的质量浓度有一定要求，如提出在大型公共建筑物内，空气中悬浮微粒的质量浓度≤0.15mg/m³（推荐值）。

（3）超净净化：对空气中悬浮微粒的大小和数量均有严格要求。

作为体现空气洁净技术的发展水平和成熟程度的洁净度等级，许多国家都各自对其制定了相关的标准，我国现行的空气洁净度等级标准与国际标准相同，具体分级见表5-2。

表 5-2 洁净度等级的划分

洁净度等级	≥表中粒径粒子的最大允许值浓度限值（粒/m³）					
	0.1μm	0.2μm	0.3μm	0.5μm	1μm	5μm
1	10	2				
2	100	24	10	4		
3	1000	237	102	35	8	
4	10000	2370	1020	352	83	
5	100000	23700	10200	3520	832	29
6	1000000	237000	102000	35200	8320	293
7				352000	83200	2930
8				3520000	832000	29300
9				35200000	8320000	293000

表5-2中要求控制粒径的粒子最大允许浓度 C（粒/m³）可按下式四舍五入取有效位数不超过3位计算，即

$$C = 10^N (0.1/d_p)^{2.08} \tag{5-40}$$

式中，N——洁净度等级；

d_p——粒径尺寸，μm。

对室内空气中微生物粒子的控制级别可参考美国宇航局制订的标准，表5-3中所列的浮游菌及落下菌是指捕集细菌的方法不同，前者是直接捕集空气中的悬浮细菌，经过培养后计数，以单位体积中的个数表示；后者是用平板培养皿在被测环境中暴露一定时间后，经过培养后计数，以单位时间单位面积上落下的细菌个数表示。

表 5-3 空气中细菌的参考标准

浮游菌		沉降菌		相当的洁净级别
个/ft²	个/m²	个/ft²，周	个/h[①]	
0.1	3.5	1200	0.49	N5
0.5	17.6	6000	2.45	N6
2.5	88.4	30000	12.2	N7

注：① 使用90mm平板培养皿。

微生物一般包括病毒、立克次体、细菌、菌类等，大小悬殊，而且病毒和立克次体一般寄生于其他细胞。空气中微生物与灰尘是共存的。一般情况下，含尘浓度越高，含微生物浓度也相应越高。因为空气中的浮游微生物基本上都附着于灰尘，靠灰尘供给必要的养分及水分才能生存。带微生物的尘粒粒径一般都较大，形成尺寸一般大于 $5\mu m$ 的粒子群体。在有效地过滤掉空气中的大部分灰尘的同时，相应将过滤掉空气中的大部分浮游细菌。经高效过滤达到 N5 级洁净等级的空气环境内可实现无菌操作；达到 N7 级的洁净环境可进行无菌制剂的生产；而低于 N7 级别的洁净环境则不能达到无菌的要求。

如表 5-3 所示，多数国家均以空气中悬浮微粒的洁净度等级来控制生物洁净的等级。我国目前执行的《医药工业洁净厂房设计规范》（GB 50457—2008）也是采用这种做法。

5.4.2 室内空气过滤器的工作原理

空气过滤器是将室内空气经过风机加压后通过金属或纤维过滤材料，从而将空气中的颗粒污染物捕集下来以达到净化空气的目的的。

空气过滤器是净化空调中的关键设备之一，它的性能优劣直接影响到空调净化的效果及其洁净度级别。净化空气用过滤器应满足效率高、阻力小、容尘量大等性能要求。通常所说的过滤器是指空气尘粒过滤器，清除空气中的气体污染物的过滤器称化学过滤器。

空气过滤器按其作用原理的不同，大致可分为 3 种类型：金属网格浸油过滤器、干式纤维过滤器（包括纤维过滤器和纤维纸或滤布过滤器）和静电过滤器。

1. 金属网格浸油过滤器

金属网格浸油过滤器主要由十几层金属网格叠置而成，按层次的不同，沿空气流动的方向网格孔径逐渐缩小。当含尘气流流过波形网格结构时，由于气流的曲折运动，灰尘在惯性的作用下，偏离气流方向而碰撞到油性物质上被粘住。一般情况下，网格孔径越小，层数越多，滤尘效果越好，但气流阻力必然随之增大。

2. 干式纤维过滤器

空气中微粒浓度很低（相对于工业除尘而言），微粒尺寸很小，而且要确保末级过滤器的过滤效果，所以主要采用带阻隔性质的干式空气过滤器和静电空气过滤器来清除气流中的微粒。表面过滤器捕集主要发生在过滤器的表面，主要有金属网、多孔板、化学微孔滤膜等。深层过滤器分为高填充率和低填充率两种，微粒的捕集主要发生在表面和滤层内。常用的空调净化用干式纤维过滤器有粗效（初效）过滤器、中效过滤器、亚高效过滤器和高效过滤器四类，其国内分类如表 5-4 所示。

表 5-4　干式纤维空气过滤器的国内分类

类别	材料	型式	作用粒径（μm）	效率（%）
粗效过滤器	粗孔聚氨酯泡沫塑料、化学纤维无纺布	板式、袋式	>5	计数，$\geqslant 5\mu m$ 20～80
中效过滤器	中细孔聚乙烯泡沫塑料、无纺布、玻璃纤维	袋式	>1	计数，$\geqslant 1\mu m$ 中效 20～70 高、中效 70～95
亚高效过滤器	超细聚丙烯纤维、超细玻璃纤维	隔板、无隔板式	<1	计数，$\geqslant 0.5\mu m$ 95～99.9
高效过滤器	超细聚丙烯纤维、超细玻璃纤维	隔板、无隔板式	<1	钠焰法，$\geqslant 99.9$

注：表中效率数值参考国标（GB/T 14295—2008 和 GB 13554—2008）。

干式纤维过滤器的滤料有玻璃纤维、合成纤维、石棉纤维以及由这些纤维制成的滤纸或滤布等，其作用机理主要有：重力效应、惯性效应、扩散效应、拦截效应（或接触阻留效应）、静电效应等。

重力效应：微粒通过纤维层时，因重力而沉降在纤维层上。

惯性和扩散效应：悬浮微粒随气流运动时有一定惯性力作用，当遇到排列杂乱的纤维时，气流改变方向，微粒因惯性偏离方向，撞到纤维上而被粘结。粒子越大越容易撞击，效果越好。小尺寸的悬浮微粒则以无规则的布朗运动为主，颗粒越小，无规则运动越剧烈，撞击障碍物的机会越多，过滤效果也会越好。空气中小于 $0.1\mu m$ 的微粒主要作布朗运动，大于 $0.3\mu m$ 的粒子主要作惯性运动，扩散和惯性都不明显的粒子最难过滤掉。

拦截效应：空气中的尘埃粒子，随气流作惯性运动或无规则布朗运动或受某种场力的作用而移动，当微粒运动撞到其他物体时，物体间存在的范德华力（分子与分子、分子团与分子团之间的力）使微粒粘到纤维表面。进入过滤介质的尘埃有较多撞击介质的机会，撞上介质就会被粘住。较小的粉尘微粒相互碰撞会相互粘结形成较大颗粒而沉降。

静电效应：由于某种原因，纤维和微粒可能带上电荷，产生静电效应。带静电的过滤材料过滤效果可以明显改善，其原因为：静电使粉尘改变运动轨迹并撞上障碍物，静电使粉尘在介质上粘得更牢。能长期带静电的材料也称为"驻极体"材料。材料带静电后阻力不变，过滤效果会明显改善，静电在过滤效果中不起决定作用，只起辅助作用。

Langmuir 等研究者对单纤维在不同机理作用下的捕集效率进行了一定的理论和实验研究，提出了多种半经验或经验公式，以计算单纤维在不同捕集机理下的效率，如图 5-43 所示。

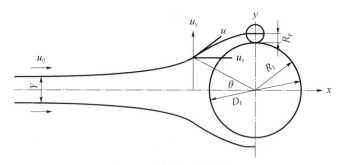

图 5-43　单纤维捕集效率

（1）惯性碰撞效率 E_i：

$$E_i = \left[(29.6 - 28\alpha^{0.62}) R^2 - 27.5 R^{2.8} \right] \frac{St}{2\left(\alpha - \dfrac{1}{2}\ln\alpha - \dfrac{3}{4} - \dfrac{\alpha^2}{4}\right)} \tag{5-41}$$

式中，α——填充率，$\alpha = \dfrac{\pi D_f^2}{4l^2}$，$D_f$ 为纤维直径，l 为纤维间距，在理想的正排列条件下，纤维间距足够大，每根纤维均视为孤立的单纤维，其填充率的物理意义可见图 5-44。

R——一般称为截留系数，$R=\dfrac{d_{\mathrm{p}}}{D_{\mathrm{f}}}=\dfrac{R_{\mathrm{p}}}{R_{\mathrm{f}}}$

d_{p}——微粒直径。

$$St=\tau\frac{u_0}{D}$$

式中，St——斯托克斯常数；

　　　u_0——微粒远离障碍物时的流速；

　　　D——障碍物的代表性长度；

　　　τ——衰减时间。

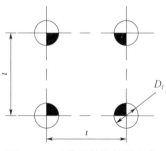

图 5-44　正排列纤维的填充率

（2）截留效率：

$$E_{\mathrm{in}}=\frac{\left[2(1+R)\ln(1+R)-(1+R)+\dfrac{1}{1+R}\right]}{2\left(a-\dfrac{1}{2}\ln a-\dfrac{3}{4}-\dfrac{a^2}{4}\right)}\tag{5-42}$$

（3）扩散效率：

$$E_{\mathrm{d}}=2\left(\frac{D_{\mathrm{f}}\cdot u}{D_{\mathrm{d}}}\right)^{-\frac{2}{3}}\tag{5-43}$$

式中，D_{d}——布朗扩散系数，见表 5-5。

表 5-5　布朗扩散系数 D_{d}

粒子粒径（μm）	0.01	0.05	0.10	0.50	1.00
D_{d}（m^2/s）	5.30×10^{-8}	2.38×10^{-9}	6.84×10^{-10}	6.31×10^{-11}	2.75×10^{-11}

（4）扩散-截留效率：

$$E_{\mathrm{d,in}}=\frac{1.24R^{\frac{2}{3}}}{\left[Pe\left(a-\dfrac{1}{2}\ln a-\dfrac{3}{4}-\dfrac{a^2}{4}\right)\right]^{\frac{1}{2}}}\tag{5-44}$$

式中，Pe——贝克利数，$Pe=\dfrac{D_{\mathrm{f}}u}{D_{\mathrm{d}}}$，代表主流运动和扩散性之比，当 Pe 数较高时 $(Pe>100)$，要考虑由扩散效应而引起的截留效应的增加部分。

（5）静电效应：在一般纤维捕集效率的计算中是不予考虑的，当纤维带电时，可作为一种有利因素。

综合上列各项，对于单纤维的总捕集效率 E_{Σ} 可按下式计算：

$$E_{\Sigma}=E_{\mathrm{i}}+E_{\mathrm{in}}+E_{\mathrm{d}}+E_{\mathrm{d,in}}\tag{5-45}$$

上述这种计算方法是将惯性与截留效应绝然分开，而实际上二者是相关的，即在惯性运动条件下粒子不与纤维碰撞却可能与纤维表面接触时被捕获，因此采用惯性截留的综合效应是合理的，其计算式可取为

$$E_{\mathrm{i,in}}=0.16\left[R+(0.25+0.4R)St-0.0263RSt^2\right]\tag{5-46}$$

最终单纤维的总捕集效率为

$$E_{\mathrm{T}}=E_{\mathrm{i,in}}+E_{\mathrm{d}}+E_{\mathrm{d,in}}\tag{5-47}$$

在单纤维的总捕集效率基础上，可推导出单层纤维的捕集（过滤）效率为

$$\eta=1-\frac{y_2}{y_0}=1-\exp\left[-\frac{4\alpha H E_{\mathrm{T}}}{\pi D_{\mathrm{f}}(1-\alpha)}\right] \tag{5-48}$$

式中，y_0——来流空气的微粒原始浓度；

y_2——穿过过滤层而未被捕集的粒子浓度。

令穿透率 $p=\dfrac{y_1}{y_0}$，在空气净化领域，引入穿透率这一概念的意义在于可用它明确表示过滤器前后的空气含尘量，特别是用它来评价高效过滤器的性能。它与捕集效率之间的关系为

$$\eta=1-p \tag{5-49}$$

一般情况下，影响过滤效率的因素有以下几个方面：

微粒尺寸：当过滤分散度较大的尘粒时，在几种过滤机理的综合作用下，比较小的尘粒由于扩散作用首先沉积在过滤纤维上，当粒径由小到大时，扩散效率逐渐减弱；较大的微粒在拦截和惯性作用下沉积，拦截和惯性效率逐渐增大。在这种情况下，与粒径有关的效率曲线便会有一个最低效率点，在此处总的过滤效率最小，通过该效率下的粒径称为最大透过粒径，如图 5-45 所示。

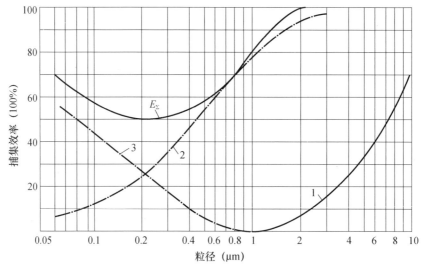

图 5-45　捕集效率与粒径之间的关系

1—惯性捕集；2—截留；3—扩散

纤维粗细：当过滤器的滤料纤维直径减小时，过滤效率将会升高，但阻力也相应增大，在选择高效过滤器的滤材时，一般选用较细的纤维。

滤速：过滤器的流速对其过滤效率有重要影响。一般情况下，当滤速增大时，扩散效应的效率将下降，惯性效应的过滤效率将提高，而拦截阻隔效应的作用基本不受影响，但总的过滤效率将会随着滤速先降低，然后再升高，有一个最低效率点。但滤速太大将会击穿过滤器，严重降低洁净级别。

3. 静电式空气过滤器

空调净化中常用的静电集尘器沿气流方向分为前后二段：第一段为电离段，第二段为集尘段，其原理图见图 5-46。在电离段，由电源输出的高电压使正电极表面电场强

度非常强以致在空间内产生电晕，形成数量相等的正离子和负离子，正离子被接地负极所吸引，负离子被放电正极所吸引。由于放电正极与接地负极之间形成电位梯度很大的不均匀电场，负离子易于被放电正极所中和，因此当气溶胶粒子通过电离段时，多数附有正离子，使微粒带正电，少数带负电。在集尘段，由平行金属板相间构成正负极板，在正极板上加有高电压，产生一个均匀平行电场。带正电粒子随空气流入该平行电场后则被正极板排斥，被负极板吸引并最终被捕集。带负电的粒子与此相反，被正极板所捕集。

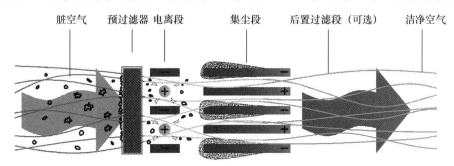

图 5-46　静电式空气过滤器的工作原理

静电集尘器的集尘效率主要取决于电场强度，气溶胶流速，尘粒大小及集尘板的几何尺寸等。积在极板上的灰尘需定期清洗。小型静电集尘器的集尘段可整体取出清洗。清洗后需烘干再用。

静电式空气过滤器特点：具有除尘杀菌功能，处理风量大，阻力损失小，容尘量大，运行时效率基本保持不变，对粒径较大的颗粒污染物的净化效果较好，可以在高湿情况下运行。

静电式空气过滤器可有多种不同结构，如有一种横向极配的静电空气净化机，主要组成部分是预滤网、灭菌电极、收尘电极、负离子发射电极、高低压自动控制箱等，如图 5-47 所示。

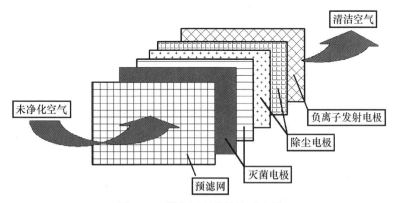

图 5-47　横向极配的结构示意图

此机型采用高压静电技术，强制尘埃、烟雾、细菌荷电，使净化机内的电极直接收捕尘埃、烟雾和病菌，去除空气中的飘尘、烟雾、花粉、霉菌和螨虫等微粒；它的电场高压使气体局部电离产生的自由基，可分解和氧化有害气体中的物质，达到除臭、去异味的效果，在净化空气的同时，模拟户外负离子浓度，产生适量负离子使空气清新舒适。

5.4.3 室内空气净化器的工作原理

室内空气净化器是指以吸收、分解空气中的有害气体为主的设备，按工作原理，可划分为下列不同种类。

1. 吸附式净化

主要有选择性地吸附有害气体分子，分为物理吸附和化学吸附。物理吸附采用滤料表面单纯吸附被测污染物的方法来去除污染物，这种方法吸附容量有限，尤其是在高浓度状态下，寿命较短。而有些净化器为了达到去除气体污染物的目的，在滤料上涂有某些化学物质，使污染气体在通过该滤料时被吸附并发生化学反应，如中和反应、氧化还原反应和催化分解等。化学型吸附比物理型吸附寿命相对长些。

吸附式净化材料以活性炭应用最广泛。活性炭材料中有大量肉眼看不见的微孔，其中绝大部分微孔的孔径在 $5\sim500\text{Å}$ 之间，形成较大的吸附面积。米粒大小的活性炭中，微孔内面积有十几平方米大。游离分子接触活性炭后，在微孔中凝聚成液体因毛细管原理停滞在微孔中，有的与材料合为一体。空气的主要成分 N_2、O_2、CO_2、SO_2、H_2 等的沸点均很低，不能被活性炭吸附。普通活性炭是疏水性材料，所以对水蒸气的吸附能力有限。则活性炭吸附的物质刚好是净化领域要除掉的有害气体。此外，活性炭还能吸附某些空气微生物并杀死它们。物理吸附难以有效地清除所有化学污染物。通常会对活性炭材料进行化学处理，以增强它们对特定污染物的清除能力，被吸附的颗粒与材料进行反应，生成固体物质或无害气体，称为化学吸附。进行化学处理的主要方法是在活性炭中均匀地掺入特定的试剂，活性炭在使用过程中材料的吸附能力不断减弱，当减弱到某一程度，达到吸附饱和状态，吸附器将报废。如果仅为物理吸附，用加热或水蒸气可使有害气体脱离活性炭，使活性炭再生。

2. 臭氧消毒净化

工作原理是通过高频电晕放电产生大量的等离子体，此时高能电子与气体分子碰撞发生一系列物理和化学反应，并将气体激活产生多种活性自由基，多种活性自由基主要由 O_3 产生，O_3 作为强氧化剂在很低的浓度下就可瞬间完成氧化反应，因而对有毒有害物质、细菌、病毒等产生催化、氧化和分解作用，直至杀灭。臭氧也可将有机物分解为二氧化碳和水。因此可以用于有机污染物的净化和消毒。其反应方程式如下。

臭氧分解苯：$C_6H_6 + 5O_3 \longrightarrow 3H_2O + 6CO_2$

臭氧分解甲醛：$3CH_2O + 2O_3 \longrightarrow 3H_2O + 3CO_2$

臭氧分解氨：$2NH_3 + O_3 \longrightarrow N_2 + 3H_2O$

在实际应用中，有些制药工程设计是在组合空调机组内的中效过滤器后的送风段中放置臭氧发生器，通过空调送、回风系统使臭氧充满生产车间净化区域，起到消毒、灭菌功能。臭氧消毒还能对组合空调机组内腔，风管的内壁和初、中、高效过滤器等进行消毒，有效地遏止了其内部的微生物生长和循环风道系统的霉菌，其效果比化学药剂薰蒸法要理想得多，且对人体无毒害作用，不足之处是增大了系统阻力。

3. 光催化净化

此技术是近几年来发展较快的一项技术，主要是利用光催化剂吸收外界辐射的光能，使其直接转变为化学能。纳米二氧化钛（TiO_2）在近紫外线区吸光系数大、催化活性高、氧化能力强、光催化作用持久、化学性质稳定、耐磨、硬度高、造价低，而且是应用最广泛的光催化剂。该催化剂的作用机理是当能量大于 TiO_2 禁带宽度的光照射半导体时，光激发电子跃迁到导带，形成导带电子，同时在价带留下空穴阶。由于半导体能带的不连续性，电子和空穴的寿命较长，它们能够在电场作用下或通过扩散的方式运动，与吸附在半导体催化剂粒子表面上的物质发生氧化还原反应，或者被表面晶格缺陷俘获。空穴和电子在催化剂粒子内部或表面也能直接复合。空穴能够同吸附在催化剂粒子表面的羟基活性基因（$OH-$）或水（H_2O）发生作用生成羟基自由基（$\cdot HO$），是一种重要的活性氧，能够无选择地氧化多种有机物并使之矿化，通常认为是光催化反应体系中主要的氧化剂。

5.5　空气净化处理设备

5.5.1　室内空气过滤净化设备性能指标

（1）过滤效率和穿透率

过滤效率：

$$\eta = \frac{y_0 - y_1}{y_0} \tag{5-50}$$

式中，y_0——过滤器前来流空气的微粒原始浓度；

　　　y_1——过滤器后空气的微粒浓度。

对于空气洁净系统，不同级别的过滤器往往是串联使用的，设有两个效率分别为 η_1 和 η_2 的过滤器串联，则两过滤器总效率为

$$\eta = 1 - (1 - \eta_1)(1 - \eta_2) \tag{5-51}$$

同理，对 n 个串联过滤器，其总效率为

$$\eta = 1 - (1 - \eta_1)(1 - \eta_2)\cdots(1 - \eta_n) \tag{5-52}$$

以上两式未考虑粉尘分散度变化对效率的影响，一般认为这种影响较小。实际运行中，当两个过滤材料相同的过滤器串联使用时，在经过第一级过滤器后，其灰尘的分散度有所改变，所以对二级过滤器来讲，效率必然有所下降，这主要是由于滤材对尘粒的选择性所引起的，在高效过滤器中这种现象更为突出。

过滤器穿透率仍定义为

$$p = 1 - \eta \tag{5-53}$$

（2）过滤器面风速和滤速

过滤器面风速是指过滤器的断面上所通过的气流速度，m/s。

滤速主要反映滤料的通过能力，特别是滤料的过滤性能。一般粗效过滤器的滤速取 $1\sim2\text{m/s}$，中效过滤器的滤速取 $0.2\sim1.0\text{m/s}$，高效和超高效过滤器的滤速取 $2\sim3\text{cm/s}$，

亚高效过滤器的滤速取 $5\sim7\mathrm{cm/s}$。

（3）过滤器阻力

过滤器阻力一般由两部分组成，一是滤料阻力，二是过滤器的结构阻力，即

$$\Delta p = \Delta p_1 + \Delta p_2 = Cv^m \tag{5-54}$$

式中，Δp_1——滤料阻力，Pa；

Δp_2——过滤器结构阻力，Pa；

C、m——系数（$m=1\sim2$，纤维性或纸及布滤材 m 接近 1，砾石、瓷环等填料做成的过滤器接近 2，国产过滤器 $C=3\sim10$）。

两个阻力可按下式计算：

$$\Delta p_1 = Av \tag{5-55}$$

$$\Delta p_2 = Bu^n \tag{5-56}$$

式中，v——过滤器滤速，$\mathrm{m/s}$；

u——过滤器面速，$\mathrm{m/s}$；

n——指数，对国产过滤器，n 为 $1\sim2$；

A、B——系数，当过滤器沾尘后，随着沾尘量的增大，阻力逐步增加，其数值一般通过试验加以确定。

（4）容尘量

各类过滤器容尘量是和使用寿命和更换周期有直接关系的指标。过滤器的容尘量是指在运行过程中，过滤器的阻力因积尘的增加增长至终阻力时，在过滤器上积留的灰尘质量。一般规定过滤器的终阻力为初阻力的 2 倍。过滤器积尘后阻力的增加值与固体尘粒的大小有关。灰尘在过滤器上积尘以后，对其效率的影响是非常复杂的。在一定的风速下，它取决于滤料的性质、尘粒的性质与大小。例如，一般纤维材料构成的过滤器，因滤料积尘后增加了过滤器的拦截效应，同时还会因为尘粒的荷电作用使其他尘粒在已阻留的尘粒上积集起来，从而提高过滤器的过滤效率。但当灰尘积集到一定极限时，积集的灰尘会发生飞散，或因滤料两侧压差过大，击穿滤料，造成过滤器效率的严重下降。

5.5.2 室内空气过滤净化设备

空气过滤器可按过滤效率、构造形式、滤料更换方式等进行分类，按过滤效率分类较为普遍。

1. 粗效过滤器

常用于空调与通风系统的初级过滤，如在新风引入处过滤颗粒较大的悬浮微粒，也适用于只需一级过滤的简单空调和通风系统，如图 5-48 所示。主要用于过滤 $5\mu\mathrm{m}$ 以上的尘埃粒子。粗效过滤器有板式、折叠式、袋式三种样式，外框材料有纸框、铝框、镀锌铁框，过滤材料有无纺布、尼龙网、泡沫塑料、过滤棉、活性炭滤材、金属孔网等，防护网有双面喷塑铁丝网和双面镀锌铁丝网。为使无纺布滤料具有高透气性，低压损，对滤材纤维采用特殊轧针法制造。过滤器形式为折叠式时，其过滤面积是一般平面滤网的 5 倍。粗效过滤棉由高性能抗断裂的无硅合成纤维组成，利用逐级加密多层技术实现较大的容尘量及低阻力。粗效过滤器用金属孔网时，滤材由多层次交叉纵横的波型铝网

或不锈钢网组成，为多层次结构，以增加过滤的面积，相比于其他材料，其阻力低，可反复清洗，经济性高。

粗效过滤器要求其容尘量大，阻力小，价格便宜，结构简单。在额定风量下，过滤器计数效率 η 的范围一般为：$20\%\sim80\%$，粒径大于 $5\mu m$。

2. 中效过滤器

中效过滤器主要用于过滤新风及循环风，一般作为空气净化系统高效过滤器的预过滤器，以延长高效空气过滤器的使用年限。滤料多采用中、细孔泡沫塑料或其他纤维滤料，如玻璃纤维毡（经树脂处理）、无纺布、复合无纺布和长丝无纺布等。过滤对象为 $1\sim10\mu m$

图 5-48　粗效过滤器

的尘粒，额定风量下过滤器计数效率 η 的范围为：$70\%\sim95\%$，（粒径大于 $1\mu m$），额定风量下初阻力不超过 80Pa。

图 5-49 和图 5-50 是两种应用时间较长的中效过滤器结构形式。滤料为细密无纺布，结构为多折型，借专门的机械将滤料折叠并在滤料正反面按一定间隔贴线，以构成滤料两侧的空气通路。滤料面积与过滤器迎风面面积比大。

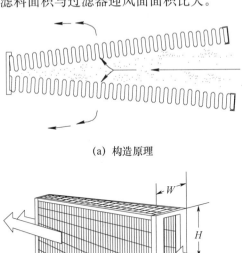

(a) 构造原理

(b) 外形

图 5-49　V 形过滤器

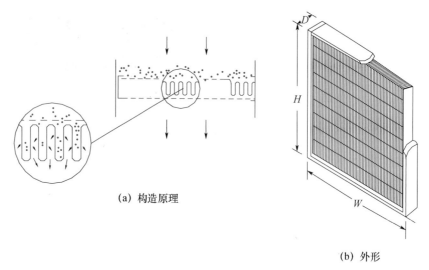

(a) 构造原理

(b) 外形

图 5-50　平板过滤器

滤袋式的中效过滤器采用无纺布时，材质是超细纤维及有机合成纤维制成，滤料呈递增结构，以达到较好过滤性能，每个滤袋均有多道隔片平均分布于袋宽中，防止滤袋在承受风压时过度膨胀，相互遮蔽，降低有效过滤面积与效率；容尘量大，初阻力低，如图 5-51 所示。

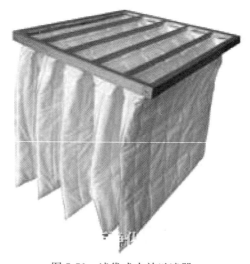

图 5-51　滤袋式中效过滤器

3. 亚高效过滤器

亚高效过滤器既可以作为洁净室末端过滤器使用，也可以作为高效过滤器的预过滤器使用。为提高新风品质，也可以使用该过滤器作为净化空调系统的新风末端过滤器。亚高效过滤器主要有玻璃纤维滤纸、棉短纤维滤纸和超细聚丙烯滤纸等材质，若将 V 形过滤器、平板过滤器中的滤材改为超细聚丙烯滤纸，也可制成亚高效过滤器。亚高效过滤器还可有管状结构，如图 5-52 所示。

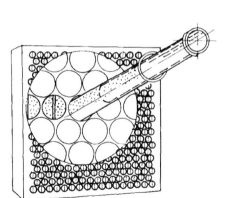

图 5-52　YGG 型低阻亚高效过滤器

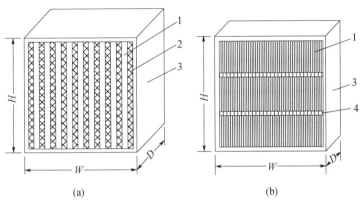

(a)　　　　　　　　　　　　(b)

图 5-53　高效过滤器外观图

1—滤纸；2—分隔板；3—外壳；4—纸带（或线状支撑物）

亚高效过滤器的容尘量较大，额定风量下初阻力不超过 120Pa，另外，静电过滤器也属于亚高效空气过滤器。

4. 高效过滤器

高效过滤器（图 5-53）是洁净室最主要的末级过滤器，它必须在粗、中效过滤器的保护下使用。高效过滤器主要有玻璃纤维滤纸、石棉纤维滤纸和合成纤维滤纸 3 类，主要用于过滤小于 $1\mu m$ 的尘粒。

例如，GKUL 型高效过滤器的外框材料是铝型材；密封胶：聚氨脂胶；分隔物：热熔胶；滤料：玻纤滤纸；使用最高温度：80℃；使用最高湿度：100%；密封条：氯丁橡胶。

过滤器选型应用时应根据使用场合洁净度要求选用合适效率的过滤器，对于一般舒适性空调可选用粗或粗效加中效的过滤方式。对于较高洁净级别的工艺空调，可在机组内配置亚高效过滤器，在送风末端配置高效过滤器。在选用高效率过滤器时，应同时选用低效率过滤器，并将后者置于前者上游部位，采取分级过滤方法，以减少高效率过滤器承担的负荷，延长其使用寿命。例如，选用亚高效过滤器时，应在其上游部位设置粗效和中效过滤器。当无工艺要求时，一般都按照洁净室的洁净度等级配置。对于6级和6级以上的洁净室的空气洁净系统，通常采用三级空气过滤，即设置粗效、中效和高效过滤器。中效和高效过滤器一般设在正压段。对于5级和5级以下的洁净室的空气洁净系统，应根据洁净室的总体设计方案和采用的空调净化系统的要求配置各种空气过滤器。例如，洁净度等级为4级的集成电路生产洁净室，为了去除大气中的微粒和各种污染物，通常对新风进行集中处理，并在新风处理装置中装设粗效、中效（中高效）、亚高效甚至高效过滤器和化学过滤器或水喷淋装置；在洁净室的循环风系统还设有高效、超高效和化学过滤器等。各种效率的过滤器均应符合国家防火分类标准。

过滤器刚开始使用或刚清洗干净时的阻力称为"初阻力"，过滤器需要更换或清洗时的阻力称为"终阻力"。终阻力的选择直接关系到过滤器的使用寿命、系统风量的变化和系统能耗等。空调系统设计时，常取初阻力与终阻力的平均值作为过滤器的"设计阻力"。一般情况下，终阻力取初阻力的2～4倍较为合适。终阻力参考建议值：

    板式粗效过滤器：50～80Pa；

    袋式粗效过滤器：100～150Pa；

    中效过滤器：200～300Pa；

    亚高效过滤器：300～400Pa；

    高效过滤器：400～500Pa。

各类过滤器一般按额定风量选用。但由于目前国内过滤器的品种和规格还不多，或由于其他原因不能按额定风量选用时，其初阻力要查"风量阻力关系曲线"来确定，其终阻力值一般按初阻力值的两倍考虑。

思考题与习题

1. 热湿交换设备按照工作原理分为哪几类，它们各自的特点是什么？

2. 间壁式换热器可分为哪几种类型？如何提高其换热系数？

3. 空气流过水冷式表冷器表面或水滴表面时，可进行空气减湿或加湿处理，处理过程与哪些因素有关？

4. 说明水冷式表面冷却器在以下几种情况其传热系数是否发生变化？如何变化？(a) 改变迎面风速；(b) 改变水流速；(c) 改变进水温度；(d) 空气初状态发生变化。

5. 在湿工况下，为什么一台表冷器，在其他条件相同时，所处理的空气湿球温度越高，则换热能力越大？

6. 什么叫析湿系数？它的物理意义是什么？

7. 空气加热器传热面积 $F=10m^2$，管内蒸汽凝结换热系数 $\alpha_1=5800W/(m^2 \cdot K)$，管外空气总换热系数 $\alpha_2=50W/(m^2 \cdot K)$，蒸汽为饱和蒸汽，并凝结为饱和水，饱和温度为 $t_s=120℃$，空气由 $10℃$ 被加热到 $50℃$，管束为未加肋的光管，管壁很薄，其导热热阻可忽略不计，求：(a) 传热系数；(b) 平均温差；(c) 传热量。

8. 已知需冷却的空气量为 35200kg/h，空气的初状态为 $t_1=30℃$、$h_1=55.8kJ/kg$，$t_{s1}=19.5℃$，空气终状态为 $t_2=13℃$、$h_2=33.2kJ/kg$、$t_{s2}=11.6℃$，当地大气压力为

101325Pa，试选择 JW 型表面冷却器，并确定水温、水量及表冷器的空气阻力和水阻力。

9. 已知需冷却的空气量为 $G=24000\text{kg/h}$，当地大气压力为 101325Pa，空气的初参数为 $t_1=25℃$、$h_1=55.7\text{kJ/kg}$、$t_{sl}=19.5℃$，冷水量为 $G_w=30000\text{kg/h}$，冷水初温 $t_{wl}=5℃$。试求 JW30-4 型 8 排冷却器处理空气所能达到的空气终状态和水终温。

10. 温度 $t_1=20℃$、相对湿度 $\varphi=40\%$ 的空气，其风量为 $G=20\text{kg/h}$，用压力为 $p'=0.15\text{MPa}$ 的饱和蒸汽加湿，求加湿空气到 $\varphi=78\%$ 时需要的蒸汽量和此时空气的终参数。

第6章 空气调节系统

6.1 空气调节系统的分类

对于一个完整的建筑物，其空调系统一般由冷（热）源设备、冷（热）媒输送设备、空气处理设备、空气分配装置、冷（热）媒输送管道、空气输送管道和自动控制装置等组成。根据不同建筑物的形式和对空调房间的不同要求，这些部件可组成许多不同形式的空调系统。在工程上，某一建筑物采用何种形式的空调系统，要根据该建筑物的性质、用途、热湿负荷、温湿度控制精度、空调机房的面积位置和初投资及运行费用等多方面的因素来选定合适的空调系统。因此，我们首先介绍一下空调系统的分类。因分类方式较多，这里只介绍根据主要属性来分类的情况。

6.1.1 按空气处理设备的设置情况分类

1. 集中式空气调节系统

所有的空气处理设备（包括风机、加热器、冷却器、加湿器和过滤器等）都集中在一个空调机房内，房间内只有空气分配装置，即在空调机房内集中对空气进行处理。集中式空调系统可分为单风管空气调节系统、双风管空气调节系统和变风量空气调节系统。

2. 半集中式空气调节系统

除设有集中空调机房，还设有分散在空调房间内的二次处理设备（又称末端设备）对空气进行补充处理，其中多半为冷热二次盘管。半集中式空调系统按末端装置的形式可分为末端再热式系统、风机盘管系统和诱导器系统。半集中式空调系统占用的机房面积小，可以满足每个房间各自的温湿度控制要求。

3. 全分散空气调节系统

把冷热源设备、空气处理设备以及空气输送装置都集中设置在一个箱体内，形成一个紧凑的空调系统，可按照需要灵活分散地放在各空调房间。常用的有单元式空调器系统、窗式空调器系统和分体式空调器系统，如家庭常用的空调器。

6.1.2 按负担室内空调负荷所用介质分类

1. 全空气系统

空调房间的热湿负荷全部由经过处理的空气来负担。以空气为介质，向房间输送经过处理的空气除去房间内的显热负荷和潜热负荷。由于空气的比热比较小，需要较多的空气量才能达到消除余热、余湿的目的，因此需要较大断面的风道或者较高的风速。大型商场、超市、影剧院等公共建筑普遍采用全空气系统，室内空气品质好，这也是空调系统中最常见的空调形式，全空气系统大部分是集中式空调系统。图 6-1 所示为典型的全空气系统。

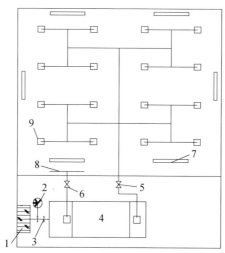

图 6-1　全空气系统平面图

1—新风百叶；2—电动密闭阀；3—对开式多叶调节阀；4—空调机组；5—送风防火阀；6—回风防火阀；

7—回风口（室内到顶棚）；8—回风口（顶棚内到管道）；9—空气分布器（散流器）

2. 全水系统

空调房间的热湿负荷全部由经过处理的水来负担。当管道内为热水时，向室内提供热量，承担室内热负荷；为冷水时，向室内提供冷量，承担室内冷负荷和湿负荷。由于水的比热比空气大很多，在相同条件下只需要较小的水量，从而使管道所占的空间较小，占用的建筑物面积较小。但是仅靠水来消除余热、余湿，不能解决室内的通风换气问题，即室内的空气品质较差。所以通常情况下不单独使用。

3. 空气-水系统

空调房间的热湿负荷由经过处理的空气和水共同负担。对于大型建筑物采用的空调系统，如果是全空气系统，则管道占用较多的建筑面积，采用全水系统则不能解决室内空气品质问题，综合两者利弊，空气-水系统得到广泛应用。此系统大多是半集中式空调系统。根据设在房间内的末端设备形式可分为以下三种系统：

（1）空气-水风机盘管系统。指在房间内设置风机盘管的空气-水系统。

（2）空气-水诱导器系统。指在房间内设置诱导器（带有盘管）的空气-水系统。

（3）空气-水辐射板系统。指在房间内设置辐射板（供冷或采暖）的空气-水系统。

4. 冷剂系统

将制冷系统的蒸发器直接放在室内，由制冷剂来负担室内全部的热湿负荷，这种系统又称局部机组。但是制冷剂管道不能长距离输送。其优点在于冷热源利用率高，占用建筑空间少，布置灵活，可根据不同房间的空调要求自动选择制热和制冷。冷剂系统一般属于全分散系统，如窗式空调器、分体式空调器、柜式空调器等。目前较为常用的是多联机系统，并采用变频控制技术。

6.1.3 按集中式空调系统处理的空气来源分类

1. 封闭式系统（全回风式系统）

所处理的空气全部来自空调房间本身，没有室外空气补充，全部为再循环空气，又称为再循环式系统。这样房间和空气处理设备形成了一个封闭环路，常用于密闭空间或者不需要采用室外空气的场合，如用于战时地下庇护所以及很少有人进出的仓库。封闭式系统所处理的空气全部为回风，所以系统冷、热消耗量最小，但是卫生条件最差，如图 6-2（a）所示。

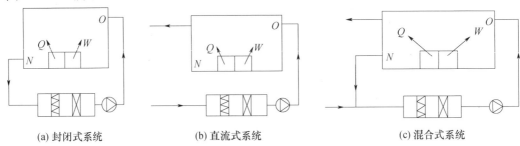

(a) 封闭式系统　　　　(b) 直流式系统　　　　(c) 混合式系统

图 6-2　按处理空气的来源不同对空调系统分类

注：N 表示室内空气；O 表示送风空气状态；Q 表示散热量，W 表示散湿量。

2. 直流式系统（全新风系统）

所处理的空气全部来自室外，室外空气经处理后送入室内，然后全部排出，与封闭式系统相比，具有完全不同的特点。适用于不允许有回风的场合，如放射性试验室、核工厂或者散发有大量污染物的工业车间。因为所处理空气全部为室外新风，所以耗费最大的冷量、热量和湿量，但是室内卫生条件好。有时为充分利用排风的热量或冷量来加热或者冷却室外新风，可在系统中设置热回收装置，如图 6-2（b）所示。

3. 混合式系统（新、回风混合式系统）

结合上述两系统的特点，封闭式系统不能满足室内卫生要求，直流式系统经济上不合理，综合两者利弊，在大多数场合采用混合式系统，即混合一部分回风、一部分新风，既满足卫生要求，又经济合理，应用广泛。根据新、回风混合过程的不同，工程上常见的有两种形式：一种是回风与室外新风在喷水室（或表冷器）前混合，称为一次回风；另一种是回风与新风在喷水室（或表冷器）前混合并经热湿处理后，再次与回风混合，称为二次回风。图 6-2（c）所示就是典型的一次回风系统。

6.1.4 按系统风量调节方式分类

1. 定风量空调系统（CAV 系统）

通常的集中式空调系统，风机的送风量保持一定，通过改变送风温度来适应空气调节区的负荷变化，以调节室内的温湿度，这种系统称为定风量空调系统。

2. 变风量空调系统（VAV 系统）

不改变送风状态，通过改变送风量而保持一定的送风温度，适应空气调节区的负荷变化，以达到调节所需要的室内温湿度，这类系统称为变风量空调系统。

6.1.5　其他分类

空调系统除了以上常用的分类外，还可以根据另外一些原则进行分类。

（1）根据系统风管内空气流速的高低，可分为低速和高速空调系统。

（2）根据系统用途不同，可分为工艺性和舒适性空调系统。

（3）根据系统精度不同，可分为一般性空调系统和恒温恒湿空调系统。

（4）根据系统运行时间不同，可分为全年性空调系统和季节性空调系统。

（5）根据系统使用场所不同，可分为大型工民建用中央空调、商用中央空调和家用（户式）中央空调系统等。

6.2　普通集中式空调系统

普通集中式空调系统是工程中最常用、最基本的系统。这种系统的基本特征是空气集中处理，风道断面大，占用空间多，广泛应用于舒适性或工艺性的各类空调工程中，常用于工厂、公共建筑等有较大空间可供设置风管的场合。普通集中式空调系统属于典型的全空气、定风量、低速、单风管系统，而且常用的是混合式系统，即所处理的空气一部分来自室外新鲜空气，一部分是室内回风。该类系统又可分为单风管系统和双风管系统。单风管系统，即冬季送热风和夏季送冷风共用一条风道，过渡季节换气通风，风道风速一般不大于 8m/s。

对于舒适性空调和夏季以降温为主的工艺性空调，允许采用较大送风温差，应采用一次回风式系统。对于恒温恒湿或有洁净要求的工艺性空调，由于允许的送风温差小，为避免再热形成冷热抵消，应采用二次回风式系统，但其前提是室内散湿量较小。

6.2.1　一次回风式系统

1. 夏季空气处理过程

（1）一次回风式系统装置图示及 h-d 图上夏季过程的确定（图 6-3）

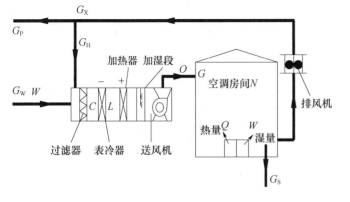
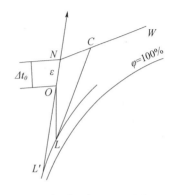

(a) 系统装置图　　　　　　　　(b) 夏季过程在 h-d 图上的表示

图 6-3　一次回风系统夏季处理过程

首先，根据前述章节所介绍的送风状态和送风量的确定方法，可在 h-d 图上标出夏季室内空气状态点 N ［图 6-3（b）］，夏季室外空气状态点 W（通常由室外干、湿球温度来确定），并连成直线 $\overline{NW}$。过 N 点作热湿比 $\varepsilon = Q/W$ 的过程线。

根据房间空调精度选定送风温差，可定 Δt_0，$t_0 = t_N - \Delta t_0$，画一条 t_0 等温线，该线与热湿比线 ε 的交点即为夏季送风状态点 O。自送风状态点 O 向下作等含湿量线，并与 $\varphi = 90\% \sim 95\%$ 的曲线相交于 L 点，该点为夏季机器露点，是表面式空气冷却器处理空气后状态点。

新风与一次回风的混合状态点 C 的确定方法：根据空调房间所需最小新风量的确定方法，有时以新风量占总风量的百分比来表示，即 $\dfrac{G_W}{G} = m\%$，其中 $m\%$ 称为新风百分比。根据 $\dfrac{h_C - h_N}{h_W - h_N} = \dfrac{G_W}{G}$，可求出 h_C，h_C 与 $\overline{NW}$ 线的交点即为 C 点；或者根据线段长度确定，即 $\overline{NC} = m\% \times \overline{NW}$ 来确定 C 点。

这样整个空气处理过程为：室外新风与室内回风混合后在 C 点，将混合后的一次回风经过喷水室（或空气冷却器）冷却减湿处理到 L 点，再从 L 点加热到 O 点，然后送入空调房间，吸收房间的余热余湿后达到室内状态点 N，一部分室内排风直接排到室外，另一部分再回到空调室和新风混合。可将整个处理过程写成：

$$\left.\begin{array}{c} W \\ N \end{array}\right\} \xrightarrow{\text{混合}} C \xrightarrow{\text{冷却减湿}} L \xrightarrow{\text{加热}} O \xrightarrow{\varepsilon} N$$

根据 h-d 图上的分析，为了将 G（kg/s）的空气从 C 点冷却减湿到 L 点，该设备夏季处理空气所需要的冷量 Q_0 为

$$Q_0 = G(h_C - h_L) \tag{6-1}$$

（2）系统能量分析

系统冷量也就是由冷源系统通过制冷剂或载冷剂提供给空气处理设备的冷量。在采用水冷式表面冷却器时，该冷量是由冷水机组的水或天然冷源提供的，而采用直接蒸发式冷却器时，其是直接由制冷机的冷媒提供的。$C \rightarrow L$ 即为制冷设备的冷却能力，也是夏季处理空气所需要的冷量，$Q_0 = G(h_C - h_L)$。从另一个角度来分析 Q_0，可根据空气和房间所组成系统的热平衡和风量平衡关系来认识：

① 空调房间冷负荷：$Q_L = G(h_N - h_O)$，经处理后的空气送入房间，吸收房间余热余湿后离开房间，即为前面所提到的室内冷负荷，也是求热湿比 ε 中用到的冷量。

② 新风冷负荷：$Q_W = G_W(h_W - h_N)$，新风进入系统时的焓为 h_W，排出房间时的焓为 h_N，这部分冷量称为新风冷负荷。

③ 再热冷负荷：$Q_Z = G(h_O - h_L)$，为了减少送风温差，有时需要把经过喷水室或表冷器处理后的空气进行再热，这部分热量为"再热量"。

再热负荷抵消了一部分冷源提供的冷量，是一种能量浪费。

综上，系统所需冷量为上述三部分冷量之和，即

$$Q_0 = Q_L + Q_W + Q_Z = G(h_N - h_O) + G_W(h_W - h_N) + G(h_O - h_L)$$

由于在一次回风系统中 $\dfrac{h_C - h_N}{h_W - h_N} = \dfrac{G_W}{G}$，所以 $G_W(h_W - h_N) = G(h_C - h_N)$，代入上

式可得

$$Q_O = Q_L + Q_W + Q_Z = G(h_C - h_L)$$

可见一次回风系统的冷量在 h-d 图上的计算法和热平衡概念之间的一致性。另外对送风温差没有限制的空调系统，可以采用机器露点 L' 点（热湿比线 ε 与 $\varphi = 90\% \sim 95\%$ 曲线的交点）送风，此时的送风量 $G = \dfrac{Q}{h_{L'} - h_O}$ 为最小送风量。送风量减小，则处理空气和输送空气所需设备容量可相应减小，从而使投资和运行费用均减小，而且不再消耗再热量，因而制冷负荷可进一步降低，在设计空调系统时应加以考虑。但要注意的是，送风温差过大，可能使人感到冷气流的作用，且室内温度和湿度分布的均匀性和稳定性也将受到影响。因此，机器露点 L' 点送风的前提条件需注意。露点送风处理过程为

$$\left.\begin{array}{c} W \\ N \end{array}\right\} \xrightarrow{\text{混合}} C \xrightarrow{\text{冷却减湿}} L' \xrightarrow{\varepsilon} N$$

2. 冬季空气处理过程

（1）采用喷水室绝热加湿的一次回风系统

在全年送风量固定的空调系统里，如果冬季工况和夏季工况的室内状态点 N 一样，而且冬季和夏季的余湿量也相同，则冬、夏季工况的送风状态点将位于同一条等含湿量 d_O 线上（冬、夏季机器露点 L 相同），这时 d_O 线与室内的热湿比线 ε' 的交点 O' 即为冬季的送风状态点。在冬季，室外空气状态参数 W'（由当地冬季空调室外计算干球温度和相对湿度的交点确定）将移到 h-d 图左下方（图 6-4）。假设室内余湿量保持不变，冬季因建筑物的耗热使热湿比 ε' 减小，甚至为负值。若冬、夏季采用相同的风量，则送风状态点含湿量 d_O 保持不变，送风状态 O' 点与 L 点有相同的含湿量 $d_L = d_{O'} = d_O$。O' 点可由 L 点加热得到，L 点可由 C 点等焓加湿得到，即室内、外空气混合点 C 的焓值与 L 点焓值相等（即 $h_C = h_L$）。

1）无预热的冬季一次回风式系统。

在南方地区，相对于北方地区而言冬季室外空气温度和比焓值较高，如按夏季规定的最小新风量来确定混合状态点 C'，则该点的比焓值将高于或等于机器露点的比焓（即 $h_{C'} > h_L$），此时可将混合点仍然定在 h_L 线上，这样就可以取消预热器，利用改变新回风混合比，加大新风量的办法进行调节。

这一处理过程的流程为

$$\left.\begin{array}{c} W' \\ N \end{array}\right\} \xrightarrow{\text{混合}} C' \xrightarrow{\text{绝热加湿}} L \xrightarrow{\text{加热}} O' \xrightarrow{\varepsilon'} N$$

这种系统的好处是仍然采用喷淋循环水来处理空气，加大新风量，有利于改善室内卫生条件。

喷水室的加湿量 W（kg/s）为

$$W = G(d_L - d_{C'}) \tag{6-2}$$

式中，d_L、$d_{C'}$——冬季机器露点、混合状态点的含湿量，kg/kg。

再热器的加热量 Q_2（kW）为

$$Q_2 = G(h_{O'} - h_L) \tag{6-3}$$

式中，h_L——冬季机器露点的比焓，kJ/kg；

$h_{O'}$——冬季送风状态点的比焓，kJ/kg。

调整后的新风百分比 $m\%$ 为

$$m\% = \frac{G_W}{G} = \frac{h_N - h_L}{h_N - h_{W'}}$$ (6-4)

式中，G_W——新风量，kg/s；

    G——总风量，kg/s，为新风量与回风量之和；

    $h_{W'}$——冬季室外状态点的比焓，kJ/kg。

2）有预热的冬季一次回风式系统。

在北方地区，当采用绝热加湿的方案时，对于要求新风比较大的工程，或是按照最小新风比而室外设计参数很低的场合，都有可能使一次混合点的比焓值 $h_{C'}$ 低于机器露点的比焓（即 $h_{C'} < h_L$），这种情况下，应将新风预热（或新风与回风混合后预热），如图 6-4 所示。使预热后的室外新风和室内空气混合点 C 必须落在从 L 点引出的等焓线 h_L 上，这样就可以采用绝热加湿的方法。

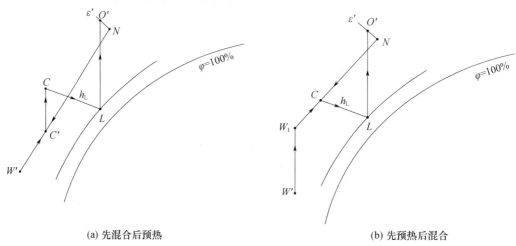

(a) 先混合后预热   (b) 先预热后混合

图 6-4　有预热的冬季一次回风系统在 h-d 图上的表示

① 新风与回风先混合后预热的一次回风式系统。

对于北方寒冷地区，设有预热器的一次回风式系统冬季处理过程及其 $h-d$ 图如图 6-4（a）所示。在 $h-d$ 图上标出冬季室内空气状态点 N，室外空气状态点 W'。按前述方法确定冬季送风状态点 O'，自 O' 点向下作等含湿量线与 $\varphi = 90\% \sim 95\%$ 曲线交于 L 点（机器露点）。同样，按照夏季采用的新风量确定混合状态点 C'，从 C' 点向上作等含湿量线，由 L 点作等焓线，这两条线相交于 C 点，该点就是混合空气经预热器加热后的状态点。这就是新风与回风先混合后预热的一次回风式系统。

冬季空气处理过程［图 6-4（a）］可写成

$$\left.\begin{array}{r}W'\\N\end{array}\right\}\xrightarrow{\text{混合}}C'\xrightarrow{\text{加热（预热器）}}C\xrightarrow{\text{等焓加湿（喷循环水）}}L\xrightarrow{\text{加热（加热器）}}O'\xrightarrow{\varepsilon'}N$$

喷水室的加湿量 W（kg/s）为：$W = G(d_L - d_{C'})$

预热器的加热量 Q_1（kW）为

$$Q_1 = G(h_C - h_{C'})$$ (6-5)

式中，h_C——冬季机器露点的比焓，$h_C = h_L$，kJ/kg；

$h_{C'}$——冬季混合状态点的比焓，kJ/kg。

再热器的加热量 Q_2（kW）为：$Q_2 = G(h_{O'} - h_L)$

② 新风预热后与回风混合的一次回风式系统。

对于北方严寒地区，设有预热器的一次回风式冬季处理过程及其 h-d 图如图 6-4（b）所示。在 h-d 图上标出冬季室内空气状态点 N，室外空气状态点 W'。与前面不同的是，如果将新风与回风直接混合，其混合点有可能处于过饱和区（雾状区）内产生结露现象，这对空气过滤器的工作极其不利。另外，在工艺性空调系统中如纺织厂，由于在纺织厂的回风中含有灰尘和短纤维，如果后预热的话，混合风经预热器加热时，短纤维容易烧焦。因此，应将新风先预热后再与回风混合。这就是新风预热后与回风混合的一次回风式系统。

冬季空气处理过程［图 6-4（b）］可写成

$$W' \xrightarrow[N]{\text{加热（预热器）}} W_1 \left.\right\} \xrightarrow{\text{混合}} C \xrightarrow{\text{等焓加湿（喷循环水）}} L \xrightarrow{\text{加热（加热器）}} O' \xrightarrow{\varepsilon'} N$$

喷水室的加湿量 W（kg/s）为：$W = G(d_L - d_C)$

预热器的加热量 Q_1（kW）为

$$Q_1 = G_W(h_{W_1} - h_{W'}) \tag{6-6}$$

式中，$h_{W'}$——冬季室外新风的比焓，kJ/kg；

h_{W_1}——冬季新风经预热后状态的比焓，kJ/kg；

G_W——冬季室外新风量，kg/s。

再热器的加热量 Q_2（kW）为：$Q_2 = G(h_{O'} - h_L)$

③ 两种预热方法的关系。

若将先混合后预热和先预热后混合两种处理过程画在同一张 h-d 图（图 6-5）上，不难看出，这两种过程正好构成了两个相似三角形，由相似关系和两种状态的气体混合的规律可得出

$$G_W(h_{W_1} - h_{W'}) = G(h_C - h_{C'}) \tag{6-7}$$

这说明新风与回风先混合后预热的加热量，与新风先预热后混合的加热量是相等的。

④ 是否需要预热器的判据。

由于 h_{W_1} 就是经预热后既满足规定新风比同时又能采用绝热加湿方法的比焓值，所以根据设计所在地的冬季室外空气参数就可以确定是否需要用预热器以及所需要的预热量。

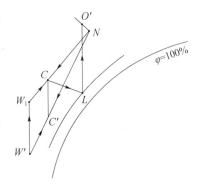

图 6-5　冬季两种预热方案对比

由混合原则可得出 $\dfrac{h_N - h_C}{h_N - h_{W_1}} = \dfrac{G_W}{G}$。

又因为 $h_C = h_L$，得出

$$h_{W_1} = h_N - \frac{G}{G_W}(h_N - h_L)$$

其中 $\dfrac{G_W}{G} = m\%$ 为新风百分比，上式简化可得

$$h_{W_1} = h_N - \frac{h_N - h_L}{m\%} \tag{6-8}$$

因此，空气预热器的判别式为 $h_{w_1} > h_{w'}$（或 $h_{C'} < h_L$），即根据所设计地的冬季室外参数来判别一次回风式系统冬季是否需要预热器。

有些寒冷地区，在新风量大、回风量小的情况下，如采用先把新风和回风混合后再加热时，混合状态点有可能接近饱和状态，甚至落在饱和线的下方，因而不宜采用。

（2）采用喷蒸汽加湿的一次回风式系统

对于空气冷却器系统，冬季采用喷干蒸汽加湿进行等温加湿处理。当新风与回风混合之后，存在两种可能的方案：即先加热后加湿（图 6-6 中 $C' \to E \to O'$）和先加湿后加热（图 6-6 中 $C' \to L' \to O'$）。理论与实践表明，应采用先加热后加湿为好，因为被加湿空气温度升高以后，它所能容纳的水蒸气数量增加，遇到冷表面不容易凝结出来，可确保加湿效果。

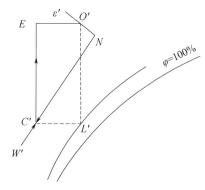

图 6-6　喷蒸汽加湿的一次回风冬季过程在 h-d 图上的表示

"先加热后加湿"空气处理过程为

$$\left.\begin{array}{c} W' \\ N \end{array}\right\} \xrightarrow[\text{混合}]{} C' \xrightarrow[\text{再热器}]{\text{加热}} E \xrightarrow[\text{蒸汽加湿器}]{\text{等温加湿}} O' \xrightarrow{\varepsilon'} N$$

"先加湿后加热"空气处理过程为

$$\left.\begin{array}{c} W' \\ N \end{array}\right\} \xrightarrow[\text{混合}]{} C' \xrightarrow[\text{蒸汽加湿器}]{\text{等温加湿}} L' \xrightarrow[\text{再热器}]{\text{加热}} O' \xrightarrow{\varepsilon'} N$$

蒸汽加湿器的加湿量 W（kg/s）为

$$W = G(d_{O'} - d_{C'}) \tag{6-9}$$

式中，$d_{O'}$——冬季送风状态点的含湿量，kg/s；

$\quad\quad d_{C'}$——冬季混合状态点的含湿量，kg/s。

再热器的加热量 Q_2（kW）为

$$Q_2 = G(h_E - h_{C'}) \tag{6-10}$$

式中，h_E——混合空气加热后终状态的比焓，kJ/kg；

$\quad\quad h_{C'}$——混合空气加热前初状态的比焓，kJ/kg。

可将一次回风系统设备组合成一个机组成厂家标配，如图 6-7 及图 6-8 所示。

【例 6-1】　某空调房间，室内设计空气参数为 $t_N = 20℃$，$\varphi_N = 60\%$；夏季室外空气计算参数为 $t_w = 37℃$，$t_s = 27.3℃$，大气压力 $B = 98659Pa$（740mm）。室内冷负荷 $Q = 83800kJ/h$，湿负荷 $W = 5kg/h$。若送风温差 $\Delta t_0 = 4℃$，新风比 $m\%$ 为 25%，试设计一次回风空调系统，作空调过程线并计算空调系统耗冷量及耗热量。

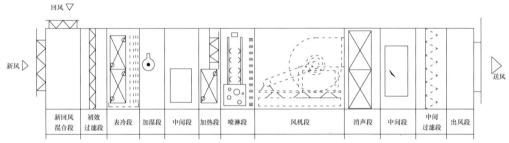

图 6-7　单风机一次回风系统组合式空调机组

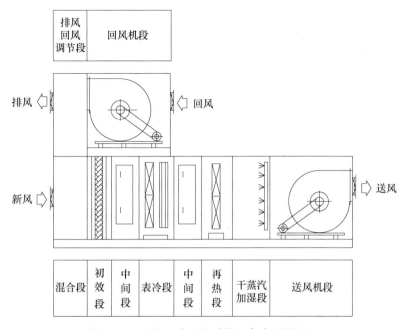

图 6-8　双风机一次回风系统组合式空调机组

【解】　（1）计算热湿比 ε 并作空调过程线：

$$\varepsilon=\frac{Q}{W}=\frac{83800}{5}=16760\text{kJ/kg}$$

根据送风温差 $\Delta t_0=4℃$ 得送风温度为 16℃，在相应大气压力的 $h\text{-}d$ 图上，过 N 点作 ε 线，与 16℃ 等温线交点即为送风状态点 O；再由 O 点作等湿线，交 $\varphi=95\%$ 线于 L 点；在图上作出 W 点，在 $\overline{NW}$ 线上由新风比为 25% 作出 C 点，连接各点即得空调过程线，如图 6-3 所示。

各点状态参数：$t_N=20℃$，$h_N=43.0\text{kJ/kg}$；$t_W=37℃$，$h_W=88.3\text{kJ/kg}$；$t_O=16℃$，$h_O=38.1\text{kJ/kg}$；$t_L=12.3℃$，$h_L=34.3\text{kJ/kg}$。

（2）计算空调送风量：$G=\dfrac{Q}{h_N-h_O}=\dfrac{83800}{3600\times(43.0-38.1)}=4.751\text{kg/s}$

（3）求混合点 C 的焓值：由 $h_C=(1-m\%)h_N+m\%h_W$，得 $h_C=54.3\text{kJ/kg}$

（4）计算系统再热量：$Q_Z=G(h_O-h_L)=4.751\times(38.1-34.3)=18.05\text{kW}$

（5）计算系统耗冷量：$Q_O=G(h_C-h_L)=4.751\times(54.3-34.3)=95.02\text{kW}$

室内冷负荷：$Q=\dfrac{83800}{3600}=23.28\,\mathrm{kW}$

新风负荷：$Q_W=m\%G\,(h_W-h_N)=0.25\times4.751\times(88.3-43.0)=53.81\,\mathrm{kW}$

室内冷负荷、新风负荷、再热量三者之和应该等于系统冷量。

6.2.2 二次回风式系统

通过前面我们可知，为了保证空调精度，不得不限制送风温差，所以采取先将空气冷却到机器露点，然后再加热到送风状态的做法。为了加热送风，必须通过再热器向送风气流提供热量，而再热器所提供的热量又抵消了制冷设备所提供的一部分冷量。显然，这样做在能量的利用上不够合理，如果使离开冷却设备的空气再一次与回风混合来代替再热器再热，则可以节约热量和冷量。二次回风系统正是基于这一考虑而出现的。二次回风的作用是，夏季可以完全代替再热器，冬季可以部分代替再热器。舒适性空调的送风温差一般在 10℃ 以内，不需要二次回风。而对于恒温、恒湿空调风系统，采用下送风方式的空调风系统以及洁净室的空调风系统，其允许送风温差都较小，风量较大，特别是室内散湿量较小时，为了避免再热量的损失，应采用二次回风系统。

1. 夏季空气处理过程

典型的二次回风式系统装置图示及夏季空气处理过程的 h-d 图如图 6-9 所示。图 6-9（b）中虚线绘出了一次回风式系统处理过程，实线是二次回风式系统处理过程，从这幅图中可以看出在相同新风比时两种系统的区别。为了分析方便，在介绍空气处理过程时，暂忽略风机、风管温升等因素，并同一次回风式系统做些比较。

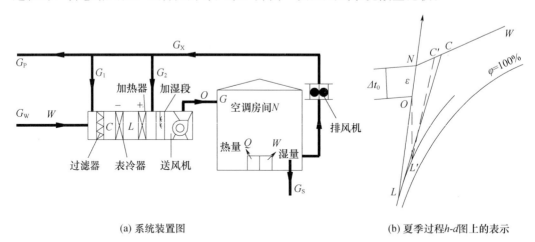

(a) 系统装置图　　　　　　　　　　(b) 夏季过程h-d图上的表示

图 6-9　二次回风系统

假设新风量为 G_W，一次回风量为 G_1，二次回风量为 G_2，新风量和一次回风量总和（喷水室的风量）为 G'，即 $G'=G_W+G_1$。同一次回风系统一样，首先在 h-d 图上确定室内状态点 N 和室外空气状态点 W，并连成直线。通过 N 点作一条夏季的热湿比线过程线，热湿比线与 $\varphi=90\%\sim95\%$ 曲线相交于 L 点，该点就是空气经过喷水室或空气冷却器处理后的机器露点。按照规定的送风温差 Δt_0，在热湿比线上确定送风状态点 O（t_0 与热湿比 ε 线的交点），该点也是第二次回风与经过喷水室或空气冷却

器处理后进行空气混合后的状态点 O（第二次混合点）。如前所述，其空气处理流程为

$$\left.\begin{matrix}W\\N\end{matrix}\right\}\xrightarrow[\text{混合}]{}C\xrightarrow[\text{冷却除湿}]{}\left.\begin{matrix}L\\N\end{matrix}\right\}\xrightarrow[\text{混合}]{}O\xrightarrow{\varepsilon}N$$

从图 6-9（b）中看出，既然 O 点是 N 与 L 状态空气的二次混合点，三者必在同一条直线上，因此第二次混合的风量比例亦已确定。但第一次混合点 C 的位置不像一次回风系统那样容易得到。一次混合点 C 的位置必须经过算出表冷器（喷水室）风量 G' 后才能确定。根据二次混合过程，则有

$$\frac{G'}{G}=\frac{h_N-h_O}{h_N-h_L}$$

即：

$$G'=\frac{G\ (h_N-h_O)}{h_N-h_L}=\frac{Q_L}{h_N-h_L} \tag{6-11}$$

可见，通过喷水室的风量 G' 相当于一次回风系统中采用最大温差送风（机器露点送风）时的送风量。这样一次回风量为

$$G_1=G'-G_W$$

由新风量 G_W 和一次回风量 G_1，可确定一次混合点 C，即

$$h_C=\frac{G_W h_W+G_1 h_N}{G_W+G_1} \tag{6-12}$$

从 C 点到 L 点的连线（$C{\rightarrow}L$）即表示空气处理设备的降温减湿过程，此过程消耗的冷量为

$$Q_0=G'\ (h_C-h_L) \tag{6-13}$$

（2）系统冷量分析

从空调系统热平衡的角度来分析。

室内冷负荷：

$$Q_L=G\ (h_N-h_O)\ =G'\ (h_N-h_L) \tag{6-14}$$

新风冷负荷：

$$Q_W=G_W\ (h_W-h_N)\ =G'\ (h_C-h_N) \tag{6-15}$$

那么

$$\begin{aligned}Q_L+Q_W&=G\ (h_N-h_O)\ +G_W\ (h_W-h_N)\\&=G'\ (h_N-h_L)\ +G'\ (h_C-h_N)\\&=G'\ (h_C-h_L)\\&=Q_0\end{aligned} \tag{6-16}$$

从式（6-16）可见，把空气从一次回风混合点 C 处理到机器露点 L 的焓差就是空气在冷却去湿过程所消耗的冷量，其大小为 $Q_0=Q_L+Q_W$。同时也可看出二次回风系统节省再热负荷。二次回风系统用喷水室（或表冷器）处理空气所需的冷量，代表了空调系统的总冷量，这个结论与从 h-d 图方法分析得出的结果［式（6-13）］是相同的。从 h-d 图上算出的冷量和热平衡关系求出的总冷量是一致的。

将二次回风系统与一次回风系统的夏季处理过程［图 6-9（b）中虚线部分］加以比较，得出以下结论：

（1）二次回风系统节省了再热器的加热量，同时通过喷水室（或表冷器）处理的空气量是 G' 而不是 G，因此它比一次回风系统节省冷量（即再热冷负荷），并可缩小喷水室（或表冷器）的断面尺寸。

（2）二次回风系统的机器露点 L 要比一次回风系统的 L' 低一些，而第一次混合点 C 要比 C' 更远离回风状态，即第一次混合点的比焓要高于一次回风系统混合点的比焓。机器露点低，说明要求喷水室（或空气冷却器）的冷水温度要低，这样可能影响到天然冷源的使用。若用人工冷源，则制冷机的蒸发温度降低，影响它的制冷能力，制冷机效率有所下降。

（3）当室内散湿量大时，热湿比就小，二次回风系统的机器露点 L 会更低。因此，仍应采用一次回风式系统（此时夏季采用再热就不可避免了，这是不得已的情况）。对散湿量很小的房间（热湿比接近无穷大）采用二次回风式系统，其优点发挥得更加充分。当然也会增加系统运行管理的复杂性。

（4）二次回风系统只适合于对室内温度、湿度参数要求严格，送风温差小而送风量大的恒温、恒湿或净化空调之类的工程。

2. 冬季空气处理过程

二次回风系统的冬季处理过程与一次回风系统的冬季处理过程相似，也有采用喷循环水加湿和喷干蒸汽加湿两种处理方式。这里只介绍冬季采用喷水室绝热加湿的二次回风系统空气处理过程。

在全年送风量固定的空调系统里，假设冬夏季室内状态参数相同，而且冬季和夏季的余湿量也相同，则冬季送风状态的含湿量也与夏季相同，再考虑二次回风混合比与夏季保持不变，则冬季机器露点 L 也与夏季相同。在这种情况下只需将原夏季工况送风状态点 O 通过加热器加热提高到冬季送风状态点 O' 即可。此时的 O 点就是原有的二次混合点。为了把空气处理成 L 点，仍采用预热（或不预热）、混合、绝热加湿等方法。如图 6-10 所示，处理流程为

$$\left.\begin{array}{c} W' \\ N \end{array}\right\} \xrightarrow{\text{混合}} C' \xrightarrow{\text{等焓加湿}} \left.\begin{array}{c} L \\ N \end{array}\right\} \xrightarrow{\text{混合}} O \xrightarrow{\text{加热}} O' \longrightarrow N$$

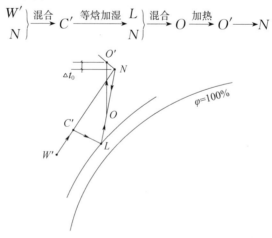

图 6-10　二次回风冬季处理过程在 h-d 图上的表示

与采用喷水室绝热加湿空气的一次回风系统一样，新风和一次回风的混合点 C' 也不一定刚好落在 h_L 线上，而有可能落在 h_L 线的上方或下方。

（1）新风与回风先混合后预热的二次回风式系统。

在寒冷地区，冬季按照最小新风量与一次回风量混合后的比焓，仍低于机器露点的比焓，并且不出现结露情况时，应采用先混合后预热的空气处理方案［图 6-11（a）］，其空气处理流程为

$$W' \atop N \bigg\} \xrightarrow{\text{第一次混合}} C' \xrightarrow{\text{加热}} C \xrightarrow{\text{等焓加湿}} {L \atop N} \bigg\} \xrightarrow{\text{混合}} O \xrightarrow{\text{加热}} O' \xrightarrow{\varepsilon'} N$$

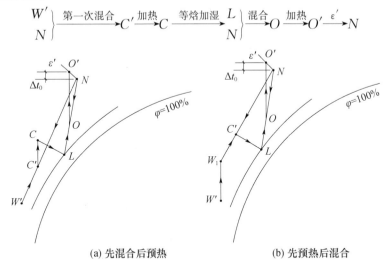

(a) 先混合后预热　　　　　　　(b) 先预热后混合

图 6-11　二次回风冬季处理过程在 h-d 图上的表示

① 预热器的加热量：从 h-d 图上可知，预热器的加热量指的是把新风 W' 预热到 W，或者是把一次混合后点 C' 加热到 C 所需要的加热量。

$$Q_1 = G_W (h_{W_1} - h_{W'}) = G' (h_C - h_{C'}) \tag{6-17}$$

② 再热器的加热量：从 h-d 图上冬季工况的空气处理过程可知，需要把混合状态点 O 的空气沿送风状态的等含湿量 $d_{O'}$（$d_{O'} = d_O$）再次加热，才能处理到冬季工况的送风状态点 O'，这部分二次加热量的大小为

$$Q_2 = G (h_{O'} - h_O) \tag{6-18}$$

（2）新风与回风先预热后混合的二次回风式系统。

在严寒地区，像一次回风系统那样，应采取先预热后混合的空气处理方案［如图 6-11（b）］，其空气处理流程为

$$W' \xrightarrow{\text{预热}} {W_1 \atop N} \bigg\} \xrightarrow{\text{第一次混合}} C' \xrightarrow{\text{等焓加湿}} {L \atop N} \bigg\} \xrightarrow{\text{混合}} O \xrightarrow{\text{加热}} O' \xrightarrow{\varepsilon'} N$$

（3）是否需要预热器的判据。

假设室外空气焓值为 h_{W_1} 时，室内、外空气混合焓值恰好为 h_L。按照两种空气的混合规律，从第一次混合知

$$\frac{G_W}{G_1 + G_W} = \frac{h_N - h_L}{h_N - h_{W_1}}$$

所以

$$h_{W_1} = h_N - \frac{(G_1 + G_W)(h_N - h_L)}{G_W}$$

而从第二次混合知

$$(G_1 + G_W)(h_N - h_L) = G(h_N - h_O)$$

由此可知

$$h_{W_1} = h_N - G\frac{h_N - h_O}{G_W}$$

即

$$h_{W_1} = h_N - \frac{h_N - h_O}{m\%} \tag{6-19}$$

这是二次回风系统是否需要预热器的判别式。如果 $h_{W'} < h_{W_1}$，应进行预热，其预热量为

$$Q = G_W(h_{W_1} - h_{W'}) \tag{6-20}$$

从式（6-19）可知，对于送风温差小和新风比大的二次回风系统往往更需要预热。

同时冬季空调箱内应设置空气加热器，在夏季则不需要使用，冬季设计状况下加热量为

$$Q = G(h_{O'} - h_O) \tag{6-21}$$

需要指出，上面讨论的是冬季与夏季余湿量相同的情况。如果二者不同，也可采取与夏季相同的风量和机器露点。但冬季送风状态点的含湿量 $d_{O'}$ 要按冬季余湿量计算。此时二次混合点不应是夏季送风状态点，它的位置应该是 $\overline{NL}$ 线与 $d_{O'}$ 线的交点，而 G_2 应由关系式 $G_2/G = (h_O - h_L)/(h_N - h_L)$ 算出，最后再求 G' 和 G_1。

可将二次回风系统设备组合成一个机组成厂家标配，如图6-12所示。

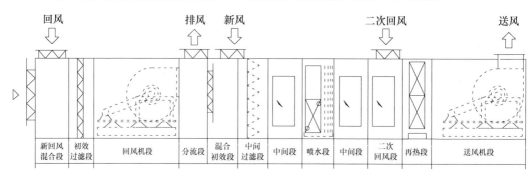

图6-12 双风机二次回风系统组合式空调机组

【**例6-2**】 条件同例6-1，要求设计二次回风空调系统，作空调过程线，并计算空调系统耗冷量。试比较例6-1及例6-2两种系统的能耗量，并分析形成这种差别的原因。

【**解**】 二次回风式空调系统的空调过程线如图6-9中的实线部分。

（1）确定露点参数。

由题6-1得：$h_W = 88.3 \text{kJ/kg}$，$h_N = 43.0 \text{kJ/kg}$，$h_O = 38.1 \text{kJ/kg}$，空调送风量 $G = 4.751 \text{kg/s}$。

ε 线与 $\varphi = 95\%$ 线相交于 L 点，查得 $h_{L_2} = 33.1 \text{kJ/kg}$

（2）求第一次混合风量与回风量。

新风量 $G_W = m\%G = 25\% \times 4.751 = 1.188 \text{kg/s}$

第一次混合总风量：$G_{L_2} = \dfrac{\overline{NO}}{\overline{NL}}G = \dfrac{h_N - h_O}{h_N - h_{L_2}}G = \dfrac{Q}{h_N - h_{L_2}}$

$$= \frac{83800}{(43.0 - 33.1) \times 3600}$$

$$= 2.351 \text{kg/s}$$

第一次混合回风量：

$G_{\text{回}_1} = G_{L_2} - G_w = 2.351 - 1.188 = 1.163 \text{kg/s}$

（3）求一次混合点的焓值。

由 $G_{L_2} h_C = G_{\text{回}_1} h_N + G_w h_W$ 得，$h_C = (G_{\text{回}_1} h_N + G_w h_W)/G_{L_2} = 65.9 \text{kg/s}$

（4）求系统耗冷量。

$Q_0 = G_{L_2}(h_C - h_{L_2}) = 2.351 \times (65.9 - 33.1) = 77.1 \text{kW}$

通过对比例 6-1 和例 6-2 中的数据，可知：例 6-1 中的一次回风系统能耗量为 95.02kW，与例 6-2 中的二次回风系统能耗量 77.1kW 相比，多消耗 18kW，基本等于一次回风系统中的再热量。造成这种差别的原因是二次回风系统并未设再热过程，而是以回风的第二次混合来取代了一次回风系统的再热过程。

6.2.3 系统的划分与分区处理

1. 划分原则

根据集中式空调系统所服务的建筑物使用要求不同，往往需要划分成几个系统，尤其是在风量大、使用要求不一的场合更有必要。通常可根据以下原则对空调系统进行划分：

（1）功能是否一致。

（2）使用时间是否相同。工作班次和运行时间相同的房间采用同一系统，有利于运行管理；而对个别要求 24h 运行或间歇运行的房间可单独配置空调机组。

（3）位置是否相邻。朝向、层次等位置相邻的房间宜结合在一起，这样风道管路布置和安装较为合理，同时也便于管理。

（4）室内参数是否相同。各室邻近，且室内温湿度基数、单位送风量的热湿扰量虽不同，但有室温调节加热器的再热系统时，需将空调系统合并。若房间分散，室内温湿度基数、单位送风量的热湿扰量差异较大时，通常宜分开设置。

（5）洁净度是否相同。产生同类有害物质的多个空调房间，或个别房间产生有害物质，但可用局部排风较好地排除，而回风不致影响其他要求干净的房间时，可以采用同一系统；有洁净室等级要求的房间不宜和一般空调房间合用系统；个别产生有害物质的房间不宜与其他要求干净的房间合用系统。

（6）噪声级别是否相同。各室噪声标准相近时，或各室噪声标准不同，但可作局部消声处理时，空调系统可以合并；各室噪声标准差异较大而难于做局部消声处理时，宜将空调系统分开。

（7）防火要求是否相同。空调系统的分区应与建筑防火分区相对应。

此外，当空调风量特别大时，为了减少与建筑配合的矛盾，通常可根据实际情况把系统分成多个系统，如纺织厂、体育馆等。

对于温度 $t=26℃±2℃$，相对湿度 $\varphi=55\%±10\%$ 的房间，如图 6-13 所示，平行四边形将所有热湿比包括在四边形内。计算时可取热湿比扇形中心线或者热湿比平均值，移动扇形使热湿比完全在扇形区域内，若不能实现热湿比线全在区间，应考虑分区处理。

2. 系统分区处理方法

（1）室内状态点要求相同，热湿比不同，送风状态点不同，在此情况下可以采用同一露点送风，分室加热的方法，如图 6-14 所示。

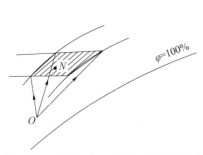

图 6-13　热湿比在 h-d 图上的阴影范围

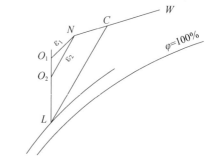

图 6-14　露点送风，分室加热的 h-d 图表示

系统流程为

$$\left.\begin{array}{c}W\\N\end{array}\right\}\xrightarrow{混合}C\xrightarrow{冷却除湿}L\xrightarrow{加热}O_1（O_2）\longrightarrow N$$

（2）室内状态点温度要求相同，相对湿度允许有偏差，而室内热湿比各不同，但为了方便，需采用相同送风点，如前所述。

（3）室内状态点状态要求相同，同时温湿度不希望有偏差，送风温差要求相同，这就要求不同的送风含湿量，如图 6-15 所示。

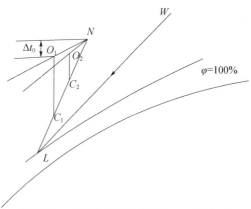

图 6-15　"分层空调方式"的 h-d 图表示

这是采用集中处理新风、分散回风、分室加热冷却的处理方法。工程上多用于多层多室的建筑物采用分层控制的空调系统，称为"分层（区）空调方式"。这种方式在实际中应用不多，初投资大，调节比较困难。

处理流程为

$$\left.\begin{array}{c}W\xrightarrow{冷却除湿}L\\N\end{array}\right\}\xrightarrow{混合}C_1（C_2）\xrightarrow{加热}O_1（O_2）\longrightarrow N$$

（4）室内状态点要求相同，热湿比不同，送风温差不做严格限制，为适应不同房间的热湿比线送风，就要求各送风点的含湿量不同。除了上述做法，也可采用双风道系统。

值得注意的是，在以上几种方案的处理过程分析中，为了简化问题，没有在 h-d 图上反映出空气经风道的传热温升（夏季）或温降（冬季），以及由风机功率的转化而引起的温升（通常冬季风道内的风机转化成热产生的温升与管壁温降相抵消，而夏季两者都成为不利因素而相叠加）。但是对于管道长，因管内风速高而风机压头大的系统——高速风道系统，这种温度的变化必须考虑，并且把它反映在 h-d 图的处理过程中。

6.3　半集中式空调系统

半集中式空调系统除了集中处理机房外，在空调房间内部设有二次盘管（末端装置）对空气进行局部补充处理。该系统克服了集中式空调系统空气处理量大，设备、风道断面积大等缺点，同时具有局部式空调系统便于独立调节的优点。半集中式空调系统因二次空气处理设备种类不同可分为风机盘管系统、诱导器系统和辐射板系统，其中风机盘管系统和诱导器系统是典型的半集中式空调系统。

6.3.1　风机盘管系统

1. 系统分类和特点

（1）分类

风机盘管机组一般分为立式、卧式、卡式和立柱式。立式设置在房间散热器位置，获得比较均匀的室温分布，适用于冬季长时间使用情况；卧式一般适用于夏季房间送冷风，置于吊顶上面。按出口静压可分为低静压型和高静压型（30 Pa 和 50Pa）；按特征可分为单盘管和双盘管等；按进水方位可分为左式（面对机组出风口，供回水管在左侧）、右式（面对机组出风口，供回水管在右侧）。风机盘管可根据装修的需要做成明装或暗装。

（2）调节

风机盘管作为末端设备阻力损失大，相对于热水采暖系统而言不易发生水力失调。当室内负荷发生变化时，该系统采用量调节为主，采用手动或自动的方法对风机盘管进行个体调节。风机盘管系统一般采用风量调节（一般为三速控制）、水量调节和旁通风门调节三种。

① 水量调节——目前风机盘管系统常用的水量调节方法有两种：一是在冷冻水管路上设置二通电动阀，用恒温控制器根据室内温度变化控制该阀的启闭；二是在冷冻水管路上设置三通电动阀，用恒温控制器根据室内温度控制三通电动阀的启闭，使冷冻水全部通过风机盘管或者全部旁通流入回水管，三通电动阀可以在供水管上，也可以在回水管上。图 6-16 为风机盘管系统的水量调节示意图。

② 风量调节——目前生产的风机盘管有三档风量调节（高、中、低三档），配上三速开关，用户可根据需要手动选择风量的档次。通常把恒温控制器和三速开关组合在一起，并设有供热供冷转换开关，这样可实现风量和水量调节。近年开发了直接控制风量

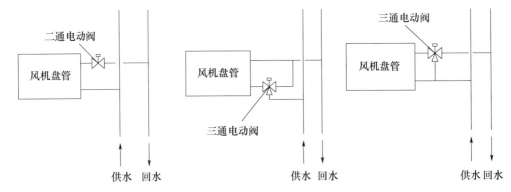

图 6-16　风机盘管系统的水量调节示意图

的恒温控制器，根据室温的变化，控制风机的三档风速或控制风机的无级变速，风机可实现无级调节，从而实现了冷量的无级调节。

③ 旁通风门调节——通过敏感元件、调节器和盘管旁通风门自动调节旁通空气混合比；负荷调节范围大（20%～100%）；初投资较高；调节质量好；送风含湿量变化不大；室内相对湿度稳定；总风量不变，气流分布均匀；风机功率并不降低。

风量调节单独应用于要求不高的场所，和水量调节结合一起应用于要求较高的场所；而旁通风门可用于要求高的场合，可使室温允许波动范围达到±1℃，相对湿度达到40%～50%，但在国内应用不多。

（3）特点

优点——个别控制性能好，调节或关闭风机不影响其他房间；节省回风输送动力，不用时可以关掉；占建筑空间少，改建时增减灵活，容易与装潢工程配合；布置安装方便；建筑分区处理容易，处理周边负荷方便，房间之间空气互不相通。

缺点——受到风机噪声的限制，风机转速不能过高，所以机组剩余压头很小，气流分布受到限制，适用于进深小于 6m 的房间，必须采用高效低噪声风机；机组分散，维护工作量大；当机组没有新风系统同时工作时，冬季室内相对湿度偏低，故不能用于全年室内湿度有要求的地方；空气的过滤效果较差；水系统复杂；湿度不好控制，尤其是盘管在室内湿工况运行时，送风可能把凝水吹入室内，排凝水不利的时候风口可能会滴水；盘管冷热兼用时，容易结垢，不易清洗。

2. 风机盘管的新风系统

（1）风机盘管的新风供给方式

1）靠房间缝隙渗入室外空气补给新风。

系统初投资低，运行费用经济。但机组处理的基本是再循环空气，室内卫生条件差；且受无组织的渗透风影响，室内温度分布不均匀；机组承担新风负荷，长时间在湿工况下工作。适用于人少、无正压要求、清洁度要求不高的空调建筑；要求节省初投资和运行费用的建筑；新风系统布置有困难或旧有建筑改造，如图 6-17（a）所示。

2）从机组背面的墙洞引入新风直接进入新风机组。

这种形式下，通常新风口做成可调节的，冬、夏季按照最小新风量运行，过渡季大量多采用新风。这种系统新风得到比较好的保证，但是室内空气会受到新风的影响；初投资和运行费用节省；须做好防尘、防噪声、防雨、防冻措施；机组长时间在湿工况下工作。通常适用于人少、要求不高的建筑；要求节省投资和运行费用的建筑；新风系统布置有困难或旧有建筑改造；房高为 5m 以下的建筑物，如图 6-17（b）所示。

3）独立的新风系统供给室内新风。

以上两种新风供给方式的共同特点是：在夏、冬季，新风不但不能承担室内冷、热负荷，而且还要求风机盘管负担对新风的处理，这就要求风机盘管机组必须具有较强的冷却和加热能力，使风机盘管机组的尺寸增大，为了克服这些不足，引入了独立新风系统。

设有单独的新风处理系统，即把新风处理到某一参数，根据所处理终参数的情况，新风系统可承担新风负荷，也可承担部分房间负荷，这样提高了系统的调节和运转能力。同时供水温度可适当提高，结露现象也可得到改善。这种系统根据新风与回风的混合方式可分为两种：

① 新风和回风在房间内混合，即新风、回风单独处理，单独送入，如图 6-17（c）所示。

② 新风和回风在进入房间前混合，送风口只有一个，空气温度场均匀。新风直接送入风机盘管的吸入端，与房间回风混合，被盘管冷却（加热）后送入室内。此种系统简单，但是风机盘管一旦停止使用后，新风将从回风口吹出，回风口处过滤器积有很多灰尘，会把这些灰尘吹入房间，一般不提倡采用此种方式。此外，由于新风经过风机盘管机组，增加了机组风量的负荷，使运行费用增加、噪声增大。同时，受到热湿比的限制，盘管通常只能在湿工况下运行。如图 6-17（d）所示。

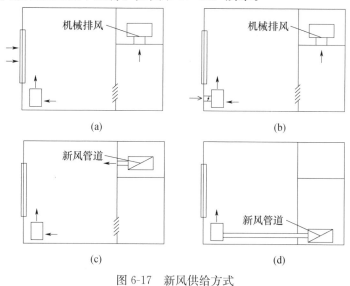

图 6-17　新风供给方式

（2）新风处理过程

具有独立新风系统的风机盘管，夏季处理过程有以下五种：

1）新风处理到室内焓值，不承担室内负荷，新风直接送入房间（图 6-18）。

首先确定新风处理状态点，根据室内空气焓值和新风处理后的机器露点可确定出新风处理后的状态点 L；然后过 N 点作热湿比线，并按最大送风温差与 $\varphi = 90\%$ 相交，即为送风点 O；最后确定总风量与风机盘管风量、风机盘管处理空气后的状态点 M。风机盘管系统多用于舒适性空调，所以不受送风温差限制，可采用较低的送风温度。则房间送风量为 $G = Q / (h_N - h_O)$，连接 $\overline{LO}$ 并延长到 M，使 $\overline{LM} = \overline{MO} \times G/G_W$（即 $G_W/G = $

181

$\overline{MO/LM}$），则 M 点为风机盘管的出风状态点。

2）新风处理到室内含湿量（图 6-19）。

该系统在 h-d 图上的过程同 1），新风处理到室内状态的等湿点。新风系统不但承担新风冷负荷，而且还负担部分室内负荷，以及新风湿负荷；风机盘管承担部分室内冷负荷及室内湿负荷。

3）新风处理到低于室内含湿量（图 6-20）。

过 N 点作热湿比线，根据送风温差确定送风点 O，并计算出房间总送风量，新风量已知，则可确定风机盘管风量，连接 $\overline{NO}$ 并延长至 P，使 $G_{\mathrm{w}}/G=$ $\overline{NO/NP}$，则 P 点的等湿线与机器露点的等相对湿度

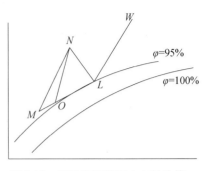

图 6-18　新风处理到室内空气焓值

线交点为 L，连接 $\overline{LO}$ 并延长至 M 点，使得 $\overline{LM}=\overline{LO}\times G/G_{\mathrm{F}}$，$M$ 点为风机盘管的出风状态点。注意，分析时并未考虑新风机温升。

新风系统承担新风冷负荷和部分室内冷负荷，新风湿负荷和部分室内湿负荷；风机盘管系统承担部分室内冷负荷和部分室内湿负荷。此种方案风机盘管干工况运行，可实现等湿冷却，避免了凝结水的产生，设备小、噪声低，改善室内卫生。新风机组处理焓差大，消耗冷量大；水温要求 5℃以下，要采用特制的新风机组（排数多、迎面风速小）。

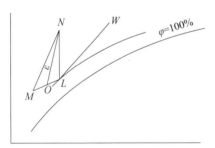

图 6-19　新风处理到室内空气含湿量

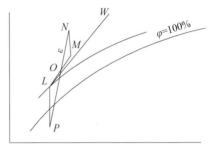

图 6-20　新风处理到低于室内含湿量

以上三种系统流程均为

$$\left.\begin{array}{c}W \longrightarrow L\\ N \longrightarrow M\end{array}\right\}O \longrightarrow N$$

4）新风处理到室内温度。新风处理到室内温度，风机盘管负担的负荷很大，特别是湿负荷很大，造成卫生问题，故不建议采用。

5）新风处理到室内焓值，并与室内空气直接混合进入风机盘管处理。这种系统风机盘管处理的风量比其他方式大，产品选型较难；当风机盘管不工作时，新风从回风口送出，造成对过滤器反吹，对卫生不利；不必在室内为新风设置单独的送风口。

3. 风机盘管的选择

国内在风机盘管检测指标中有很多项目：风量、供冷量、供热量、单位风机功率供冷量、水阻力、A 声级噪声、凝露、凝结水处理、电机绕组温升、热态绝缘电阻、泄漏电流、接地电阻等。但通常在工程中选择风机盘管时，主要是看风量、冷量、噪声、耗电量这几个指标。

风机盘管夏季提供的冷量为

$$Q = G_F (h_N - h_M) \qquad (6\text{-}22)$$

因此，选择风机盘管的关键是如何实现 $N \rightarrow M$ 的处理过程，即在要求的风量、进风参数和水初温、水量等条件下，能否满足冷量和出风参数，实际上这也是表冷器的校核计算。

一般风机盘管都提供有不同档次，不同水温、水量、风量等条件，不同进风参数情况下的总冷量和显热冷量，如果没有详细资料可以采用如下方法：

（1）利用风机盘管的全热冷量焓效率和显热冷量焓效率选择。

全热冷量焓效率定义式和经验式为

$$\varepsilon_h = \frac{h_N - h_M}{h_N - h_{W_1}} = A \cdot W^x / v_a^y$$

式中，h_{W_1}——进水温度下的饱和空气焓值；

　　　W——风机盘管的水量；

　　　v_a——风机盘管的面风速；

A，x，y——某一型号风机盘管的实验系数。

显热冷量焓效率定义式和经验式为

$$\varepsilon_g = \frac{t_N - t_M}{t_N - t_{W_1}} = B \cdot W^g / v_a^h$$

式中，t_N——室内状态点的温度；

　　　t_M——空气处理后状态点的温度；

　　　t_{W_1}——风机盘管的进水温度；

B，g，h——某一型号风机盘管的实验系数。

（2）风机盘管变工况的冷量换算。

为了把机组额定（铭牌）工况下所提供的冷量换算成空调设计工况下的冷量，即确定变工况后的冷量，例如风机盘管其他工况不变，仅有风量变化时，此工况下的冷量 Q' 为

$$Q' = Q \left(\frac{G'}{G} \right)^u$$

式中，u——系数，可取 0.7。

在工程上风机盘管的选择通常有以下两种方法：

① 根据房间循环风量选择：房间面积、层高（吊顶后）和房间换气次数三者的乘积即为房间的循环风量。利用循环风量对应风机盘管高速风量，即可确定风机盘管型号。

② 根据房间所需的冷负荷选择：利用房间冷负荷对应风机盘管的高速风量时的制冷量即可确定风机盘管型号。确定型号以后，还需确定风机盘管的安装方式（明装或暗装），送回风方式（底送底回或侧送底回等）以及水管连接位置（左或右）等条件。

4. 风机盘管加新风系统的设计

（1）设计原则

① 空调房间多，各房间人员密度不大，建筑层高较低，房间温、湿度要求不严格时，可选用风机盘管。

② 厨房等空气中含较多油脂，对温、湿度要求精度高的房间不宜设置风机盘管。

③ 新风宜直接送入室内。

（2）设计思路

① 新风供给方式的选择及负荷分配。

② 选择风机盘管型式及型号。

③ 选择水系统。

④ 选择新风机组。

⑤ 进行 h-d 图分析。

（3）新风系统、排风系统设计

① 新风系统设计

新风系统的管道布置，往往是利用建筑设计时留出的新风竖井将新风管道垂直布置其中，到各层接出水平支管（接出处须装防火阀），分区控制较方便。管道井可纵向布置，沿建筑物长度方向有的稍凸出于走廊使检修便利；管道井也可横向布置（这种布置较多，即沿建筑物宽度方向），横向布置的建筑平面处理较合理，但检修较困难。

② 排风系统设计

排风系统按其规模可分为小系统和大系统。排风系统不管其大小，一般都是利用竖风管（或竖井砖风道）从下往上排风，风管布置在相邻客房卫生间的竖井内，小系统的竖风管一直延伸到屋面与屋顶风机相接，一般可带动 40～60 间卫生间的排风；大系统一般利用中间某层或顶层吊顶空间（层高需特殊加高）布置水平排风干管，将竖风管的排风汇集起来，通过竖井与顶层排风机房的排风风机相接排出室外。

客房卫生间排风系统的设计风量是按换气次数 8～10 次/h 计算的。为防止室外空气的渗透，保持房间正压，送入室内的新风量应大于排风量的 20%。

【例 6-3】 有一空调房间，夏季室内冷负荷为 $Q=43.6$kW，湿负荷 $W=2.3$g/s；室内空气参数 $t_N=26℃$，$\varphi_N=65\%$；室外空气设计参数 $t_w=30.5℃$，$t_{ws}=24.2℃$；房间所需新风量 $G_w=1920$m³/h，大气压力 $B=101325$Pa。拟采用风机盘管加新风系统，试确定风机盘管机组的型号、数量及主要运行参数。

【解】 采用新风处理到室内空气焓值的方案，空气处理过程如图 6-19 所示。

（1）计算总热湿比及房间送风量。

热湿比 $\varepsilon=\dfrac{Q}{W}=\dfrac{43.6\times1000}{2.3}=18956$kJ/kg

在 h-d 图上根据 $t_N=26℃$ 及 $\varphi_N=65\%$ 确定 N 点，$h_N=61$kJ/kg；过 N 点作 ε 线与 $\varphi_N=90\%$ 线相交，即得送风状态点 O，$h_O=52$kJ/kg。则总送风量为

$$G=\frac{Q}{h_N-h_O}=\frac{43.6}{61-54}=6.23\text{kg/s}=\frac{6.23}{1.2}\times3600=18690\text{m}^3/\text{h}$$

（2）计算风盘风量。

$G_F=G-G_W=18690-1920=16770$m³/h$=5.59$kg/s

（3）确定 M 点。

由 $\dfrac{\overline{MO}}{\overline{OL}}=\dfrac{G_W}{G_F}=\dfrac{h_M-h_O}{h_O-h_L}$ 得：$\dfrac{1920}{18690}=\dfrac{h_M-53.9}{53.9-61}$，可算出 $h_M=53.2$kJ/kg。

连接 L、O 两点并延长与等焓线 $h_M=53.2$kJ/kg 相交得 M 点，$t_M=18.8℃$。

（4）风盘供冷量。

全冷量 $Q_T = G_F (h_N - h_M) = 5.59 \times (61 - 53.2) = 43.6\text{kW}$。

显冷量 $Q_S = G_F c_p (t_N - t_M) = 5.59 \times 1.01 \times (26 - 8.8) = 40.6\text{kW}$。

（5）选用 TCR1000F 三排管风机盘管机组 10 台，每台高档风量 1708m³/h；在进水温度为 7℃、出水温度为 12℃ 时，每台机组的全热冷量为 98kW，显热冷量为 6.85kW，能够满足要求。

6.3.2　诱导器系统

诱导器系统是另一种半集中式空调系统。

1. 构造原理和分类

（1）构造原理

诱导器由喷嘴、静压箱、冷热盘管等构成。经集中处理过的一次空气（即新风，也可混合部分回风），由风机送入设在空调房间的诱导器静压箱中，由喷嘴高速喷出，在诱导器内产生负压，将室内空气（即回风，又称二次空气）经盘管被吸入，二次风与一次风混合，然后送入空调房间。

典型的诱导器结构见图 6-21，安装型式见图 6-22，系统简图见图 6-23。

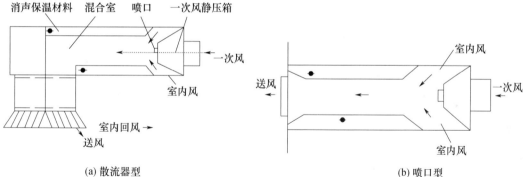

(a) 散流器型　　　　　　　　　　　　　　(b) 喷口型

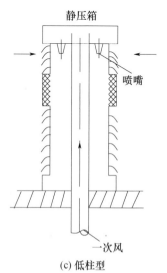

(c) 低柱型

图 6-21　典型的诱导器结构

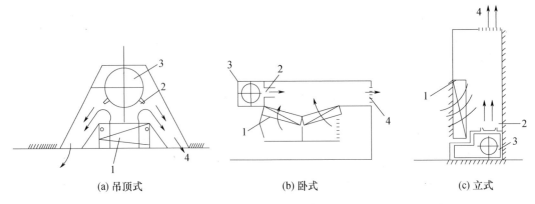

(a) 吊顶式　　　　　　　　　(b) 卧式　　　　　　　　　(c) 立式

图 6-22　安装型式

1—换热器；2—喷嘴（一次风）；3—高速风管接管；4—出风口

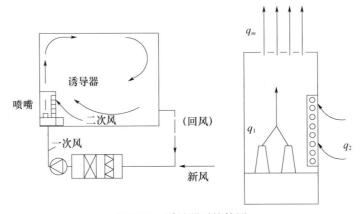

图 6-23　诱导器系统简图

（2）分类

① 按结构型式可分为两类。

全空气诱导器——室内所需的冷负荷全部由空气（一次风）负担，诱导器不带二次冷却盘管，如图 6-24（a）。

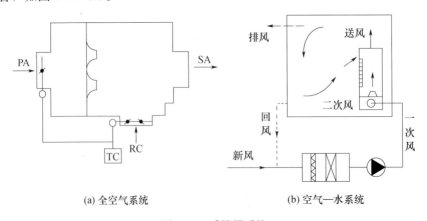

(a) 全空气系统　　　　　　　　　(b) 空气—水系统

图 6-24　诱导器系统

PA——一次风；RA—室内风（二次风）；SA—送风；TC—温度控制器

空气-水诱导器——部分夏季室内冷负荷由空气（由集中空气处理箱处理得到的一次风）负担，另一部分由水（通过二次盘管加热或冷却二次风）负担，如图 6-24（b）所示。

② 按安装型式可分为四类：卧式、立式、吊顶式和低柱式。

诱导器的主要性能指标之一为诱导比 n——诱导器工作时吸入的二次风量 G_2（kg/s）与供给的一次风量 G_1（kg/s）比值，即

$$n = \frac{G_2}{G_1} \tag{6-23}$$

由于空气循环量（送风量）G 是 G_1 和 G_2 之和，所以

$$G_1 = \frac{G}{1+n} \tag{6-24}$$

诱导比大小反映了在一次风量相等的情况下，诱导器冷却（或加热）能力的大小。

2. 全空气诱导器（简易诱导器）

全空气诱导器系统实质上是单风道变风量系统的一种形式，也是一个变风量末端机组，故也称变风量诱导器。根据各房间的温度，调节诱导器一次风的风量，同时开大二次风的风门，以保证送入室内的风量基本稳定。

空气处理过程如图 6-25 所示。

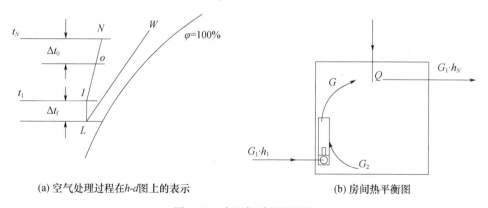

(a) 空气处理过程在 $h\text{-}d$ 图上的表示　　(b) 房间热平衡图

图 6-25　全空气诱导器系统

如图 6-25（a）所示，状态为 W 的室外空气，经空气处理设备处理后，达到机器露点 L，被高压风机吸入、压缩后到达状态 1。1 点与 L 点相比，含湿量相同，但温度升高了 Δt_f。状态 1 的空气由喷嘴喷出（一次风），引射了状态为 N 的室内空气。两者混合后达到状态 O，即送风状态。O、N 和 1 点是在一条直线上，其诱导比为

$$n = \frac{G_2}{G_1} = \frac{\overline{O1}}{\overline{NO}}$$

按照图 6-25（b）所示的房间热平衡关系式：$G_1 h_1 + Q = G_1 h_N$。

可求出诱导器所需的一次风量（G_1）为

$$G_1 = \frac{Q}{h_N - h_1} \tag{6-25}$$

该系统的特点是它保持了常规单风道变风量系统的优点，避免了常规变风量系统在部分负荷时风量小，影响室内气流分布的问题；诱导器风门有漏风，系统总风量比常规变风量系统稍大；诱导器内喷嘴风速较大，压力损失比常规的变风量系统末端机组大很

多，噪声大。

3. 空气-水诱导器

空气-水诱导器系统属于空气-水系统。房间负荷由一次风（通常是新风）与诱导器的盘管共同承担。

工作原理：经处理过的一次风进入诱导器，由喷嘴高速喷出，在诱导器内产生负压，室内空气（二次风）经盘管被吸入；在盘管内二次风被冷却（或加热），被冷却（或加热）后的二次风与一次风混合，然后送入室内。

安装形式：卧式诱导器，装于顶棚上；上出风立式诱导器，装在窗台下，一次风的风管和供回水管通常在下层顶棚内；下送风立式诱导器，靠内墙明装；吊顶式诱导器，装在顶棚内，下部与天花板同高，如图 6-26 所示。

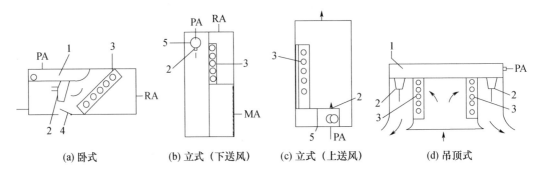

图 6-26　空气-水诱导器系统安装形式

PA——一次风；RA—室内风（二次风）；MA—混合风

1—静压箱；2—喷嘴；3—盘管；4—旁通风门；5—风管

盘管型式：一般是 1 排管或 2 排管的钢管铝翅片结构，盘管冷热共用；为同时供冷和供热，有的将冷却盘管与加热盘管分开。

空气处理过程分析：

如图 6-27（b）所示的状态变化中，状态点 W 的室外新风，经由空气处理设备处理

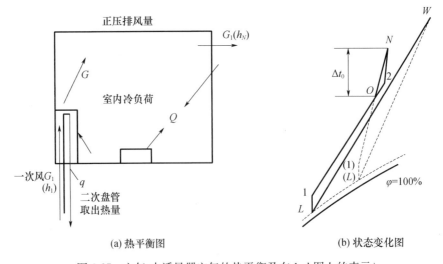

(a) 热平衡图　　　　　　　　　(b) 状态变化图

图 6-27　空气-水诱导器空气的热平衡及在 h-d 图上的表示

后，状态发生变化达到状态点 L（机器露点），由高压风机压缩后到达状态点 1 并从诱导器的喷嘴喷出（一次风）。被诱导器中状态点为 N 的一部分室内空气（二次风），流过诱导器中的水热交换器冷却到状态点 2，并与状态点 1 的一次风在诱导器内混合，达到送风状态点 O 后送入空调房间中。

图 6-27（a）为这一系统的房间热平衡关系示意图。

由热平衡关系：

$$G_1 h_1 + Q = G_1 h_N + q$$

可得出：

$$G_1 = \frac{Q - q}{h_N - h_1} \tag{6-26}$$

式中，q——诱导器内换热器从二次风中带走的热量。

诱导比、一次风的风量 G_1（kg/s）、在换热器中交换的一次风热量 Q_1 和二次风热量 Q_2（kW）分别为

$$n = \frac{G_2}{G_1} = \frac{\overline{O1}}{\overline{2O}} \tag{6-27}$$

$$G_1 = \frac{Q}{(1+n)(h_N - h_O)} \tag{6-28}$$

$$Q_1 = G_1 (h_W - h_L) \tag{6-29}$$

$$Q_2 = G_2 (h_N - h_2) \tag{6-30}$$

空气-水诱导器系统在房间中的空气处理过程，与空气-水风机盘管系统中新风与盘管并联送风一样，即室内空气被诱导器的盘管处理后再与经处理的一次风混合送入室内，消除室内负荷。房间的负荷由一次风与诱导器共同来承担，因此也有两者之间的匹配问题。通常需确定一次风量和处理状态，分配一次风和诱导器的负荷，再选择合适的诱导器。一次风原则上采用新风，新风量按卫生要求确定。对于室内负荷相对比较大的系统，新风量所对应的诱导器制冷量达不到消除室内负荷的要求时，则应加大一次风量。如果加大的量不大，则仍用新风作一次风，否则宜采用新风加部分回风作一次风。

4. 特点

（1）全空气诱导器系统与空气-水诱导器系统的比较

当两种系统的送风温差相同时，空气-水诱导器可采用更大的诱导比和更低的一次状态；空气-水诱导系统中一次风可全部用新风，也可部分新风加部分回风。

（2）诱导器系统的优点

① 诱导器不需消耗风机电功率。

② 喷嘴速度小的诱导器噪声比风机盘管低。

③ 诱导器无运行部件后，设备寿命比较长。

④ 卫生情况好，保证每个房间的新风供给，可用于旧建筑物加设空调或高层建筑。

（3）诱导器系统的缺点

① 诱导器风盘管的二次风流速低，制冷能力低，同一制冷量诱导器体积比风机盘管大。

② 诱导器无风机，盘管前装低效过滤网，盘管易积灰。

③ 一次风系统停运后，诱导器无法正常工作。

④ 高速喷嘴诱导器，一次风系统阻力比风机盘管的新风系统阻力大，功率消耗多。

⑤ 个别调节不灵活，新风管道必须根据诱导器的位置进行布置。

⑥ 不易控制末端装置的噪声。

【例 6-4】 已知某工厂车间，要求 $t_N = 24℃$，$\varphi_N = 60\%$；夏季室内冷负荷 $Q = 2.1kW$，余湿量 $W = 0.19g/s$，送风温差 $\Delta t_0 = 5℃$，该地区室外设计参数夏季 $t_w = 35℃$；水源温度为 15℃，大气压力 $B = 101325Pa$。试对诱导器系统进行设计计算。

【解】 由室内条件可知，空气的露点温度为 15.8℃，根据资料表明采用水初温 15℃时，可以实现诱导器的表冷器为干工况。

（1）确定一次风和二次风状态。

① 计算热湿比。

$$\varepsilon = \frac{Q}{W} = \frac{2.1 \times 1000}{0.19} = 11052 kJ/kg$$

在 h-d 图上根据 $t_N = 24℃$ 及 $\varphi_N = 60\%$ 确定 N 点，$h_N = 52.8kJ/kg$；过 N 点作 ε 线，按 $\Delta t_0 = 5℃$ 即得送风状态点 O，$h_O = 45.8kJ/kg$，$t_O = 19℃$（图 6-28）。

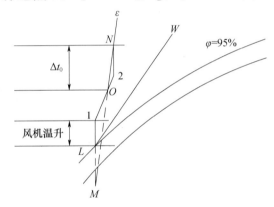

图 6-28 例 6-4 图

② 选 $n = 3$ 的诱导器，作 $\overline{NO}$ 的延长线，并使 $\frac{\overline{MO}}{\overline{NO}} = 3$，过 M 点向上作垂线，与线 $\varphi_N = 95\%$ 相交得 L 点；考虑风机温升 2℃，可得一次风状态点 1，$h_1 = 35kJ/kg$，$d_1 = 8.2g/kg$。

③ 连接 1、O 两点并延长，与 d_N 线相交于 2 点，即二次风状态点，$h_2 = 49.2kJ/kg$，$d_2 = 11.2g/kg$。

（2）计算一次风量 G_1。

送风量：$G = \frac{Q}{h_N - h_O} = \frac{2.1}{52.8 - 45.8} = 0.3kg/s = 900m^3/h$。

一次风量：$G_1 = \frac{G}{n+1} = \frac{0.3}{3+1} = 0.075kg/s = 225m^3/h$。

（3）按 $G_1 = 225m^3/h$，可从产品样本中选诱导器并确定二次风负担的室内负荷。

一次风负担的室内冷负荷为

$$Q_1 = G_1 (h_N - h_1) = 0.075 \times (52.8 - 35) = 1.335kW$$

二次风承担的室内冷负荷为：
$$Q_2 = Q - Q_1 = 2.1 - 1.335 = 0.765\text{kW}$$

（4）处理一次风耗冷量为
$$Q_1 = G_1(h_W - h_L) = 0.075 \times (92.2 - 33.1) = 4.43\text{kW}$$

总冷量校核。

① 总冷负荷可按室内负荷、新风负荷及再热器（此处为风机温升）负荷计算，即
$$Q_0 = Q + G_1(h_W - h_N) + G_1(h_1 - h_L)$$
$$= 2.1 + 0.075 \times (92.2 - 52.8) + 0.075 \times (35 - 33.1) = 5.1975\text{kW}$$

② 总冷负荷按一次风处理箱负荷及二次盘管冷负荷之和计算，即
$$Q_0 = G_1(h_W - h_L) + Q_2 = 4.43 + 0.765 = 5.198\text{kW}$$

两种计算方法得出的结果基本相等。

6.4 分散式空调系统

分散式空调系统是空调房间的负荷由制冷剂直接承担的系统。此系统是将空气处理设备全部分散在空调房间内，因此分散式空调系统又称为局部空调系统或机组式系统。分散式空调自带冷热源，而风在房间内的风机盘管内进行处理。通常使用的各种空调器就属于此类。

空调器将空气处理设备、风机、冷热源等都集中在一个箱体内。它有生产厂家整机供应，用户按机组规格、型号选用即可，不需对机组中各个部件与设备进行选择计算。目前，工程中最常见的机组式系统有：房间空调器系统、单元式空调机系统、变制冷剂流量空调系统和水环热泵空调系统。

6.4.1 分散式空调系统的构造类型

1. 分类

（1）按容量大小或室内装置型式划分。

① 窗式：容量小，冷量在7kW以下，风量在0.33m³/s（1200m³/h）以下，可以直接安装在窗口上或外墙上的一种小型房间空调器。是最早使用的型式，冷凝器风机为轴流型，冷凝器突出并安装在室外。它由空气处理部分和制冷系统组成，如果在其内部增加一个四通换向阀，就可组成热泵式空调器。热泵式空调器不但夏季供冷，冬季还可供暖。通常使用在对室内噪声限制不严的房间，如图6-29所示。

② 挂壁机和吊装机：容量小，冷量在13kW以下，风量在0.33m³/s（1200m³/h）以下。压缩冷凝机组设在室外，室内侧噪声低。室内、外机用制冷剂管道连接，应注意安装防泄漏。

③ 立柜式：容量大，冷量在70kW以下，风量在5.55m³/s（20000m³/h）以下。

（2）按冷凝器的冷却方式分。

① 水冷式：以水作为冷却介质，用水带走冷凝热，一般为大容量机组，要有冷却水源。为了节约用水，用户一般设置冷却塔，冷却水循环使用，通常不允许直接使用地

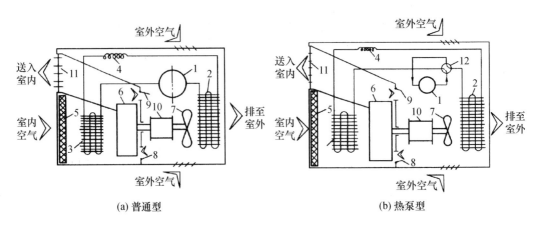

(a) 普通型   (b) 热泵型

图 6-29　窗式空调器系统原理图

1—制冷压缩机；2—室外侧换热器；3—室内侧换热器；4—毛细管；5—过滤器；6—离心式风机；

7—轴流式风机；8—风阀；9—风阀；10—风机电机；11—送风口；12—四通换向阀

下水或自来水。制冷效率高于风冷。

② 风冷式：以空气作为冷却介质，冷凝器靠风机吹动空气冷却，用空气带走冷凝热，制冷性能系数低于水冷空调机组，但是免去了用水的麻烦，无需冷却塔和循环水泵，安装与运行简单，应用市场很大。

（3）按供热方式分。

① 普通式：冬季用电热采暖。

② 热泵式：冬季仍由制冷机工作，借助于四通换向阀使制冷机逆向循环，制冷的流程冬、夏季走向相反，把原来的蒸发器当作冷凝器，原来的冷凝器当作蒸发器。图 6-30 为水/空气热泵机组工作原理图。

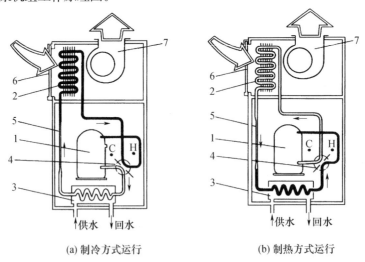

(a) 制冷方式运行   (b) 制热方式运行

图 6-30　水/空气热泵机组工作原理图

1—全封闭压缩机；2—制冷剂/空气热交换器；3—制冷剂/水热交换器；4—四通换向阀；

5—毛细管；6—过滤器；7—风机

（4）按机组的整体性分。

① 整体式：压缩机、冷凝器、蒸发器和膨胀阀构成一体，可以直接对空气进行冷却、加热、加湿、除湿等处理。由于其体积紧凑，占地面积小，能量调节范围广和使用方便等优点，被越来越多地应用于中小型空调系统。典型的整体式空调机组有热泵式恒温恒湿空调机、屋顶式空调机、电子计算机专用空调机组、低温空调机组，见图 6-31。

② 分体式：如图 6-32 所示，是把制冷压缩机、冷凝器同室内空气处理设备分开安装的空调机组。制冷机和冷凝器一起组成一套机组，一般置于室外，称室外机；空气处理设备组成另一套机组，置于室内，称室内机。室内机有壁挂式、落地式、吊顶式、嵌入式等。室内机和室外机之间用制冷剂管道相连接，室内机和室外机间的水平距离不大于 5m 为好，最长不超过 10m，室内机和室外机之间的高度差不超过 5m。

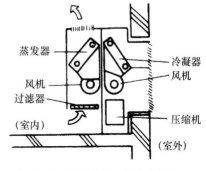

图 6-31　穿外墙的整体立式机组

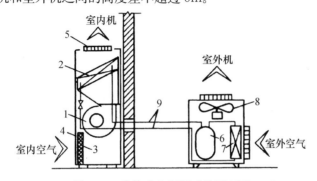

图 6-32　分体式空调器系统原理图

1—离心式风机；2—蒸发器；3—过滤器；4—进风口；5—送风口；6—压缩机；7—冷凝器；
8—轴流风机；9—制冷剂配管

（5）按使用功能分。

冷风机组、恒温恒湿机组、低温机组、全新风机组、净化空调机组。HD -9 型低温空调机组流程图见图 6-33。

（6）按系统热回收方式分。

① 三管制（冷剂）式：利用压缩机高压排气管进行供热，高压液管经节流供冷，能对建筑物同时供冷、供热，故设有三管，只限于小规模场合应用。

② 冷却水闭环式热泵型：属于水源热泵的一种型式，通过水系统把机组相连在一起。

（7）按驱动能源分。

共有电驱动、燃气（油）驱动、电＋燃气式三种。

6.4.2　分散式空调系统的性能和应用

1. 空调机组的能效比（性能系数 *EER*）

（1）制冷工况

空调机组的能耗指标可用能耗比来评价，即

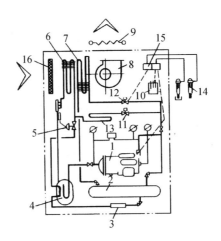

图 6-33　HD-9 型低温空调机组流程图

1—制冷压缩机；2—冷凝器；3—干燥过滤器；4—热交换热器/集液器；5—膨胀阀；6—蒸发器；

7—二次加热器；8—风机；9—电加热器（用户自配）；10—加湿器；11—冲霜电磁阀；

2—二次加热电磁阀—；13—积水盘加热器；14—电接点温度计；15—晶体管继电器；16—空气过滤器

$$EER_C = \frac{机组名义工况下的制冷量（W）}{整机的功率消耗（W）} \qquad (6\text{-}31)$$

机组的名义工况（额定工况）制冷量是指国家规定的进风湿球温度、风冷冷凝器进风干球温度等检验工况下测得的制冷量，一般 EER_C 值取 2.5～3.0。

（2）制热工况（热泵）

$$EER_H = \frac{机组名义工况下的制热量（W）}{整机的功率消耗（W）} \qquad (6\text{-}32)$$

在同一工况下，根据制冷机循环原理，$EER_H = EER_C + 1$。

热泵在冬季运行时，随着室外温度降低，有时必须提供辅助加热量（如电加热设备），因此用制热季节性能系数来评价其性能比较合理，即

$$HSPF = \frac{供热季节热泵的总制热量（W）}{供热季节热泵的总输入能量（W）}$$
$$= \frac{供热季节热泵制热量（W）+辅助电热量（W）}{供热季节热泵运行电耗量（W）+辅助电热量（W）} \qquad (6\text{-}33)$$

2. 空调机组的选定

根据空调房间总冷负荷（包括新风冷负荷）和焓-湿图上处理过程的实际要求，查机组的特性曲线或性能表（不同进风湿球温度和不同冷凝器进水或进风温度下的制冷量），使冷量和出风参数符合工程的设计要求，不能只根据机组的名义工况来选配机组。

空调机组是冷凝器、蒸发器、通风机联合工作的，它们之间有一定的匹配关系。如果冷凝器有较大的容量，而蒸发器的传热能力不足，则可能制冷机的冷量得不到应有的发挥。通过压缩冷凝机组特性线（反映制冷机的能力）和蒸发器特性线（反映吸收冷负荷——发挥制冷效果的能力）可知，空调机犹如风机特性线和管道特性线之间具有工作点那样，也具有二者联合运行的工作点，如图 6-34 所示。对一定的空调机组，工作点取决于冷却水量和水温决定的冷凝温度 t_c 以及空气进口湿球温度 t_s，这样蒸发温度和冷

量便可同时确定，因此必须从这个概念出发，选择正确的空调机组。

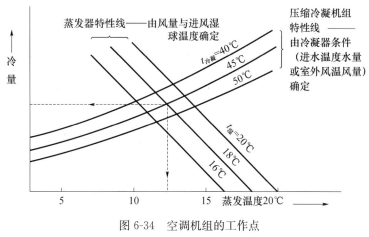

图 6-34 空调机组的工作点

6.5 变风量空调系统

前面我们讨论的空调系统都是定风量系统，简称为 CAV（Constant Air Volume）系统，CAV 系统全年的风量固定不变，并且按照房间最大热湿负荷确定送风量。实际运行过程中房间热湿负荷不可能经常处于最大值，而是大部分时间低于最大值。当室内负荷减小时，定风量系统是靠调节再热量或调节冷水的供水温度来提高送风温度，减小送风温差，来适应负荷变化以维持室温不变，既浪费热量又浪费冷量，所以 CAV 系统能耗较高。

6.5.1 变风量空调系统的工作原理

变风量 VAV（Variable Air Volume）空调系统是通过变风量阀调节送入各房间的风量（改变风量调节温度）来满足室内人员对房间不同温湿度的要求，确保室内温度保持在设计范围内，从而使得空气处理机组在低负荷时的送风量下降，空气处理机组的送风机转速也随之而降低，并自动适应室外环境对建筑物内温湿度的影响，真正达到所需即所供。据国外多年成熟工程案例测算，其总能耗相比风机盘管加新风空调系统可节约 $30\%\sim40\%$，节能效果非常显著。

6.5.2 变风量空调系统的组成

变风量空调系统有各种类型，均由四个基本部分构成：变风量末端装置（变风量空调箱和房间温控器）、空气处理及输送设备、风管系统（新风/排风/送风/回风管道）及自动控制系统。其中，末端装置及自控装置是变风量系统的关键设备，它们可以接受室温调节器的指令，根据室温的高低自动调节送风量，以满足室内负荷的需求。其他组成部分与定风量空调系统的作用基本相同。图 6-35 是典型的变风量空调系统图。

1. 变风量末端装置

变风量末端装置是变风量空调系统的关键设备之一。空调系统通过末端装置调节一次风送风量，跟踪负荷变化，维持室温。

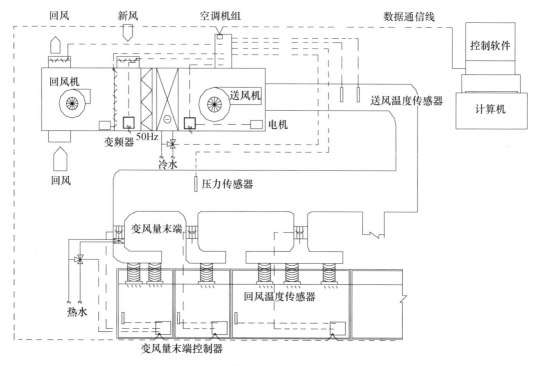

图 6-35　典型的变风量空调系统图

图 6-36 是江森自控的 TSS 型单风道 DDC 控制变风量箱的基本结构图。

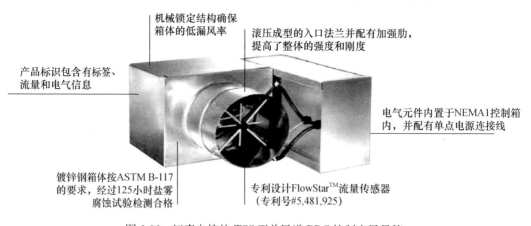

图 6-36　江森自控的 TSS 型单风道 DDC 控制变风量箱

（1）分类

变风量末端装置品种繁多，各具特色，按改变房间送风方式，可分为单风道型、风机动力型、旁通型、诱导型以及变风量风口等。

尽管变风量末端装置的形式各种各样，但在我国民用建筑中使用最多的是单风道型和风机动力型变风量末端装置。

（2）单风道型变风量末端装置

单风道型变风量末端装置是最基本的变风量末端装置。它通过改变空气流通截面积达到调节送风量的目的，是一种节流型变风量末端装置。其他类型如风机动力型、双风道型等都是在节流型的基础上变化、发展起来的。节流型变风量末端装置根据室温偏差，接收室温控制器的指令，调节送入房间的一次风送风量。当系统中其他末端装置在进行风量调节导致风管内静压变化时，它应具有稳定风量的功能。末端装置运行时产生的噪声不应对室内环境造成不利影响。

1）节流型变风量末端装置的基本结构。

常用的节流型变风量末端装置主要由箱体、控制器、风量感应器、温度传感器、电动调节风阀等部件组成，如图 6-37 所示。

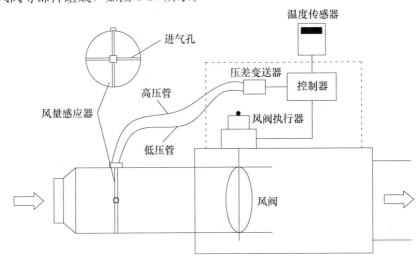

图 6-37　节流型变风量末端装置基本结构

节流型变风量末端装置应该满足三点要求：

① 能根据负荷变化自动调节送风量。

② 当多个风口相邻时，应防止调节其中一个风口而导致管道内静压变化，从而引起风量的重新分配。

③ 应避免风口节流时产生噪声及对室内气流分布产生不利影响。

2）单风道型变风量末端装置风量设定范围。

对于各种形式的单风道型变风量末端装置，生产厂商都提供风量设定范围供空调设计工程师选型时使用。

每个变风量末端装置都有最小风量设定界限和最大风量设定界限，也可称为装置的机械最小风量和机械最大风量，这是生产厂家根据装置所配的风速传感器、控制器等的精度要求以及空气流经节流风阀时所产生的噪声大小确定的，见表 6-1 和 6-2。实际使用时，变风量末端装置设计最小风量必须大于装置的最小风量设定界限；设计最大风量必须小于装置的最大风量设定界限。变风量末端装置设计最小风量和最大风量可通过检测电脑在工厂调试时设定好，也可在安装现场进行设定或修改。

表 6-1　美国 ANEMOSTAT 公司 FASD 节流型单风道末端风量（m³/h）

型号	低风量范围	高风量范围	型号	低风量范围	高风量范围
5	85～425	128～646	12	680～3400	867～4250
6	136～680	196～1020	14	952～4760	1233～5440
8	272～1360	374～1870	16	1360～6800	1513～7480
10	424～2210	604～2720	24×16	1743～8670	2975～14790

表 6-2　美国 Price Jonson Control 公司双风道末端装置风量范围（m³/h）

型号	采用电动或数字直接控制 最小值～最大值	型号	采用电动或数字直接控制 最小值～最大值	型号	采用电动或数字直接控制 最小值～最大值
4	43～382	7	144～1105	10	306～2293
5	70～594	8	187～1361	12	457～3568
6	104～763	9	238～1786	14	680～5436

单风道型变风量末端装置可作为定风量装置使用，在需要恒定循环风量的空调系统中，也可以设置在新风系统或排风系统中，以确保系统的新风量与排风量。

（3）风机动力型变风量末端装置

风机动力型变风量末端装置（Fan Powered Box，FPB）是目前北美国家广泛推崇的一种变风量末端装置，也是许多空调工程师在对建筑物外区进行空调设计时常用的空调设备。风机动力型变风量末端装置是在单风道型末端装置的基础上内置一离心式增压风机的产品。根据增压风机与一次风调节阀的排列位置的不同，风机动力型变风量末端装置可以分为并联式和串联式两种形式。

1）并联式风机动力型变风量末端装置。

并联式 FPB 是指增压风机与一次风调节阀并联设置，经集中空调器处理后的一次风只通过一次风风阀而不通过增压风机。图 6-38 为并联式 FPB 的基本结构。

风机并联型变风量末端的风机只有在一次风量减少到最小风量仍无法满足区域内负荷减少的情况下才会启动，并引入吊顶回风或与加热盘管一起工作来保证区域内空调参数的恒定。

2）串联式风机动力型变风量末端装置

串联式 FPB 是指在该变风量装置内，内置增压风机与一次风调节阀串联设置。经集中空调器处理后的一次风既通过一次风调节阀，又通过增压风机。图 6-39 为串联式 FPB 的基本结构。

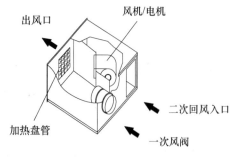

图 6-38　并联式 FPB 基本结构

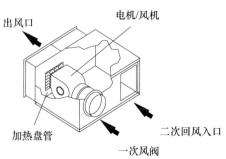

图 6-39　串联式 FPB 基本结构

根据美国 TI－TUS 公司提供的资料，串联风机型和并联风机型的比较如表 6-3 所列。

表 6-3　串联风机型和并联风机型比较表

特征　　类型	并联风机型	串联风机型
风机运行	在低供冷负荷、供暖负荷和夜间循环时，间歇运行	在所有时间内连续运行
送风量调节	(1) 在中到高供冷负荷时，变风量运行； (2) 在供暖与供冷负荷时，定风量运行	在供暖与供冷负荷时，定风量运行
送风温度	(1) 在中到高供冷负荷时，送风温度恒定； (2) 在供暖与供冷负荷时，定风量运行，在所有时间内送风温度可变	在所有时间内送风温度可变
风机大小	按供暖负荷（通常 60% 供冷负荷）设计	按供冷负荷（通常 100% 供冷负荷）设计
一次风最小送风静压	较高，需克服节流阀、下游风管和散流器阻力	较低，只需克服节流阀阻力
风机控制	不需与 AHU 风机联锁	必须与 AHU 风机联锁以防增压
AHU 风机	需较大功率克服节流阀、上下游风管和散流器阻力	只需克服上游风管和节流阀阻力
噪声	风机间歇运行，启动噪声大，平稳运行噪声低	风机连续运行，噪声平稳，但比并联风机型平稳运行噪声稍高
风机能耗	风机间歇运行，且设计风量小，能耗较低	风机连续运行，且设计风量大，能耗较高

（4）旁通型变风量末端装置。

旁通型变风量末端装置是利用设置在末端装置箱体上的旁通调节风阀来改变房间送风量的一种末端装置。图 6-40 是某种旁通型变风量末端装置示意图。该装置的旁通风口与送风口处设有动作相反的风阀，它们由电动执行机构驱动，且受室内温度传感器控制。旁通型变风量末端装置也可选配热水再热盘管或电加热器。

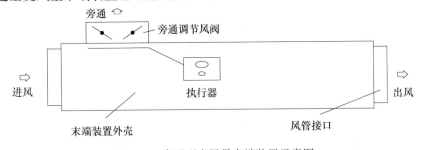

图 6-40　旁通型变风量末端装置示意图

旁通型变风量末端装置可根据系统形式进行单独送冷热风，也可在夏季送冷风、冬季送热风。当采用吊平顶作为旁通回风静压箱时，系统的送风温度不宜过低，应防止吊顶内金属构件和混凝土楼板的表面产生结露。旁通型变风量空调系统适用于小型空调系统中。其并不具备变风量系统的全部优点，因而在有些文献中称其为"准"变风量系统。该系统的特点是投资较低，但节能效果却很不明显，因为有大量送风直接旁通返回空调设备，减小风机能耗不多，所以目前使用也不多。

（5）诱导型变风量末端装置

诱导型变风量末端装置是一种半集中式空调系统。经过集中空调器处理的一次风由风机送入设于各空调房间内的诱导型末端装置中。一次风进入诱导型变风量末端装置，经喷嘴高速射出（20～30m/s）。由于喷出气流的引射作用，在诱导型变风量末端装置内局部区域形成负压，室内空气被吸入，与一次风混合后从出风口送出。

诱导型变风量末端装置由箱体、喷嘴和调节风阀等部件组成。图 6-41 是某种诱导型变风量末端装置示意图。

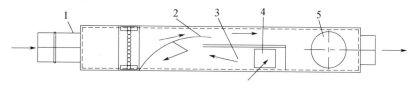

图 6-41　诱导型变风量末端装置示意图
1——次进风口；2—调节风门；3—诱导室；4—被诱导空气入口；5—出风口

诱导型变风量末端装置的基本形式见表 6-4。

表 6-4　诱导型变风量末端装置的基本形式

类型		内容		
	基本形式	诱导型	诱导型＋热水盘管（一排盘管或两排盘管）	诱导型＋电加热器
	控制类型	直接数字控制	电动控制	气动控制
	风量类型	变风量	定风量	—
	附加选项	整体消声	出口消声	多出口消声

在供冷模式下，与其他系统相比，诱导型变风量系统具有以下优点：

① 适合于送风温度高于 9℃ 的低温送风变风量空调系统；

② 适用于部分负荷情况下运行以及在室内无人的情况仍要维持一定室内空气温度的场合；

③ 与单风道节流型变风量系统相比较，诱导型变风量系统能向房间提供足够的循环空气量，能确保室内空气充分混合，保持良好的气流组织。

在供热模式下，节流型变风量末端的再热装置将对设计风量的 30%～40% 的一次风量进行再热，产生冷、热抵消现象，而诱导型变风量系统最小只需将 20% 左右的一次风进行再热。该系统还可回收吊顶内照明设备等的散热量。用吊顶内空气与一次风进行混合，可延迟再热盘管工作，降低再热能量消耗。

2. 空气处理及输送设备

空气处理及输送设备（简称"空调器及风机"）的基本功能是对室内空气进行热、湿处理，过滤和通风换气，并为空调系统的空气循环提供动力。变风量空调系统区别于定风量空调系统的一个显著特点是：根据被调房间的需求，对系统总送风量进行调节。末端装置与空气处理机组风量控制是变风量空调系统最主要的控制内容之一。当空调区域负荷减小、变风量末端装置一次风量减少时，控制器应依照某种系统风量控制方法减小系统循环风量；反之，当空调区域负荷增加、变风量末端装置一次风量增加时，控制器应增大系统循环风量。

目前成熟的变风量空调系统的风量控制方法主要有定静压法、变静压法和总风量法等。表 6-5 为变风量系统控制方法的基本原理及特点。

表 6-5　变风量系统控制方法的基本原理及特点

	基本原理	特点
定静压法	在送风管最低静压处设置静压传感器，将实测静压值与设定静压值进行比较，控制空气处理机组变频驱动风机转速，确保风管内静压值恒定	控制简单，操作容易；但该控制方法静压传感器的设置位置影响静压测量，产生静压值波动；风管内静压值较高，风机能耗较大。该控制方法早期运用较多，现在逐渐减少
变静压法	变静压法也称变静压变送风温度控制法。系统读取每个末端装置需求风量和阀位开度，根据末端需求风量累计值及空调机组风量与风机转速对照表初步确定转速，再根据末端装置调节风阀开度微调风机转速，风机转速微调步长可调整	充分利用 DDC 数据通信优势，累计各末端需求风量，确定风机初始转速，再根据末端阀位对风机转速进行微调。当末端装置风阀开度较小时，可降低风机转速，实现风机节能运行。该方法是一种比较节能的系统风量控制方法
总风量法	总风量法是在建立系统设定风量与风机设定转速的函数关系的基础上，用各变风量末端装置需求风量的求和值作为系统设定总风量直接求得风机设定转速。该方法无需设置静压传感器	利用 DDC 数据通信优势，直接从末端需求风量求取风机设定转速，反应速度快，比较实用，避免静压检测与控制中的诸多问题。无需静压传感器，该控制方法较粗糙

3. 风管系统

风管系统是变风量空调系统中送风管、回风管、新风管、排风管、末端装置上下游支风管及各种送风静压箱和送、回风口的总称，其基本功能是对系统空气进行输送和分布。

4. 自动控制系统

自动控制系统是变风量空调系统的关键部分，其基本功能是对服务于各房间、区域的空调系统中的温度、湿度、风量、压力以及新、排风量等物理量进行有效检测与控制，达到舒适与节能的双重目的。变风量空调自控系统具有机电一体化和监控网络化的特点，各种被控参数如温度、风量、压力和阀位等的相互关系，由自控系统进行优化控制。显然，变风量空调系统的全面自动化监控与定风量空调系统的局部自动控制有本质区别。

6.6　变制冷剂流量空调系统

变制冷剂流量空调系统（简称多联机系统，俗称"一拖多"），又称变频控制（Variable Refrigerant Volume，VRV）系统，由日本大金公司于 1982 年首创、推出，其后不断取得技术进步，并获得广泛应用与推广。

变制冷剂流量空调系统自 20 世纪 90 年代初引入我国后，因其使用灵活、节省空间、施工安装方便、可满足不同工况的房间使用要求等优点，近年来，不仅广泛用于各种中小型办公楼、商场、餐厅，而且已应用于各种大型的公共建筑，建筑面积从几百平方米至数十万平方米，具有良好的发展前景。多联机作为一种新型的空调系统，在商用和家用空调领域越来越占有举足轻重的地位。

6.6.1 工作原理

变制冷剂流量空调系统是一台室外空气源制冷或热泵机组配置多台室内机，通过改变制冷剂流量以适应各空调区负荷变化的直接膨胀式空气调节系统。它以制冷剂为输送介质，是由制冷压缩机、电子膨胀阀、其他附件以及一系列管路构成的环状管网系统，如图 6-42 所示。

它的工作原理与普通蒸汽压缩式制冷系统相同，由压缩机、冷凝器、节流机构和蒸发器组成。图 6-43 是变制冷剂流量空调系统工作原理图。

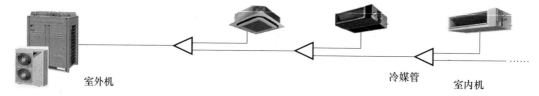

图 6-42　变制冷剂流量空调系统

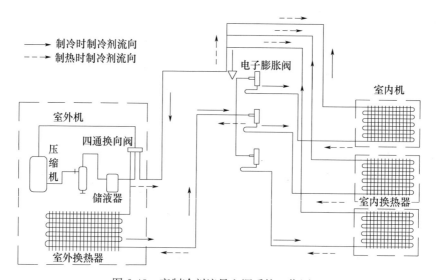

图 6-43　变制冷剂流量空调系统工作原理

6.6.2 系统组成

该系统由制冷剂管路连接的室外机和室内机组成，室外机由室外侧换热器、压缩机和其他制冷附件组成；室内机由风机和直接蒸发器等组成。一台室外机通过管路能够向若干个室内机输送制冷剂液体，通过控制压缩机的制冷剂循环量和进入室内各个换热器的制冷剂流量，可以适时地满足室内冷热负荷的要求。

1. 室内机

室内机是变制冷剂流量空调系统的末端装置部分，带蒸发器和循环风机的机组，其工作原理与常见的分体空调的室内机是相同的。为了满足各种建筑的要求可做成多种形式，如立式明装、立式暗装、卧式明装、卧式暗装、吸顶式、壁挂式、吊顶嵌入式等。

2. 室外机

室外机是变制冷剂流量空调系统的关键部分，主要由风冷冷凝器和压缩机组成。当系统处于低负荷时，通过变频控制压缩机转速，使系统内冷媒的循环流量得以改变，对制冷量自动控制来说符合使用要求，对于容量较小的机组，通常只设一台变速压缩机；对于容量较大的机组，一般采用一台变速压缩机和一台定速压缩机联合工作。

3. 冷媒管

VRV 空调系统室内机和室外机之间是通过冷媒管连接的，冷媒管路将制冷压缩机、室内外换热器、节能装置和其他辅助部件及自控调节模块连接成一个庞大的闭式管网系统，依靠冷媒流动进行冷量转换和传输，而在这过程中冷媒管的长度成了系统的一个重要偶合因素，其长度是影响多联机系统性能的重要因素。首先，随着冷媒管长度的增加，冷媒的沿程阻力损失增大，出现闪发现象，多联机系统的制冷量和能效比 COP 衰减得就越多。其次，管路过长，使分配至每个室内机的流量即使通过调节功能很强的电子膨胀阀调节也难以达到设计要求，制冷剂的分配偏差增大，从而使部分房间偏离室内设计温度。另外，过大的内外机高度差，加充润滑油的量增加，部分润滑油会沉积在冷媒管道内，长期运行造成润滑油沉积在管道内造成回油困难。

4. 分歧管

VRV 空调系统分歧管也叫中央空调分歧器或分支管、分歧器等，用于连接室外机和多个室内机的连接管，分为气管和液管。气管一般口径比液管要粗。分歧管的选型是根据每个分歧管后所连接的室内机的容量来确定的，如图 6-44 所示。

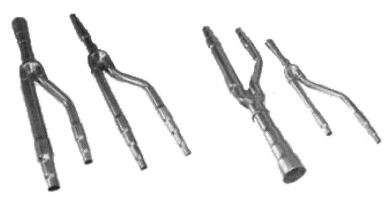

图 6-44　分歧管

5. 室内机和室外机的匹配

采用变制冷剂流量空调系统，可以把不同功能和不同使用时间的房间合在同一个空调系统中，主要应该考虑室内外合理匹配问题，这就需要考虑同时使用系数的问题。同时使用系数多少视具体情况而定，但是室内机和室外机的容量比既不能低于 50%，也不能超过 130%，要充分体现其既能灵活布置，又能节省平常运行费用的特点。

6.6.3 系统特点技术分析

（1）变制冷剂流量空调系统依据室内负荷，在不同转速下连续运行，减少了因压缩机频繁启停而造成的能量损失。在制冷、制热工况下，能效比 COP 随频率的降低而升高，由于压缩机长时间工作在低频区域，故系统的季节能效比 SEER 相对于传统空调系统有很大提高。采用压缩机低频启动，降低了启动电流，电气设备较节能，能避免对其他用电设备和电网的冲击。

（2）变制冷剂流量空调系统利用压缩机高频运行的方式系统调节容量，能有效调节室温与设定温度的差异，使室温波动变小，可改善室内的舒适程度。室内机风扇电机普遍采用直流无刷电机驱动，速度切换平滑，降低了室内机的噪声，极少出现传统空调系统在启停压缩机时所产生的振动噪声。由于变制冷剂流量空调系统比冷水机组的蒸发温度高 3℃ 左右，COP 值约提高 10%，变制冷剂流量空调系统结构紧凑，体积小，管径细，不需要设置水系统和水质管理设备，不需要专门的设备间和管道层，可降低建筑物造价，提高建筑面积的利用率。室内机的多元化可实现各个房间或区域的独立控制。

（3）系统冷量的衰减。变制冷剂流量空调系统室内机与室外机之间是通过冷媒管连接的，制冷剂管路的长度与室内、外机组的高度差影响着空调系统的冷量衰减。如果制冷剂管路过长，其管路的沿程阻力加大，总的阻力损失也越大，甚至会出现闪发，导致末端室内机的制冷效率降低。

（4）凝结水排放。变制冷剂流量空调部分室内机自带凝结水排水泵，这给设计带来极大的方便。实际工程中凝结水管的长度应尽量短，并要有大于 0.008 的坡度，以免形成管内气阻，排水不畅。如果凝结水管坡度不够，可使排水管提升，提升管的高度应小于各种型号凝结水排升高度的规定值，提升管距室内机应小于 0.3m。

6.7　温湿度独立控制空调系统

常规的空调系统，夏季普遍采用热湿耦合的控制方法，对空气进行降温与除湿处理，同时去除建筑物内的显热负荷与潜热负荷。经过冷凝除湿处理后，空气的湿度（含湿量）虽然满足要求，但温度过低，有时还需再热才能满足送风温湿度的要求。

热湿耦合的控制方法带来的另一个问题是占总负荷一半以上的显热负荷部分，本可以采用高温冷源排走的热量，却与除湿一起共用 5～7℃ 的低温冷源进行处理，造成能量利用上的浪费。冷凝除湿的本质就是靠降温使空气冷却到露点温度而实现除湿，因此降温与除湿必然同时进行，很难随意改变二者之比。这样，要解决空气处理的显热与潜热比与室内热湿负荷相匹配的问题，就需要寻找新的除湿方法。

6.7.1　温湿度独立控制空调系统介绍

温湿度独立控制空调系统在国外称为独立新风系统，简称 DOAS 系统，其主要特征是只将新风独立处理到较低的温度（7℃ 左右），让新风承担室内全部的湿负荷和部分或全部的显热负荷，其余的负荷由室内的干工况设备来承担。

温湿度独立控制空调系统，采用两套独立的系统分别控制和调节室内湿度和温度，从而避免了常规系统中温、湿度联合处理所带来的能源浪费和空气品质的降低；由新风系统来调节湿度，显热末端调节温度，可满足房间热湿比不断变化的要求，避免了室内温、湿度过高或过低的现象。

1. 系统组成

温湿度独立控制空调系统的基本组成为两个系统：处理显热的系统与处理潜热的系统，两个系统独立调节，分别控制室内的温度与湿度。系统构成见图 6-45。

其中，显热处理系统包括高温冷源（夏季）或低温热源（冬季）、水输送系统和末端装置。其中，冷水的温度不再是 7℃ 的低温，而是提高到 18℃ 左右的高温，为很多天然冷源的使用提供了可能。目前高温冷水可通过深井回灌、间接蒸发冷却供冷、土壤源换热器供冷和高温冷水机组来制备。即使采用机械制冷方式，制冷机的性能系数也有大幅度的提高。由于供水的温度高于室内空气的露点温度，末端装置不存在结露的危险，可以采用辐射板、干式风机盘管等多种形式。

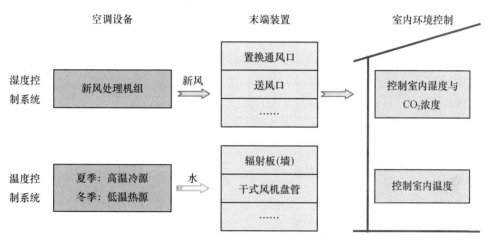

图 6-45　温湿度独立控制空调系统构成图

潜热处理系统由新风处理机组、新风管路和送风末端装置组成。同时承担去除室内 CO_2、异味，以保证室内空气质量的任务。由于不受温度调节的限制，新风处理可以考虑多种高效节能的型式，如变风量空调系统。

2. 核心设备

温湿度独立控制系统的四个主要设备分别为：高温冷水机组（出水温度 18℃ 左右）、新风处理机组（制备干燥新风）、室内显热控制末端装置和室内送风末端装置（去除潜热）。其中，核心设备是新风处理机组和室内显热控制末端装置。

（1）新风处理机组

热泵式溶液调湿型空气处理机组是温、湿度独立控制空调系统中最常用的新风处理机组。热泵式溶液调湿新风机组采用具有调湿性能的盐溶液为工作介质，通过溶液的吸湿与放湿特性向空气吸收或释放水分，实现对空气湿度的调节。

热泵式溶液调湿新风机组的工作原理见图 6-46 和图 6-47。

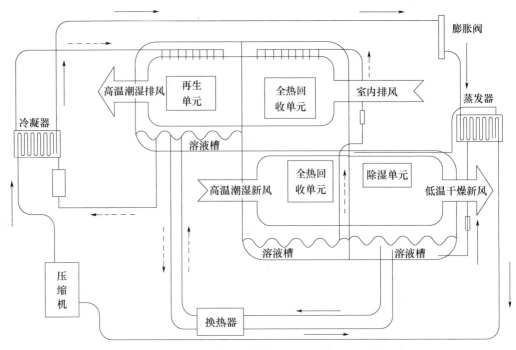

图 6-46　热泵式溶液调湿新风机组夏季运行原理图

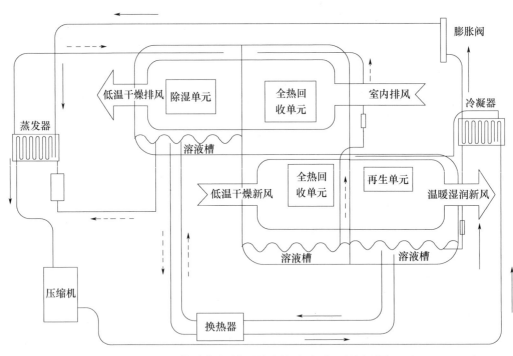

图 6-47　热泵式溶液调湿新风机组冬季运行原理图

在夏季，高温潮湿的新风在全热回收单元中以溶液为媒介与室内排风进行全热交换，新风被初步降温除湿，然后在除湿单元中进一步降温、除湿到达送风状态点。除湿单元中除湿溶液吸收水蒸气后，浓度变稀，为重新具有吸水能力，变稀的溶液再进入再生单元浓缩。热泵循环的制冷量用于降低溶液温度以提高除湿能力和对新风降温，冷凝器排热量用于浓缩再生溶液，能源利用效率高。

在冬季，只需切换四通阀改变制冷剂循环方向，便可实现空气的加热、加湿功能，操作方便。

（2）显热控制末端装置

温湿度独立控制系统的显热控制末端可采用风机盘管、辐射板等形式，其中以辐射板应用最多。辐射板具体又包括毛细管、辐射地板、金属辐射吊顶等形式。辐射板的供冷量由辐射换热量与对流换热量两部分组成，其中辐射换热量占主要部分。在室内温度 26℃，人员多为静坐劳动强度的房间，且没有太阳辐射的情况下，地板辐射供冷系统的最大供冷能力约为 $50W/m^2$。辐射板表面结露的问题限制了辐射板的表面温度必须高于周围空气的露点温度，进一步限制了辐射板的单位面积供冷量。因此，提高辐射板的单位面积供冷量成为其应用的先决条件。目前有效的解决方法是采用对流强化辐射板（图 6-48），在没有太阳辐射的情况下，若表面传热系数设为 $2\sim3W/（m^2 \cdot ℃）$，对流强化式辐射板与普通辐射板相比，对流部分供冷量增加 $13\sim38W/m^2$。

有的工程中也采用干式诱导空调末端或毛细管平面空调末端系统实现对室内温度的调节，不仅可以获得极佳的舒适度，而且可以利用天然廉价的冷源，比常规空调系统节能 40%～50%，如图 6-49 所示。

图 6-48 对流强化辐射板

 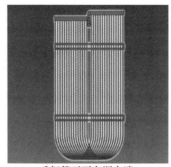

干式诱导空调末端　　　　　　　毛细管平面空调末端

图 6-49 末端系统

由于独立的除湿系统的采用，这种高蒸发温度的温度控制系统只承担室内的显热负荷，为了达到室内舒适的温度，所需的新风负荷减少，从而为置换通风系统的应用创造了适宜的条件。采用辐射末端＋置换送风的空调方式，能满足热舒适条件的换热比例，温度分布均匀、新风利用率较高、空气更洁净，容易满足 ISO7730 国际热舒适环境标准的各项要求。

6.7.2 温湿度独立控制空调系统的特点

温湿度独立控制空调系统中，采用温度与湿度两套独立的空调控制系统，分别控制、调节室内的温度与湿度，从而避免了常规空调系统中热湿联合处理所带来的损失。由于温度、湿度采用独立的控制系统，可以满足不同房间热湿比不断变化的要求，克服了常规空调系统中难以同时满足温、湿度参数的要求，避免了室内湿度过高（或过低）的现象。该系统的具体特点如下：

① 可精确控制送风绝对湿度（含湿量），始终维持室内湿度控制要求。

② 和毛细管末端装置相结合，可实现温、湿度独立调节与控制，提高人体舒适度。

③ 无需再热，送风相对湿度低（<60%），维持适宜的送风温度。

④ 可利用高温冷源（16～18℃），可利用免费冷源。

⑤ 应用高温冷源，机组 COP 提高，节能、环保。

⑥ 机组容量减小，节省投资和运行费用、节约占地。

6.7.3 温湿度独立控制空调系统的空气处理过程分析

1. 空气处理过程

$$W \xrightarrow{\text{等湿降温间接蒸发冷却}} W' \xrightarrow{\text{降温减湿低温表冷器}} L \text{ 新风送风} \Big\}$$

$$N \xrightarrow{\text{等湿降温间接蒸发冷却}} M \text{ 室内回风} \xrightarrow{} O \xrightarrow{\varepsilon} N$$

2. 焓湿图（图 6-50）

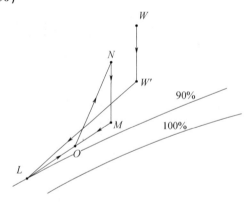

图 6-50　温湿度独立控制空调系统在 h-d 图上的表示

W—空调室外设计状态点；L—新风送风状态点；N—室内设计状态点；M—显热末端送风状态点；

O—室内送风状态点

3. 过程计算

湿度控制系统制冷量（新风机组负荷）为

$$Q_{\mathrm{H}}=G_{\mathrm{H}}\ (h_{\mathrm{W}}-h_{\mathrm{L}}) \tag{6-34}$$

温度控制系统制冷量（显热末端负荷）为

$$Q_{\mathrm{T}}=G_{\mathrm{T}}\ (h_{\mathrm{N}}-h_{\mathrm{M}})\ =c_{\mathrm{p}}G_{\mathrm{T}}\ (t_{\mathrm{N}}-t_{\mathrm{M}}) \tag{6-35}$$

式中，　　Q_{T}、Q_{H}——温度控制系统和湿度控制系统制冷量，kW；

　　　　　G_{T}、G_{H}——回风量和新风量，kg/s；

h_{W}、h_{L}、h_{N}、h_{M}——室外空气、新风送风、室内空气、显热末端送风的比焓值，kJ/kg；

　　　　　　t_{N}、t_{M}——室内空气、显热末端送风温度，℃；

　　　　　　　　c_{p}——空气的定压比热，1.01kJ/（kg·K）。

湿平衡：$G_{\mathrm{H}}d_{\mathrm{L}}+G_{\mathrm{T}}d_{\mathrm{N}}+W=（G_{\mathrm{P}}+G_{\mathrm{T}}）d_{\mathrm{N}}$

热平衡：$G_{\mathrm{H}}t_{\mathrm{L}}+G_{\mathrm{T}}t_{\mathrm{M}}+Q_1+Q_2=（G_{\mathrm{P}}+G_{\mathrm{T}}）t_{\mathrm{N}}$

风平衡：$G_{\mathrm{H}}\geqslant G_{\mathrm{P}}$

式中，Q_1、Q_2——显热末端、新风机组承担的室内显热负荷，kW；

　G_{H}、G_{T}、G_{p}——新风量、回风量、排风量，kg/h；

　t_{L}、t_{M}、t_{N}——新风送风温度、显热末端送风温度、室内空气温度，℃；

　　d_{L}、d_{N}——新风含湿量、室内含湿量，g/kg。

通过热湿平衡，可以得出新风以及干式风盘的送风状态参数分别为

新风送风，

$$d_{\mathrm{L}}=d_{\mathrm{N}}-\frac{W}{G_{\mathrm{H}}} \tag{6-36}$$

$$t_{\mathrm{L}}=t_{\mathrm{N}}-\frac{Q_2}{G_{\mathrm{H}}} \tag{6-37}$$

干式风机盘管送风，

$$t_{\mathrm{M}}=t_{\mathrm{N}}-\frac{Q_1}{G_{\mathrm{T}}} \tag{6-38}$$

6.8　毛细管网辐射空调系统

传统的空调系统因使用寿命短、耗能高、运营成本高、易产生噪声和气流感，已逐渐满足不了日益提高的用户需求；近年兴起的地板采暖系统仅解决了冬季采暖的需要，却无法在夏季实现制冷。因此，毛细管网辐射空调系统便应运而生。

6.8.1　工作原理及系统组成

毛细管网辐射空调系统是德国科学家根据仿生学原理在 20 世纪 70 年代发明的一种新型空调末端系统形式，它是一种隐形空调，一般安装在地面、墙体或天花板内，通过把围护结构的一个或多个表面控制在一定温度，形成冷热辐射面，依靠辐射面与人体、家具及其余围护结构表面的辐射热交换进行供暖制冷。毛细管网辐射空调系统是以毛细管席为主要传热装置，以水为热媒，与冷热源、水循环系统、新风调湿系统和自控系统构成以冷、热辐射为主要特征的供冷、供暖空调系统。系统工作原理如图 6-51 所示。

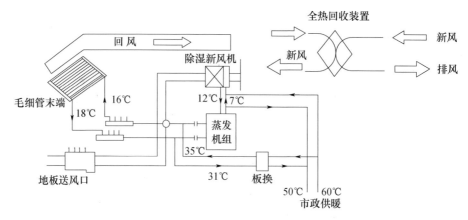

图 6-51　毛细管网辐射空调系统工作原理

6.8.2　毛细管网辐射空调系统的末端

毛细管网辐射空调系统的功能源于对人体血液循环系统的仿生。采用 PP－R 塑料毛细管组成间隔为 10～30mm 的网栅，毛细管网栅系统内水在不断地循环；在网栅中和人体毛细血管中的液体流动速度基本相同，都在 0.05～0.2m/s 之间。毛细管网栅系统通过 16～40℃ 的水循环使建筑内四季如春。毛细管网辐射空调系统通过毛细管网栅上的各种覆盖面来交换热量；由于毛细管网栅换热面积大，传热速度快，因此传热效率更高。

毛细管席宽度范围 0.6～1.2m，长度范围 1～12m，具体尺寸可根据安装需要定制，且安装方式灵活，管路和席子之间通过热熔或快速接头连接。毛细管席材质为聚丙烯材料，使用寿命为 50 年左右。毛细管席平面图如图 6-52 所示。

6.8.3　毛细管网辐射空调系统的冷源

普通的风机盘管系统冷水供回水温度一般为 7℃/12℃，这在很大程度上限制了低品位冷源的应用。在辐射供冷状态下，人体感受到的温度要比实际温度低约 2℃，使用毛细管网辐射供冷空调系统，可以把室内设计温度提高 2℃ 左右；但如果辐射板表面温度过低，则会有结露危险，常规的冷水机组作为毛细管网辐射供冷空调系统的冷源具有一定的局限性。下面介绍几种常用的低品位能源。

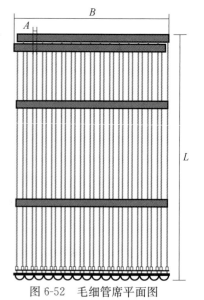

图 6-52　毛细管席平面图

1. 太阳能技术与毛细管网辐射供冷相结合

图 6-53 是太阳能吸收式制冷毛细管网辐射供冷空调系统图，水被太阳集热器加热，进入储热水箱，当水温达到一定值时，储热水箱向吸收式制冷机提供热水，热水在吸收式制冷机中降温后，流回太阳集热器继续加热；吸收式制冷机制得的冷水进入储冷水

箱，为毛细管网辐射末端供冷，在室内进行热交换后回到吸收式制冷机，如此循环。

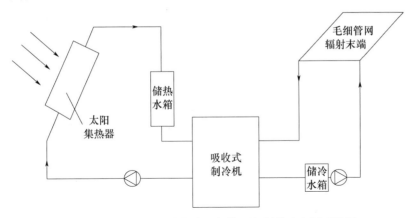

图 6-53　太阳能吸收式制冷毛细管网辐射供冷空调系统图

2. 蒸发冷却与毛细管网辐射供冷相结合

蒸发冷却以水为制冷剂，利用自然条件下空气的干湿球温差来获取冷量，它利用冷却塔自然冷却制取冷水，直接作为辐射末端的冷源，所制取的冷水温度一般在 $16\sim18℃$，完全可以满足毛细管网辐射供冷末端的供水需求，这样就充分利用了零费用的高温冷源，且对环境无副作用。图 6-54 为蒸发冷却作为辐射供冷冷源系统原理图，冷却塔提供的冷水不直接进入毛细管，而是进入设置在冷却塔和毛细管网辐射末端之间的高效板式换热器，在换热器内和毛细管网辐射末端内的循环水进行逆流换热，以防止冷却水中的灰尘进入毛细管后产生水垢阻塞毛细管。

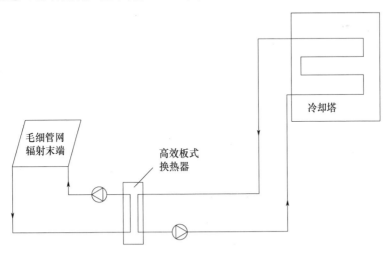

图 6-54　蒸发冷却作为辐射供冷冷源系统原理图

3. 地源热泵与毛细管网辐射供冷相结合

地源热泵通过地下热交换器和地热能（土壤、地下水、地表水等）进行热交换，在夏季可以从地下获取冷量，为毛细管网辐射供冷空调系统提供冷源。在我国某些地区，夏季地下热交换器的出水温度能达到 $18℃$ 左右，可以直接满足室内毛细管网辐射末端供冷需求，此时可以不开启地源热泵机组，而直接采用自然冷却模式，从而节约大量电能。图 6-55 为地源热泵毛细管网辐射供冷空调系统图，地下换热器与土壤进行换热后得到的冷水进入地源热泵机组，再通过分集水器送至各个毛细管网辐射末端，在室内进行热交换后回到地下换热器，实现夏季供冷在运行过程中可以使用温度控制系统保证各个房间的供水温度在设计值。

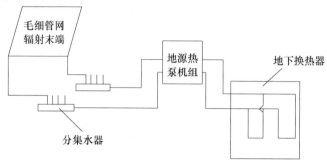

图 6-55　地源热泵毛细管网辐射供冷空调系统图

地源热泵与毛细管网辐射供冷相结合，在提高资源利用率的同时，还降低了空调系统的能耗，夏季实际运行 COP 值也有所提高。有研究表明，地源热泵与毛细管网辐射供冷结合使用比传统中央空调节能 70% 以上。

6.8.4　毛细管网辐射空调系统的除湿方式

毛细管网辐射空调系统本身并不具备除湿功能，潮湿季节空调房间结露现象严重。故辐射体表面的温度不能低于室内工况下的露点温度，即必须在干工况下工作。因此，毛细管网承担的热湿负荷有限，无法满足多数冷热负荷较大建筑的需要，特别是无法保证在高温环境下的空调效果，必须配以新风处理系统并将新风的含湿量处理到室内设计的绝对含湿量以下，使新风担负房间的部分湿负荷，弥补辐射供冷系统对热湿处理能力的不足。若新风量不足，除湿量达不到要求，房间夏季结露问题难以解决。为避免结露现象的发生，对新风进行除湿处理是十分必要的。除湿方法主要可以分为三大类：冷却除湿、吸附除湿和溶液除湿。下面介绍一下毛细管网辐射供冷空调系统通常使用的几种新风除湿方法。

1. 冷却除湿

（1）蒸发冷却式

蒸发冷却式除湿是利用水分蒸发从空气中吸收汽化潜热，使空气降温，从而降低空气的含湿量。蒸发冷却除湿可以使用蒸发冷却作为冷源，所得的高温冷水用于消除室内显热负荷，所得的低温干燥空气用于消除室内潜热负荷。蒸发冷却除湿是一种节能、环保、经济的除湿方式，应用前景十分乐观。

（2）表冷器式

使用表冷器对新风进行冷却除湿时，表冷器中通入 5～12℃ 的冷水，新风通过表冷器时降温、减湿。这种方法目前在国内比较常见。通常设置两套制冷系统，毛细管网辐射空调系统使用高温冷水系统，表冷器使用低温冷水系统，其除湿能力受冷水温度限制。

（3）热湿串级处理系统

这种方法是利用常规的低温冷水先对新风进行除湿，待水温有所升高后作为冷源供给毛细管网辐射末端。热湿串级处理受负荷影响较大，系统控制比热湿单独处理复杂，除湿能力同样受冷水温度的限制。

2. 吸附除湿

转轮除湿是吸附除湿中最为常用的一种方法。和冷却除湿相比，转轮除湿实现了湿度的独立调节，除湿效果不受冷水温度限制，除湿效率较高，易于控制。但由于转轮本身的显热和吸附过程产生的吸附热，使得新风在除湿的同时，温度有所升高，故在送入室内前，需要对除湿后的干燥空气作降温处理。由于转轮除湿再生环节和新风降温处理对水温无要求，可利用低品位冷源，减少能耗。在转轮除湿的过程中，还可以对热量进行回收。

3. 溶液除湿

溶液除湿是空气直接与具有吸湿特性的盐溶液（如溴化锂、氯化锂等）接触，当溶液表面蒸汽分压力比被处理空气的水蒸气分压力低时，高浓度的盐溶液吸收空气中的水蒸气，从而实现新风除湿。吸湿后的盐溶液还可以通过加热浓缩循环使用，溶液再生温度仅 $50 \sim 80℃$ ，可使用太阳能、地热能以及工业余热等低品位热源。溶液除湿的过程中，水蒸气凝结释放出凝结热，使空气温度升高，故干燥新风送入室内前，仍需作降温处理。溶液除湿不受冷水温度限制，节能效果显著。

思考题与习题

1. 空气-水系统的特点是什么？根据设在房间内的末端设备形式可分为哪些系统？

2. 分别表示出一、二次回风集中空调系统的装置原理图示、夏、冬季节设计工况下的 h-d 图分析及其相应空气处理流程的完整表述。

3. 对一、二次回风空调系统中的两种新风预热方案及其适用性进行比较，并阐明这两种方案预热量的关系。

4. 试证明在具有再热器的一次回风系统中，空调系统冷量等于室内冷负荷、新风冷负荷和再热负荷之和（不考虑风机和风管温升）。

5. 客房空调系统采用风机盘管加集中新风方式，试列出各种可采用的空气处理方案并以 h-d 图示意，加以说明。

6. 夏季室外新风状态温度为 $37℃$ ，相对湿度为 80% ，室内设计温度为 $25℃$ ，相对湿度为 65% ，已计算确定送风量 $20000kg/h$ ，新风比为 20% ，机器露点温度为 $15℃$ ，相对湿度为 95% ，则空气处理时所需冷量为多少？

7. 试为某宾馆大厅设计一次回风空调系统：已知室内设计参数夏季 t_N ＝（27 ± 1）$℃$ ，φ_N ＝$60\% \pm 10\%$ ；冬季 $t_{N'}$ ＝（18 ± 1）$℃$ ，$\varphi_{N'}$ ＝$50\% \pm 10\%$ ；室内余热量夏季为 Q ＝$11.056kW$ ，冬季 Q' ＝$-21.148kW$ ，余湿量 W 冬夏均为 $2459.85g/h$ ，最小新风比为 15% ；室外设计参数夏季为 t_w ＝$34℃$ ，t_{SW} ＝$28.3℃$ ，h_w ＝$96.9kJ/kg$ 。冬季室外设计参数 $t_{w'}$ ＝$-4℃$ ，$\varphi_{w'}$ ＝73% ，$h_{w'}$ ＝$1.1kJ/kg$ ；大气压力 B ＝$101325Pa$ 。

8. 试为某车间设计二次回风空调系统：已知室内设计参数冬夏季 t_N ＝（22 ± 0.5）$℃$ ，φ_N ＝$60\% \pm 10\%$ ；室内余热量夏季为 Q ＝$11.6kW$ ，冬季 Q' ＝$-2.3kW$ ，冬、

夏季余湿量 W 均为 5kg/h（0.0014kg/s），最小新风比为 30%；室外设计参数夏季为 $t_W=33.2℃$，$t_{SW}=26.4℃$，$h_W=-82.5kJ/kg$，室外设计参数冬季 $t_{W'}=-12℃$，$\varphi_W=45\%$，$h_{W'}=-10.5kJ/kg$ 大气压力 $B=101325Pa$。

9. 郑州地区某宾馆客房采用风机盘管加独立新风空调系统，夏季室内设计参数为 $t_N=26℃$，$\varphi_N=55\%$。夏季空调室内冷负荷为 1300W，湿负荷为 200g/h，室内设计新风量 60m³/h，试进行夏季空调过程计算。

11. 简述变风量空调系统的主要工作原理。

12. 在变风量空调系统中，常用的变风量末端装置有哪些？

13. 单风道 VAV 空调系统的主要优缺点有哪些？

14. 现有一空调系统 A、B 两个房间采用变风量空调系统送风：室内空气计算参数 $t_N=26℃$，$\varphi_N=60\%$；室外空气计算参数 $t_W=34℃$，$h_W=85kJ/kg$；某一时刻两个房间的冷负荷最大值分别为 8000W 与 20000W，其湿负荷均为 1.5g/s，最小新风比为 15%。计算系统所需风量、冷量。

15. 简述温、湿度独立控制空调系统的特点。

16. 毛细管网辐射空调系统的除湿方式有哪些？分别适用于哪些场合？

第7章 空调房间的空气分布

空调房间空气分布设计或计算的目的在于使经过净化和热湿处理的空气由送风口合理地送到被调节的区域、房间或空间，保证受控区域形成均匀、稳定的温度场、湿度场和速度场。为此就要熟悉并掌握空间气流的基本流动规律、不同的空气分布方式和相关的设计方法。

空调房间内的气流分布与送风口的选型配置、空间的几何尺寸及污染源的位置和性质等有关。如果送风口的选择有误（如送风口的形式、尺寸、数量）、安装位置以及排（回）风口的位置不适当，即使按照设计的送风参数（送风温差 Δt_0，送风口速度 u_0）输送空气，也不能使室内温度达到设计状态，以致带给室内人员各种不适的感觉。目前，在空间气流分布计算方面，较多采用依赖于实验的经验公式。由于实验的条件不同，在各种实验结果间存在一定的差异，但在总体规律性方面却基本相同。按照实验所得的经验式计算的气流分布结果，在实际现场中由于不同于实验时的控制条件，存在某种程度的偏离。为达到预期的气流组织设计效果，一般实际工程中需借助于现场调试。

7.1 送风射流的流动规律

在流体力学中，空气从一定形状和大小的喷口出流可形成层流和紊流射流，出口雷诺数大于 30 时，射流可认为是紊流，而空调送风一般都能满足这个条件，因此空调送风射流通常为紊流射流。

按送风射流与室内空气温度是否有差异送风射流分为等温射流和非等温射流。当送风射流温度等于室内空气温度时，射流称为等温射流。当送风射流与室内空气之间有温差时，此射流称为非等温射流。非等温射流中，如果送风射流温度低于室内空气温度，射流称为冷射流，反之称为热射流。按射流受周围空间限制的程度分为自由射流、贴附射流以及受限射流。当射流进入一个大的空间，不受墙壁、顶棚或其他障碍物的限制时，此射流称为自由射流；当射流贴附于一个表面，如吊顶或墙壁时，称为贴附射流；当空气射流被房间里由射流引起的回流所影响时，称为受限射流。

在空调工程中常见的送风气流，多属于非等温受限射流。

7.1.1 自由射流

在流体力学中，从实验和理论上阐明了气体通过孔口的流动状态。空气由直径为 d_0 的喷口以出流速度 u_0 射入同温空间介质内扩散，在不受外界表面限制的条件下，形成如图 7-1 所示的等温自由射流。喷出的流体与周围介质之间具有很大的速度梯度，周围流体被卷吸并引向喷出方向而加速，射流不断扩大、边界越来越宽，因而射流断面的速度场从射流中心开始逐渐向边界衰减并沿射程不断变化。结果，流量沿程增加，射流直径加大，但在各断面上的总动量保持不变。在射流理论中，可分为起始段和主体段两部分，其中起始段为射流轴心速度保持不变的一段长度，而其后称为主体段。空调中常用的射流段称为主体段。

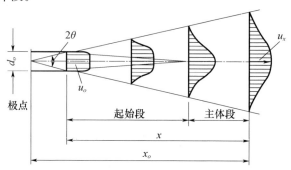

图 7-1　自由射流

根据自由射流的规律性研究可知，射流主体段的参数变化与 ax_0/d_0 有关。x_0 为由极点至给定断面的距离，a 为无量纲紊流系数，其数值的大小决定于风口形式并与射流的扩散角有关，即 $\tan\theta = 3.4a$。因此，不同的风口形式有不同的 a 值（表 7-1）。确定送风口时，要增大射程，可提高出口速度或减少紊流系数；若要增大射流扩散角，可选用 a 值大的送风口。

表 7-1　不同风口的 a 值

风口形式		紊流系数 a
圆射流	收缩极好的喷口	0.066
	圆管	0.076
	扩散角为 8°~12°的扩散角	0.09
	矩形短管	0.1
	带可动导叶的喷口	0.2
	活动百叶风口	0.16
平面射流	收缩极好的扁平喷口	0.108
	平壁上带锐缘的条缝	0.115
	圆边口带导叶的风管纵向缝	0.155

射流主体段轴心速度的衰减规律，可表示为

$$\frac{u_{x_0}}{u_0} \approx \frac{0.48}{\dfrac{ax_0}{d_0}} \tag{7-1}$$

式中，u_{x_0}——以极点为起点至所计算断面距离 x_0 处的轴心速度，m/s；

　　　u_0——风口出流的平均速度，m/s；

　　　d_0——送风口直径，m；

　　　a——送风口的紊流系数；

　　　x_0——由风口至计算断面的距离，m。

采用式（7-1）计算时，由于 x_0 是从极点算起，不便于直接确定实际距风口的距离，所以一般均以风口作为起点并相应地将式（7-1）改写成

$$\frac{u_x}{u_0} = \frac{0.48}{\dfrac{ax}{d_0} + 0.145} \tag{7-2}$$

或忽略由极点至风口的一段距离，在主体段计算时直接用

$$\frac{u_x}{u_0} \approx \frac{0.48}{\dfrac{ax}{d_0}} \tag{7-3}$$

式中，u_x——以风口为起点，到射流计算断面距离为 x 处的轴心速度，m/s；

　　　　x——由风口至计算断面的距离，m。

由式（7-3）可见，当风口形式一定，除 x、d_0 为几何尺寸外，$0.48/a$ 则代表射流的衰减特性。设 $m = 0.48/a$，则

$$\frac{ax}{d_0} = \frac{\dfrac{0.48x}{m}}{d_0} = \frac{0.48x}{md_0}$$

代入式（7-3）得

$$\frac{u_x}{u_0} = \frac{0.48}{\dfrac{0.48x}{md_0}} = \frac{md_0}{x} \tag{7-4}$$

进一步将 d_0 以风口出流面积 F_0 表示，则 $d_0 = 1.13F_0^{0.5}$，代入式（7-4）得

$$\frac{u_x}{u_0} = \frac{1.13m\sqrt{F_0}}{x} = \frac{m_1\sqrt{F_0}}{x} \tag{7-5}$$

式中，$m_1 = 1.13m$。

对于方形或矩形出风口，式（7-5）同样适用，但在出风口的边长比大于 10 时，则应按扁射流计算，即

$$\frac{u_x}{u_0} = m_1\sqrt{\frac{b_0}{x}} \tag{7-6}$$

式中，b_0——扁口的高度，m。

随着射程的增大，射流断面逐渐增大，同时射流流速逐渐减小，断面流速分布曲线逐渐扁平。对射流而言，$u_x < 0.25$ m/s 可视为"静止空气"或成自由流动空气。由于射流中各点的静止压强均相等，所以我们任取一段射流隔离体，其外力之和恒等于零。根据动量方程式，单位时间内通过射流各断面的动量应该相等。

非等温射流由于温差的存在，射流的密度与室内空气的密度不同，造成了水平射流轴线的弯曲。热射流的轴线将往上翘，冷射流的轴线则向下弯曲。在空调工程中，温差射流的温差一般较小，可以认为整个射流轨迹仍然对称于轴线，也就是说，整个射流随轴线一起弯曲。

非等温射流进入室内后，射流边界与周围空气之间不仅要进行动量交换，而且要进行热量交换。因此，随着射流距出口距离的增大，其轴心温度也在变化。

当射流出口温度与周围空气温度不同，具有一定的温差时，射流的温度场（浓度场）与速度场存在相似性，只是热量扩散比动量扩散要快些，定量的研究结果得出

$$\frac{\Delta T_x}{\Delta T_0} = 0.73 \frac{u_x}{u_0}$$

即

$$\frac{\Delta T_x}{\Delta T_0} = \frac{0.73 m_1 \sqrt{F_0}}{x} = \frac{n_1 \sqrt{F_0}}{x} \tag{7-7}$$

式中，$\Delta T_x = T_x - T_n$；

T_0——射流出口温度，K；

T_x——距风口 x 处射流轴心温度，K；

T_n——周围空气温度，K；

$n_1 = 0.73 m_1$，代表温度衰减的系数。

上述式（7-5）、式（7-6）及式（7-7）是射流计算的基本公式。

对于非等温自由射流，由于射流与周围空气的温度不等，密度不同，射流曲线将产生弯曲。射流自喷嘴射出后，一方面受出口能动的作用向前运动，另一方面因密度不同受浮力影响，使射流在前进过程中发生弯曲。当射出的是热射流时，射流曲线向上偏斜，若是冷射流，则其轴线向下偏斜，其判断为阿基米德数 Ar，即

$$Ar = \frac{g d_0 (T_0 - T_n)}{u_0^2 T_n}$$

式中，g——重力加速度，$\mathrm{m/s^2}$。

显然，当 $Ar > 0$ 时为热射流，$Ar < 0$ 时为冷射流，而当 $|Ar| < 0.001$ 时，则可忽略射流轴的弯曲而按等温射流计算。$|Ar| > 0.001$ 时，考虑射流轴弯曲的轴心轨迹计算式可用下式：

$$\frac{y_i}{d_0} = \frac{x_i}{d_0} \tan \beta + Ar \left(\frac{x_i}{d_0 \cos \beta} \right)^2 \left(0.51 \frac{a x_i}{d_0 \cos \beta} + 0.35 \right) \tag{7-8}$$

式中，各符号的意义见图 7-2。由式（7-8）可见，Ar 数的正负和大小，决定射流弯曲的方向和程度。

7.1.2 受限射流

在空调房间里，送风气流受到壁面、顶棚以及空间的限制，射流的流动规律与自由射流相比较，发生了一定的变化。受限射流由自由扩张段、有限扩张段和收缩段三部分组成。

当风口紧贴顶棚设置、房间的尺寸比射流的尺寸大很多时，射流的扩展只有顶面受到限制，射流将贴附在顶棚下流动，这种射流称为贴附射流。贴附射流

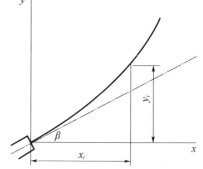

图 7-2 非等温射流轨迹计算图

是常见的受限射流的一种。贴附射流的产生是由于射流在靠近顶棚这一面不能卷吸周围的空气，气流的流速大、静压小，而射流下部的气流速度小、静压大，上下压力差把射流向上托起而形成贴附射流，这种现象称为 Coanda 效应。贴附射流的计算可以看成是一个具有两倍 F_0 出口射流的一半，因此其风速衰减的计算式为

$$\frac{u_x}{u_0} = \frac{m_1 \sqrt{2 F_0}}{x} \tag{7-9}$$

同样，对于贴附扁射流的计算式为

$$\frac{u_x}{u_0} = m_1 \sqrt{\frac{2b_0}{x}} \qquad (7\text{-}10)$$

比较式（7-5）与式（7-9）、式（7-6）与式（7-10）可见，贴附射流轴心速度的衰减比自由射流慢，因而达到同样轴心速度的衰减程度需要更长的距离。

《采暖通风与空气调节设计规范》GB 50019—2012 规定，采用贴附射流测送风时，应符合下列要求：

① 送风口上缘离顶棚距离较大时，送风口处设置向上倾斜 10°~20°的导流片。

② 送风口内设置使射流不致左右倾斜的导流片。

③ 射流流程中无遮挡物。

非等温贴附射流为冷射流时（射流的温度低于周围空气的温度），在重力作用下有可能在射流达到某一距离处脱离顶棚很快下弯，如图 7-3 所示。为确定冷射流的贴附长度 x_l 可用下列方法计算。

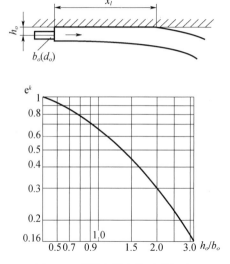

图 7-3　贴附冷射流的贴附长度

（1）计算射流几何特性系数 z

射流几何特性系数 z 是考虑非等温射流的浮力（或重力）作用而在形式上相当于一个线性长度的特征量。对它的进一步说明参见本章 7.4 节第一部分关于非等温影响的修正。

对于集中射流和扇形射流：

$$z = 5.45 m_1' u_0 \sqrt[4]{\frac{F_0}{(n_1' \Delta T_0)^2}} \qquad (7\text{-}11)$$

对于扁射流：

$$z = 9.6 \sqrt[3]{b_0 \frac{(m_1' u_0)^4}{(n_1' \Delta T_0)^2}} \qquad (7\text{-}12)$$

式中，$m_1' = \sqrt{2} m_1$；$n_1' = \sqrt{2} n_1$

（2）计算 x_l

集中式射流：

$$x_l = 0.5ze^k \tag{7-13}$$

扇形射流：

$$x_l = 0.4ze^k \tag{7-14}$$

式中，$k=0.35-0.62\dfrac{h_0}{\sqrt{F_0}}$ 或 $k=0.35-0.7\dfrac{h_0}{b_0}$（扁射流，$b_0=1.13\sqrt{F_0}$）。已知 h_0，风口面积 F_0 或扁风口高度 b_0，即可求得 k 值。在已知 h_0/b_0（或用 $b_0=1.13\sqrt{F_0}$）时，可用图 7-3 的线图直接查得 e^k。

不同类型射流一般都有反映其流形特点的名称，如由圆形、方形和矩形风口出流的射流一般称为集中式射流（或紧凑式射流），由边长比大于 10 的扁长风口出流的射流称为扁射流（或平面流），由扇形导流径向扩散出流的射流称为扇形射流等。

由于在射流运动过程中，受室内壁面、顶棚及空间的限制，使得在有限空间内射流受限后的运动规律不同于自由射流。图 7-4 表示在有限空间内贴附与非贴附两种受限射流的运动状况。

由图可见，受限射流的几何形状与送风口安装位置有关。假设房高为 H，送风口的安装高度为 h，则当喷口处于空间高度的一半时（$h=0.5H$），射流上下对称，形成完整的对称流，射流区呈橄榄形，回流在射流区的四周。当喷口位于空间高度的上部（$h\geqslant0.7H$）时，由于射流上部与顶棚之间距离减小，卷吸的空气量少，因而流速大，静压小；而射流下部则正好相反，是流速小，静压大。在上下压力差的作用下，射流被托举，造成气流贴附于顶棚流动，这种射流又称为贴附射流，它相当于完整的对称流的一半。贴附射流仅有一边卷吸周围空气，因此射流速度衰减慢，射程比非贴附射流的射程长。

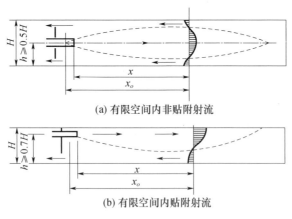

(a) 有限空间内非贴附射流

(b) 有限空间内贴附射流

图 7-4　有限空间内受限射流流动

如果以贴附的射流为基础，将无因次距离定义为

$$\bar{x}=\frac{ax_0}{\sqrt{F_0}} \text{ 或 } \bar{x}_1=\frac{ax}{\sqrt{F_n}}$$

则对于全射流即应为

$$\bar{x}=\frac{ax_0}{\sqrt{0.5F_n}}\ \text{或}\ \bar{x}_1=\frac{ax}{\sqrt{0.5F_n}}$$

式中，x_0——由极点至计算断面的距离；

　　　F_n——垂直于射流的空间断面面积。

实验结果表明，当 $\bar{x}\leqslant 0.1$ 时，射流的扩散规律与自由射流相同，并称 $\bar{x}\approx 0.1$ 为第一临界断面。当 $\bar{x}>0.1$ 时，射流扩散受限，射流断面与流量增加变缓，动量不再守恒，并且到 $\bar{x}\approx 0.2$ 时射流流程最大，射流断面在稍后处亦达最大，称 $\bar{x}\approx 0.2$ 为第二临界断面。同时，不难看出，在第二临界断面处回流的平均流速也达到最大值。在第二临界断面以后，射流空气逐步改变流向，参与回流，使射流流量、面积和动量不断减小，直至消失。

有限空间射流的压力场是不均匀的，各断面的静压随射程而增加。由于有限空间射流的回流区一般也是工作区，控制回流区的风速具有实际意义。受限射流的几何形状与风口的安装位置有关。

回流区最大平均风速的计算式为

$$\frac{u_n}{u_0}=\frac{m_1}{C\sqrt{\dfrac{F_n}{F_0}}} \tag{7-15}$$

式中，C——与风口形式有关的系数，对集中射流取 10.5。

值得提出的是，上述实验结果得出 $\bar{x}=0.1$ 之前，射流扩散规律与自由射流相同，此时射流断面面积与空间断面面积之比 R 为

$$R=\frac{\pi(3.4ax_0)^2}{F_n} \tag{7-16}$$

将 $\bar{x}=\dfrac{ax_0}{\sqrt{0.5F_n}}=0.1$ 代入式（7-16）得

$$R=0.182$$

因此，可以认为当射流断面面积达到空间断面面积的 1/5 时，射流开始受限，其后的发展应符合有限空间射流规律。

7.1.3　平行射流的叠加

两个相同的射流平行地在同一高度射出，且距离比较近时，射流的发展互相影响。在相交之前，每股射流独立发展。当两射流边界相交后，则产生相互叠加，形成重合流动（图 7-5）。总射流的轴心速度逐渐增大，直至最大，然后再逐渐衰减直至趋近于零。对于单股射流的速度分布可用正态分布来描述，其表达式为

$$u=u_x\cdot\exp\left[-\frac{1}{2}\left(\frac{r}{cx}\right)^2\right] \tag{7-17}$$

式中，u——距出口 x 处，距射流轴 r 点的流速，m/s；

　　　c——实验常数，可取 $c=0.082$。

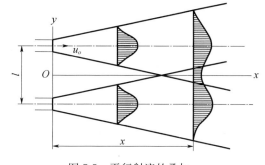

图 7-5　平行射流的叠加

已知

$$u_x = u_0 \frac{m_1\sqrt{F_0}}{x}$$

故

$$u = u_0 \frac{m_1\sqrt{F_0}}{x} \exp\left[-\frac{1}{2}\left(\frac{r}{cx}\right)^2\right] \tag{7-18}$$

设两射流的中心距为 l，取 $l/2$ 及射流出口处为原点 O，且 z 轴垂直于 x、y 轴。这样，在射流内某一空间点上由两个相同射流相互作用形成的流速 u 可根据动量守恒求出，即

$$u^2 = u_1^2 + u_2^2$$

由此可以导出某一射流的轴心速度在另一相同平行射流作用下的计算式为

$$u_x = \frac{m_1 u_0 \sqrt{F_0}}{x} \cdot \sqrt{1 + e^{-\left(\frac{l}{cx}\right)^2}} \tag{7-19}$$

对比式（7-5）及式（7-19）可见，相同平行射流重叠时其轴心速度比单一射流的中心速度大。式（7-19）中 $\sqrt{1 + e^{-\left(\frac{l}{cx}\right)^2}}$ 一项即为考虑重叠影响的修正系数。

7.2　排（回）风口的气流流动

排（回）风口的气流流动近似于流体力学中所述的汇流，与送风口送风气流的流动规律完全不同，送风射流的扩散角度较小，鼓起断面是逐渐扩展的。汇流是从四面八方向回风口汇集，作用范围较大，其规律性是在距汇点不同距离的各等速球面上流量相等，因而随着距汇点距离增大，流速呈二次方衰减，或者说在汇流作用范围内，任意两点间的流速与距汇点距离的平方成反比。

实际排（回）风口具有一定的面积大小，不是一个汇点。图 7-6 所示为一管径为 d 的排风口的流速分布。由图可见，实际排风口处的等速面已不是球形，所注百分数为无因次距离 $\frac{x}{d}$ 处 $\frac{u}{u_0}$。由图中 $u_x = 5\%$ 的等速面查得，在正对排风口处的无因次距离 $\frac{x}{d} = 1$。可见，排风口的速度衰减极快。即使排风口的实际安装条件是受限的，如与壁面平齐，其作用范围为半球面，上述规律性仍然是存在的。

实际排（回）风口的速度衰减在风口边长比大于 0.2 且 $0.2 \leqslant \frac{x}{d}\left(\text{或}\frac{x}{1.13\sqrt{F_0}}\right) \leqslant 1.5$ 范围内，可用下式估算，即

$$\frac{u_x}{u_0} = \frac{1}{9.55\left(\frac{x}{d}\right)^2 + 0.75} \tag{7-20}$$

排（回）风口速度衰减快的特点，决定了回风口在气流组织中的作用范围是有限的。因此在进行空调房间

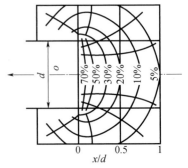

图 7-6　排风口的流速分布

的气流组织设计时，应主要考虑风口出流射流的作用，同时考虑排风口的合理位置，以便实现预定的气流分布模式。

7.3　空气分布器及房间气流分布形式

7.3.1　空气分布器的形式

空气分布器简称送风口，其形式及其所具有的紊流系数 a 值对射流的扩散和空间内气流流型的形成有直接影响。送风口的形式多种多样，通常要按照空间的性质，对气流分布的要求和房间内部装饰的要求等加以选择。

表 7-2　送风口特性

类别	序号	名称	形式	特性系数		说明
				m_1	m_2	
集中射流	1	收缩喷口		7.7	5.8	适用于集中送风
	2	直管喷口		6.8	4.8	同上
	3	单层活动百叶风口		4.5	3.2	一般空调用，具有一定的导向功能
	4	双层活动百叶风口		3.4	2.4	同上
	5	孔板栅格风口		6.0	4.2	有效面积系数为 0.5～0.8
				5.0	4.0	有效面积系数为 0.2～0.5
				4.5	3.6	有效面积系数为 0.05～0.2，可用于一般上、下送风
	6	散流器		1.35	1.1	适于顶棚下送风，具有一定的扩散功能

类别	序号	名称	形式		特性系数		说明
					m_1	m_2	
扇形射流	7	网格式柱形风口	F_0		2.4	1.5	适于下部工作区送风
扇形射流	8	固定导叶扇形风口	α F_0	$\alpha=45°$	3.5	2.5	适于侧送风
扇形射流	8	固定导叶扇形风口		$\alpha=60°$	2.8	1.7	适于侧送风
扇形射流	8	固定导叶扇形风口		$\alpha=90°$	2.0	1.25	适于侧送风
扇形射流	9	可调导叶扇形风口	α F_0		1.8	1.2	适于侧送风
扇形射流	10	径向贴附散流器	d_0 F_0 h_0 $1.5d_0$		1.2	1.0	$h_0/b_0=0.2$
扇形射流	10	径向贴附散流器			1.0	0.88	$h_0/b_0=0.3$
扇形射流	10	径向贴附散流器			0.95	0.88	$h_0/b_0=0.4$
平面扁射流	11	带平行百叶条形风口	b_0 l_0 $\dfrac{l_0}{b_0}>10$		2.5	2.0	适于侧上送风
平面扁射流	12	管道式孔板	b	开孔率=0.092	0.65	0.55	适于下部送风
平面扁射流	12	管道式孔板		开孔率=0.062	0.53	0.48	适于下部送风
平面扁射流	12	管道式孔板		开孔率=0.046	0.45	0.40	适于下部送风
平面扁射流	13	圆管式孔板	b_0取孔板圆周长	$b_0=0.092$	0.29	0.26	
平面扁射流	13	圆管式孔板		$b_0=0.062$	0.24	0.22	
平面扁射流	13	圆管式孔板		$b_0=0.046$	0.21	0.19	

注：对形成贴附射流的风口，m_1、m_2值应乘以$\sqrt{2}$。

送风口的形式除表7-2中所列外，还有带风扇的风口、球形风口（图7-7）、旋流式风口（图7-8）、灯具式消声风口（图7-9）及自垂百叶式风口（图7-10）等。

球形风口是一种喷口型送风口，高速气流在经过阀体喷口时对指定方向送风，气流喷射方向可在顶角为35°的圆锥形空间内前后左右方便地调节，气体流量也可通过阀门开合程度来调节。

图 7-7　球形风口

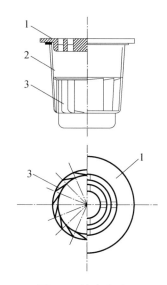

图 7-8　旋流式风口

1—出风格栅；2—集尘箱；3—旋流叶片

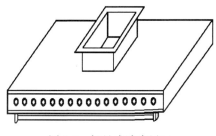

图 7-9　灯具式消声风口

图 7-10　自垂百叶式风口

《采暖通风与空气调节设计规范》GB 50019—2012 规定，采用球形风口时应符合下列要求：

① 人员活动区宜处于回流区。

② 喷口的安装高度应根据空气调节区高度和回流区的分布位置等因素确定。

③ 兼做热风采暖时，宜能够改变射流出口角度的可能性。

喷口送风主要适用于大型体育馆、礼堂、影剧院及高大空间（例如工业厂房与其他公共建筑）的空调工程。喷口送风的风速要均匀，且每个喷口的风速要接近相等，因此安装喷口的送风风管应设计成变断面的均匀送风风管，或起静压箱作用的断面风管。喷口的风量应能调节，喷口的倾角应设计成可任意调节的，对于冷射流其倾角一般为 $0°\sim12°$，对于热射流向下倾角以大于 $15°$ 为宜。

旋流式风口适用于计算机房等有夹层地板的房间。空调送风送入夹层，通过旋流叶片切向进入集尘箱，形成旋流后由与地面平齐的格栅送入室内。还有一种带有锥形分流器、通过一次风喷射，二次风经旋流环引入的旋流风口，其混掺效果也较好，速度衰减较快，适用于各种送风口的布置方式，在空调通风系统中可用作大风量、大温差送风以减少风口数量，安装在天花板或顶棚上，可用于 3m 以内低空间，也可用于两种高大面积送风，高度甚至可达 10m 以上。

灯具式消声风口是一种集送风、消声和照明三种功能为一体的新型风口，可降低噪声 20dB（A）左右，属于高效灯具。该风口能形成贴附的气幕，均匀而稳定，射程较远。装有灯具式风口的空调系统，风口上方无需调节风阀，就可使各个风口送风均匀。

自垂百叶式风口具有正压的空调房间自动排气。通常情况下靠风口的百叶自重而自然下垂，隔绝室内、外的空气交换，当室内气压大于室外气压时，气流将百叶吹开而向外排气，反之室内气压小于室外气压时，气流不能反向流入室内，该风口有单向止回作用。

7.3.2 气流组织的基本要求

所谓气流组织，就是合理地布置送风口位置、规格、数量、分配风量以及选用适当的风口形式，以便以最小的风量和成本达到最好的空调效果。

房间空调气流组织的基本要求及送风温差应根据不同的情况取不同的值，详见表 7-3 和表 7-4。

表 7-3　气流组织的基本要求

空调类型	室内温度参数	送风温差（℃）	每小时换气次数	风速（m/s）		可能采取的送风方式
				出风口	工作区	
舒适型空调	冬季 18～22℃ 夏季 24～28℃ φ＝40%～60%	送风高度 h≤5m 时，不宜大于 10，h＞5m 时，不宜大于 15	不宜小于 5 次，高大房间按其冷负荷通过计算确定	与送风方式、送风口类型、安装高度、室内允许风速、噪声标准等因素有关	冬季不宜大于 0.2，夏季不宜大于 0.3	1. 侧面送风 2. 散流器送风 3. 孔板送风 4. 条缝口送风 5. 喷口或旋风口送风
工艺性空调	室内允许波动范围≥±1℃	6～10	不小于 5 次（高大房间除外）		0.2～0.5	1. 侧送宜贴附 2. 散流器平送
	室内允许波动范围≥±0.5℃	3～6	不小于 8 次			
	室内允许波动范围为±0.1～0.2℃	2～3	不小于 12 次（工作时间内不送风的除外）			1. 侧送应贴附 2. 孔板下送不稳定流型

表 7-4　按风口形式建议的送风温差 Δt_0（℃）

送风口的安装高度（m）		3	4	5	6
散流器：圆形		16.5	17.5	18.0	18.0
	方形	14.5	15.5	16.0	16.0
普通侧送风口：风量大		8.5	10.0	12.0	14.0
	风量小	11.0	13.0	15.0	16.5

7.3.3 空间气流组织的形式

空间气流组织，就是组织送入房间的空气，使其在室内合理流动和分布的方法。

通常用送风口在空调房间内设置的相对位置来表示气流组织形式，气流组织形式的不同，房间内气流的流动状况、流速的分布状况，乃至空气的温度、湿度、含尘量的分布状况均不同。常用的气流组织形式主要有上送下回、上送上回、下送上回、中送下回和侧送侧回五种形式。

1. 上送下回

上送下回是最常用的气流组织形式。这种气流组织形式的送风口设在空调房间或区域的上部，回风口设于空调房间或区域的下部，气流从上部送入空气由下部排出。图 7-11 所示为两种不同的上送下回方式，其中图 7-11（a）可增加散流器的数目。上送下回的气流分布形式送风气流不直接进入工作区，气流由上向下流动，在流动过程中不断混入室内空气进行热湿交换，有较长的与室内空气混合的距离，只要风口的扩散性好，送入气流都能与室内空气混合，形成比较均匀的温度场和速度场，从而保证工作区的恒温精度和风速规定值。

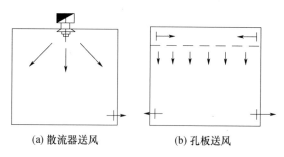

(a) 散流器送风   (b) 孔板送风

图 7-11 上送下回气流分布

在大型民用与公共建筑物里，多采用散流器上送下回的方式，这种方式与建筑物本身的配合较好。图 7-11（b）尤其适用于温、湿度和洁净度要求高的对象。

2. 上送上回

图 7-12 表示三种上送上回的气流分布方式，其中图 7-12（a）为单侧，图 7-12（b）为异侧，图 7-12（c）为贴附型散流器。图 7-12（b）可设置吊顶使管道成为暗装。上送上回方式的特点是可将送排（回）风管道集中于空间上部或隐藏在顶棚内，不占用房间的使用面积，容易与室内装修协调。当回风管不与回风口相连而使上部房间空间也成为回风通道时（俗称顶棚回风或吊顶回风），吊顶内由房间照明装置散发的部分发热量可由回风气流带走，在夏季可减少工作区的冷负荷量，从而可在送风量不变的情况下减小送风温差，使房间的舒适度提高，或在送风温差不变的情况下减小送风量，使风机能耗降低。这种气流组织形式的主要缺点是部分工作区处于射流区，部分工作区处于回流区，不易形成均匀的温、湿度场和速度场，而且如果风口布置不当，很容易造成送回风气流短路，影响空调质量。

3. 下送上回

图 7-13 表示两种下送上回气流分布方式，其中图 7-13（a）为地板送风，图 7-13（b）为下侧送风。由于这种气流组织形式的送风是直接进入工作区，为满足人的舒适要求和生产的工艺要求，在相同条件下，下送形式的送风温差必然要小于上送形式的。同时考虑到人的舒适条件，送风速度也不能大，这就必须增大送风口的面积或数量，将会给风口的布置带来困难。此外，地面容易集聚脏物，将会影响送风的清洁度。下送方式要求降低送风温差，控制工作区内的风速，但其排风温度高于工作区温度，故具有一定的节能效果，同时有利于改善工作区的空气质量。置换通风、局部通风系统常采用这种方式，下部送风，上部排风，常用于计算机房等室内余热量大的空间。

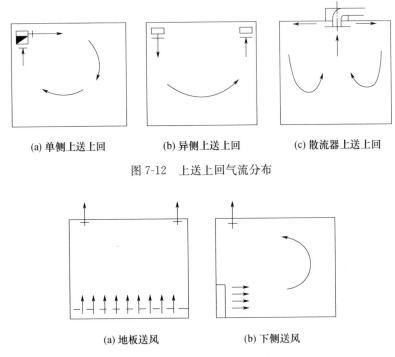

(a) 单侧上送上回　　　(b) 异侧上送上回　　　(c) 散流器上送上回

图 7-12　上送上回气流分布

(a) 地板送风　　　　　(b) 下侧送风

图 7-13　下送上回气流分布

4. 中送下回

在某些高大空间内，若实际工作区在房间下部，则不需将整个空间都作为控制调节的对象，采用图 7-14 的中送风方式，空调只是保证下部工作区的要求，而上部气流区只是负责排走非空调区的余热量，可节省能耗。显然，中送下回气流组织形式的送风口是设在空调房间的中部，回风口设于下部，气流从中部送风口送出，经工作区后再从下部回风口排出。

但这种气流分布会造成空间竖向温度分布不均匀，存在着温度"分层"现象，因此这种空调方式又称为分层空调。采用这种气流组织形式时应符合下列要求：

① 空调区宜采用双侧送风；当房间跨度小于 18m 时，可采用单侧送风，其回风口宜布置在送风口的同侧下方。

228

② 侧送多股平行射流应互相搭接；采用双侧相对送风时，两侧相向气流应在人员活动区以上搭接，以便形成覆盖，实现分层，即形成空调区和非空调区。

③ 应尽量减少非空调区向空调区的热转移，必要时应在非空调区设置送排风装置。

5. 侧送侧回

送风口设在房间侧墙上部，空气横向送出，气流冲到对面墙上，转折下落到工作区，由设置在与送风口同侧或异侧的下方的回风口排出，如图 7-15 所示。侧送侧回形式使工作区处于回流区，具有以下优点：送风射流在到达工作区之前，已与房间空气进行了比较充分的混合，因此能保证工作区气流速度和温度的均匀性。所以，对于侧送侧回的送风方式来说，容易满足设计对于速度不均匀系数的要求。大型的空调车间、体育馆以及电影院往往采用此种方式。

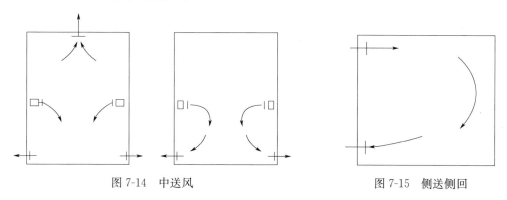

图 7-14　中送风　　　　　　图 7-15　侧送侧回

工作区处于回流区，故而 $t_p=t_n$，投入能量利用系数 $\beta_i=1.0$。

此外，由于侧送侧回送回风方式的射流射程比较长，射流能够充分衰减，故可加大送风温差。

基于上述优点，侧送侧回这种送回风方式是实际中最常用的气流组织形式。

7.3.4　送风方式与送风口的选择

送风方式与送风口在选用时应遵循以下原则：

（1）一般采用百叶风口或条缝风口侧送风，有条件时送风气流宜贴附顶棚，以增加送风的射程，使气流混合均匀，并使工作区处于回流区。侧送风口安装位置距顶棚越近，越容易贴附。当送风口上缘离顶棚距离较大时，为了达到贴附的目的，应选用外层叶片为水平可调的百叶风口，并使叶片向上倾斜 $10°\sim20°$。

一般层高的小面积房间宜采用单侧送风；当采用单侧送风的射程或区域温差不能满足要求时，可采用双侧送风。

（2）圆形、方形、矩形散流器平送风均能形成贴附射流，即空气呈辐射状向四周送出，贴附平顶扩散，能与室内空气充分混合，使空调区处于回流区，保证空调房间有稳定而均匀的温度场和风速场。对室内高度较低的房间，既能满足使用要求，又比较美观。

散流器的设置数量应根据房间大小决定，多个散流器宜对称均布或梅花形布置。布置散流器时，散流器之间的距离以及散流器离墙的距离选择，一方面要考虑使射流有足够的射程，另一方面又要使射流扩散好。通常散流器之间的距离在3m左右（与房间层高成正比）；圆形或方形散流器相应送风面积的长宽比一般控制在1∶1.5以内。散流器中心线与侧墙间的距离，一般不小于1m。

（3）当单位面积送风量较大，且人员活动区内要求风速较小或区域温差要求严格时，应采用孔板风口下送风。采用孔板送风时，孔板上部稳压层的净高不应小于0.2m；向稳压层内送风的速度宜采用3～5m/s；除送风射流较长的以外，稳压层内不可设送风分布支管；在送风口处，宜装设防止送风气流直接吹向孔板的导流片或挡板。

（4）对于空间较大的公共建筑和室温允许波动范围大于或等于±1℃的高大厂房，宜采用喷口或旋流风口送风。此外也可采用地板风口上送风。

采用喷口侧送风时，人员活动宜处于回流区。喷口安装高度，应根据房间高度和回流区的分布位置等因素确定，但不宜低于房间高度的0.5倍。喷口安装高度太低，射流易直接进入人员活动区；太高则使回流区厚度增加，回流速度过小，两者均影响舒适感。对于兼做热风采暖的喷口，为防止热射流上翘，应选用能改变射流角度的喷口；对于工作区有一定斜度的房间（如影剧院），喷口需与水平面保持一个向下的倾斜角 β，送冷风时 $\beta=0°\sim12°$，送热风时 $\beta>15°$。

（5）当房间内的污染能源与热源伴生时，可采用地板风口上送风或置换通风。排风口置于顶棚附近。送入室内的空气先在地板上均匀分布，然后被热源（人员、设备等）加热的空气以热风的形式形成向上的气流，将余热和污染物排出人员活动区。

送风口的出口风速（指出口有效断面风速）应根据送风量、射程、送风方式、送风口类型、安装高度、室内允许风速和噪声标准等因素确定。消声要求较高时，宜采用2～5m/s，喷口送风可采用4～10m/s。

7.3.5 空间气流组织的选用原则

空调房间中经过处理的空气由送风口送入房间，与室内空气进行热湿交换后，经过回风口排出。显然，空调房间的温度场、速度场的均匀性和稳定性，与室内空气的流动情况有密切的关系。图7-16是几种常见的气流组织方案的例子，方案（e）和（f）的效果明显好于前几个。

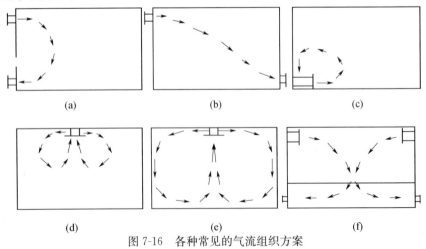

图 7-16 各种常见的气流组织方案

房间的气流组织有两个基本原则：挤压原则和稀释原则。挤压原则将室内的热湿空气从回风口挤压出去，这时在所需的主流方向上气流只有很小的横向流动，气流分布均匀，换气效果好，多用于手术室、洁净室、特殊生化实验室、喷漆车间等对气流组织要求较高的场合；稀释原则使室内的热湿空气不断稀释，多利用诱导作用，从送风口送入房间的射流，由于其卷吸作用，使射流周围的空气不断地被吸入，吸走了空气的空间又由回返气流的一部分去补充，于是形成了回旋的涡流，在旋转的涡流区中，热湿交换比较充分，因此温度场、湿度场也比较均匀，但在诱导作用达不到的地方，如墙角处容易形成死角。

7.4　房间气流分布的计算

气流分布计算主要是为了选择气流分布的形式，确定送风口的形式、数量及几何尺寸，以满足空调房间或区域风速和温差的设计要求。

对于空调房间或区域的温度、湿度、洁净度的要求，一般依据舒适型空调或工艺性空调提出的参数确定。对于空调房间或区域的流速，我国现行的《采暖通风与空气调节设计规范》（GB 50019—2012）规定：舒适性空气调节室内冬季风速不应大于 0.2m/s，夏季不应大于 0.25m/s；工艺性空气调节工作区风速夏季宜采用 0.2～0.5m/s，冬季不宜大于 0.3m/s，当室内温度高于 30℃时，可大于 0.5m/s。

当高速气流通过风口时会产生噪声，所以在要求较高的空调房间或区域应低速送风，一般的取值范围为 2～5m/s。排（回）风口的风速一般不大于 4m/s，在离人较近的区域不应大于 3m/s。在居住建筑内一般取 2m/s，而在工业建筑内可大于 4m/s。

7.4.1　一般气流分布的计算方法

比较典型的空气分布方式及计算条件见图 7-17。以第 Ⅰ 种下送风方式为例来说明气流分布的计算程序。已知下送风射流直接进入工作区，在风口形式选定后，确定的 x 距离处 u_x 与 t_x 值应满足使用条件的要求。如果 x 断面处于起始段（即令 $\frac{u_x}{u_0}=1=\frac{m_1\sqrt{F_0}}{x}$ 或 $x\leqslant m_1\sqrt{F_0}$），则 $u_x=u_0$，$t_x=t_0$。如果 x 处于主体段，即 $x>m_1\sqrt{F_0}$，则应按主体段射流公式在已知 u_x 及 Δt_0 条件下，计算 u_0 并校核 Δt_x，检查风量是否符合设计要求。

在进行图 7-17 所示各种送风气流分布方式计算时，要注意 x 值的选定，即 x 值应等于从射流出口到达计算断面的总长度。以方案 Ⅱ 和方案 Ⅳ 为例，x 值应分别等于 $x'+(H-2)$ 和 $x'+l$。

空间气流分布的计算不像等温自由射流计算那么简单，需要考虑射流的受限、重合及非等温的影响等因素。现分别说明。

（1）考虑射流受限的修正系数 K_1

图 7-18 中各曲线是对不同射流类型考虑受限的修正系数。图中的横坐标对于非贴

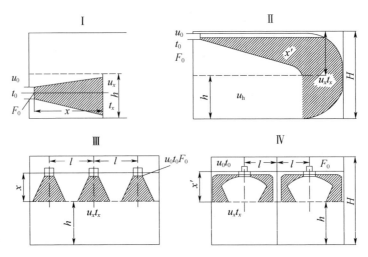

图 7-17 空气分布方式及计算条件

附射流为 $\bar{x}=\dfrac{x}{\sqrt{F_n}}$；对于贴附射流为 $\bar{x}=\dfrac{0.7x}{\sqrt{F_n}}$；对于扁射流为 $\bar{x}=\dfrac{x}{H}$（H 为房高）；对于下送散流器为 $\bar{x}=\dfrac{x}{\sqrt{F_n}}$；对于径向贴附散流器 $0.1\,\bar{l}=\dfrac{0.1l}{\sqrt{F_0}}$（$l$ 为横向射流间距，F_0 为送风接管面积，如图 7-17 所示）。

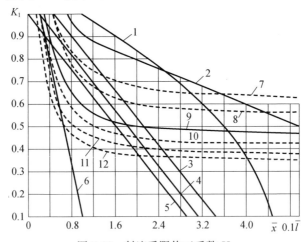

图 7-18 射流受限修正系数 K_1

1—集中射流；2—扁射流；3、4、5—扇形射流（分别为 $\alpha=45°$，$60°$，$90°$）；6—下送散流器；

7、8、9、10、11、12—径向贴附散流器，$\dfrac{l}{x'}=0.5$，0.6，0.8，1.0，1.2，1.5

（2）考虑射流重合的修正系数 K_2

考虑射流重合对轴心速度的影响可由式（7-19）计算求出。为方便起见，也可用图 7-19 所示的修正曲线求出。图中的横坐标有两个，一个用于普通的集中射流；另一个用于扇形射流。

（3）考虑非等温影响的修正系数 K_3

非等温射流受到重力或浮力的作用，其轴心速度的衰减不同于等温射流。本章第一节已提出水平或与水平线成某一夹角的非等温自由射流的轴心轨迹的计算，而在射流由上而下或由下而上，或与垂直线成小于 $30°$ 夹角射出时，均需对速度衰减进行修正。对垂直射流的修正式为

$$\frac{u_x}{u_0}=\frac{md_0}{x}\left[1\pm1.9\frac{\beta}{m}\cdot Ar\left(\frac{x}{d_0}\right)^2\right]^{\frac{1}{3}}=\frac{m_1\sqrt{F_0}}{x}\cdot K_3 \tag{7-21}$$

式中，β——气体膨胀系数，$\beta=\dfrac{1}{273+t}$。

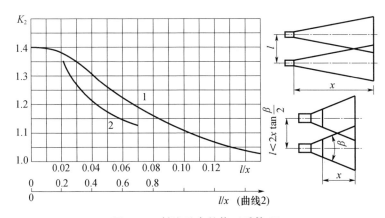

图 7-19　射流重合的修正系数 K_2
1—集中射流，平面流；2—扇形流

为简化计算，非等温修正系数 K_3 可按下式计算：

集中射流：

$$K_3=\left[1\pm3\left(\frac{x}{z}\right)^2\right]^{\frac{1}{3}}$$

扇形射流：

$$K_3=\left[1\pm1.5\left(\frac{x}{z}\right)^2\right]^{\frac{1}{3}}$$

扁射流：

$$K_3=\left[1\pm2\left(\frac{x}{z}\right)^2\right]^{\frac{1}{3}}$$

K_3 各式中的 z 值，可按式（7-11）或式（7-12）计算。同时，对比式（7-21）中的修正项，可以看出 z 的意义。

K_3 亦可由图 7-20 查得。图的上部（Ⅰ区）用于冷射流，下部（Ⅱ区）用于热射流。

考虑上述各项修正后的射流计算式则成为

$$\frac{u_x}{u_0}=\frac{K_1K_2K_3m_1\sqrt{F_0}}{x} \tag{7-22}$$

及

$$\frac{\Delta T_x}{\Delta T_0}=\frac{K_1K_2K_3n_1\sqrt{F_0}}{x} \tag{7-23}$$

至此除上送下回中的孔板送风外，一般的气流分布方式均可参见图 7-17 中给出的

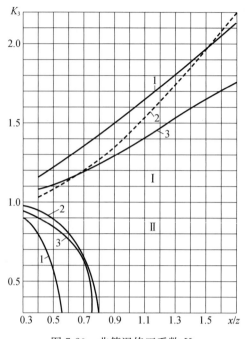

图 7-20 非等温修正系数 K_3

1—集中射流；2—扁射流；3—扇形流

基本形式和计算条件进行计算，现举例说明。

【例 7-1】 某空调房间要求温度为 20℃±0.5℃，房间尺寸为 5.5m×3.6m×3.2m（长×宽×高），室内显热冷负荷 $Q=5690$kJ/h，试作上送下回（单侧）气流分布计算。

【解】 (1) 选用可调的双层百叶风口，其 $m_1=3.4$，$m_2=2.4$（表 7-2 中的第 4 项），风口尺寸定为 0.3m×0.15m，有效面积系数为 0.8，$F_0=0.036$m^2。

(2) 设定如图 7-21 所示的水平贴附射流，射流长度 $x=5.5-0.5+（3.2-2-0.1）=6.1$m（取工作区高度 2m，风口中心距顶棚 0.1m，离墙 0.5m 为不保证区）。

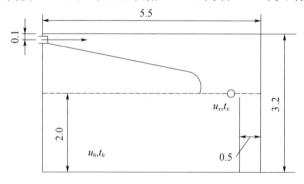

图 7-21 例 7-1 计算用图

(3) 试选用两个风口，其间距为 1.8m，相当于将房间分为两个相等的空间。对于每股射流而言，$F_n=3.6×3.2/2=5.76$m^2。

(4) 利用各修正系数图求 K_1、K_2、K_3。按 $\bar{x}=\dfrac{0.7x}{\sqrt{F_n}}=\dfrac{0.7×6.1}{\sqrt{5.76}}=1.78$，查图 7-18

曲线 1 得 $K_1 = 0.88$，即射流受限。按 $\dfrac{l}{x} = \dfrac{1.8}{6.1} = 0.3$，查图 7-19 曲线 1，得 $K_2 = 1$，即不考虑射流重合的影响。由于不属垂直射流，不考虑 K_3。

（5）按式（7-22）计算射流轴心速度衰减：

$$\frac{u_x}{u_0} = \frac{K_1 m_1 \sqrt{2F_0}}{x} = \frac{0.88 \times 3.4 \times \sqrt{2 \times 0.036}}{6.1} = 0.132$$

由于本例的工作区处于射流的回流区，射流到达计算断面 x 处的风速 u_x 可以比回流区高，一般可取规定风速的 2 倍，即 $u_x = 2u_h$（u_h 为回流区风速，或按规范规定的风速）。现取 $u_x = 0.5\mathrm{m/s}$，则 $u_0 = \dfrac{0.5}{0.132} = 3.79\mathrm{m/s}$。

（6）计算送风量与送风温差。

已知 $u_0 = 3.79\mathrm{m/s}$，两个风口的送风量 L 则为

$$L = 2 \times 0.036 \times 3.79 \times 3600 = 982\mathrm{m^3/h}$$

因此得出送风温差 Δt_0 为：

$$\Delta t_0 = \frac{Q}{\rho \cdot c_p \cdot L} = \frac{5690}{1.2 \times 1.01 \times 982} = 4.8\text{℃}$$

此时换气次数 $n = \dfrac{L}{V_n} = \dfrac{982}{5.5 \times 3.6 \times 3.2} = 15.51$ 次/h。

据第四章推荐的送风温差和换气次数，上例计算结果均满足要求。

（7）检查 Δt_x。

$$\frac{\Delta t_x}{\Delta t_0} = \frac{\Delta T_x}{\Delta T_0} = \frac{K_1 m_2 \sqrt{2F_0}}{x} = \frac{0.88 \times 2.4 \times \sqrt{2 \times 0.036}}{6.1} = 0.093$$

所以　　　　　　　　$\Delta t_x = 0.093 \times \Delta t_0 = 0.093 \times 4.8 = 0.45\text{℃}$

$$\Delta t \leqslant 0.5\text{℃}$$

（8）检查贴附冷射流的贴附长度。

按式（7-11）计算 z 值：

$$z = 5.45 m_1' u_0 \sqrt[4]{\frac{F_0}{(n_1' \Delta T_0)^2}} = 5.45 \times \sqrt{2} \times 3.4 \times 3.79 \sqrt[4]{\frac{0.036}{(\sqrt{2} \times 2.4 \times 4.8)^2}} = 10.72$$

$$x_l = 0.5 z e^k$$

$$k = 0.35 - 0.62 \frac{h_0}{\sqrt{F_0}} = 0.35 - 0.62 \times \frac{0.1}{\sqrt{0.036}} = 0.023$$

$$x_l = 0.5 \times 10.72 \times e^{0.023} = 5.5\mathrm{m}$$

可见，在房间长度方向射流不会脱离顶棚成为下降流。

对于将末端装置放在窗下或侧墙下部，送风由下而上的气流分布方式（图 7-22）需要考虑另一附加因素，即要检验送冷射流时是否能达到所要求的高度。由下而上送出的冷射流所能达到的垂直距离 $y_{\max}$ 可按下式计算：

$$y_{\max} = M \sqrt{F_0} \sqrt[3]{\frac{m_1}{Ar^2}} \tag{7-24}$$

式中，M——系数，对贴附射流为 0.64，非贴附射流为 0.45；

Ar——阿基米德数，对集中射流和扇形流可按 $Ar=11.1\dfrac{\Delta T_0\sqrt{F_0}}{u_0^2 T_n}$ 计算，对扁射

流，$Ar=19.62\dfrac{\Delta T_0 b_0}{u_0^2 T_n}$。

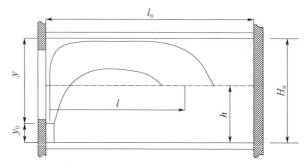

图 7-22　下侧送风气流分布

在确定了下送射流的总长度 x，垂直距离加上水平距离，按图 7-22，$x=y+l+(H_n-h)$ 后，送风口的最大净面积（有效面积）可按下列经验式计算：

$$F_{0,\max}=1.76\times10^{-5}\left(\cfrac{L_0}{\sqrt{\dfrac{\Delta T_0}{T_n}}\sqrt{\dfrac{x^3}{m_1}}}\right)^{1.14}\tag{7-25}$$

式中，L_0——对应于每个风口的送风量，m^3/h；

　　　ΔT_0——对冷射流用 $\Delta T_0=T_n-T_0$。

在房间高度较低时（$H_n<2.6m$），为使冷射流不易在中途下降，建议采用速度衰减较慢的风口（$m_1\geqslant4.5$），且当 $\Delta t_0=11℃$ 时，$u_0\geqslant2.5m/s$；当 $\Delta t_0=8.5℃$ 时，$u_0\geqslant1.25m/s$。若采用 $m_1\leqslant2$ 的风口，则当 $\Delta t_0=11℃$ 时，$u_0\geqslant3.75m/s$；当 $\Delta t_0=8.5℃$ 时，$u_0\geqslant2.5m/s$。在送热风时，若用 $m_1\geqslant4.5$ 的风口，则 $\Delta t_0=15\sim20℃$；若用 $m_1\leqslant2.5$ 的风口，则 $\Delta t_0=35\sim40℃$。

【例 7-2】　某空调房间，室温要求为 $20℃\pm1℃$，房间尺寸为 $6m\times3.6m\times3.2m$（长×宽×高），夏季显热冷负荷为 $6090kJ/h$，拟采用径向散流器平送（见图 7-17Ⅳ），试确定有关参数并计算其气流分布。

【解】　（1）按两个散流器布置，每个散流器所对应的 $F_n=\dfrac{6\times3.6}{2}=10.8m^2$，水平射程分别为 $1.5m$ 及 $1.8m$，平均值取 $l=1.65m$，垂直射程 $x'=3.2-2=1.2m$。

（2）设送风温差 $\Delta t_0=6℃$，因此总风量为

$$L=\frac{Q}{pC_p\Delta t}=\frac{6090}{1.2\times1.01\times6}=837m^3/h$$

换气次数

$$n=\frac{L}{V}=\frac{837}{6\times3.6\times3.2}=12.1 \text{ 次/h}$$

每个散流器的送风量为 $L_0=837/2=418.5m^3/h$。

（3）散流器的出风速度 u_0 选定为 $3.0m/s$，则

$$F_0=\frac{418.5}{3.0\times3600}=0.0388m^2$$

（4）检查 u_x：根据式

$$u_x = u_0 \frac{\sqrt{2}\, m_1 K_1 K_2 K_3 \sqrt{F_0}}{x' + l}$$

式中，$\sqrt{2}\, m_1 = 1.41$（见表 7-2 第 10 项，$m_1 = 1.0$）；

K_1——根据 $\dfrac{0.1l}{\sqrt{F_0}} = 0.1 \times \dfrac{1.65}{\sqrt{0.0388}} = 0.838$，查图 7-18，按 $\dfrac{l}{x'} = \dfrac{1.65}{1.2} = 1.375$ 在曲

线 11 和曲线 12 间插值得 $K_1 = 0.47$；

K_2、K_3——均取 1。

代入各已知值，得

$$u_x = 3.0 \times \frac{1.41 \times 0.47 \times \sqrt{0.0388}}{1.2 + 1.65} = 0.137\,\text{m/s}$$

（5）检查 Δt_x：

$$\Delta t_x = \Delta t_0 \frac{\sqrt{2}\, m_2 K_1 \sqrt{F_0}}{x' + l} = 6 \times \frac{\sqrt{2} \times 0.88 \times 0.47 \times \sqrt{0.0388}}{1.2 + 1.65} = 0.242\,\text{℃}$$

计算检查结果说明 Δt_x 及 u_x 均满足要求。

（6）检查射流贴附长度 x_l：

$$x_l = 0.5 z \mathrm{e}^k$$

$$k = 0.35 - 0.62 \frac{h_0}{\sqrt{F_0}} = 0.35 - 0.62 \times \frac{0.068}{\sqrt{0.0388}} = 0.136$$

射流几何特性数按式（7-11）计算

$$z = 5.45 \times \sqrt{2}\, m_1 u_0 \sqrt[4]{\frac{F_0}{(\sqrt{2}\, m_2 \Delta t_0)^2}} = 5.45 \times 1.41 \times 3.0 \times \sqrt[4]{\frac{0.0388}{(\sqrt{2} \times 0.88 \times 6)^2}} = 3.74$$

$$x_l = 0.4 \times 3.74 \mathrm{e}^{0.136} = 1.71\,\text{m}$$

因此，贴附的射流长度基本上满足要求。

由以上几个气流分布的计算例题可见，正确地选择计算式并考虑必要的修正，经过反复调整风口形式、几何尺寸和有关设计参数，必要时改变气流分布方式使预定的工作区参数满足要求，是气流分布计算的一般方法。

7.4.2　孔板送风的计算方法

孔板送风在工业空调中（如恒温室、洁净室及某些实验环境等）应用较多，其特点是在直接控制的区域内能够形成比较均匀的速度场和温度（浓度）场。

孔板的基本特征可用开孔率（或有效面积系数）k 来表示，即

$$k = \frac{f_0}{f_1} \tag{7-26}$$

对于正方形排列的孔板，开孔率为

$$k = 0.785 \left(\frac{d_0}{l}\right)^2 \tag{7-27}$$

式中，f_0——孔口总面积；

　　f_1——孔板面积；

　　d_0——孔口直径；

　　l——孔间距。

237

对孔板出流的等温射流研究表明，由各小孔出流的射流在汇合为总流前存在一个汇合段（图7-23），该段长度 x_0 可由下式决定：

$$x_0 = 5l \quad (\text{m}) \tag{7-28}$$

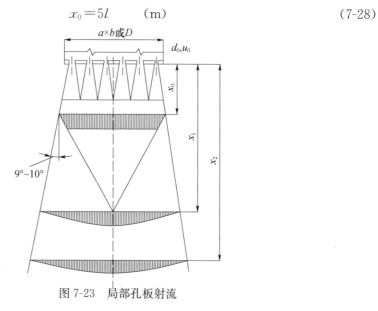

图 7-23　局部孔板射流

在汇合段以后，则与自由射流相似存在一中心速度保持不变的起始段。如孔板为矩形或方形，则起始段长度为

$$x_1 = 4b \quad (\text{m}) \tag{7-29}$$

式中，b——矩形孔板的宽度或方形孔板的边长，如孔板为圆形，则 $b = 0.89D$（D 为圆形孔板直径）。

显然，当 $x_2 > x_1$ 时，射流处于主体段，随着射流断面的不断扩大，中心速度逐渐衰减。实验研究指出，射流的扩散角约为 $9° \sim 10°$（一侧）。

孔板送风有两种方式：一为局部孔板送风（$f_1/F \leqslant 50\%$，F 为顶棚面积）；一为全面（满布）孔板送风（$f_1/F > 50\%$）。在供风的方式上也有直接管道供风和静压室供风之分（图7-24）。

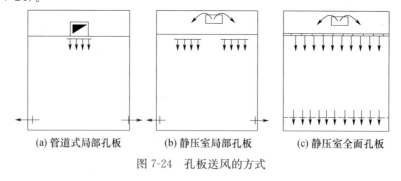

(a) 管道式局部孔板　　(b) 静压室局部孔板　　(c) 静压室全面孔板

图 7-24　孔板送风的方式

局部孔板的射流计算与前述方法类似。若计算断面处于射流的起始段，则其中心速度的衰减可按下式计算：

$$\frac{u_{x1}}{u_0} = K_1 K_2 K_3 \sqrt{\frac{k}{\mu}} \tag{7-30}$$

式中，　　　u_{x1}——起始段内的中心速度；

　　　　　　u_0——孔口出流速度；

K_1，K_2，K_3——分别为考虑射流受限、重叠及不等温的修正系数；

　　　　　　k——开孔率；

　　　　　　μ——孔口流量系数，由管道式孔板直接送出时［图 7-24 (a)］$\mu=0.5$；

　　　　　　　静压室送出时，若孔板板厚 $\delta\leqslant0.5d_0$，则 $\mu=0.75$，$\delta>d_0$，$\mu=1.0$。

温度衰减相应地按下式计算：

$$\frac{\Delta t_{x1}}{\Delta t_0}=\frac{K_2}{K_1 \cdot K_3}\sqrt{\frac{k}{\mu}} \tag{7-31}$$

式中，Δt_{x1}——起始段内中心温度与周围空气温度之差；

　　　Δt_x——孔口送风温度与周围空气温度之差。

由式（7-30）及式（7-31）可见，不论是中心温度还是中心风速的衰减都是指在汇合段内发生的，只取决于开孔率的大小和孔口特性，与射程无关。然而 K_1，K_2 及 K_3 的修正则是对局部孔板的总流来考虑的。

射流受限修正系数 K_1 可由图 7-25 查出。图中 f_1 为孔板面积，F 为相应于一块孔板所占据的顶棚面积，b 为长条形孔板宽度，B_1 为长条形孔板所占据的顶棚宽度。对于圆形和方形孔板，K_1 查图 (a)，长条形孔板查图 (b)。

考虑射流重合的修正系数 K_2，求法与前述射流计算相同，仍用图 7-19 中的曲线 1。

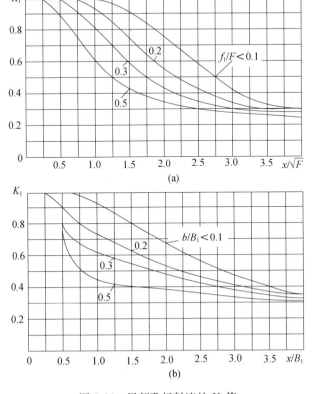

图 7-25　局部孔板射流的 K_1 值

对于非等温射流的修正系数 K_3 的计算则要按图 7-26 求得。图中横坐标 A 的计算方法如下：

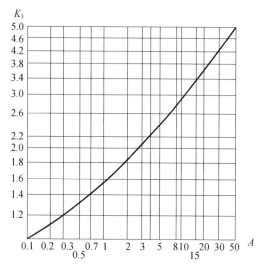

图 7-26 非等温射流的修正系数 K_3 值

对于圆形和方形孔板

$$A = 0.009 \frac{\Delta t_0}{u_0^2 K_1^3} \cdot \frac{x^2}{\sqrt{f_1 \cdot k}} \tag{7-32}$$

对于长条形孔板

$$A = 0.01 \frac{\Delta t_0}{u_0^2 K_1^3} \cdot \sqrt{\frac{x^3}{\sqrt{b \cdot k}}} \tag{7-33}$$

式中，f_1——孔板面积；

b——孔板宽度；

x——由孔口至计算断面的距离，一般取 $x = H_n - h$（H_n 为房高，h 为工作区高度）。

当射流长度 $x = (H_n - h) > 4b$ 时，计算断面处于主体段，此时主体段中心速度 u_{x2} 与温差 Δt_{x2} 的衰减式则为

长条形孔板：

$$\frac{u_{x2}}{u_{x1}} = m \sqrt{\frac{b}{x}} \tag{7-34}$$

$$\frac{\Delta t_{x2}}{\Delta t_{x1}} = n \sqrt{\frac{b}{x}} \tag{7-35}$$

圆、方形孔板：

$$\frac{u_{x2}}{u_{x1}} = 1.13m \frac{\sqrt{f_1}}{x} \tag{7-36}$$

$$\frac{\Delta t_{x2}}{\Delta t_{x1}} = 1.13n \frac{\sqrt{f_1}}{x} \tag{7-37}$$

式中，u_{x2}——主体段内的中心速度，m/s；

Δt_{x2}——主体段内中心温度与周围空气温度之差，℃；

m——射流中心速度衰减系数，对于方、圆孔板 $m=4.0$，对于长条孔板 $m=2.0$，对于管道式孔板 $m=1.8$；

n——射流中心温度衰减系数，近似取 $n=0.82$。

上述计算适用于局部孔板。

全面孔板的气流分布计算主要考虑在汇合段所发生的汇流过程，其计算式为

$$\frac{u_x}{u_0}=1.2K_3\sqrt{\frac{ik}{\mu}} \tag{7-38}$$

$$\frac{\Delta t_x}{\Delta t_0}=\frac{1}{K_3}\sqrt{\frac{k}{i\mu}} \tag{7-39}$$

式中，i——考虑孔口出流汇合过程中动量降低的系数，可按图 7-27 取值，孔口间距越大或开孔率越低，i 值越小；

K_3——考虑非等温影响的修正系数，按图 7-26 取值，此时 A 值的计算式为

$$A=0.1\frac{\Delta t_0}{u_0^2}\cdot\frac{d_0}{k\sqrt{i^3}}$$

实验证明，非等温空气由全面孔板出流后，重力对提高（浮力对降低）流速的影响只发生在汇合段，其后则可忽略。

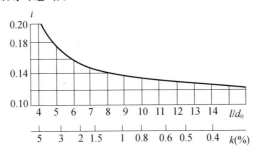

图 7-27　i 值与开孔率的关系值

采用孔板送风应注意以下几点：

① 要达到较好的空气分布效果，一般开孔率 $k=0.2\%\sim5\%$，即一般取 $l>4d_0$。

② 为避免孔口出流时产生较大的噪声并保证工作区流速处于合理的范围，一般取 $u_0\leqslant4\mathrm{m/s}$。

③ 为使孔板出风均匀，采用等量送风的管道和静压室是必要的，一般限制孔口出流前的空气流速（垂直于孔口出流方向）和孔口流速之比值，即 $\frac{u}{u_0}\leqslant0.25$（$u$ 为垂直于孔口出流方向的空气流速），以免出流不均和出流偏斜。

【例 7-3】　某空调房间尺寸为 6m×6m×4m（长×宽×高），房间温度要求为 20℃ ±0.5℃，工作区空气流速不超过 0.25m/s，夏季室内显热冷负荷为 7200kJ/h。试选择孔板布置并进行送风气流的计算。

【解】（1）确定用局部孔板下送，设每块孔板尺寸为 5.8m×1.0m，共 3 块，则总孔板面积与顶棚面积之比为 $\frac{5.8\times3}{6\times6}\times100\%=48\%$，故满足局部孔板送风的条件。孔板在顶棚的布置如图 7-28 所示。

（2）设定送风温差为 $\Delta t_0 = 4℃$，则送风量应为

$$L = \frac{7200}{1.2 \times 1.01 \times 4} = 1485 \text{m}^3/\text{h}$$

故每块孔板的送风量为

$$L_0 = \frac{1485}{3} = 495 \text{m}^3/\text{h}$$

（3）在工作区高度 $h = 2\text{m}$ 时，判断计算断面所在的射流段。根据 $x_1 = 4\text{b}$ 检查知，$x_1 = 4 \times 1 = 4\text{m}$，显然，射流处于起始段，因而所用计算式应为式（7-30）和式（7-31）。

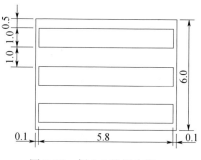

图 7-28　例 7-3 孔板布置

（4）求 K_1，K_2，K_3。

K_1：按 $\frac{b}{B_1} = \frac{1}{2} = 0.5$；$\frac{x}{B_1} = \frac{2}{2} = 1.0$，由图 7-25（b）查得 $K_1 = 0.48$；

K_2：射流间距 $l = 2\text{m}$，射程 $x = 2\text{m}$，故 $\frac{l}{x} = 1$，查图 7-19，得 $K_2 = 1.0$；

K_3：计算 A 值公式为

$$A = 0.01 \frac{\Delta t_0}{u_0^2 K_1^3} \sqrt{\frac{x^3}{b \cdot k}}$$

设 $k = 0.0076$（或 0.76%），则每块孔板的孔口总面积

$$f_0 = 0.0076 \times 5.8 \times 1 = 0.044 \text{m}^2$$

因此，

$$u_0 = \frac{495}{0.044 \times 3600} = 3.1 \text{m/s}$$

这样，

$$A = 0.01 \times \frac{4}{3.1^2 \times 0.48^3} \times \sqrt{\frac{2^3}{1 \times 0.0076}} = 1.22$$

查图 7-26，得 $K_3 = 1.65$。

（5）求到达工作区的中心气流速度。

取有静压室孔板，$u = 0.75$，则

$$\frac{u_{x1}}{u_0} = K_1 K_2 K_3 \sqrt{\frac{k}{\mu}} = 0.48 \times 1 \times 1.65 \times \sqrt{\frac{0.0076}{0.75}} = 0.08$$

所以

$$u_{x1} = 0.08 \times u_0 = 0.08 \times 3.1 = 0.25 \text{m/s}$$

（6）求到达工作区时空气的中心温差衰减。

$$\frac{\Delta t_{x1}}{\Delta t_0} = \frac{K_2}{K_1 K_3} \sqrt{\frac{k}{\mu}} = \frac{1}{0.48 \times 1.65} \times \sqrt{\frac{0.0076}{0.75}} = 0.127$$

所以

$$\Delta t_{x1} = 0.127 \times \Delta t_0 = 0.127 \times 4 = 0.51℃$$

（7）计算结果说明该孔板能满足设计要求。最后完成孔板的孔口布置及确定静压室高度。

根据 $k=0.0076$，取正方形排列，并设定 $d_0=0.005\text{m}$，则可求得孔间距 l，即

$$k=0.785\left(\frac{d_0}{l}\right)^2$$

$$l=d_0\sqrt{\frac{0.785}{k}}=0.005\sqrt{\frac{0.785}{0.0076}}\approx0.05\text{m}$$

按 $\frac{u}{u_0}\leqslant0.25$ 的要求，$u_0=3.1\text{m/s}$，故静压室内气流横向流速 $u\leqslant0.25\times3.1=0.775\text{m/s}$。已知每块孔板的送风量 $L_0=495\text{m}^3/\text{h}$，因此单侧送风的静压室最小高度应为

$$h_j=\frac{495}{0.775\times1\times3600}=0.177\text{m}$$

在静压室高度受限的情况下，可采取双侧送风，从而减小 u 值，取得更为理想的效果。

当孔板送风的计算面积处于主体段时，在如上述求出 u_{x1} 及 t_{x1} 后，进一步计算 u_{x2} 及 t_{x2}，其他计算过程与上例相同，不再赘述。

全孔板送风的计算比较简单，方法相同。

【例 7-4】 某空调工程，室温要求（20 ± 1）℃，室内长×宽×高＝6m×3.6m×3.2m，夏季每平米空调面积的显热冷负荷 $Q=282\text{kJ/h}$，试选择散流器，并确定有关参数。

【解】 （1）将该房间划分为两个小区，即长度方向分为两等分，则每个小区面积为 $F_0=3\text{m}\times3.6\text{m}$，将散流器布置在小区中央，见图 7-29。

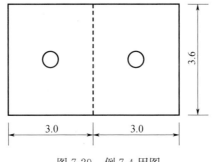

图 7-29　例 7-4 用图

（2）查表 7-5 得，在 $A=3.0\text{m}$，$H=3.2\text{m}$ 的栏目内，查得室内平均风速 $u_{\text{pj}}=0.12\text{m/s}$。按送冷风情况，$u_{\text{pj}}=1.2\times0.12=0.144\text{m/s}<0.3\text{m/s}$，满足要求。

（3）计算每个小区的送风量。当 Δt_s 取 6℃时，

$$L_s=\frac{0.83QF_0}{\Delta t_s}=\frac{0.83\times282\times3.0\times3.6}{6\times3600}=0.0117\text{m}^3/\text{s}$$

（4）确定送风速度和散流器尺寸。在表（7-5）中查得

$$L_s=0.12\text{m}^3/\text{s}\qquad u_0=2.17\text{m/s}\qquad F=0.055\text{m}^2\qquad D=250\text{mm}$$

其出口风速是允许的，不会产生较大的噪声。

（5）散流器型号，并校核射程。查表 7-6，依据 $D=250\text{mm}$，$u_0=2.17\text{m/s}$ 选择的散流器，当 $L_s=560\text{m}^3/\text{h}$ 时，射程 $x=1.62\text{m}$，相当于小区宽度 1/2（即 1.8m）的 0.9 倍，符合要求。

表 7-5 圆形散流器送风计算表

空调房间(区域)长度 $A=3.0\text{m}$						空调房间(区域)长度 $A=4.0\text{m}$					
H/m	2.75	3.00	3.25	3.5	4.00	5.00	H/m	2.75	3.0	3.25	3.50	4.00	5.00
$v_{\text{pj}}(\text{m}\cdot\text{s}^{-1})$	0.14	0.13	0.12	0.11	0.10	0.08	$v_{\text{pj}}(\text{m}\cdot\text{s}^{-1})$	0.17	0.16	0.15	0.14	0.13	0.11
$L_s(\text{m}^3\cdot\text{s}^{-1})$	$v_s(\text{m}^3\cdot\text{s}^{-1})$		$F(\text{m}^2)$		$D(\text{mm})$		$L_s(\text{m}^3\cdot\text{s}^{-1})$	$v_s(\text{m}^3\cdot\text{s}^{-1})$		$F(\text{m}^2)$		$D(\text{mm})$
0.04~0.05	6.52~5.21		0.006~0.010		100		0.05~0.07	9.27~6.62		0.005~0.0011		100
0.06~0.07	4.35~3.72		0.014~0.019		150		0.08~0.10	5.79~4.64		0.014~0.022		150
0.08~0.10	3.26~2.61		0.025~0.038		200		0.11~0.13	4.21~3.57		0.026~0.036		200
0.11~0.12	2.37~2.17		0.046~0.055		250		0.14~0.16	3.31~2.90		0.042~0.055		250
0.13	2.01		0.065		300		0.17~0.19	2.73~2.44		0.062~0.078		300
							0.21~0.22	2.32~2.11		0.086~0.104		350
							0.23	2.02		0.114		400

空调房间(区域)长度 $A=5.0\text{m}$						空调房间(区域)长度 $A=6.0\text{m}$					
H/m	2.75	3.00	3.25	3.5	4.00	5.00	H/m	2.75	3.00	3.25	3.5	4.00	5.00
$v_{\text{pj}}(\text{m}\cdot\text{s}^{-1})$	0.19	0.18	0.17	0.17	0.15	0.13	$v_{\text{pj}}(\text{m}\cdot\text{s}^{-1})$	0.21	0.20	0.19	0.19	0.17	0.15
$L_s(\text{m}^3\cdot\text{s}^{-1})$	$v_s(\text{m}^3\cdot\text{s}^{-1})$		$F(\text{m}^2)$		$D(\text{mm})$		$L_s(\text{m}^3\cdot\text{s}^{-1})$	$v_s(\text{m}^3\cdot\text{s}^{-1})$		$F(\text{m}^2)$		$D(\text{mm})$
0.06~0.07	12.07~10.35		0.005~0.007		100		0.08~0.10	13.04~10.43		0.006~0.010		100
0.08~0.09	9.05~8.05		0.009~0.011		100		0.12~0.14	8.69~7.45		0.014~0.019		150
0.10~0.11	7.24~6.58		0.014~0.017		150		0.16~0.20	6.52~5.21		0.025~0.038		200
0.12~0.13	6.04~5.57		0.020~0.023		150		0.22	4.74		0.046		250
0.14~0.16	5.17~4.53		0.027~0.035		200		0.24	4.35		0.055		250
0.17~0.18	4.26~4.02		0.040~0.045		250		0.26	4.01		0.065		300
0.19~0.20	3.81~3.62		0.050~0.055		250		0.28	3.72		0.075		300
0.21~0.22	3.45~3.29		0.051~0.067		300		0.30	3.48		0.086		350
0.23~0.24	3.15~3.02		0.073~0.080		300		0.32	3.26		0.098		350
0.25~0.26	2.90~2.79		0.086~0.093		350		0.34	3.07		0.111		400
0.27~0.28	2.68~2.59		0.101~0.108		350		0.36	2.90		0.124		400
0.29~0.30	2.50~2.41		0.116~0.124		400		0.38	2.74		0.138		400
0.31~0.32	2.34~2.26		0.133~0.141		400		0.49	2.61		0.153		450
0.33~0.35	2.19~2.07		0.150~0.169		450		0.42	2.48		0.169		450
0.36	2.01		0.179		500		0.44	2.37		0.186		500
							0.46	2.27		0.203		500

表 7-6 圆形散流器性能表

颈部风速 (m·s⁻¹)	2		3		4		5		6		7	
动压(Pa)	2.41		5.42		9.63		15.05		21.07		19.50	
全压损失(Pa)	7.28		16.37		28.27		45.45		65.44		89.09	
颈部名义直径 D(mm)	L_s (m³·h⁻¹)	x(m)	L_s (m³·h⁻¹)	x(m)	L_s (m³·h⁻¹)	x(m)	L_s (m³·h⁻¹)	x(m)	L_s (m³·h⁻¹)	x(m)	L_s (m³·h⁻¹)	x(m)
120	90	0.58	140	0.81	190	1.17	240	1.46	280	1.73	330	1.88
150	130	0.69	200	0.57	270	1.40	340	1.74	400	2.06	470	2.25
200	240	0.92	360	1.29	480	1.87	590	2.32	710	2.73	830	2.90
250	370	1.16	560	1.62	750	2.34	930	2.90	1120	3.44	1310	3.75
300	540	1.39	800	1.84	1070	2.80	1340	3.48	1610	4.13	1880	4.50
350	720	1.60	1080	2.24	1430	3.24	1790	4.02	2150	4.77	2510	5.20
400	930	1.83	1400	2.56	1860	3.69	2330	4.59	2800	5.44	2360	5.93
450	1180	2.06	1770	2.88	2360	4.16	2950	5.16	3540	6.12	4130	6.67
500	1460	2.29	2190	3.20	2920	4.62	3650	5.72	4380	6.81	5110	7.42

【例 7-5】 已知空调房间尺寸长、宽、高分别为 $A=30\text{m}$，$B=28\text{m}$，$H=7\text{m}$，室内要求夏季温度 $t_n=28℃$，室内显热冷负荷 $Q=115640\text{kJ/h}$，采用安装在 6m 高的喷口对喷，并在下部回风。试进行喷口送风计算，参见图 7-30。

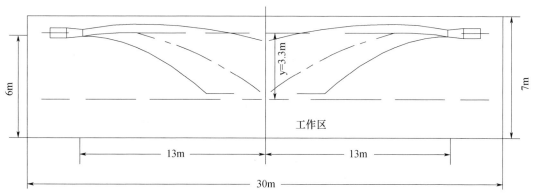

图 7-30 例 7-5 用图

【解】 （1）确定落差 $y=3.3\text{m}$。

（2）确定射程长 $x=13\text{m}$。

（3）确定送风温差 $\Delta t_0=8℃$，计算送风量 L 为

$$L=\frac{Q}{c_p\Delta t_0}=\frac{115640}{1.01\times1.2\times8}=11927\text{m}^3/\text{h}$$

取整：$L=12000\text{m}^3/\text{h}$。

（4）确定送风速度 v_0。设定 $d_0=0.25\text{m}$，取 $\alpha=0$，$a=0.076$，则

$$\frac{y}{d_0}=\frac{3.30}{0.25}=13.2 \qquad \frac{x}{d_0}=\frac{13}{0.25}=52$$

得

$$Ar = \frac{\dfrac{y}{d_0}}{\left(\dfrac{x}{d_0}\right)^2 \left(0.51\dfrac{ax}{d_0} + 0.35\right)} = 0.00206$$

$$u_0 = \sqrt{\frac{gd_0\Delta t_0}{ArT_n}} = 5.63\text{m/s}$$

（5）确定射流末端平均风速 u_p 为

$$u_x = u_0 \frac{0.48}{\dfrac{ax}{d_0} + 0.147} = 0.658\text{m/s} \qquad\qquad u_p = 0.5u_x = 0.329\text{m/s}$$

$$u_0 = 5.63\text{m/s} < 10\text{m/s} \qquad\qquad u_p = 0.329\text{m/s} < 0.5\text{m/s}$$

所以，均满足要求。

（6）计算喷口数 N 为

$$N = \frac{\dfrac{L}{2}}{3600u_0 \dfrac{\pi d_0^2}{4}} = \frac{4 \times \dfrac{12000}{2}}{3600 \times 5.63 \times 3.14 \times 0.25^2} = 6.03 \text{ 个}$$

取整数：$N = 6$，两边共 12 个风口。

思考题与习题

1. 在紊流射流条件下，是否送风口形式一定，则出流的射流结构就确定了？（注：射流结构指射流的扩散角，起始段位置等。）

2. 射流受限或受限射流有哪几种类型？它们对射流流动产生何种影响？

3. 某空间房间的长、宽、高分别为 6m、4m 和 3.2m，室内夏季显热冷负荷为 5400kJ/h，试按满足 20℃±0.5℃ 的恒温要求选择适宜的送风方式并进行气流分布计算。

4. 某车间宽 24m，高 6m，长度方向的柱距为 12m，各柱距内的平均显热冷负荷为 20000kJ/h。试选用不同的气流分布方式，以保持车间内温度为 26℃。（提示：可选用上送下回或中送下回的方式。）

第8章 空调水系统

空调水管路是暖通空调系统中重要的组成部分，它包括冷热水管、管道上的各种阀门和配件、防护涂层及保温材料，它连接冷热源与末端设备，将设计预定的冷、热水量及其携带的冷量、热量送入到预定的使用场合。空调水管路的设计是否正确合理，影响到整个暖通空调系统的设计质量，水管路的投资与工程量占整个暖通空调系统的投资与施工量较大的比例，它的施工质量及运行情况，关系到暖通空调系统的工作状态。

8.1 空调冷热水系统的形式

空调水系统主要包括冷冻水系统、冷却水系统和热水系统。按系统是否与大气相通，空调水系统可以区分为开式和闭式；按管道数量可有两水管、三水管和四水管多种形式；按系统中的各并联环路中水流程的划分，可分为同程式和异程式、上分式和下分式等；按运行调节方法来划分，可分为定流量和变流量系统。

8.1.1 开式和闭式系统

开式水系统是指管道系统的水在水池中能与空气接触，系统中水不是完全密闭循环。

开式水系统的回水集中进入建筑物底层或地下的水池或蓄冷水池，经水泵加压后送入冷、热源设备冷却（或加热）后，输送至整个系统。冷冻水系统的开式系统一般为重力式回水系统，当空调机房和空调用冷设备与冷冻站有一定高差且距离较近时，回水借重力自流回冷冻站或冷冻站内的地下室，使用壳管式蒸发器的开式回水系统见图 8-1。重力回水方式结构简单，不设置回水泵，且可利用回水池，调节方便，工作稳定。缺点是水泵扬程要增加以克服从吸水池水面至用冷设备高度的位能，电耗较大。

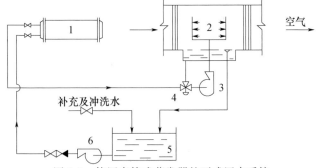

图 8-1 使用壳管式蒸发器的开式回水系统

1—壳管式蒸发器；2—空调淋水室；3—淋水泵；4—三通阀；5—回水池；6—冷冻水泵

开式水系统有较大的水容量，因此温度稳定，蓄冷能量大。但开式水系统的管路与大气相通，所以循环水中含氧量高，容易腐蚀管路和设备，而且空气的污染物如尘土、杂物、细菌、可溶性气体等，易进入水循环，使微生物大量繁殖，形成生物污泥，故管路容易堵塞，并产生水击现象。另外因要消耗较多的能量克服系统出口与入口间静水压头，故水泵的扬程与功耗大。所以，近年来除了开式的冷却塔冷却水系统和喷水室冷冻水系统外，已很少采用开式水系统。

图 8-2 为开式冷却塔水系统，为了节约水泵的能耗，冷却水池最好紧接冷却塔，或者采用带贮水盘的冷却塔、不再另设水池，系统管路直接与冷却塔出水口相接。

闭式水系统是指冷冻水或热水在系统中密闭循环，不与大气相接触，设有膨胀水箱以及排气和泄水装置的系统。

典型的闭式空调水系统见图 8-3 ，可在制冷机房或热力站设置落地膨胀水箱，也可在系统最高点设置膨胀水箱，为压力式回水系统。该系统只是高位膨胀水箱通大气，所以系统的腐蚀性小。由于系统简单，冷损失较少，且不受地形的限制。整

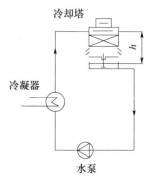

图 8-2 开式冷却塔水系统

个管道系统充满着水，进行封闭循环，冷冻水泵的扬程仅需克服系统的流动摩擦阻力，不需要克服系统静水压头，因而冷冻水泵的扬程和功率消耗较小。闭式水系统对管路、设备的腐蚀性小，不易产生污垢；水容量比开式系统小，系统的蓄冷能力差。闭式水系统中膨胀水箱的补水需另设置加压泵。

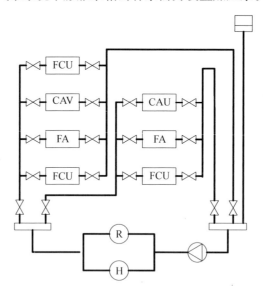

图 8-3 闭式空调水系统

高层建筑宜采用闭式水系统。供暖或空调热水系统，一般均为闭式系统。在设计时应考虑锅炉房或热网在低负荷时供热的可能性，如低负荷供热有困难时，则应考虑其他措施（如电加热等）。闭式系统热水管和冷水管均应有 0.003 的坡度，最小坡度不应小于 0.002 。当多管在一起敷设时，各管路坡向最好相同，以便采用共用支架。

8.1.2 两管制和多管制系统

对于风机盘管、诱导器、冷热共用的表冷器的热水和冷水供应分为两管制、三管制和四管制。

两管制闭式系统主要应用于仅要求冬季加热和夏季降温的系统，以及全年运行的空调系统中各房间同时加热、同时冷却，可以按季节进行冷却和加热的转换的场合。图 8-4 为两管制空调冷、热水系统原理图。

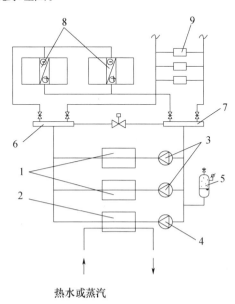

热水或蒸汽

图 8-4　两管制空调冷、热水系统原理图

1—冷水机组；2—换热器；3—冷冻水循环泵；4—热水循环泵；5—落地膨胀水箱；6—分水器；

7—集水器；8—整体式空调机组；9—风机盘管或诱导器

系统中夏季与冬季工况的转换宜采用手动方式在总供、回水管或集水器、分水器上进行切换，也可以采用电动阀自动切换。系统内制备冷冻水和热水的设备并联设置，它们随着季节的转换交替运行。其中冷冻水循环泵和热水循环泵的流量应分别按夏季的供冷量、送回水温差和冬季供热量、送回水温差确定。这种系统中，空气处理机组和末端装置（风机盘管、诱导器等）的盘管通常是冷、热兼用。末端装置与空调机组或新风机组中的盘管阻力特性、流量相差较大，不宜并联在同一分支管上。每分支管路的管径、阀门的配置，通常均按夏季供冷工况确定。

两管制空调冷、热水系统简单，布置方便，占用建筑空间小，初投资较低。因此，它是目前空调工程中常采用的系统。其缺点是在全年空调的过渡季，会出现朝阳房间需冷却而背阳房间则需加热的情况，两管制系统就不能全部满足各房间的要求。当系统以同一水温供水时，房间会出现过冷或过热的现象。

三管制系统分别设置供冷、供热管路、冷热水共用的回水管，见图 8-5。这种系统能同时满足供冷、供热的要求，适应负荷变化的能力强，可较好地满足全年温度调节，可任意调节房间温度。但由于冷、热水同时进入回水管中，故有混合损失，运行效率低，因冷热水环路互相连通，系统水力工况复杂，控制系统要求高，初投资比两管制系统高。

四管制水系统有分开设置的冷、热供回水管，如图 8-6 所示。这种系统和三管制系统一样，可以全年使用冷水和热水，相互没有干扰，调节灵活，各末端装置和空气处理机组可随时自由选择供冷或供热的运行模式，适应房间负荷的各种变化情况，且克服了三管制系统存在的回水管混合能量损失问题，运行操作简单，不需要转换。缺点是初投资高，管道占有空间大。多应用于有严格温、湿度要求的工艺性空调系统。《采

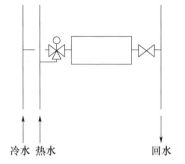

冷水　热水　　　　回水

图 8-5　三管制空调冷、热水系统原理图

暖通风与空气调节设计规范》（GB 50019－2012）确定的可采用四管制的基本原则是冷、热工况交替频繁或同时要求冷却和加热。这里主要泛指使用风机盘管的空调工程，即水-空气系统。但对于民用建筑，水-空气系统和全空气系统常常是并用的。有的工程还是后者占主导，如一些公共建筑或采用 VAV 系统的办公大楼，对于这些工程采用四管制的就比较多。对于大型工程（如 40000m² 以上的民用建筑），由于一般均有室内冷、热负荷分布不均（如内区与外区、不同朝向、不同人员密度、不同设备发热等），使用时间和使用要求不同，且功能变化较快的特点，一般均应采用四管制。对于中型工程（如 20000～40000m² 的民用建筑），是否采用四管制要具体分析。对于主要采用全空气系统的一些公共建筑和功能较复杂的建筑（如医院、剧院等），以及对空调要求较高的建筑，宜采用四管制，而一般情况可采用两管制。

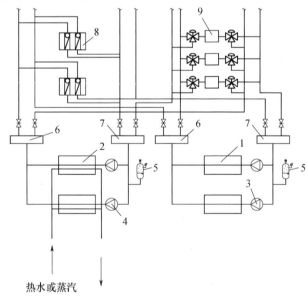

热水或蒸汽

图 8-6　四管制空调冷、热水系统原理图

1—冷水机组；2—换热器；3—冷冻水循环泵；4—热水循环泵；5—落地膨胀水箱；6—分水器；

7—集水器；8—整体式空调机组；9—风机盘管或诱导器

8.1.3　同程式和异程式系统

同程式水系统：各个机组（风机盘管或空调箱）环路的管路总长度基本相同，各环路的水流动阻力大致相等，如图 8-7 所示。

同程式系统各环路间的流动阻力容易平衡，因此系统的水力稳定性好，流量分配均匀。例如，在高层建筑的室内空调冷、热水管网中，当采用风机盘管时，用水点很多，利用调节管径的大小，进行平衡，往往是不可能的。采用平衡阀或普通阀门进行水量调节则调节工作量很大。因此，水管路宜采用同程式，即使通过每一用户的供、回水管路长度基本相同。与异程式相比，同程式增加了回程的跑空管路，增加了水管占有的空间，管路总长度较长，使水泵的能耗增加，并且增加了初投资。同程式系统又分为垂直（竖向）同程和水平同程：垂直（竖向）同程主要解决各个楼层之间的末端设备环路的阻力平衡问题；而水平同程则解决每个末端设备之间环路的阻力平衡问题，如图 8-8 所示。

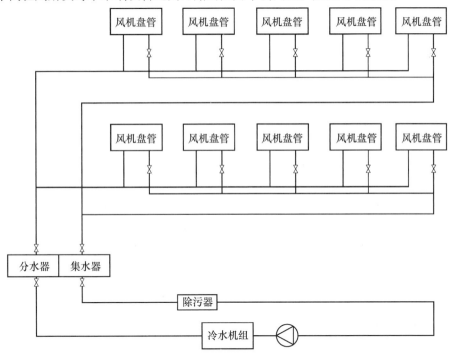

图 8-7　同程式水系统布置方式

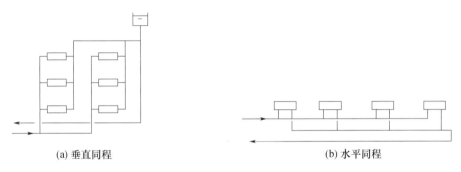

(a) 垂直同程　　　　　　　　　　　(b) 水平同程

图 8-8　同程式水系统的类型

异程式水系统：各并联环路的管路总长不一样，各并联环路中水的流程不相同，如能使每米长管路的平均阻力损失接近相等，则管网阻力不需调节即可平衡。对于外网，各大环路之间、用水点少的系统，为节约管道，可采用异程式系统，如图 8-9 所示。

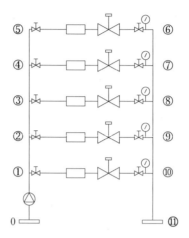

图 8-9　异程式水系统布置方式

对于异程式水系统，可在每个支路安装平衡阀等调节水量，常用的动态平衡阀分两大类：压差平衡阀和流量平衡阀。压差的作用是维持施加在被控管段上的压差恒定，多用于与电动比例调节阀配合。流量平衡阀的作用是在阀的进出口压差变化的情况下，维持通过阀门的流量恒定，从而维持被控管路的流量恒定，多用于与电动/电磁开关阀配合。

8.1.4　定流量和变流量系统

定流量系统：系统中循环水量为定值，或夏季和冬季分别采用两个不同的定流量，负荷变化时，减少制冷量或热量，改变供、回水温度的系统。

定流量系统中为使循环水量保持定值，负荷侧（空调箱或风机盘管）常采用三通阀进行双位控制，即室温未达到设计值时，室内恒温器使三通阀的直通路打开，关闭旁通路，系统供水全部流经负荷侧空调设备；当室温达到设计值而空调负荷降低时，一部分水流量与负荷成比例地流经风机盘管或空调器，另一部分从三通阀旁通，保持环路中水流量不变。各用户之间不互相干扰，运行较稳定，如图 8-10 所示。

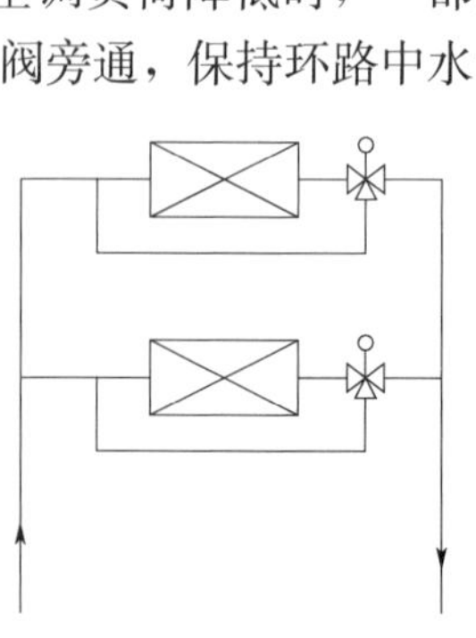

定流量系统的缺点是流量均按最大空调负荷确定，而最大空调负荷出现时间很短，即使在最大负荷时，各朝向的峰值也不会在同一时间内出现，绝大多数时间供水量都大于所需要的水量，因此输送能耗始终为设计最大值。另外，如采用多台冷冻机和多台水泵供水，负荷小时，有的冷冻机停止运行，而水泵却全部运行，则供水温度升高，使风机盘管等设备降湿能力降低，会加大室内相对湿度。通常，采用多台

图 8-10　定流量系统示意图

冷冻机和多台水泵的系统，当冷冻机停止运行时，相应的水泵也停止运行。这样节约了水泵的能耗，流量也随之变化，成为阶梯式的定流量系统。

变水量系统：保持供水温度在一定范围内，当负荷变化时，改变供水量的系统。

变流量水系统的负荷侧是用二通阀双位调节，如图 8-11 所示，当室温未达到设定值时，二通阀开启，进入末端设备水流量为设计值；当室温达到或超过设计值时，室内恒温器使二通阀关小或关闭，末端装置流量减小或停止供水。由于变水量系统管路内流量随负荷变化而变化，故系统中水泵的配置和系统流量的控制必须采取相应措施。

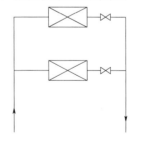

图 8-11　变流量系统示意图

变水量系统的水泵能耗随负荷减少而降低，系统的最大水量亦可按综合最大负荷计算，因而水泵容量、电耗也相应减少，管路和水泵的初投资亦可降低。但需采用供、回水压差进行台数和流量控制，自控系统较复杂。变水量系统适用于大面积空调全年运行的系统。变流量系统水管设计时，可以考虑同时使用系数，则管道的尺寸及重量可有一定的减小。

8.2　空调水系统的分区与定压

8.2.1　空调水系统的分区

空调水系统的分区主要考虑设备承压能力及建筑功能两大方面。

高层建筑内的冷冻水系统一般采用闭式系统，系统中的压力对管道和设备的安全影响较大，设计者应对系统中的压力进行分析，当系统静压超过设备承压能力时，则在高区应另设独立的闭式系统，将建筑内的冷冻水系统进行分区。

建筑内的冷冻水系统分区与系统内最高压力有关，现以图 8-12 为例对系统压力情况进行分析。

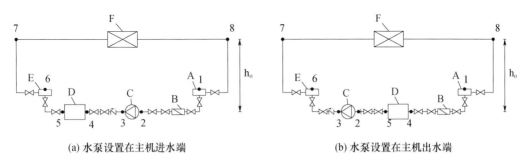

(a) 水泵设置在主机进水端　　　　　　　　(b) 水泵设置在主机出水端

图 8-12　系统承压分析

A—集水器；B—除垢仪；C—水泵；D—主机；E—分水器；F—最不利环路空气的处理设备

目前在暖通空调工程中，冷冻水系统的冷热源主机和增压水泵一般设置在系统最低处，而根据冷热源主机与增压水泵的相对位置，通常有两种布置形式，图 8-12（a）为水泵设置在主机进水端，图 8-12（b）为水泵设置在主机出水端。相应于这两种布置方式的系统压力分布如图 8-13 所示。

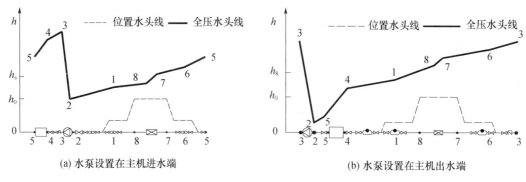

(a) 水泵设置在主机进水端   (b) 水泵设置在主机出水端

图 8-13　水系统压力图分布示意图

系统的最高压力在系统的最低处或水泵出口处,在图 8-12 所示的系统中可能出现三种情况:

(1) 系统停止运行时,3 点处承压最大:

$$p_3 = 9.81h_0 \qquad (8-1)$$

(2) 系统正常运行时,3 点处承压数值中应考虑泵的静压,但仍是系统中压力最大点:

$$p_3 = 9.81h_0 + p_g - p_{8-3} \qquad (8-2)$$

(3) 当系统开始运行时,阀门 4 可能处于关闭状态,则 3 点的压力最大:

$$p_3 = 9.81h_0 + p \qquad (8-3)$$

式中,h_0——水箱液面至 3 点处的垂直距离,m;

p_{8-3}——8 点处至 3 点处的沿程阻力和局部阻力之和,kPa;

p_g、p——水泵的静压和全压,kPa;其相互关系为

$$p_g = p - \frac{v^2}{2} \qquad (8-4)$$

v——3 点处管内流速,m/s。

制冷和空调设备及管道和阀门的承压能力应按上述项中的最大值并加一定安全因素考虑。承压分为设备承压和管道承压,而设备承压主要包括主机、水泵、板式热交换器等的承压;管道承压主要指管道、管件、阀门等的承压,其承压等级见表 8-1。

表 8-1　常用设备及管道压力等级

	压力等级（MPa）
冷冻机	1.0；1.7（1.6）；2.0；2.5（进口）
热水锅炉	0.7；1.0；1.25；1.6
水泵	1.0；1.6；2.5
板式热交换器	1.0；1.6；2.5
管道（镀锌钢管）	1.0；加厚 1.5
无缝钢管	1.0；1.6；2.5；4.0～32 等
阀门	1.0；1.6；2.5；4.0～100 等
风机盘管	1.0；1.6

　　高层建筑的低层部分包括裙楼、裙房，其公共服务性用房的空调系统大都具有间歇性使用的特点，由于功能与主体建筑有较大区别，面积又较大，一般在考虑垂直分区时，把低层与上部标准层作为分区的界线。因此分区形式就变为以裙房高度＋数个基本分区的高度来划分，直到达到冷冻机的承压能力为止。分区建筑高度一般以 40～60m 为宜，最大可为 80m，但这是指采用工作压力小于 1.0MPa 的设备（风机盘管、换热器、水泵等）而言，超过 80m 时也有可能划为一个空调供水区，但其下部的设备及管道的工作压力应为 1.6MPa。除了分区的高度外，另外一个需要考虑的因素是立管的高度。由于定压点不同，不同的承压管道都会对应一个立管的最大高度，见表 8-2。

表 8-2　标准分区的高度及立管的高度

管道压力（MPa）	定压点在高处	定压点在低处（定压罐）		
	1.0	1.0	2.0	2.5
水泵扬程（m）	30/2（注）	30	35	40
膨胀水箱高度（m）	5	5	5	5
最大立管高度（m）	80	65	160	205

注：系统阻力损失为水泵扬程的一半。

　　根据建筑物的具体组成特点，从节能、便于管理出发，对不同高度的建筑可有多种分区供水系统。建筑空调水系统在垂直方向分区的具体做法如下。

　　（1）不分区一级循环系统：如层高不高，可仅有一个区，冷源和热源放在底层或地下室内，设备的振动和噪声均易于处理，见图 8-14。

　　这种空调冷冻水系统简单实用，运行可靠。因只有一级循环泵，故运行费用较低，冷冻机房集中布置，占地面积小，运行、管理比较方便，设备一次性投资较小，冷冻机可以互为备用。缺点是受制冷主机、空调末端装置承压能力制约，只能用于不太高的建筑物，适用范围较小。

　　（2）分区一级循环系统：在建筑面积、层数较多时，如冷冻机、换热设备承压高，其他设备、构件承压低，则可把制冷、换热设备都放在地下室内，分两个区，低区用普通型设备，高区用加强型设备，如图 8-15 所示。

　　这种空调冷冻水系统具有一级循环系统优点，并且解决了较高建筑物空调冷冻水系统的安全运行问题。但也有不足的一面，分水器和集水器、冷冻水循环泵、制冷机均为两套，设备之间不能互相备用，两套系统给管理带来一定麻烦。这也是较高的建筑物中应用较广的一种空调冷冻水系统。

　　（3）共用冷热源的分区二级循环系统：这种系统分为高区和低区，高区和低区通过换热器完全隔离开来，作为高、低区水压的分界设备。分段承受水静压力，高区设膨胀水箱为二次冷冻水定压，并增设二级泵，称为高区循环泵。高区静水压由板式换热器承受。低区设膨胀水箱，还设置一级泵，即低区循环泵，低区水静压由制冷机承受，如图 8-16。

　　此方式虽然解决了设备承受的工作压力及系统运行的安全性问题，降低了部分设备的造价，但是二级水与一级水之间存在着一定的温差，即使是传热系数相当大的板式热交换器，二级水与一级水之间的水温差最小也有 1.5℃，若取一级的供水温度为 5℃，则二级水的供水温度应为 6.5℃，而二级水温度提高对末端设备的选择却有很大的影响。通常，需要加大其型号，才能满足其产冷量的要求。

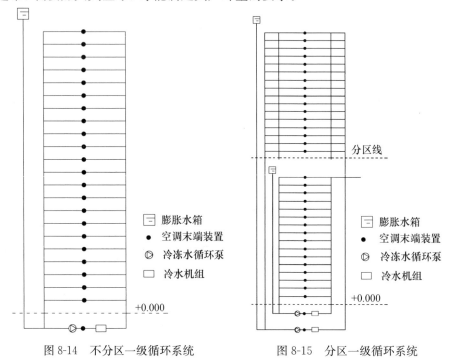

图 8-14　不分区一级循环系统　　　　　图 8-15　分区一级循环系统

（4）分设冷热源的分区二级循环系统：低区的制冷和热源设备在地下室内，高区的制冷和热源设备在设备层或建筑的顶部，如图 8-17。选用较小容量的风冷式或水冷式机组，此时高区的冷负荷占总供冷负荷中的比例应相对较小。

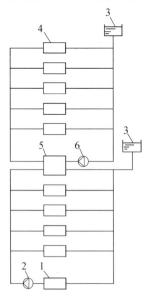

图 8-16　共用冷热源的分区二级循环系统

1—冷水机组；2—低区循环水泵；3—膨胀水箱；

4—用户末端装置；5—板式换热器；6—高区循环水泵

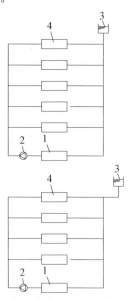

图 8-17　分设冷热源的分区二级循环系统

1—冷水机组；2—循环水泵；3—膨胀水箱；

4—用户末端装置

（3）、（4）两种系统的最大优点是能使高度大的建筑物空调水系统在安全压力下运行，每个分区没有超过 1.0MPa 的压力。高区和低区各自分开，高区压力不会影响到低区。在低区中制冷机、冷冻水泵互为备用，管井较小。但设备分散，管理不易，高区主机的承压较高，设备的震动和噪声需要特别处理，以免对上下的工作层产生影响。对于（3）类型的系统，如果二级循环系统满足不了空调水系统安全运行，可以再升一或两级，形成三级或四级空调水循环系统。

8.2.2　空调水系统的定压

在暖通空调水系统中，冷冻水系统一般都采用闭式循环系统。此类系统为维持系统内水力工况稳定，必须设置定压装置，以保证水系统中某一点的压力维持不变。定压点的设置位置直接影响到整个水系统的压力分布情况，如果定压点位置设置不当，可能造成水系统在运行中出现局部超压或负压而影响系统的正常安全运行。

1. 定压点设置位置

工程中最常见的是将定压点设置在水泵的吸入端或集水器上。《民用建筑供暖通风与空气调节设计规范》（GB 50736－2012）中 8.5.18 规定闭式空调水系统的定压点宜设置在循环水泵的吸入口处，定压点压力最低，宜使管道系统任何一点压力均高于 5kPa 以上，如图 8-18（a）所示。

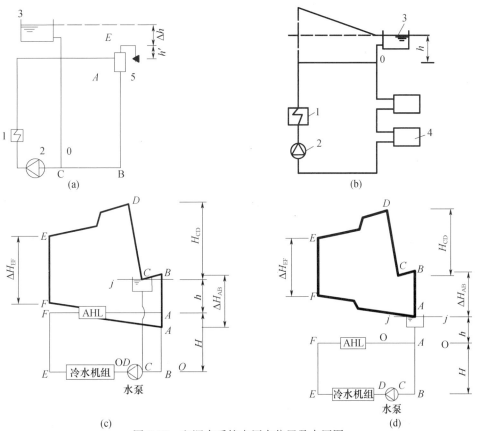

图 8-18　空调水系统定压点位置及水压图

1—冷水机组；2—循环水泵；3—高位膨胀水箱；4—末端装置；5—排气阀

当膨胀管接在循环水泵吸入口侧时，循环水泵无论在运行还是停泵的情况下，系统中各点的压力都高于大气压力，不会出现负压吸入空气而影响系统的可靠运行。与此相对应，为降低系统中的水压力，也有实际工程将定压点设置在供水立管顶端或回水立管顶端等处，如图8-18（b）所示。图8-18（c）和图8-18（d）分别是定压点接在水泵入口时的水压图和定压点接在最接近水泵入口侧最高点时的水压图。

图8-18（c）所示定压点接在水泵入口时的各点的水压为

C点的压力值：

$$p_C = H + h$$

B点的压力值：

$$p_B = H + h + \Delta H_{BC}$$

A点的压力值：

$$p_A = h + \Delta H_{BC} + \Delta H_{AB}$$

E点的压力值：

$$p_E = H + h + H_{CD} - \Delta H_{DE}$$

F点的压力值：

$$p_F = h + H_{CD} - \Delta H_{DE} - \Delta H_{EF}$$

式中，H——A点与B点的管路高差，m；

H_{CD}——水泵扬程，m；

ΔH_{BC}、ΔH_{AB}、ΔH_{DE}、ΔH_{EF}——BC、AB、DE、EF管段的水流阻力，m。

实际工程中，膨胀水管接在最高层空调器回水管时系统的压力最小，膨胀水管接在水泵入口处时系统的压力最大，膨胀水管接在集水器时系统的压力处于它们之间。

2. 定压方式及设备

（1）高位膨胀水箱定压

高位膨胀水箱定压方式应用得最为普遍，即在系统最高点设置开式水箱（高位膨胀水箱），膨胀水箱膨胀管引至系统定压点，利用高位水箱静水压头维持定压点压力，如图8-19所示。此种方式系统简单，安全可靠，系统压力波动小，而且初投资也较低。

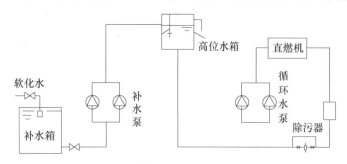

图8-19　高位开式膨胀水箱定压

主要有三个主要功能：①定压（稳定系统压力）；②排气：排出水系统中气体，充当空气分离器和排气器；③补（存）水：自动补充水系统水量或储存水系统受热升温而膨胀出来的水量，即系统升温时，水箱从系统中吸纳因热膨胀而多余的水，系统降温和渗漏时，向系统补充水。

开式膨胀水箱的最低水位应高于水系统最高点 1m 以上，水温不应超过 95℃，补水一般是通过设在水箱中的水位仪，根据水位的变化自动控制水泵的启停来实现。补水泵的总小时流量一般为系统水容量的 5%～10%，扬程不应小于补水点压力加 30～50kPa 的富余量，台数不宜小于 2 台，其中 1 台为备用泵，水箱的容积不应小于 1～1.5h 的补水量。

膨胀水箱容积为

$$V=\left(\frac{1}{\rho_2}-\frac{1}{\rho_1}\right)V_c Q \tag{8-5}$$

式中，ρ_2——系统在高温时水的密度，kg/L，热水时，为热水供水的温度，冷水时，为系统运行前水的最高温度，可取 35℃；

　　ρ_1——系统在低温时水的密度，kg/L，热水时，可取 20℃，冷水时，为冷水供水温度，可取 7℃；

　　V_c——系统内单位水容量之和，L/kW，与进、回水温差和水通路的长短等有关，见表 8-3；

　　Q——系统的总冷量或总热量，kW。

按上述数据，公式（8-5）可改写为下面几个公式：

当仅为冷水水箱时：

$$V=0.006V_c Q \tag{8-6}$$

当用 40～60℃热水供热时：

$$V=0.015V_c Q \tag{8-7}$$

当用 70～95℃热水供热时：

$$V=0.038V_c Q \tag{8-8}$$

表 8-3　每供 1kW 冷量或热量的水容量 V_c（L/kW）

系统的管路或设备	V_c
室内机械循环供热管路（温差 20～25 ℃）	7.8
室外机械循环供热管路（温差 20～25 ℃）	5.8
室内机械循环供冷（温差 5 ℃）或冷热两用	31.2
室外机械循环供冷（温差 5 ℃）或冷热两用	23.2
锅炉	2～5
制冷机的壳管式蒸发器	1
蒸汽-水或水-水热交换器	1
表冷器（冷、热盘管）	1

注：1. 室内管路按平均水流程 400m（温差 25℃时为 500m），管内平均流速为 0.5m/s 考虑；室外管路按平均水流程 600m（温差 25℃时为 700m），管内平均流速为 1m/s 考虑。

　　2. 水容量 V_c 与平均水流程成正比，与流速成反比，实际情况与注 1 相差较大时，可以修正，一般可不修正。

（2）补水泵定压

补水泵定压方式，如图 8-20 所示，适用于较大的空调水系统。此定压方式是设置软化水箱，通过补水泵补水，并设置安全阀泄水。安全阀的开启压力宜为连接点的工作压力加上 50kPa 的富余量。补水定压点、补水泵的流量和扬程及补水箱容积的确定同高位膨胀水箱定压方式。补水泵的启停，宜由装在定压点附近的电接点压力表或其他形式的压力控制器来控制。压力表数值下降到某一设定的下限数值时，电接点压力表触点接通，补给水泵启动，向系统补水，系统压力升高。当压力升高到某一设定的上限数值时，电接点压力表触点断开，补给水泵停止补水。停止补水后系统压力逐渐下降到压力下限，水泵再启动补水，如此反复，使定压点压力在上、下限之间波动。电接点压力表上下触点的压力应根据定压点的压力确定，通常要求补水点压力波动范围为 50kPa 左右，波动范围太小，则触点开关动作频繁，易于损坏，对延长水泵寿命也不利。补给水泵间歇补水定压比连续补水定压节省电能，设备简单，但系统内压力不如连续补水方式稳定。

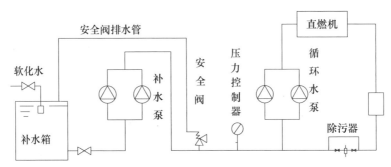

图 8-20 补水泵定压

为保证系统的安全工作，补给水泵的台数一般选两台以上，其中一台是备用泵。选泵时要分别考虑正常和事故工况下补水的要求。例如，选两台时，正常工况下一台工作，一台备用，事故工况下两台同时运行。补给水泵的扬程应保证将水送到系统最高点并留有 20～50kPa 的富余压头。补给水泵的流量可按系统的循环水量进行估算。正常条件下补水装置的补水量取系统循环水量的 1‰，事故补水量为正常补水量的 4 倍。应选择流量-扬程性能曲线比较陡的水泵或泵组进行补水，使得压力调节阀开启度变化时，补水量变化比较灵敏。此外，由于补水装置连续运行，事故补水的情况较少，应力求正常补水时，补水装置处于水泵高效工作区，以节省电能。随系统工况的变化，补给水系统提供的流量也随之变化。以往的补给水系统是依靠改变调节阀的开度来改变补给水量，补给水系统提供的能量中有一部分白白消耗于调节阀。水泵配置变频器，用改变水泵的转速来达到改变水泵流量和扬程的目的。水泵所消耗的功率与转速呈三次方关系，当水泵转速降低时，所耗功率大大降低，从而大大节省电能，因此补给水泵应配变频器。

（3）落地膨胀水箱定压

适用于大中型空调冷温水系统，这也是比较普遍采用的一种定压方式，如图 8-21 所示。囊式气压罐又称落地式膨胀水箱，即在系统定压点就近设置囊式气压罐与系统定压点相连，用压力控制器设定罐体上限压力和下限压力，使系统定压点压力维持在上、下限压力之间。此种方式具有安全可靠、系统压力波动小的优点，同时不受系统最高点的限制。

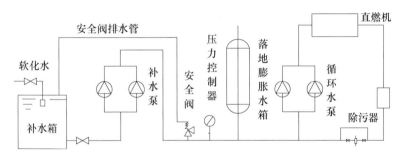

图 8-21　落地膨胀水箱定压

8.3　空调水系统的设计

中央空调水系统同建筑给水系统、建筑消防水系统相比，有其自身的特点。中央空调水系统包括冷冻水系统和冷却水系统，冷冻水系统是将空调冷源制取的冷量通过管道传输给末端设备（风机盘管等），冷却水系统是将空调冷源制取冷量中产生的热量通过管道传输给冷却塔而排入大气，水泵是完成传输的必要条件。当按空调负荷大小确定了冷源设备（制冷机）后，冷冻水量和冷却水量就自然确定了。水系统设计的主要内容是通过已知水量，合理确定管道流速和管径，计算管道系统阻力，选择水泵。

8.3.1　管道流速和管径的确定

合理的管道流速最好是通过初投资费用和运行费用两方面平衡综合考虑。流速大，则管径可选小，初投资费用可减少，但需要水泵的扬程大，运行费用增大，反之亦然。理论上说，合理的管道流速就是两者费用之和最小时的流速（图 8-22 中 A 点）。根据这个原则，一般的设计规范或手册中都提供了一个流速范围（表 8-4）。

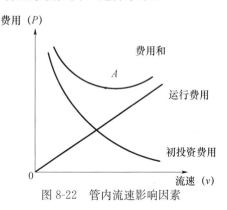

图 8-22　管内流速影响因素

表 8-4　管道水流速参考数值

管径（mm）	<32	32~70	70~100	125~250	250~400
空调水流速（m/s）	0.5~0.8	0.6~0.9	0.8~1.2	1.0~1.5	1.4~2.0
冷却水流速（m/s）	0.6~0.8	0.8~1.0	1.0~1.2	1.2~1.6	1.5~2.0

定水流量系统的体积流量为

$$L_V = \frac{Q}{\rho c \Delta t}$$

（8-9）

式中，Q——冷量或热量，W；

$\quad c$——比热容，取 $c = 4.2\text{kJ}/(\text{kg} \cdot \text{K})$；

$\quad \Delta t$——供回水温差，℃，夏季空调冷冻水取 $\Delta t = 5℃$，冬季空调热水取 $\Delta t = 10℃$。

变水流量系统的体积流量为

$$L_V = \frac{n_1 Q}{\rho c \Delta t} = \frac{n_1 n_2 Q}{\rho c \Delta t} \tag{8-10}$$

式中，n_1——同时使用系数，如：对于旅馆，可取 $n_1 = 0.7 \sim 0.8$；

n_2——负荷系数，以围护结构负荷为主的，可取 $n_2 = 0.7 \sim 0.8$。

管径选择注意事项：

① 依据式（8-9）计算出的管径值进一步查阅金属管道手册，取最接近计算结果的管道直径，再按选择的管道直径校核出最终流速。

② 各空调末端装置的供回水支管的管径，宜与设备的进出水接管管径一致，可查产品样本获知。

8.3.2 管道系统阻力的计算

冷冻水系统总阻力为

$$\Delta p = \sum_{i=1}^{n} \Delta p_f + \sum_{i=1}^{n} \Delta p_d + \sum_{i=1}^{n} \Delta p_m \tag{8-11}$$

式中，$\displaystyle\sum_{i=1}^{n} \Delta p_f$——包括建筑物空调水系统的沿程阻力值、冷热源机房空调水系统的沿程阻力值等；

$\displaystyle\sum_{i=1}^{n} \Delta p_d$——包括建筑物空调水系统的局部阻力值、冷热源机房空调水系统的局部阻力值等；

$\displaystyle\sum_{i=1}^{n} \Delta p_m$——包括空调设备的阻力值、制冷机蒸发器的阻力、分水器与集水器的阻力值等，最好是通过查阅设备的样本资料取得，因为各个厂家生产的设备的阻力值不尽相同，即使在额定水量相同的情况下，阻力值也有较大差异，如额定水量均为 240m³/h，LSLGF1000 冷水机组的冷凝器的阻力为 60kPa，19XL4040333CL 冷水机组的冷凝器的阻力为 100kPa，若不核对样本资料，仅靠估计有可能使结果带来较大误差。

冷却水系统总阻力为

$$\Delta p = \sum_{i=1}^{n} \Delta p_f + \sum_{i=1}^{n} \Delta p_d + \sum_{i=1}^{n} \Delta p_m + \Delta p_0 + \gamma \Delta H \tag{8-12}$$

式中，Δp_0——冷却塔布水器或出口处水的静压，Pa；

ΔH——冷却塔布水器与水池液面间的高度差，m。

8.3.3 管道阀门的合理选择

管道阀门是用来控制管路的开断、控制管路中流体流向、调节和控制输送介质的参数（流量、压力和温度等）。

按结构不同，可分为闸阀、蝶阀、截止阀、球阀、旋塞阀、止回阀、减压阀、安全阀、疏水阀、平衡阀等种类；按照驱动方式分为手动、电动、液动、气动等四种方式；按照公称压力分高压、中压、低压三类。供热空调水系统中常用的大都为低压或中压阀门，以手动、电动为主。

供热空调水系统阀门选择应注意如下问题：

（1）供热空调水系统最常用的调节阀门为闸阀、截止阀、蝶阀，在很多情况下，三者都能满足技术要求，但各有技术特点如下：

① 闸阀：阀体长度适中，转盘式调节杆，调节性能好，在较大直径管道中被广泛使用。

② 截止阀：阀体长，转盘式调节杆，调节性能好，适用于场地宽敞、小管径的场合（一般 $DN \leqslant 150mm$）。

③ 蝶阀：阀体短，调节性能较差，价格较贵，但调节操作容易，适用于场地小、管径大的场合（一般 $DN > 150mm$）。

（2）冷水机组、热交换器进出口、主管道调节，均可根据情况选用闸阀、截止阀或蝶阀。

（3）分、集水器所接管道上，由于主要功能是调节，一般选用截止阀或蝶阀。

（4）水泵入口装设阀门 1 个及出口装设阀门 2 个。其中出口端靠近水泵一侧阀门为止回阀，另两个阀门可选择闸阀、截止阀或蝶阀。

（5）冷冻热力站水管上冬、夏季切换阀可选用闸阀。疏水管道、蒸汽管道、蒸汽旁通管中的阀门多选用截止阀。

（6）供热空调末端设备出、入口的小口径管道可选用截止阀或球阀。

（7）多层、高层建筑各层水平管上可装设平衡阀，用以平衡各层流量。

（8）水箱及管道、设备最低点装设排污阀，由于不用于调节，宜选用能严密关断的阀门如闸阀、截止阀等。

在空调水系统中，可只设置一根主立管，也可同时设有许多根空调供回水立管，后者多出现在旅馆类型的建筑中，供水立管多设在卫生间的管道井内。在系统运行了一段时间后，水中的杂质等会沉积在立管底部，时间久了会涌入底层的水平管路内堵塞管路中的滤网等管件。所以必须定期打开泄水阀来排污。泄水阀位置在离地面 1~1.5m 处，且下方要有可靠的排水设施。供水立管底部排污阀如图 8-23 所示。

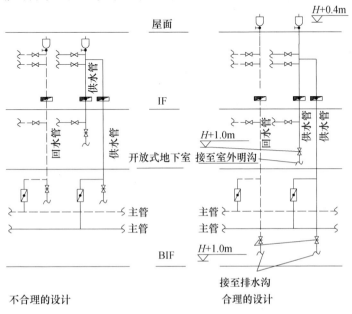

图 8-23　供水立管底部排污阀设置详图

（9）蒸汽－凝水管道系统，如蒸汽供暖系统、锅炉水系统、蒸汽溴化锂冷水机组、汽－水热交换器系统中，一般在蒸汽入口处装设减压阀，在可能产生高压处装设安全阀，在排凝水处装设疏水阀。

（10）供热空调水系统上的排气阀一般采用旋塞阀。

8.3.4 管道附件的合理选择

管道附件是用来保证管路正常工作而在管路上附加的小型部件，大都结构简单，但对管路正常工作有一定影响。

（1）集气罐、排气阀

集气罐、排气阀是为了排除管道中气体而设置的，管道中气体的来源有多种。

① 采暖空调系统充水前，系统中存有空气。在系统充水时，空气逐渐被挤到系统的末端和顶部。这时打开系统顶部放气阀排出空气，水上升至系统顶部。但系统内的空气不可能完全排出，在系统的某些部位会存有空气。

② 水中溶有空气。当水逐渐升温时，空气会逐渐从水中分离出来。

③ 系统在运行过程中。存在跑冒滴漏现象，需要根据压力情况进行补水。系统补水一般是从开式水箱抽取软化水。抽取时会带入少量空气，同时补入的冷水经过加热又会有一部分空气分离出来。

当水系统主管道内存有大量空气时，冷冻水泵运行流量波动大，产生振动和噪音，冷水机组运行时水温波动剧烈，主机频繁开、停，室内空调效果很差。水系统局部支管道内存有空气时，会使空调机组或风机盘管积存气体，空调设备不能正常冷却或加热室内空气。

集气罐的作用是汇集、分离和排除系统内的空气。集气罐有立式和卧式两种结构。集气罐的直径应大于或等于所连干管直径的 1.5～2 倍，常用 DN100～DN250 的钢管制作筒体。图 8-24 中给出的是 DN250 型号的集气罐尺寸。立式贮气空间大，卧式用于系统管道上部高度较小的场所。集气罐宜安装在管路的最高点（或最不利点），需要人工开启放气管上阀门，让水管内残余的气体能自动排除干净。集气罐上方的放气管用 DN15 的钢管，放气管末端有阀门，定期打开此阀门将从系统中分离并积聚在集气罐内的空气排除。

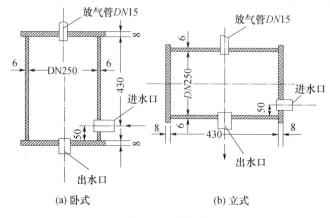

图 8-24 集气罐

集气罐常见的三种安装方式如图 8-25 所示，这三种方式中集气罐都是安装在最高处，管道的坡向应保证集气罐接管为管段的最高点。其中以图 8-25（c）效果最好，可起到汇集、分离、排除空气三大作用。

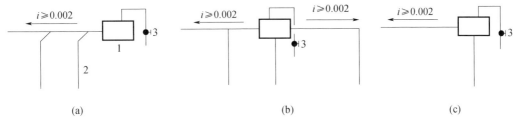

图 8-25　集气罐安装方式
1—集气罐；2—立管；3—排气阀

排气阀宜采用能自动排出管内气体的结构。自动排气阀管理方便，可将系统内的集气自动排出。但由于质量原因和安装原因，有时达不到理想效果。通病是气孔流水和排气孔堵塞。自动排气阀分立式（图 8-26）和卧式（图 8-27）两种，它可替代集气罐，实现自动排除系统中的空气，其原理是利用阀体内的浮体随水位升降自动打开和关闭阀孔而达到排气的目的。在图 8-26 中，当阀体 1 上方积聚大量空气时，浮球 2 下降，空气从排气孔排出。随着空气体积减少，浮球上升，浮球阀针堵住出口防止水流出，导向套筒 3 防止浮球阀针偏斜失灵。图 8-27 靠浮筒 3 的升降产生的杠杆力来开闭排气孔。

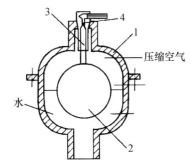

图 8-26　立式自动排气阀
1—阀体；2—浮球；3—导向套筒；3—排气孔

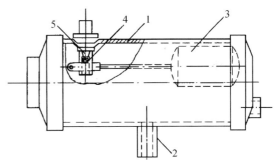

图 8-27　卧式自动排气阀
1—外壳；2—接管；3—浮筒；4—阀座；5—排气孔

排气阀使用时要正确布置排气管口的位置。设计、施工时习惯将排气管口布置在室内或通至室外。可采取以下措施：尽量将排气阀（集气罐）放在厨房、卫生间内，将出气管引到有排水口的地方，排出口距水池底或地漏有一定高度，在管道末端的排气阀若远离水池、地漏，可考虑将排气管口接入冷凝水管中；如果放气管通至室外，可考虑通至污水井、污水沟等地点；如果通至室外不影响安全也不影响绿地，可将出墙管设向下的坡度（角度 15°）并伸出墙外 20cm，就可以防止污水污染墙面。

（2）除污器

在管道施工安装、焊接等过程中，经常有淤泥、焊渣、砂石等杂物存留在管道中，尽管运行前要进行清扫、吹除和冲洗，但难免会有残留。另外在运行中也会因管道腐蚀等造成杂质在管道中形成，为防止空调水循环不畅，造成空调冷热不均，同时避免对设备的危害，空调水系统设计中需在供水总管的用户入口、热源（冷源）、用热（冷）设备、水泵、阀门等入口处设除污器（或过滤器），用于截留杂质和污垢，防止堵塞管道与设备。除污器分立式和卧式两种，图 8-28 为立式除污器构造示意图。它是一个钢制圆筒形容器，水进入除污器，流速降低，大块污物沉积于底部，经出水花管将较小污物截留，除污后的水流向下游的管道。除污器顶部有放气阀，底部有排污用的丝堵或手孔。除污器应定期清通。

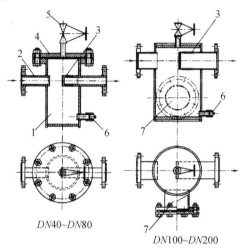

图 8-28　立式除污器构造

1—除污器筒体；2—进水管；3—出水花管；4—法兰盖；5—排气阀；6—丝堵；7—手孔

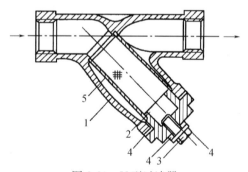

图 8-29　Y 型过滤器

1—阀体；2—封盖；3—螺栓；4—垫片；5—过滤网

　　过滤器中应用最广泛的是 Y 型过滤器，如图 8-29 所示，设计时特别需要注意 Y 型过滤器的滤网孔径问题，孔径过大，过滤效果欠佳；孔径过小，容易堵塞。根据有关资料介绍，Y 型过滤器滤网孔径推荐如下：

　　用于水泵前：<4mm；

　　用于冷水机组前：3～4mm；

　　用于空调机组前：2.5～3mm；

　　用于风机盘管前：1.5～2mm。

此外，滤网的有效流通面积应等于所接管路流通面积的 3.5～4 倍。

在系统管路施工过程中，应严格遵守工程规范要求，作好以下预防措施：

① 加强施工过程管理。管道材料在焊接前清理内壁，焊接后，及时对管端进行临时封堵，防止异物掉入；保护好施工中的成品和半成品。

② 严格进行管路冲洗作业。合理划分冲洗段，安排冲洗先后顺序，避免先冲洗的管路被后冲洗的管路污染。冲洗过程中，质检员及责任工程师全过程监督，用 8 层白棉布接水，棉布不变色为合格。冲洗过程结束后，存水样、接水检查纱布；开动水泵清洗管路，应注意每间隔 10～20min 清洗水泵进口 Y 型过滤器过滤网，直到系统彻底清洗干净。清洗完成后通过最低处设置的泄水管将水放掉，重新注水和排气之后才能开启主机运行调试。

③ 注意在试运行中发现问题。在系统试运行阶段，应逐一清理过滤器，将异物清理干净，加强巡查，如发现机组温度过低，立即停止风机运行，检查过滤器。

思考题与习题

1. 空调水系统定压方式有几种？各有什么特点？

2. 空调工程的四管制水系统宜在什么条件采用，它相比两管制水系统有什么优缺点？

3. 下图的水系统是否异程系统？若要改成同程式系统需要如何改进？试画出改正后的管道系统图。

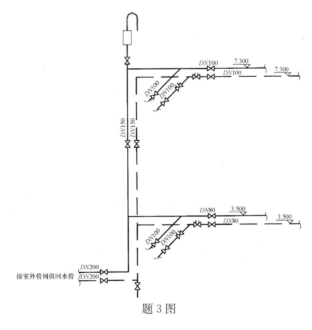

题 3 图

4. 空调热水系统的管道系统如图，各设备的水流量如表所示，试计算从入口至最末端设备的管道系统水流动总阻力。

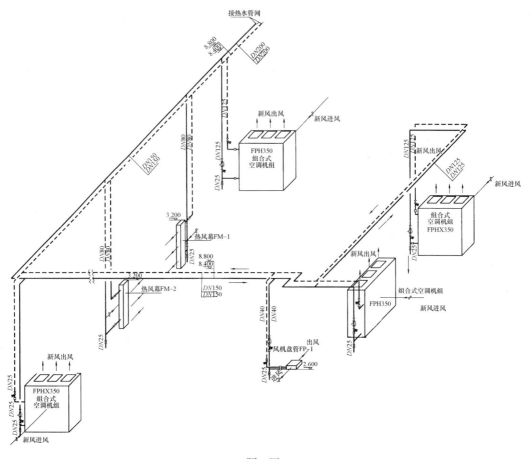

题 4 图

设备型号	水量（L/min）	水阻力（kPa）	设备型号	水量（L/min）	水阻力（kPa）
FPHX—350	800	46.1	风机盘管 FP—1	5	3.9
FPH—350	658	27.1	热风幕 FM—1、2	20.3	2.017

5. 在什么条件下冷水泵宜设在冷水机组的蒸发器出口？原因是什么？

6. 冷水系统的一次泵系统和二次泵系统各自工作特点是什么？二次冷水泵的台数和流量选择中要注意什么问题？

7. 空调水系统采用一次泵系统时，夏季的冷水泵、冬季的热水泵是否分开设置？

8. 为习题 4 中空调水系统选取循环水泵的型号。

9. 已知某空调系统的循环水量是 350m³/h。空调水系统的补水量是多少？补水泵流量取多少？

10. 空调冷冻水系统管道的坡度是多少？凝结水的管道坡度是多少？

第9章 空调系统及冷热水系统运行调节

空调系统的计算负荷是空调系统设备选型、管路设计的重要依据。由第3章可知计算负荷是最不利条件下的负荷，空调系统实际运行过程中，室外的最不利工况只有在夏季最热月和冬季最冷月的某几天出现，室内的热湿负荷高峰在一年中也并不多见。因此，空调系统若不根据实际的负荷变化情况做出调整，而始终按最大负荷工作，则不仅室内空气参数达不到设计要求，且会造成空调系统冷量和热量的大量浪费。

根据空调建筑的功能不同，允许室内参数在一定的范围内波动，如图9-1所示，图中的阴影面积称为"室内空气温、湿度允许波动区"，也称"空调温、湿度精度"。只要室内空气参数在阴影面积的范围内，即可认为其满足设计要求。允许波动范围的大小，则根据空调建筑的功能或冬、夏季节的变化而不同。

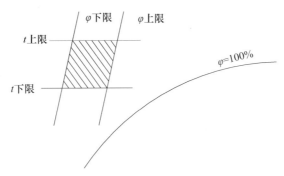

图 9-1 室内空气温、湿度允许波动范围

下面分别讨论室内负荷变化和室外空气状态变化的运行调节问题，即如何根据室内热湿负荷的变化对系统进行调节，使室内温、湿度处于允许范围内；如何根据季节的变化，充分利用室外空气的自然冷量，变换空气处理过程的模式。

9.1 室内热湿负荷变化时的运行调节及自动控制

为了满足空调房间内所要求的温、湿度参数，就必须对空调系统进行相应的调节。室内热湿负荷变化时的运行调节方法一般有以下几种。

9.1.1 定露点和变露点的调节方法

室内热湿负荷变化有不同的特点，一般可分三种情况：一即热负荷变化而湿负荷基本不变；二即热湿负荷按比例变化，如以人员数量变化为主要负荷变化的对象；三即热湿负荷均随机变化。

1. 热负荷变化而湿负荷基本不变

当室内余热量 Q 变化，余湿量 W 不变时，常用的调节方法是定机器露点再热调节法。此种调节方法适用于围护结构传热变化，室内设备散热发生变化，而人体、设备散湿量比较稳定等类似情况。

这种情况比较普遍，如图 9-2 所示，在夏季设计工况下，q（kg/h）的冷量从机器露点 L 沿热湿比 ε 线送入室内，达到状态 N 点（为简单起见，以下分析均不考虑风机和风道的温升）。在夏季，随着室外气温的下降，由于得热量的减少，室内显热量减少为 Q'，则热湿比 ε 将逐渐减小到 ε'，如果不对空调系统进行调节，仍以原送风状态点 L 送风，则

$$d'_N - d_L = \frac{1000W}{G} = d_N - d_L$$

由于 d_L、W 和送风量 G 均未变，所以尽管 Q 和 ε 有变化，d_L 却不会改变。因此，室内状态点就变为过 L 点的 ε' 线和 d_N 线的交点 N' 点，这时 $h_{N'} = h_L + \dfrac{Q'}{q}$。

由于 $Q' < Q$，故 N' 点低于 N 点。如 N' 点仍在室内温湿度允许范围内，则不必进行调节。如 N' 点超出了 N 点的允许波动范围或室内空调精度要求较高，则必须进行调节，可采用不改变机器露点而调节再热量的方法。如图 9-3 所示，在 ε' 情况下，在不改变露点的情况下增加再热量，使送风状态点 L 加热到 O 点送入室内，使室内状态点 N 保持不变或在温湿度允许范围内（N''）。

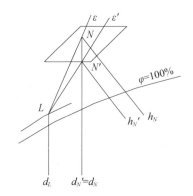

图 9-2　室内状态点变化（定露点）

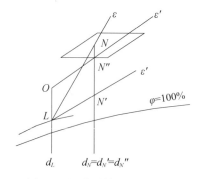

图 9-3　调节再热量（定露点）

2. 室内余热量和余湿量均变化

当空调房间内余热量和余湿量均发生变化时，则室内的热湿比 ε 将随之发生变化（除非余热量和余湿量成比例地变化）。如空调房间内的余热量和余湿量同时减少，根据两者的变化程度不同，则有可能使变化后的热湿比 ε 变大或变小。

如图 9-4 所示，在维持露点不变的情况下，新的状态点 N' 偏离了原来的状态点 N。如室内热湿负荷变化较小，空调精度要求不严格，且 N' 仍在允许范围内，则不必重新调节。如新的状态点超出了允许范围，为了保证空调房间内空气温、湿度保持不变的要求，一般可采用以下几种改变机器露点的方法来达到运行调节的目的。

（1）调节一次加热器再热量

如图 9-5 所示，当空调房间内的热、湿负荷发生变化后，设其变化后的室内热湿比

为 ε'，此时可采用调节一次加热器的加热量，使一次加热后的空气状态点由 C' 点等湿升温而变化到点 C''，再经循环水喷水绝热加湿处理至新的机器露点 L'，调节二次加热器加热量使之处于新的送风状态点 O' 即可。

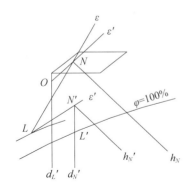
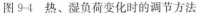

图 9-4　热、湿负荷变化时的调节方法

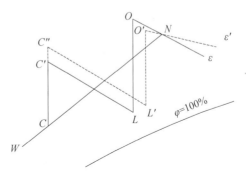

图 9-5　改变一次加热器加热量变风量调节

（2）调节喷水温度

当空调房间内热、湿负荷发生变化后，其热湿比由 ε 变化至 ε'，或由 ε 变化至 ε''，如图 9-6 所示。要保证空调房间内所要求的空气参数保持不变，就需改变机器的露点温度。当 $\varepsilon > \varepsilon'$ 时，空调系统的机器点应由 L 点移至 L'，其喷水温度应比设计条件高，即提高冷水温度。但如果当 $\varepsilon < \varepsilon''$ 时，其喷水温度则应比设计条件低，即降低冷水温度。

（3）调节新、回风混合比

在冬季或过渡季节，如室外温度较高，不需要预热，可调节新、回风混合比，使混合点由 C 点变为 C' 点，再绝热加湿到新机器露点 L'（图 9-7）。

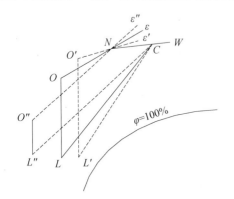

图 9-6　调节喷水温度变露点调节

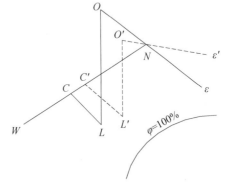

图 9-7　调节新、回风混合比变露点调节

9.1.2　调节空调箱旁通风门的调节方法

实际工程中，还有一种设有旁通风门的空气处理设备，如图 9-8 所示。室内回风经与新风混合后，除部分空气经过喷水室或表冷器处理以外，另一部分空气可通过旁通风门，然后再与处理后的空气混合送入室内。旁通风门与处理风门是联动的，开大旁通风门则处理风门关小，以改变旁通风量与处理风量的混合比来改变送

风状态。

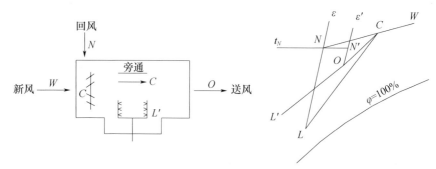

图 9-8　空调箱旁通风门调节

在进行负荷设计时,空气处理过程为 $\genfrac{}{}{0pt}{}{W}{N} \!\!\!> \to C \to L \cdots \overset{\varepsilon}{\to} N$。当室内冷负荷减少时

(假设室内余湿量不变),室内的热湿比线由 ε 变为 ε',打开旁通风门,使混合后的送风状态点提高到 O 点,然后送入室内到 N' 点。

采用空调箱旁通风门调节方法,与一、二次回风混合风门的调节相似,可避免或减少冷热抵消,可以节省能量,尤其是过渡季节,效果更加明显。图 9-8 为露点控制法调节室温的处理过程,即 $\genfrac{}{}{0pt}{}{N}{W} \!\!\!> \to C \to \genfrac{}{}{0pt}{}{L'}{C} \!\!\!> \to O \overset{\varepsilon'}{\to} N'$。显然,旁通法耗冷量小于露点法,而且可节省再热,无冷热抵消。其缺点是冷冻水温度要求低,制冷机效率受到一定影响。但旁通法在过渡季节有时显出特别的优点,如图 9-9所示部分空气经绝热加湿后达到 L 点,再与经旁通的部分空气混合到 O 点送入室内,而不需要冷却、加湿以后送入室内。从而可不开制冷机和加热器。

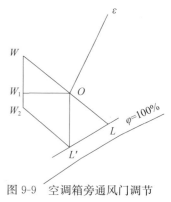

图 9-9　空调箱旁通风门调节在 h-d 图上的表示

9.1.3　调节送风量

从变风量空调系统的设计原理可知,可通过在送风支管上安装变风量末端装置改变房间送风量的方法来适应负荷的变化,但是送风量不能无限地降低。使用变风量风机时,既可节省风机运行费用,又能避免再热。

当室内负荷变化时,可保持原来的送风状态点不变,通过调节送风量满足室内状态要求;当房间显热冷负荷减少,而湿负荷不变时,如图 9-10(a)所示,可用变风量调节方法减少送风量使室温不变,但送入室内的总风量吸收余湿的能力会有所下降,室内相对湿度将稍有增加,室内状态点由 N 变为 N'。如果室内温、湿度精度要求严格,则可以调节喷水室的温度或表冷器的进水温度,降低机器露点,减少送风含湿量,来满足室内参数的要求,如图 9-10(b)所示。但在调节风量时,应避免风量过小而导致室内空气品质恶化或正压降低,影响空调效果。

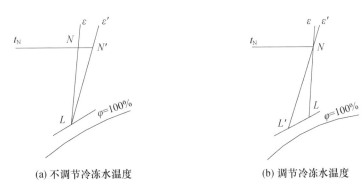

(a) 不调节冷冻水温度   (b) 调节冷冻水温度

图 9-10　调节送风量

9.1.4　调节一、二次回风混合比

对于室内允许温湿度变化较小，或有一定送风温差要求的恒温室来说，随着室内显热负荷的减少，可以充分利用室内回风的热量来代替再热量，带有二次回风的空调系统可采用这种调节方案。

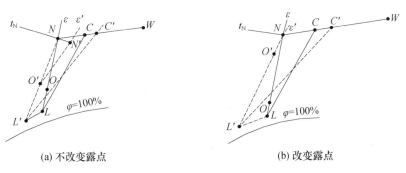

(a) 不改变露点   (b) 改变露点

图 9-11　调节一、二次回风混合比

1. 不改变露点的调节方法

如图 9-11 (a) 所示，不改变机器露点温度。调节结果——机器露点有所降低，室内相对湿度增加，可避免或减少冷热量抵消。

2. 改变露点的调节方法

如图 9-11 (b) 所示，改变机器露点温度。调节结果——机器露点降低，通过调节二次回风量和露点温度可以满足室内空气参数的要求，可避免或减少冷热量抵消。

9.1.5　多服务对象空调系统的运行调节方法

上述的各种调节方法都是针对一个服务对象。但实际的空调系统面对多个服务对象，即多个房间。如果多个负荷不同（热湿比也不同）的房间服务由一个空调系统提供，那么可根据实际需要灵活考虑设计工况和运行工况。例如，一个空调系统供三个房间，它们的室内参数要求相同，但是各房间的负荷不同，热湿比分别为 ε_1、ε_2 和 ε_3

[图 9-12 （a）]，并且各房间取相等的送风温差。如果 ε_1、ε_2 和 ε_3 彼此相差不大，则可以把其中一个主要房间的送风状态（L_2）作为系统统一的送风状态，则其他两个房间的室内参数将为 N_1 和 N_3，它们虽然偏离了 N 点，但仍在室内允许参数范围之内。

多房间空调系统的运行调节方法，还有一种情况是，当各房间负荷都发生变化时，可采用定露点与改变局部房间再热量的方法来进行调节，这样也能满足各房间的参数要求。如果采用该法满足不了个别房间的参数要求，可以在系统划分上采取一些措施。也可以在通向各房间的支风道上分别加设局部再热器，以系统同一露点（L）不同的送风温差（送风点 O_1、O_2、O_3）送风 [图 9-12 （b）]，此时的送风量应按各自不同的送风温差来分别确定，这样就可以满足各房间的不同参数要求。

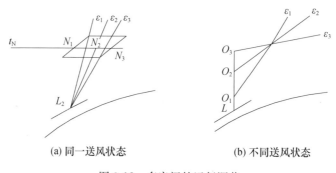

(a) 同一送风状态   (b) 不同送风状态

图 9-12   多房间的运行调节

9.2   室外空气状态变化时的运行调节及自动控制

一年四季气候的变更，使室外气象参数发生很大的变化，空调系统应随其变化做相应的调整。本节重点讨论当室外空气状态变化时，如何进行全年的运行调节。

室外空气状态变化过程通常在焓-湿图上进行分析。若把全年各时刻干湿球温度状态点在焓-湿图上的分布进行统计，算出这些点全年出现的频率值，就可得到一张焓-频图，点的边界线称室外气象包络线。图 9-13 上可显示全年室外空气焓值的频率分布。

9.2.1   一次回风空调系统的全年运行调节

在室外设计参数情况下的一次回风空调系统的冬、夏季处理工况如图 9-13 所示。如图所示，冬、夏季采用相同的室内空气状态点 N，但现实生活中，多数情况下冬、夏季室内状态参数是不相同的。由于空气的焓值是衡量冷量和热量的依据，且可用干、湿球温度计测得，为了便于分析和转换起见，本节暂以焓作为室外空气状态变化的指标。

按照室外空气状态全年的变化情况，将全年室外空气状态所处的位置划分为 Ⅰ、Ⅱ、Ⅲ、Ⅳ 四个区域，冬、夏季允许有不同的室内状态点，如图中的 N_1 和 N_2。在焓-

频图上用等焓线作为分界线来分区，这样比较方便。其中Ⅱ′区为冬、夏季室内设计参数不同所特有的，若两者相同则不存在这个区。下面以一次回风空调系统为例，根据焓-频图分析在室外空气状态点位于每一工况区内时的调节过程。

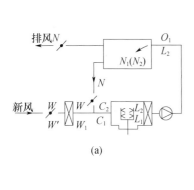

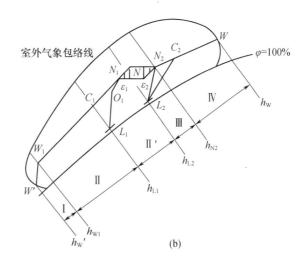

图 9-13　一次回风空调系统的调节

第Ⅰ区域—— 一次加热器加热量调节阶段。如图 9-14 所示，室外空气焓值小于 h_{W1} 时，属冬季寒冷季节。从节能角度考虑，可把新风阀门开至最小，按最小新风比送风，加热器投入工作，以保持满足室内卫生要求的最小新风百分比 $m\%$。故，冬季室外设计参数下空气的比焓值计算如下式：

$$h_{W1} = h_{N1} - \frac{h_{N1} - h_{L1}}{m\%}$$

在一些冬季特别冷的地区，还应对新风进行预热，防止过冷的新风和室内回风混合产生结露现象。常规处理过程为：$\left.\begin{array}{c} W' \to W_1 \\ N_1 \end{array}\right\} \to C_1 \to L_1 \to O_1 \xrightarrow{\varepsilon} N_1$。

随着室外空气焓值的继续增加，可进一步减小一次加热量，当室外空气焓值为 h_{W1} 时，室外新风和一次回风的混合点在 h_{L1} 上，这时，一次加热器可以关闭。

一次加热，也可在室外空气和室内空气混合后进行（图 9-14）：$\left.\begin{array}{c} W' \\ N_1 \end{array}\right\} \to C'_1 \to C_1 \to O_1 \xrightarrow{\varepsilon} N_1$。

如果冬季不用喷水室而采用喷蒸汽加湿（$C \to O_1$），则处理过程为：$\left.\begin{array}{c} W' \to W \\ N_1 \end{array}\right\} \to C \to O_1 \xrightarrow{\varepsilon} N_1$，仍参见图 9-14。对于有蒸汽源的地方，这是经济实用的方法。喷蒸汽加湿的加湿量主要是通过控制蒸汽管上调节阀或控制电极式加湿器电源的通断来进行调节的。

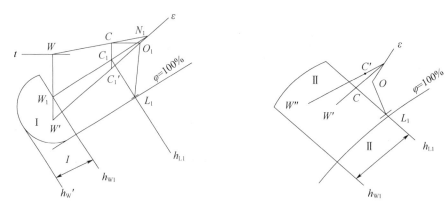

图 9-14　第Ⅰ区域一次回风空调系统的调节过程　图 9-15　第Ⅱ区域一次回风空调系统的调节过程

第Ⅱ区域——新、回风混合比调节阶段。如图 9-15 所示，室外空气焓值在 h_{W1} 和 h_{L1} 之间。这时应是所谓的过渡季，即春季或秋季。如果仍按最小新风比混合新风，则混合点 C' 在 h_{L1} 以上。此时应增大新风量，使新、回风混合点仍在 h_{L1} 线上。之后喷循环水把空气处理到露点，经二次加热后送到室内。这种方法不但可以保证室内的空气品质符合卫生要求，而且能充分利用新风冷量，有利于节约能量，节省运行费用。

随着室外空气温度的升高，可以采用新风联动调节阀调节新、回风混合比。在开大新风阀的同时，关小回风阀。同第Ⅰ阶段一样，也可以根据机器露点的温度来判断新风和一次回风混合比的调节是否合适。

在室外空气焓值等于 h_{L1} 时，可采用 100％新风，完全关闭一次回风。在整个调节过程中，为了防止室内正压过大，可开大排风阀门，使正压值维持在比较合理的水平。

第Ⅱ′区域——由冬季工况转为夏季工况，新、回风混合比调节阶段。第Ⅱ′区域是冬季和夏季室内参数要求不同时存在的工况区，即该区域是室外焓值在冬夏的露点焓值之间的区域。如果室内参数允许在一定的范围内波动，则新回风阀门不用调节，室内状态点随着新风状态而变化。如果室内参数允许波动范围较小，则可将室内状态点调整到夏季的参数，采用Ⅱ区的方法，即改变新风比进行调节。

第Ⅲ区域——全新风，喷水温度调节阶段。如图 9-16 所示，室外空气焓值在 h_{L2} 和 h_{N2} 之间。这时开始进入夏季，h_{N2} 总是大于室外空气状态点 h_W，如果利用室内回风将会使混合点 C' 的焓值比原有室外空气的焓值更高，把混合空气处理到机器露点 L_2 所需的冷量比把室外新风处理到机器露点 L_2 的冷量还要大，显然，这是不合理的，所以为了节约冷量，应该关掉一次回风，采用全新风。从这一阶段开始，需要启动制冷机，喷水室喷冷冻水，空气处理过程将从降温加湿（$W'\to L_2$）改为降温减湿（$W''\to L_2$）处理。随着室外参数的升高，应逐渐降低喷水温度。用三通阀可调节冷冻水量和循环水量的比例，从而调节喷水温度（图 9-17）。此外，如对空调房间的相对湿度要求不严，也可用手动调节喷淋水量的方法来控制露点温度。

第Ⅳ区域——最小新风比，喷水温度调节阶段。室外空气焓值在 h_{N2} 和 h_W 之间，如图 9-18 所示。

276

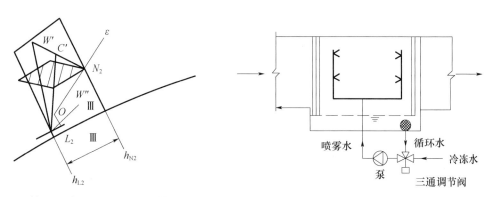

图 9-16　第Ⅲ区域一次回风空调系统的调节过程　　　图 9-17　三通调节阀调节喷水温度

h_W 是夏季室外设计参数时的焓值。在这一阶段内，由于室外空气焓值高于室内空气焓值，如继续全部使用室外全新风运行，把室外空气减焓降湿处理到机器露点，将增加冷量的消耗，此时就应该采用回风，而且使用的回风越多，所需要的冷量就越少。为了节约冷量，可采用最小新风比 $m\%$。喷水室或表冷器用冷冻水对空气进行减焓降湿处理才能满足空调房间所要求的空气状态参数。

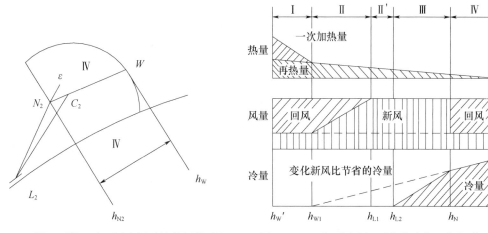

图 9-18　第Ⅳ区域一次回风空调系统的调节过程　　　图 9-19　一次回风空调系统的全年运行调节图

综上所述，一次回风空调系统的全年运行调节可以归纳为表 9-1 和图 9-19。由图 9-19可见，全年固定新风比时，系统简单，调节容易。调节新风比，就是在过渡季调节新回风混合比，这样做能节省运行费，所以得到了广泛采用。

表 9-1　一次回风空调系统的全年运行调节方法

气象区	室外空气参数范围	房间相对湿度控制	房间温度控制	调节内容					转换条件
				一次加热	二次加热	新风	回风	喷雾过程	
Ⅰ	$h_W < h_{W1}$	一次加热	二次加热	$\varphi_N \uparrow$ 加热量 $\downarrow$	$t_N \uparrow$ 加热量 $\downarrow$	最小 $(m\%G)$	最大 (G_1)	喷循环水	一次加热器全关后转到Ⅱ区

277

气象区	室外空气参数范围	房间相对湿度控制	房间温度控制	调节内容					转换条件
				一次加热	二次加热	新风	回风	喷雾过程	
Ⅱ	$h_{W1} \leqslant h_W < h_{L1}$	新、回风比例	二次加热	停	$t_N \uparrow$ 加热量↓	$\varphi_N \uparrow$ 新风量↑	$\varphi_N \uparrow$ 回风量↓	喷循环水	新风阀门关至最小后转到Ⅰ区；$h_W \geqslant h_{L1}$；转到Ⅱ'区
Ⅱ'	$h_{L1} \leqslant h_W < h_{L2}$	新、回风比例	二次加热	停	$t_N \uparrow$ 加热量↓	$\varphi_N \uparrow$ 新风量↑	$\varphi_N \uparrow$ 回风量↓	喷循环水	$h_W < h_{L1}$转到Ⅱ区；回风阀门全关后转到Ⅲ区
Ⅲ	$h_{L2} < h_W \leqslant h_N$	喷水温度	二次加热	停	$t_N \uparrow$ 加热量↓	全开	全开	$\varphi_N \uparrow$ 喷水温度↓	冷水全关转Ⅱ'区，$h_W \geqslant h_N$转Ⅳ区
Ⅳ	$h_W > h_N$	喷水温度	二次加热	停	$t_N \uparrow$ 加热量↓	最小 $(m\%G)$	最大 (G_1)	$\varphi_N \uparrow$ 喷水温度↓	$h_W \leqslant h_N$转Ⅲ区

9.2.2 二次回风空调系统全年的运行调节

二次回风空调系统全年的运行调节见图 9-20，其全年运行工况是：全年调节新风，充分利用室外空气的冷却能力，同时利用二次回风和补充再热来调节室温。

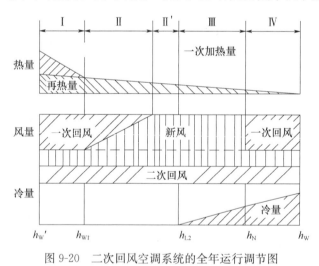

图 9-20 二次回风空调系统的全年运行调节图

9.3 集中式空调系统的自动控制

空调系统的自动控制是指用专用的仪表和装置组成控制系统，以代替人的手动操作，去调节空调参数，使之维持在给定数值上，或是按给定的规律变化，从而满足空调房间的要求。因而自动控制的任务就是对以空调房间为主要调节对象的空调系统的温度、湿度及其他有关要求保证的参数进行自动的检测、调节，对有关的信号报警和连锁保护控制，以及制冷系统的自动控制和供冷、供热与空调配合的自动控制、测量等，以保证空调系统始终在最佳工况点运行，满足舒适性要求或工艺性要求的环境条件。

9.3.1　空调自动控制系统中常用术语

首先介绍一下空调自动控制系统中的几个常用术语：

（1）调节对象。指自动控制系统中需要进行控制的设备或所需控制的生产过程的一部分或全部。如某空调房间、某空气处理设备、冷水机组、热交换设备及装置等，简称对象。

（2）调节参数。在空调系统中，为维持各环节的空气温度及湿度恒定在允许范围内变化的参数称为调节参数，或叫被调参数。例如，温度、湿度、压力以及水位等参数。

（3）给定值。调节参数的给定范围，即需要保持恒定或按预先规定的规律随时间而变化的数值叫做给定值。例如，空调房间要求温度、湿度值为：24℃，50%，即为室内参数的给定值。

（4）偏差。调节参数实际值与给定值之间的差值称为偏差。它是调节器的输入信号，也是反馈控制系统用于控制的信号。如某空调房间要求室内温度为 20℃，而经过调节系统调节后的房间温度为 21℃，则 21−20＝1 即为偏差。偏差有动态偏差和静态偏差之分。

（5）扰动。引起调节参数产生偏差的原因称为扰动或干扰。如室温调节产生的偏差可能会由于室外空气参数的变化或由于调节器热媒的温度或流量变化而引起，则室外天气的变化、热媒温度或流量的变化就是干扰。

9.3.2　暖通空调计算机控制系统的基本组成

1. 暖通空调计算机控制系统的各主要组成部分

暖通空调计算机控制系统的各主要组成部分有：传感器与执行器，现场控制机，通信系统和中央控制机。根据监测控制管理的具体要求，由这些基本构件即可搭配成各种形式的计算机控制系统。

（1）现场控制机

现场控制机是分布式计算机监测控制系统的基本单元。它直接连接各种传感器、变送器，对各种物理量进行测量；直接连接各类执行器，实现对被控系统的调节与控制。同时，还与计算机通信网相连接，与中央管理计算机及其他现场控制机进行信息交换，实现整个系统的自动化监测控制和管理。

（2）数字通信网络

分布式计算机控制系统依靠通信网络将各台现场机及中央控制管理计算机连接在一起，实现它们之间的数据交换。通信网如同控制系统的中枢神经。它的通信方式、速度、效率直接关系到整个系统的工作性能。

（3）中央控制机

中央控制机是控制管理系统与使用者进行交流的主要接口。中央控制机接收各现场控制机通过通信系统传来的系统运行参数，以图形、数表或打印报表的形式向使用者显示。使用者则通过中央计算机向各现场控制机发出各种调节的命令，如开启/停止风机、水泵等设备，调整风阀、水阀，修改系统设定值等。

2. 空调自动控制系统的基本组成

在自动控制系统中，需要控制工艺参数的生产设备称为被控对象。在空调工程中，各种空调房间、换热器、空气处理设备、制冷设备、甚至一段输送介质的管道都是常见的被控对象。如图 9-21 所示，自动控制系统由传感器、控制器、执行调节机构组成一个简单的控制系统，图中的每个方块表示自动控制系统的一个组成部分，称为一个环节。各个方块之间用带有箭头的线表示其相互关系，箭头的方向表示信号进入还是离开这个方块，线上的字表示相互作用信号。

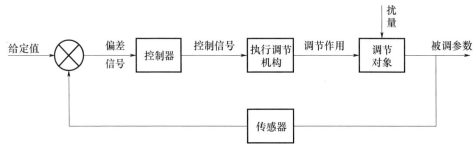

图 9-21　自动控制系统原理图

自动控制就是根据调节参数的实际值与给定值的偏差，用自动控制系统来控制各参数的偏差值，使之处于允许的波动范围内。

3. 空调自动控制系统的功能

（1）创造舒适宜人的生活与工作环境

通过空调自动控制系统，对室内空气的温度、相对湿度等加以自动控制，保持空气的最佳品质。采用防噪音措施（采用低噪音机器设备），加之建筑物自动化系统中开放背景轻音乐等措施，使生活、工作在这种环境中的人们心情舒畅，从而大大提高工作效率。对工艺性空调而言，可提供生产工艺所需的空气的温度、湿度、洁净度的条件，从而保证产品的质量。

（2）节约能源

在建筑物的电气设备中，制冷空调的能耗很大，因此对这类电气设备需要进行节能控制。现已从个别环节控制，进入到综合能量控制，形成基于计算机控制的能量管理系统，达到最优化控制，其节能效果非常明显。

（3）创造安全可靠的生产条件

自动控制的监测与安全系统，使空调系统能够正常工作，在出现故障时能及时报警并进行事故处理。由于空调自动控制带来诸多功能和优越性，使其具备了很高的收益回报率，这是现在投资者与设计者所共识的。

9.3.3　暖通空调自动控制系统的指标

在自动控制系统中，当扰量破坏了调节对象的平衡时，经调节作用使调节对象过渡到新的平衡状态，也就是从一个旧的平衡状态转到一个新的平衡状态，这种转变所经历的过程叫做过渡过程。

如图 9-22 所示，图中 t_1 为调节时间，在这段时间内，当时间在 t_0 以前时，调节参数等于给定值，调节对象处于平衡状态。在 t_0 时突然受扰动，平衡被破坏，调节参数（温度或湿度等）x 开始升高，逐渐达到最大值 x_{max}，由于调节器的调节作用，x 开始返回给定值，但是调节参数不能一下子就平息下来，经过两次反复后，最后达到新的平衡状态。这时调节参数与给定值之差为 Δ。

所以，对自动控制系统的基本要求是能在较短的时间内，使调节参数能够达到新的平衡。

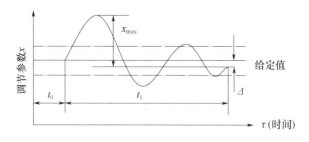

图 9-22　调节过程的指标

9.3.4　室温与室内相对湿度控制

1. 室温控制

室温控制是空调自动控制系统中的一个重要环节。它是用室内干球温度敏感元件来控制相应的调节机构，使送风温度随扰量的变化而变化。

室温控制时，传感器的放置地点对控制效果会产生很大的影响。传感器的放置地点不能受太阳辐射热及其他局部热源的干扰，还要注意墙壁温度的影响，因为墙壁温度较空气温度变化滞后得多，可以自由悬挂，也可以挂在内墙上（注意支架与墙的隔热）。

如图 9-23 所示，这种控制方法是以室外干球温度作为室内温度调节器的主参数，根据室外气温的变化，来改变室内温度传感器的给定值，因此称为室外气温补偿控制法。

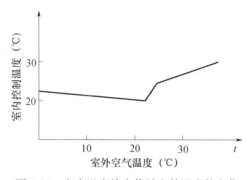

图 9-23　室内温度给定值随室外温度的变化

室外温度补偿控制原理见图 9-24，由于冬、夏季补偿要求不同，调节器 M 分为冬、夏两个调节器，通过转换开关进行季节切换。

为了提高室温控制的精度，可在送风管上增加一个送风温度敏感元件 T_2（图 9-25），根据室内温度敏感元件 T_1 和送风温度敏感元件 T_2 的共同作用，通过调节器对室温进行调节，组成室温复合控制环节，也称送风温度补偿控制。

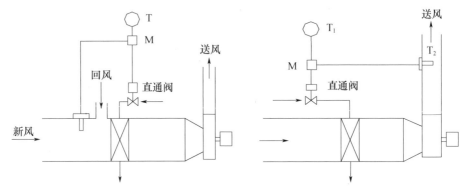

图 9-24　室外温度补偿控制原理图　　　　图 9-25　送风温度补偿控制原理图

2. 室内相对湿度的控制

在空调的自动控制系统中，室内相对湿度的控制主要是通过定露点与变露点这两种方法。

（1）定露点控制法（间接式）

对于室内产湿量一定或产湿量波动较小的情况，只要控制机器露点温度 L 就可以控制室内的相对湿度。这种通过控制机器露点温度来控制室内相对湿度的方法称为"间接控制法"。

① 由机器露点温度控制新风和回风混合阀门（图 9-26）。

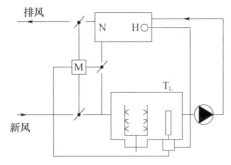

图 9-26　由机器露点温度控制新风和回风混合阀门

这种方法主要用于冬季和过渡季。如果喷水室用循环水喷淋，随着室外空气参数的变化，需保持机器露点温度一定，则可在喷水室挡水板后，设置干球温度传感器 T_L。根据所需露点温度给定值，通过执行机构比例控制新风、回风和排风联动阀门。

② 由机器露点温度控制喷水室喷水温度（图 9-27）。

这种方法主要用于夏季和使用冷冻水的过渡季。在喷水室挡水板后，设置干球温度敏感元件 T_L。根据所需露点温度给定值，按比例地控制冷水管路中三通混合阀调节喷水温度，以保持机器露点温度一定。

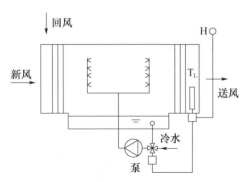

图 9-27 由机器露点温度控制喷水室喷水温度

有时为了提高质量，根据室内产湿量的变化情况，应及时修正机器露点温度的给定值，可在室内增加一湿度传感器 H（图 9-27）。当室内相对湿度增加时，湿度传感器 H 调低 T_L 的给定值，反之，则调高 T_L 的给定值。

③ 电极式加湿器

图 9-28 是电极式加湿器，常采用通断的双位控制，它不需要外加电源，设备简单。由于直接把蒸汽加入空气中，不影响空气的干球温度。这种方法常用于相对湿度要求不高的场合，一般在成套机组中应用较多。

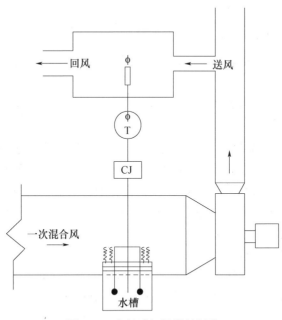

图 9-28 电极式加湿器的调节

（2）变露点控制法（直接式）

对于室内产湿量变化较大或室内相对湿度要求较严格的情况，可以在室内直接设置湿球温度或相对湿度敏感元件，控制相应的调节机构，直接根据室内相对湿度的偏差进行调节，以补偿室内热湿负荷的变化。这种控制室内相对湿度的方法称为直接控制法，即使相对湿度在控制的送风温度下波动，控制住送风水蒸气分压力。它与间接控制法相比，调节质量更好，目前在国内外广泛使用。

9.3.5　集中式空调自动控制系统的实例

1. 一次回风空调系统

图 9-29 所示为一次回风空调自动控制系统示意图。下面对该自动控制系统的调节过程加以说明。

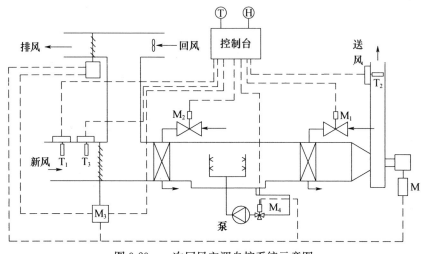

图 9-29　一次回风空调自控系统示意图

随着室外空气参数变化，对于冬夏季室内参数要求相同的场合，其全年自动控制方案如下：

第一阶段，新风阀门在最小开度（保持最小新风量），一次回风阀门在最大开度（总风量不变），排风阀门在最小开度。室温控制由敏感元件 T 和 T_2 发出信号，通过调节器使 M_1 动作，调节再热器的再热量；湿度控制由湿度敏感元件 H 发出信号，通过调节器使 M_2 动作，调节一次加热器的加热量，直接控制室内相对湿度。

第二阶段，室温控制仍由敏感元件 T 和 T_2 调节再热器的再热量；湿度控制由湿度敏感元件 H 将调节过程从调节一次加热自动转换到新、回风混合阀门的联动调节，通过调节器使 M_3 动作，开大新风阀门，关小回风阀门（总风量不变），同时相应开大排风阀门，直接控制室内相对湿度。

第三阶段，随着室外空气状态继续升高，新风越用越多，一直到新风阀全开，一次回风阀全关时，调节过程进入第三阶段。这时湿度敏感元件自动地从调节新、回风混合阀门转换到调节喷水室三通阀门，开始启用制冷机来对空气进行冷却加湿或冷却减湿处理。这时，通过调节器使 M_4 动作，自动调节冷水和循环水的混合比，以改变喷水温度来满足室内相对湿度的要求。室温控制仍由敏感元件 T 和 T_2 调节再热器的再热量来实现。

第四阶段，当室外空气的焓大于室内空气的焓时，继续采用100％的新风已不如采用回风经济，通过调节器使 M_3 动作，使新风阀门又回到最小开度，保持最小新风量。

湿度敏感元件 H 仍通过调节器使 M_4 动作，控制喷水室三通阀门，调节喷水温度，以控制室内相对湿度。室温控制仍由敏感元件 T 和 T_2 调节再热器的再热量来实现。

整个调节阶段如表 9-2 所示。

表 9-2　一次回风空调系统全年运行自动控制内容

调节阶段		第一阶段	第二阶段	第三阶段	第四阶段
调节内容	室温	调节再热	调节再热	调节再热	调节再热
	相对湿度	调节一次加热器的加热量（喷循环水量，保持最小新风量）	逐渐开大新风阀门，关小回风阀门（喷循环水）	调节喷水温度（新风阀门全开）	调节喷水温度（保持最小新风量）

由于空调系统的能耗很大，其节能问题在国内外受到高度重视，空调系统的自动控制技术随着电子技术和控制元件的发展，特别是微处理技术的发展，使得微处理控制技术术已能适应各种空调系统控制的要求，并且可以根据不同室内热湿负荷、不同室外温湿度变化条件，以及不同室内温度、湿度参数条件进行多工况的判别和转换，实现全年自动节能控制。

2. 一次回风空调的 DDC 直接数字控制系统

一次回风空调的 DDC 直接数字控制系统原理如图 9-30 所示。

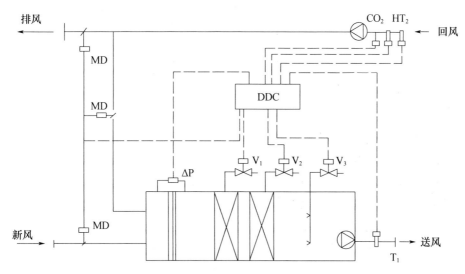

图 9-30　一次回风空调 DDC 直接数字控制系统

T_1、T_2—温度传感器；H—湿度传感器；CO_2—CO_2 浓度传感器

V_1、V_2、V_3—电动调节阀；MD—电动风扇；ΔP—微压差传感器；DDC—DDC 控制器

该系统采用 DDC 直接数字控制。DDC 控制器配有相应环路的控制模块和数字量的输入和输出，并带有显示装置。

室内温度控制，由室内回风空气温度和送风温度传感器发出信号，实现 DDC 室温控制和送风温度补偿控制，使室温在给定范围内；室内湿度控制，由室内回风空气湿球传感器发出信号，实现 DDC 室内湿度控制，使室内湿度在给定范围内。

CO_2 传感器可以感知室内空气 CO_2 浓度，通过对 CO_2 浓度的检测，控制送入室内的最小新风量和排风量，以达到减小新风能耗的目的；ΔP 微压差传感器可以检测过滤器前后的微压差或发出报警信号，以判断是否要清洗或更换过滤器。

DDC 控制器也可以事先设置运行模式，如预冷、预热，值班采暖、供冷，在过渡季可以全新风运行以达到节能的目的。

DDC 控制器还可以和建筑物内的中央监控系统连接。中央监控系统可以对各子系统实现中央监督、管理和控制。各子系统的现场控制器可以对供热、制冷、空调系统中换热站、集中冷冻站和各种空调系统进行就地多参数、多回路控制。可以进行现场独立控制或中央集中控制。

9.4 变风量空调系统的运行调节及自动控制

变风量空调系统的温度、湿度的调节方法和上述的空调系统的调节方法相似，对于定风量空调系统来说，随着显热负荷的变化，如用末端再热来调节室温，将会使部分冷热量相互抵消，造成能量损失，而变风量空调系统则会随着显热负荷的减少，通过末端装置减少送风量来调节室温，可以说基本上是没有再热损失的。

下面主要介绍变风量空调系统的新风控制系统、变风量空调系统的室内负荷变化时的调节问题。

9.4.1 变风量空调系统的新风控制系统

在变风量空调系统的设计中，设计者很关心的一个问题就是，人员的新风量要求能否得到满足。变风量系统中新风量的分配和空调系统的分区形式有很大的关系。

图 9-31 是 VAV 空调系统风量控制的原理图。该系统中数字式控制器（DC），既可以用于风量控制，又能用于温、湿度控制与其他工况转换的控制。数字式控制器根据送风管的静压传感器的实测值与给定值的偏差，来控制变频调速器（VS）的输出频率，

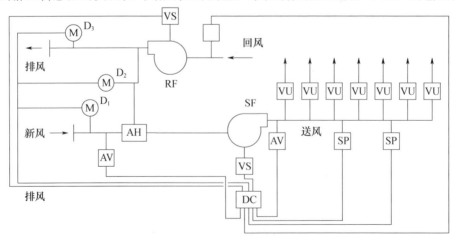

图 9-31　VAV 空调系统风量控制的原理图

SP—静压传感器；AV—风速（风量）传感器；VS—变频调速器；DC—数字式控制器；VU—变风量末端机组

调节风机的转速。在新、回风和送风管上都装有风速传感器，来测量它们的风量。控制器则根据测得的风量，通过回风机的变频调速器（VS）来控制回风机的风量，使送风量与回风量之差保持一个给定的值，也就是能保证室内为一定的正压。在最小新风运行模式时，一边调节风机的风量，另一边调节 D1、D2 的开度，这样可以保证新风量不小于最小新风量。

9.4.2　使用节流型末端装置的变风量空调系统

如图 9-32 所示，在每个房间送风管上安装有变风量末端装置。当房间负荷变化时，装在房间内的温控器发出指令，使末端装置内的节流阀动作，改变房间内的送风量。如果多个房间负荷减少，那么多个节流阀节流，则风管内静压升高。压力变化信号送给控制器，控制器按一定规律计算，把控制信号送给变频器，降低风机转速，进而减少总风量。设计工况下处理过程为：$\left.\begin{matrix}W\\N\end{matrix}\right\} \to C \to L \xrightarrow{\varepsilon} N$。负荷减少时处理过程为：$\left.\begin{matrix}W\\N'\end{matrix}\right\} \to C' \to L' \xrightarrow{\varepsilon'} N'$。节流型变风量末端装置最大缺点是存在风压耦合。当几个房间节流减少风量后，会造成风管内总压升高，导致一些没有负荷变化的房间风量增大，如此形成连锁效应，造成系统振荡。

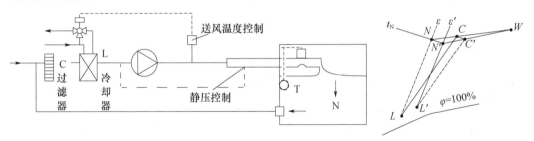

图 9-32　节流型末端装置变风量空调系统运行工况

9.4.3　使用多风机变风量系统进行调节

多风机变风量空调系统，也称变频变风量空调系统。我国近几年有较多文献对此系统工作原理和性能做过探讨。国内有生产该种系统设备、配件的厂家，也有较成功的工程实例。其调节过程为：室内温控器检测室内温度，与设定温度进行比较，当检测温度与设定温度出现差值时，温控器改变风机盒内风机的转速，减少送入房间的风量，直到室内温度恢复为设定温度为止。室内温控器在调节变风量风机盒转速的同时，通过串行通信方式，将信号传入变频控制器，变频控制器根据各个变风量风机盒的风量之和调节空调机组的送风机的送风量，达到变风量目的。

9.5　半集中式空调系统的运行调节及自动控制

在前面的章节中已经指出，具有代表性的半集中式空调系统是诱导器系统和风机盘管系统，而空气－水诱导器和风机盘管加独立新风系统的两种调节方式，在处理空调房间负荷的原理方面是相同的。本节在对诱导器系统做简单说明的基础上，重点通过风机盘管加独立新风系统来说明其运行和调节方法。

9.5.1　诱导器系统

诱导器系统的全年运行调节可从两方面来进行：首先是当室外空气状态发生变化时，一次风的集中处理设备的调节规律和方法与一般空调系统相类似，可参看第3节。其次是室内负荷发生变化时，系统的运行调节。当室内负荷变化时（以余热量 Q 变化，余湿量 W 不变为例），为保证室内参数，全空气诱导系统的运行调节可以采用下列几种调节方法。

1. 只改变一次风状态〔图 9-33（a）〕

随着室内余热量 Q 的改变（减少），要求改变送风状态（一次风状态由夏季的 L 加热到 R_1 或冬季的 R_2，使诱导器送风状态由 O_1 变到 O_2 或 O_3），这可以通过调节一次风集中处理室的二次加热器的加热量来达到，这种方法只是集中调节一次风状态，故不能满足各个房间的不同要求。

2. 只改变二次风状态〔图 9-33（b）〕

靠诱导器内的电加热器把二次风状态由室内状态 N 加热到 R_1 或 R_2，以使诱导器的送风状态由 O_1 变到 O_2 或 O_3。这种方法不使用一次风集中处理时的加热器，而是使用诱导器的电加热器进行局部调节，因此能满足各个房间的不同要求。

3. 同时改变一、二次风状态〔图 9-33（c）〕

由一次风集中处理室的二次加热器将一次风加热到 R_1，诱导器内电加热器将二次风加热到 R_2，以使诱导器的送风状态由 O_1 变到 O_2，这样全部热负荷由一、二次风的加热器分担，一次风加热器起集中调节作用，而二次风电加热器起局部调节作用，以满足各房间的不同要求。

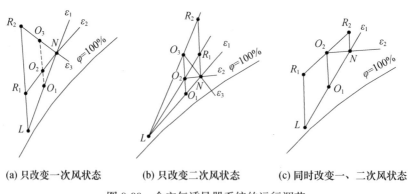

(a) 只改变一次风状态　　(b) 只改变二次风状态　　(c) 同时改变一、二次风状态

图 9-33　全空气诱导器系统的运行调节

9.5.2　风机盘管（冷热共用）的控制系统

风机盘管系统是空气-水空调系统的一种形式，通常与新风系统联合使用构成所谓的风机盘管加新风系统，目前应用广泛的一种空调方式。系统的特点是房间的冷热负荷

及湿负荷由风机盘管和新风系统共同承担。风机盘管机组通常由换热盘管（热交换器）和风机组成。

图 9-34 是风机盘管（冷、热共用）的控制系统原理图。图中带三速开关的恒温控制器装有温度传感器，它测量房间温度并与给定值比较，控制开关的类型为电动阀或者开关，从而实现对房间温度的调节与控制。由用户自己手动选择风机的运行转速（高、中、低档三速）。室温给定的温度也是用户自己设置的。由于电动阀随温度变化的动作在供冷和供热工况时是完全相反的，因此在恒温控制器上还设有供冷、供热的转换开关。

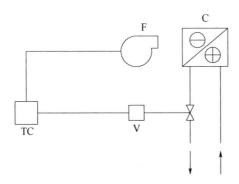

图 9-34 风机盘管控制原理图

F—风机；C—盘管；TC—带三速开关的恒温控制器；V—开、关型电动阀

上述控制系统是目前常用的一种控制系统，其他控制方式有直接自动控制风机转速——三档或无级调速。

9.6 冷热源及水系统的检测控制

作为冷热源和水系统的计算机监测与控制，其主要功能可以分为三个层次：①基本参数的测量，设备的正常启停与保护；②基本的能量调节；③冷热源及水系统的全面调节与控制。

9.6.1 冷热源的基本监测与控制

空调系统必须依靠冷、热源提供的冷量或热量来消除建筑物室内和工艺生产过程产生的冷、热负荷。随着室外气象条件或室内负荷的变化，必然要对冷、热源机组输出的冷、热量进行调节。

冷热源的监测与控制包括冷冻机或锅炉主机及各辅助系统的监测控制。作为实例，表 9-3 列出了离心式制冷机的主要监测控制内容。

1. 主机单元控制

目前大多数用于集中空调的冷冻机和燃气、燃油锅炉都带有以计算机为核心的单元控制器。表 9-3 中所列的主机监控任务一般由安装在主机上的单元控制器完成。有些单元控制器同时还完成一部分辅助系统的监控。还有些冷冻机的供应商同时提供冷冻站的集中控制器，对几台冷冻机及其辅助系统实行统一的监测控制和能量调节。

表 9-3　离心式制冷机的控制单元测控内容

测量参数	蒸发器出口温度
	蒸发器进口温度
	冷凝器出口温度
	冷凝器进口温度
	压缩机排气压力
	压缩机排气温度
	压缩机进气压力
	压缩机进气温度
	油泵出口压力
	冷凝器水流开关
	蒸发器水流开关
控制参数	根据命令启停压缩机或者根据冷冻机出口设定值调整压缩机入口导叶阀
设定参数	冷冻水出口温度

2. 冷却水系统的监测控制

冷却水系统是通过冷却塔和冷却水泵及管道系统向制冷机提供冷却水，它的监控系统的作用是：

保证冷却塔风机、冷却水泵安全运行；

确保制冷机冷凝器侧有足够的冷却水通过；

根据室外气候情况及冷负荷，调整冷却水运行工况，使冷却水温度在要求的设定温度范围内。

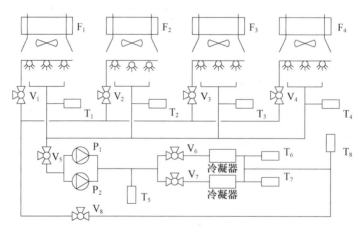

图 9-35　冷却水系统的测控点

F—风机，共有 4 个风机；T—温度计，共有 8 个水温测点；P—水泵，共有 2 个水泵；
V—电动阀，共有 8 个电动阀控制点

图 9-35 为装有 4 台冷却塔及 2 台冷却水循环泵的冷却系统及其监测控制点。

冷冻机主机的控制单元往往提供冷却水系统的控制接口，可以直接控制冷却水循环泵和冷却塔。当仅有一台冷冻机时，可以用这一控制单元对冷冻站进行全面控制。但当同时有几台冷冻机时，冷却水系统是并联的，冷却塔、冷却水循环泵并不存在与冷冻机一一对应关系，此时用冷冻机主机的控制单元，同时对冷却水系统进行控制，就不能达到好的控制效果，无法在低负荷时和室外湿球温度较低时减少冷却塔运行台数或降低风机转速。

3. 冷冻水系统的监测与控制

冷冻水系统由冷冻水循环泵通过管道系统连接冷冻机蒸发器及用户各种用冷水设备（如空调机和风机盘管）而组成。

它监测与控制任务的核心是：

保证冷冻机蒸发器通过足够的水量以使蒸发器正常工作，防止冻坏；

向冷冻水用户提供足够的水量以满足使用要求；

在满足使用要求的前提下尽可能减少循环水泵电耗。

图 9-36 给出了典型的一级泵的监测与控制点。

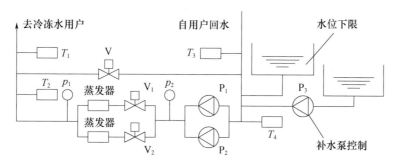

图 9-36　一级泵冷冻水系统

T_1—水温测点 1；T_2—水温测点 2；T_3—水温测点 3；T_4—水温测点 4；

P_1—冷水泵 1；P_2—冷水泵 2；P_3—补水泵；p_1—蒸发器出口压力；

p_2—蒸发器进口压力；V_1—电动阀 1；V_2—电动阀 2；V—电动旁通阀

对于一级泵系统，为了保证蒸发器中通过要求的水量，就要使蒸发器前后压差维持于指定值，当部分用户关小或停止用水时，用户侧总流量变小，从而使流过蒸发器的水量也减少，此时压差 $p_2 - p_1$ 也减小，为恢复通过蒸发器的流量，就应开大图中的电动阀，增大经过此阀的流量，直到 $p_2 - p_1$ 恢复到原来的设定值，从而蒸发器流量也恢复到要求值。

9.6.2　能量调节及水系统控制

冷源及水系统的能耗由冷冻机主机电耗及冷冻水、冷却水和各循环水泵、冷却塔风机电耗构成。如果各冷冻水末端用户都有良好的自动控制，那么冷冻机的产冷量必须满足用户的需要，节能就要靠恰当地调节冷冻机运行状态，提高其 COP 值，降低冷冻水循环泵、冷却水循环泵及冷却塔风机电耗来获得。当冷冻水末端用户采用变水量调节时，冷冻水循环泵就必须提供足够的循环水量并满足用户的压降。可能的节能途径是减少各用户冷冻水调节阀的节流损失，并尽可能使循环水泵在效率最高点运行。

这样，冷源及水系统的节能控制就主要通过如下三个途径完成：

在冷水用户允许的前提下，尽可能提高冷冻机出口水温以提高冷冻机的 COP；当采用二级泵系统时，减少冷冻水加压泵的运行台数或降低泵的转速，以减少水泵的电耗；

根据冷负荷状态恰当地确定冷冻机运行台数，以提高冷冻机 COP 值；

在冷冻机运行所允许的条件下，尽可能降低冷却水温度，同时又不增加冷却泵和冷却塔的运行电耗。

9.7 供暖系统的计算机控制

9.7.1 供暖热水锅炉房内的监测与控制

对于热水锅炉，可将被监测的控制对象分为燃烧系统和水系统两部分。整个计算机监测的控制管理系统可如图 9-37 所示，由若干台现场控制机（DCU）和一台中央管理机组成。各 DCU 分别对燃烧系统、水系统进行监测控制，中央管理机则显示并记录这两个系统的在线状态参数，根据供热状况确定锅炉、循环泵的开启台数，设定供水温度及循环流量，从而协调各台 DCU 来完成各监测控制管理功能。

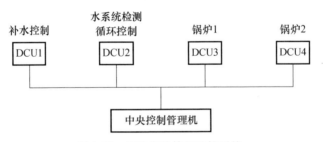

图 9-37　锅炉房计算机监控系统

下面重点介绍锅炉房水系统的监测控制原理，如图 9-38 所示。

主循环泵为 1～4。压力传感器 p_1 与 p_2 观测管网的供回水压力。安装 4 台泵时一般视负荷变化情况同时运行 2 台或 3 台水泵，留 2 台或 1 台备用。用 DCU 控制和管理这些循环水泵时，不仅要能够控制各台泵的启停，同时还应通过测量主接触器的辅助触点状态测出每台泵的开停状态。这样，当发现某台泵由于故障而突然停止运行时，DCU 即可立即启动备用泵，避免出现因循环泵故障而使锅炉中循环水停止流动的事故。

补水泵 5、6 与压力测量装置 P_3，流量测量装置 F_2 及旁通阀 V_3 构成补水定压系统，当 P_3 压力降低时，开启一台补水泵向系统中补水，待 P_3 升至设定的压力值时，停止补水。为防止管网系统中压力波动太大，当未设膨胀水箱时，还可以设置旁通阀 V_3 来维持压力的稳定。长期使一台补水泵运行，通过调整阀门 V_3 来维持压力 P_3 不变。补水泵 5、6 也是互为备用的，因此 DCU 要测出每台泵的实际启停状态，当发现运行的泵突然停止或需要启动的泵不能启动时，立即启动另一台泵，防止系统因缺水而放空。

流量传感器 F_1 与 F_2 是观察循环水是否正常的重要测试仪器。其中流量传感器 F_2 用

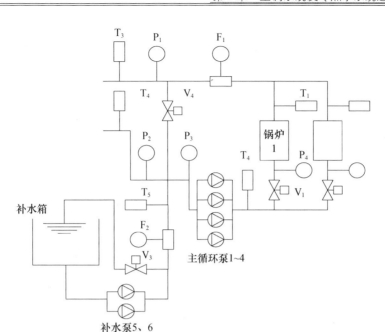

注：V1～V4——旁通阀；P1～P5——压力测试装置；F1、F2——流量传感器；T1～T4——温度测试装置。

图 9-38　锅炉房水系统原理及其测控点图

来计算累计的补水量，它可以是涡街流量计，也可以采用通常的冷水水表，或有电信号输出的水表。

9.7.2　蒸汽-水热站的监测与控制

对于利用大型集中锅炉房或热电厂作为热源，通过换热站向小区供热的系统来说，换热站的作用就同上一节的供暖锅炉房一样，只是用热交换器代替了热水锅炉。

图 9-39 为蒸汽-水换热站的流程及相应的测控元件图。水侧与图 9-38 一样，控制泵 5、6 及阀 V_2 根据 P_2 的压力值补水和定压；启停泵 1～4 来调整循环水量；由 T_2，T_3 及流量测量装置 F_1 来确定实际的供热量。与锅炉房不同的是增加了换热器、凝水泵的控制以及蒸汽的计量。

蒸汽计量可以通过测量蒸汽温度 T_1、压力 P_3 和流量 F_3 来实现，F_3 可以选用涡街流量计测定，它测出的为体积流量，通过 T_1 和 P_3 由水蒸气性质表可查出相应状态下水蒸气的比体积 ρ，从而由体积流量换算出质量流量。

为了能由 t 和 p 查出比体积，要求水蒸气为过热蒸汽。为此将减压调节阀移至测量元件的前面，如图 9-39 中所示，这样即使输送来的蒸汽为饱和蒸汽，经调节阀等焓减压后，也可成为过热蒸汽。实际上还可以通过测量凝水量来确定蒸汽流量。如果凝水箱中两个液位传感器 L_1、L_2 灵敏度较高，则可在 L_2 输出无水信号后，停止凝水排水泵，当 L_2 再次输出有水信号时，计算机开始计时，直至 L_1 发出有水信号时，计时停止，同时启动凝水泵开始排水。从 L_2 输出无水信号至 L_1 开始输出有水信号间的流量可以用重量法准确标定出，从而即可通过 DCU 对这两个水位计的输出信号得到一段时间内的蒸汽平均质量流量，代替流量计 F_3，并获得更精确的测量。当然此处要求液位传感器 L_1、

L_2具有较高灵敏度。一般如浮球式等机械式液位传感器误差较大,而应采取如电容式等非直接电接触的电子类液位传感器。

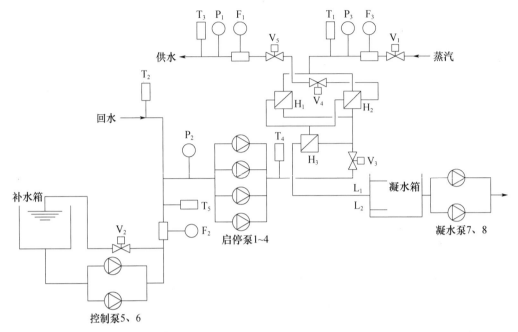

注:V1～V5——旁通阀;P1～P3——压力测试装置;F1、F2——流量传感器;T1～T5——温度测试装置;L1、L2——液位传感器。

图 9-39 蒸汽-水换热站的测量与控制

加热量由蒸汽侧调节阀 V_1 控制。此时 V_1 实际上是控制进入换热器的蒸汽压力,从而决定了冷凝温度,也就确定了传热量。为改善换热器的调节特性,可以根据要求的加热量或出口水温确定进入加热器的蒸汽压力的设定值,调整阀门 V_1 使出口蒸汽压力 p_3 达到这一设定值。

9.7.3 小区热网的监测与调节

小区热网指供暖锅炉房或换热站至各供暖建筑间的管网监测调节。小区热网的主要问题也是冷热不均,有些建筑或建筑某部分流量偏大,室内过热,而另一些建筑或建筑的另一部分却由于流量不足而偏冷。这样,计算机系统的中心任务就是掌握小区各建筑物的实际供暖状况,并帮助维护人员解决冷热不均问题。要解决冷热不均问题就需要对系统的流量分配进行调整,在各支路上都安装由计算机进行自动调节的电动调节阀成本会很高,同时一旦各支路流量调节均匀,在无局部的特殊变化时,系统应保持冷热均匀的状态,不需要经常调整。因此,可以在各支路上安装手动调节阀,通过计算机监测和指导与人工手动调节相配合的方法实现小区供暖系统的调节和管理。

根据上述讨论,计算机系统要测出各支路的回水温度,并将其统一送到供暖小区的中央管理计算机中进行显示、记录和分析。测出这些回水温度的方法有如下两种方式:集中十余个回水温度测点设置 1 台 DCU。此 DCU 仅需要温度测量输入通道。再通过专门铺设的局部网或通过调制解调器经过电话线与小区的中央管理联接。当这十几个温度相互距离较远时，温度传感器至 DCU 之间的电缆的铺设有时就有较大困难，温度信号的长线传输亦会受到一些干扰。因此，这种方式仅在建筑物较集中、每一组联至一台 DCU 的测温点相距不太远时适用。

思考题与习题

1. 一次回风空调系统，室内热湿负荷变化时，可以采用几种调节方法，各有什么特点？

2. 什么是定露点调节和变露点调节？各有什么特点？如何实现？

3. 具有一次回风的空调系统，当室外空气状态变化时，应如何进行全年运行调节？

4. 当室内负荷变化时，变风量系统如果进行调节，在 h-d 图上分析其过程。

5. 舒适性空调系统的全年运行过程中，有没有不需要对空气进行热、湿处理的时期？这时期应该怎样运行？

6. 为了最大限度地达到空调系统运行节能目的，全年运行工况应力争满足哪些具体条件？用什么方法来满足这些条件？

7. 带喷水室的一、二次回风空调系统，如何进行全年运行调节？

8. 什么是室内温度的室外温度补偿控制和送风温度补偿控制？它们有什么优点？

9. 有哪些指标可以用来评价空调自动控制系统的调节品质？

10. 风机盘管调节方法有几种？各有什么优缺点？

11. 简述空调系统的直接数字控制（DDC）的基本原理和内容。

12. 室内相对湿度控制有哪些方法？

13. 变风量控制系统的基本原理是什么？

14. 为什么说等湿球温度线近似等焓线？

15. 当空调室内的设计温、湿度分别为 26℃、60%，冷负荷为 80kW，湿负荷为 36kg/h，送风温差为 9℃时，计算送风量和送风状态参数（h、φ、t）。

16. 拟建一个大型购物活动中心，其中有商场、超市、影剧院、餐厅、娱乐会所等用房，请讨论该活动中心用什么空调系统？系统如何划分？

第10章　空调系统的消声和防振

人类处于声音的包围之中，声音对人类社会的各项社会实践都非常有用。然而有些声音影响人们正常工作和健康，是人们不想要的声音，称为噪声。环境噪声是指在生产、建筑施工、交通运输和社会生活中所产生的影响周围生活环境的声音。噪声污染是世界主要污染之一，对人的生活、健康危害很大。

在日常生活和工作中，每时每刻都有振动现象，如心脏的跳动、琴弦的拨动，在动力机械中也存在着大量的振动问题，如发动机的汽缸内气体的压力和运动部件引起的轴系振动；风机和水泵机壳和基础的振动。有的振动现象对人类有益或能为人类所利用，如琴弦拨动产生的音乐，但大多数机械和结构振动往往是有害的，如机械设备的振动。

本章从噪声和振动两方面进行论述，一是掌握噪声和振动的基本规律；二是设法减少暖通空调系统中噪声和振动带来的危害。

10.1　空调系统的噪声源

适当频率和强弱的声波传到人的耳朵，人们就感觉到了声音。人耳能够感觉到的声波的频率范围为 20Hz～20kHz，一般称为音频。频率低于 20Hz 的声音称为次声波，而频率高于 20kHz 的声音则称为超声波。

10.1.1　声学基本概念

描述声波过程的物理量有很多，比如压强和速度的变化量等，其中声压是最常用的物理量，声压 p 就是介质受到扰动后所产生的压强 P 的微小增量。

1. 声压级、声强级、声功率级

由于声音的强度变化范围相当宽，直接用声功率和声压的数值来表示很不方便，并且人耳对声音强度的感觉并不正比于强度的绝对值，而是大概正比于其对数值。因此，为了适用广泛的声压范围，在声学中普遍使用对数标度。即一个用对数来衡量声压的参数——声压级，其单位为分贝（dB）。

（1）声压级

常用 L_p 表示，声压级指声压与该基准声压之比的以 10 为底的对数乘以 20。声压级用听力的最低极限 2×10^{-5} Pa 为基准声压，其表达式为

$$SPL_{dB} = 20 \lg \frac{P}{P_0} \tag{10-1}$$

式中，SPL_{dB}——声压级，dB；

$\quad\quad P$——声压，Pa；

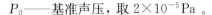

P_0——基准声压，取 $2 \times 10^{-5} \mathrm{Pa}$ 。

（2）声强级

单位时间内通过垂直于声波传播方向单位面积的平均声能量叫声强，一般用 I 表示，单位为 $\mathrm{W/m^2}$。声强级常用 L_I 表示，定义为

$$L_I = 10\lg\frac{I}{I_0} \tag{10-2}$$

式中，I_0——基准声强，$I_0 = 10^{-12}\mathrm{W/m^2}$，则有

$$L_I = 10\lg I + 120$$

（3）声功率级

声功率表示声源发声能量的大小，即声源在单位时间内以声波的形式辐射出的总能量称为声功率，用 N 表示，单位 W。声功率级用 L_W 表示，公式为

$$L_W = 10\lg\frac{N}{N_0} \tag{10-3}$$

式中，W_0 为基准声功率，$W_0 = 10^{-12}\mathrm{W}$。

2. 声级、A 声级与等效（连续）A 声级

为了能用仪器直接读出反映人耳对声音强弱的主观感觉的评价量，人们提出了用电子网络（亦称计权网络，Weighting Networks）来模拟不同声压下的人耳频率特性。声级计便是满足这种要求的仪器。

通过计权网络测得的声压级称为计权声级，简称声级。

为使噪声测量结果与人对噪声的主观感觉量一致，通常在声学测量仪器中，引入一种模拟人耳听觉在不同频率上的不同感受特性的计权网络，对被测噪声进行测量。通过计权网络测得的声压级称为计权声级，简称声级。它是在人耳可听范围内按特定频率计权而合成的声压级。

在声学测量仪器中，设计了三种不同的计权网络，称为 A 声级、B 声级、C 声级。分别标以 dB（A）、dB（B）或 dB（C），每种计权网络在电路中加上对不同频率有一定衰减的滤波装置。近年来研究表明，无论声强多大，A 声级都能较好地反映人耳的响应特征，所以，如无特殊要求，人们在噪声测量中，常用 A 计权网络测得的声压级，用 L_A 表示，单位 dB（A），称 A 声级，并记作 dB（A）。表 10-1 为几种常见声源的 A 声级。

A 声级虽然能较好地反映人耳对噪声强度和频率的主观感觉，但只适用于连续而稳定的噪声评价。对于在一定时间内不连续的噪声，如交通噪声，人们提出用总的工作时间进行平均的方法来评价噪声对人的影响，即指某一段时间内的 A 声级能量平均值，称为等效连续声级，简称等效声级或平均声级，用符号 L_{eq} 表示，单位是 dB（A）。等效 A 声级能反映在 A 声级不稳定情况下人们实际接受噪声能量的大小，是按能量平均的 A 声级。

$$L_{eq} = 10\lg\left(\frac{1}{\tau}\int_0^\tau 10^{0.1L_A}\,\mathrm{d}t\right) \tag{10-4}$$

式中，L_{eq}——等效声级，dB（A）；

L_A——t 时刻的瞬时 A 声级，dB（A）；

τ——规定的测量时间段，min。

在工作中计算等效声级时首先应对测量的数据进行处理，将所测得的 A 声级按次序从小到大每 5dB 分为一段，而每一段以其算术中心声级表示。例如，各段声级为 80、

85、90、95、100、105、110dB（A）……。其中，80dB（A）表示 78～82dB（A）的范围；85dB（A）则表示 83～87dB（A）的范围，以此类推。每天以 8h 计算，78dB（A）以下的不予考虑。

表 10-1　几种常见声源的 A 声级（测点距离声源 1～1.5m）

A 声级 [dB（A）]	声源
20～30	轻声耳语
40～60	普通室内
60～70	普通交谈声、小空调
80	大声交谈、收音机、较吵的街道
90	泵房、嘈杂的街道
100～110	电锯、砂轮机、大鼓风机
110～120	凿岩机、球磨机、柴油发电机
120～130	螺旋桨飞机
130～150	喷气式飞机

将工人在一个工作日中各段的暴露时间统计出来填入表 10-2 中，则计算等效声级常用以下公式：

$$L_{eq} = 80 + 10\lg \sum_{i=1}^{n} \left(\frac{\tau_i}{\tau} \, 10^{\frac{i-1}{2}} \right) \tag{10-5}$$

式中，τ——噪声作用的时间总和，min；

　　　　τ_i——工人在工作日的第 i 个声级段的暴露时间，min；

　　　　n——在整个噪声作用时间内测量的时段数。

表 10-2　各段 A 声级和相应暴露时间

n 段	1	2	3	4	5	6	7	…	n
中心 A 声级 [dB（A）]	80	85	90	95	100	105	110	…	$75+5n$
暴露时间（min）	T_1	T_2	T_3	T_4	T_5	T_6	T_7	…	T_n

3. 昼夜等效声级

通常噪声在晚上比白天让人觉得更吵闹，特别是对睡眠的影响尤其明显。评价结果表明，晚上噪声的干扰比白天高 10dB。为了考虑不同因素、不同时间噪声对人的干扰，在计算一天 24h 的等效声级时，要对夜间的噪声加 10dB 的计权，这样得到的等效声级为昼夜等效声级，用符号 L_{dn} 表示，即

$$L_{dn} = 10\lg\left[\frac{1}{24} \times (16 \times 10^{L_d/10} + 8 \times 10^{(L_n+10)/10}) \right] \tag{10-6}$$

式中，L_d——白天的等效声级；

　　　　L_n——夜间的等效声级，16 为白天小时数（6：00～22：00），8 为夜间小时数（22：00～6：00）。

4. 等响曲线

人耳对声级的感受不仅与声压有关，与频率也有关，声压级相同而频率不同的声音听着是不同的。据此，引出一个与频率有关的响度级，其单位为 phon（方）。响度级是声音响度的主观感觉量，描述等响条件下声压级与频率的关系曲线，即等响曲线，是重要的听觉特征之一。等响曲线为声音的频率不同时，它和 1000Hz 纯音等响时声压级随

频率变化的曲线，如图 10-1 所示。

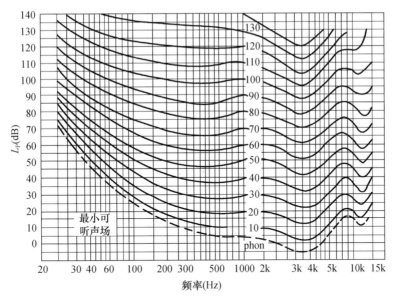

图 10-1　等响曲线图

等响曲线表明不同频率的声压级不相同时，人耳感觉到的响应可能一样。最下面的曲线是可闻阈曲线，最上面的曲线是痛阈曲线，在这两根曲线间，是人耳可以听到的声音。从等响曲线可以看出，人耳对 $1000 \sim 4000\mathrm{Hz}$ 之间的声音敏感，而对低频声不敏感。

5. 声评价数（NR）曲线

以 1kHz 倍频带声压级作为噪声评价数 NR，每条曲线上的 NR 值为曲线通过中心频率 1000Hz 的声压值数值，根据噪声倍频带声压级数查得各 NR_i，其中最大者即为该噪声评价数 NR，如图 10-2 所示。该曲线考虑了高频噪声比低频噪声对人的干扰更大的特点。

NR 数与 A 声级有较好的相关性，两者之间的关系为

$$L_{\mathrm{A}} \approx NR + 5 \tag{10-7}$$

10.1.2　通风空调系统噪声源

民用建筑通风空调设计中，创造舒适安逸的环境是设计的主要任务之一。但通风机、水泵、冷却塔等设备，不可避免地会产生噪声，影响人们的舒适性感觉。凡是噪声源都应当引起重视，通风空调系统中的噪声源主要有：通风机（空调箱、送风机、回风机、排风机）、制冷机、锅炉、水泵、冷却塔及整体式空调机等。他们的噪声都比较大，对周围环境干扰大，设计时要予以充分重视，不仅要考虑空调系统的消声处理，而且还要重视排风系统的噪声，不可只作送风口的消声而不顾回风口的噪声等。不能只考虑建筑物内的声效果，还要注意周围环境的噪声。

空调系统中的主要噪声源之一是通风机，通风机噪声的产生和许多因素有关，尤其与叶片形式、片数、风量、风压等参数有关。风机噪声是由叶片上紊流而引起的宽频带的气流噪声以及相应的旋转噪声，后者可由转数和叶片数确定其噪声的频率。在通风空

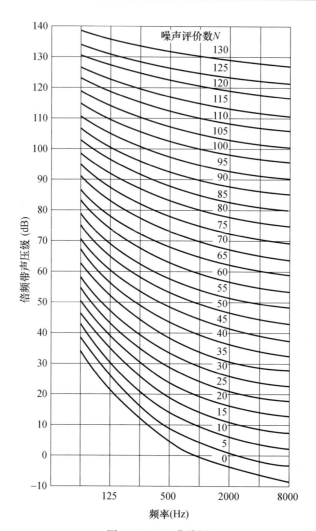

图 10-2　NR 曲线图

调所用的风机中，按照风机大小和构造不同，噪声频率大约为 200～800Hz，也就是说主要噪声处于低频范围内。

　　空调系统的噪声源除风机外，还有因为风管内气流压力变化引起钢板的振动而产生的噪声，尤其当气流遇到障碍物（如阀门）时，产生的噪声较大。在高速风管中这种噪声不能忽视，而在低速系统中，由于管内风速的选定已考虑了声学因素所以可不必计算。此外，由于出风口风速过高也会有噪声产生，所以在气流分布中都应适当限制出风口的风速。

10.2　消声器的原理与应用

　　消声器是由吸声材料按不同的消声原理设计而成的构件，是一种允许气流通过而又能使气流噪声得到控制的装置，是降低空气动力性噪声的主要手段。消声器类型众多，按降噪原理和功能可分为阻性、抗性和阻抗复合式三大类以及微穿孔板消声器等。对于高温、高压、高速气流排出的高声强噪声，还有节流减压、多孔扩散式等其他类型的消声器。

10.2.1 消声器声学性能和结构性能

1. 声学性能

消声器的声学性能包括消声量的大小、消声频带范围的宽窄两个方面。设计消声器的目的就是要根据噪声源的特点和频率范围，使消声器的消声频率范围满足需要，并尽可能地在要求的频带范围内获得较大的消声量。

2. 空气动力性能

消声器的空气动力性能是评价消声性能好坏的另一项重要指标，它反映了消声器对气流阻力的大小，也就是：安装消声器后输气是否通畅，对风量有无影响，风压有无变化。要求消声器空气动力学性能优良，即气流的阻力小，气流再生噪声低。

3. 结构性能

好的消声器除应有好的声学性能和空气动力性能之外，还应该具有几何尺寸合理、构造简单、便于装拆、造型美观、加工方便，同时要坚固耐用、维护方便和造价便宜等特点。

评价消声器的上述三个方面的性能，既互相联系又互相制约。从消声器的消声性能考虑，当然在所需频率范围内的消声量越大越好，同时必须考虑空气动力性能的要求。在实际运用中，对这三方面的性能要求，应根据具体情况做具体分析，并有所侧重。

10.2.2 阻性消声器

阻性消声器的消声原理，就是利用吸声材料的吸声作用，使沿通道传播的噪声不断被吸收而逐渐衰减。其基本结构是插入在管道中的、内部沿气流通道铺设一段吸声材料，噪声沿管道传播时由于吸声材料吸收声能作用，达到消声效果。材料的消声性能类似于电路中的电阻消耗电功率，所以称为阻性消声器。

把吸声材料固定在气流通过的管道周壁，或按一定方式在通道中排列起来，就构成阻性消声器。当声波进入消声器中，会引起阻性消声器内多孔材料中的空气和纤维振动，由于摩擦阻力和粘滞阻力，使一部分声能转化为热能而散失掉，就起到消声的作用。阻性消声器应用范围很广，它对中高频范围的噪声具有较好的消声效果。

图 10-3 直管式阻性消声器示意图

单通道直管式消声器是最基本的阻性消声器，其构造如图 10-3 所示。

常用阻性消声器的优点是结构简单、气流直通、阻力损失小、能在较宽的中高频范围内消声，特别是能有效地消减刺耳的高频声；其缺点是低频消声效果较差，在高温、水蒸气以及对吸声材料有侵蚀作用条件下使用时寿命短，常见的阻性消声器结构见图 10-4。

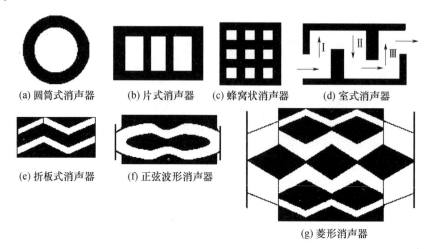

(a) 圆筒式消声器　　(b) 片式消声器　(c) 蜂窝状消声器　　(d) 室式消声器

(e) 折板式消声器　　(f) 正弦波形消声器

(g) 菱形消声器

图 10-4　几种常见阻性消声器结构

10.2.3　抗性消声器

抗性消声器本身并不吸收声能，它是利用管道截面的突变（扩张或收缩），或旁接共振腔，使管道中声波在传播中形成阻抗不匹配，部分声能反馈至声源方向而达到消声目的。这种消声原理与电路中抗性的电感和电容能储存电能而不消耗电能的特点相仿，故命名抗性。抗性消声器对频率的选择性较强，比较适用于消减中、低频噪声，但压力损失也较大。常用的有扩张室和共振腔式两类。扩张室型消声器见图 10-5。

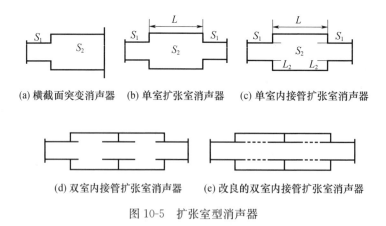

(a) 横截面突变消声器　(b) 单室扩张室消声器　(c) 单室内接管扩张室消声器

(d) 双室内接管扩张室消声器　(e) 改良的双室内接管扩张室消声器

图 10-5　扩张室型消声器

共振式消声器是根据亥姆霍兹共振器原理设计而成的。工程上常做成如图 10-6 所示多节同心管形式，中心管为穿孔管，外壳为共振腔。当孔心距为孔径 5 倍以上时，可以认为各孔之间声辐射互不干涉，于是可以认为是许多亥姆霍兹共振腔并联。

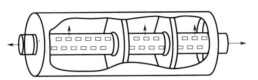

图 10-6　多节共振式消声器

为改善共振式消声器性能，通常采用多节共振腔串联的办法，克服单腔共振消声器共振频带窄的缺点，或与扩张室消声器、阻性消声器组合，可以有效地消减噪声。如果在共振腔内填充部分多孔吸声材料，也可提高消声效果。

10.2.4　阻抗复合型消声器

阻抗复合式消声器，是按阻性与抗性两种消声原理通过适当结构复合起来而构成的。一般阻抗复合型消声器的抗性在前，阻性在后，即先消低频声，然后消高频声，总消声量可以认为是两者之和。常用的阻抗复合式消声器有"阻性 — 扩张室复合式"消声器、"阻性 — 共振腔复合式"消声器、"阻性 — 扩张室 — 共振腔复合式"消声器以及"微穿孔板"消声器。在噪声控制工作中，对一些高强度的宽频带噪声，几乎都采用这几种复合式消声器来消除，图 10-7 所示是常见的一些阻抗复合式消声器示意图。阻抗复合式消声器，可以认为是阻性与抗性在同一频带的消声值相叠加。但由于声波在传播过程中具有反射、绕射、折射、干涉等特性，其消声值不是简单的叠加关系。

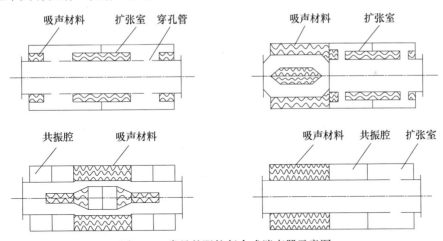

图 10-7　常见的阻抗复合式消声器示意图

10.2.5　微穿孔板消声器

用金属微穿孔板通过适当组合做成的微穿孔板消声器，具有阻性和共振消声器的特点，在很宽的频率范围内具有良好的消声效果。微穿孔板消声器根据流量、消声量和阻力等要求，可以设计成管式、片式、声流式、室式等多种类型，双层微穿孔板消声器有可能在 500Hz~8kHz 的宽频带范围内达到 20~30dB（A）的消声量。

微穿孔板消声器大多用薄金属板材制作，特点是阻力损失小，再生噪声低，耐高温、耐潮湿、耐腐蚀，适用于高速气流的场合（最大流速可达 80m/s），遇有粉尘、油污也易于清洗。因此广泛地应用于大型燃气轮机和内燃机的进排气管道、柴油机的排气管道、通风空调系统、高温高压蒸汽放空口等处。

10.2.6　通风空调系统常用的消声装置和方法

1. 消声弯头

当因机房面积狭小或需对原有建筑改善消声效果时，可采用消声弯头。消声弯头结构和特性如图 10-8 所示。普通消声弯头是利用贴在内侧的吸声材料消声。通常是把弯头内缘做成圆弧，外缘粘贴吸声材料，吸声材料的长度应不小于弯头宽度的 4 倍。另一种消声弯头称为共振型消声弯头，其外缘采用穿孔板、吸声材料和空腔，利用共振吸声结构来改善普通消声弯头对低频噪声消声效果较差的问题。

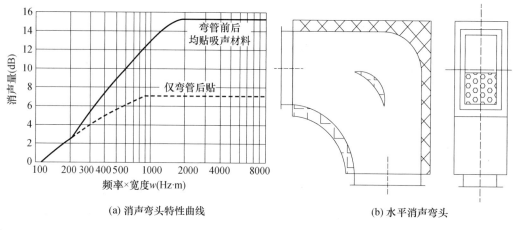

(a) 消声弯头特性曲线　　　　　　　　　　(b) 水平消声弯头

图 10-8　消声弯头

2. 消声静压箱

在风机出口或空气分布器前设置内贴有吸声材料的静压箱，既可以稳定气流，又可以消声。消声静压箱的消声量与吸声材料的性能、箱内贴吸声材料的面积，以及出口侧风管的面积等因素有关。消声静压箱还可以兼作分风静压箱。

3. 结构噪声的防止

由金属薄板结构受激振动所产生的噪声也称结构噪声，工程中常用的防止结构噪声的方法有：

①　加大壳体厚度，即增加单位面积质量，则在相同激振力条件下，激发引起的振幅变小而降低辐射强度。但这种简单地加大单位面积质量的方法并不一定经济合理。

②　大面积薄板上多加"盘"，减弱振动的幅度。

③　安全防护用罩壳，可用风孔板，因板两侧的压力平衡而不会辐射低频噪声。

④　阻尼减振。阻尼减振原理是由于金属薄板本身振动很小，而声辐射效率很高，降低这种振动和噪声，普遍采用的方法是在金属薄板构件上喷涂或粘贴一层高内阻的粘弹性材料，如沥青、软橡胶或高分子材料。当金属板振动时，由于阻尼作用，一部分振动能量转变为热能，而使振动和噪声降低。

10.2.7　通风空调系统的消声设计

建筑内部的噪声主要是由于设置空调、给排水、电气设备后产生的，其中以空调设备产生的噪声影响最大。空调工程中的主要噪声源是通风机、制冷机、机械通风冷却塔等。

通风机噪声主要是通风机运转时的空气动力噪声（包括气流、涡流噪声、撞击噪声和叶片回转噪声）和机械噪声。通风机噪声的大小与叶片的大小和形式、叶片数量、风量、风压等因素有关，同系列同型号的通风机其噪声随着转速的增高而加大。电机噪声以电动机冷却风扇引起的空气动力噪声为最强，机械噪声次之，电磁噪声最小。除此之外，还有一些其他的气流噪声，如风管内气流引起的管壁振动，气流遇到障碍物（管道变径、弯头、阀门等）产生的涡流以及出风口风速过高等都会产生噪声。

通过对通风空调系统的考察，我们可以知道噪声传播情况，通风机噪声由风道传入，设备的振动和噪声也可能通过建筑结构传入室内。因此，通风空调系统在设计时要采取一定的措施控制噪声。

1. 通风空调系统设计时噪声控制原则与主要措施

空调系统的噪声控制，应首先在系统设计时考虑降低系统噪声，合理选择风机类型，使风机的正常工作点接近其最高效率；风道内的流速控制；转动设备的防振隔声；风管管件的合理布置等。经计算后发现自然衰减不能达到允许的噪声时，则应在管路中或空调箱内设置消声器，对噪声加以控制。

通风空调风管的消声设计，应根据声源噪声及风管内空气气流的附加噪声，并考虑噪声衰减后，与使用房间或周边环境允许噪声标准的差值，再结合其噪声的频谱特点，选择消声器型式和段数。

有消声要求的系统，在通风空调机组的进出口风管上，至少应设置一段消声器，以防止风管出机房后一些部件的隔声量不够所引起的传声。当一个风系统带有多个房间时，应尽量加大相邻房间风口的管路距离，当对噪声有较高要求时，宜在每个房间的送、回风及排风支管上进行消声处理，以防止房间串声。声学要求高的房间宜设置独立的空调通风管道系统。

2. 通风空调风道系统降噪设计

① 应选择高效率、低噪声的设备。尽可能采用叶片向后倾的离心风机，压头不要留太多的余量。

② 通风空调系统风量不要过大，作用半径不能太长、风道阻力不宜过大。空调机组出风口处的声功率级宜控制在 85dB（A）以下。

③ 计算风道时，风速不能定得太大，风速太大会使风道内噪声和振动加大，而且使消声器的消声量减少。民用建筑通风空调系统设计时，风道内空气的流速应按所服务房间的允许噪声等级选取，风管的风速设计应有所控制，见表 10-3。

表 10-3　风管内的风速　　　　　　　　　　　　　　（m/s）

室内运行噪声级〔dB（A）〕	主管风速	支管风速
25～35	3～4	≤2

续表

室内运行噪声级〔dB（A）〕	主管风速	支管风速
35～50	4～7	2～3
50～65	6～9	3～5
65～85	8～12	5～8

④ 风机进、出口处的管道不宜急剧转弯，如图 10-9 所示。

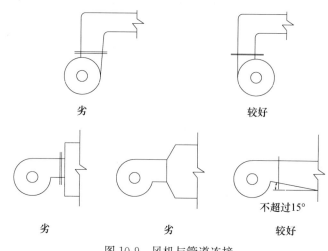

图 10-9　风机与管道连接

⑤ 风机的进、出口都应做柔性接头隔振，材料应采用防火的玻璃布或用防火人造革，并在其短管后的风管上包以 50mm 厚的超细玻璃棉，长 1～2m。管道的支架，吊架应采用弹簧或橡胶减振。

3. 通风空调机房的隔声与吸声

机房中的设备是噪声的主要发源地，应当将机房远离要求安静的房间。与机房相关的进风口、排气口的位置也要注意，不要将噪声较大的房间如厨房等的排气口布置在要求安静和干净的房间附近。

机房内噪声源的控制应以隔声、隔振为主，吸声为辅。由于孔洞与缝隙对围护结构隔声的影响很大，所以凡是穿越机房围护结构的所有管道与安装洞周围的缝隙，应采用柔性防火封堵材料封堵严密；机房开向公共区域的门，应采用防火隔声门。

机房墙面和顶板应做好吸声和围护结构的隔声处理，围护结构的隔声量应根据机房邻室的噪声要求通过计算确定，吸声结构的降噪系数必须大于 0.7。

冷、热源机房设于地下室时，机房内人员操作区 8 小时等效连续声级不宜超过 85dB（A），最大不应超过 90dB（A），值班控制室内噪声应小于 75dB（A）。通风空调机房集中设置于地下室时，机房内噪声不宜大于 80dB（A）；通风空调机房分层设置时，机房内噪声不宜大于 75dB（A）。

4. 通风空调系统消声器的选择

在通风空调系统中选择和安装消声器时，应遵循以下原则：

① 当空调系统所需消声量确定后，可根据具体情况选择消声器的形式。消除高频

噪声应采用阻性消声器和弯头消声器；消除中低频噪声应采用抗性消声器和消声静压箱；当要求提供较宽的消声频谱范围时，应采用阻抗复合消声器。

②　高温、高湿、高速等环境应采用抗性消声器。

③　除考虑消声量之外，还要考虑系统允许的阻力损失、安装条件、造价的高低，消声器的防火、防尘、防霉、防蛀等性能。

④　消声器不宜放在机房，如必须经过机房时，消声器的外壳及连接部分应做好隔声处理。消声器不宜设置在室外，以免外面的噪声穿入消声后的管段，安装位置示意图见 10-10。

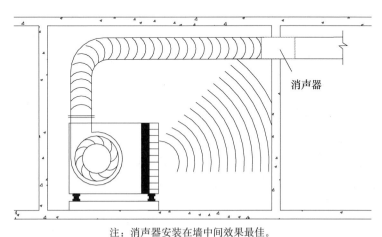

注：消声器安装在墙中间效果最佳。

图 10-10　消声器安装位置示意图

⑤　消声器应设于风管系统中气流平稳的管段上，当风管内风速小于 8m/s 时，消声器应接近通风机的主风管上；当大于 8m/s 时，宜分别装在各分支管上。

⑥　对于噪声控制要求高的房间，应计算消声器的气流噪声，并尽量降低管道及风口的气流噪声。

⑦　当一个风系统带多个房间，如对噪声要求较高，宜在每个房间的送、回风支管上进行消声处理，以防房间串声，声学要求较高的房间宜独立设置空调系统。

⑧　空调通过消声器时的流速不宜超过下列数值：

阻性消声器 5～8m/s；共振型消声器 5m/s；消声弯头 6～8m/s。消声器内空气流速宜小于 6m/s，最大不超过 8m/s。

⑨　风口消声器和消声百叶窗。

消声风口：为降低室与室之间通过风管传播的干扰噪声，也为了减少管道传到室内的噪声，应有风口消声器。这种消声风口要求风速低，最佳为 2m/s，最大不超过 4m/s。

消声百叶窗：把百叶窗的叶片改成吸声叶片，形状有月牙形、大椭圆形、小椭圆形和双层小椭圆形。

消声器主要用于降低空气动力噪声，对于机器产生的振动而引起的噪声则应用减振措施来解决。

10.3 通风空调采暖装置的防振

通风空调系统中的风机、水泵、制冷压缩机等设备运转时，会因转动部件的质量中心偏离轴中心而产生振动。该振动传给支撑结构（基础或楼板），并以弹性波的形式从运转设备的基础沿建筑结构传递到其他房间。振动会影响人的身体健康、工作效率和产品质量，甚至危及建筑物的安全，所以，对通风空调中的一些运转设备，需要采取减振措施。

空调装置的减振措施就是在振源和它的基础之间安装弹性构件，即在振源和支承结构之间安装弹性避振构件（如弹簧减振器、软木、橡皮等），在振源和管道间采用柔性连接，这种方法称为积极减振法。对怕振的精密设备、仪表等采取减振措施，以防止外界振动对它们的影响，这种方法称为消极减振法。

10.3.1 振动基本概念

1. 振动与振动级

描述振动的物理量有频率、位移、速度和加速度。无论振动的方式多么复杂，通过傅氏变换总可以离散成若干个简谐振动的形式，因此这里只分析简谐振动的情况。

简谐振动的位移：

$$x = A\cos(\omega\tau - \varphi) \tag{10-8}$$

式中，A——振幅；

$\omega = 2\pi f$——角频率；

τ——时间；

φ——初始相位角。

简谐振动的速度：

$$v = A\omega\cos(\omega t - \varphi + \pi/2) \tag{10-9}$$

简谐振动的加速度：

$$a = A\omega^2\cos(\omega t - \varphi + \pi) \tag{10-10}$$

式中，加速度 a 的单位为 m/s^2，有时也用 g 表示，g 为重力加速度。

人体对振动的感觉是：加速度为 $0.003g$ 时刚感到振动，加速度为 $0.05g$ 时有不愉快感，加速度为 $0.5g$ 时有不可容忍感。振动有垂直与水平之分，人体对垂直振动比对水平振动更敏感。

在振动测试过程中，为了计算、分析方便，除了用线性单位表示位移、速度和加速度外，在分析仪中还常用"dB"数来表示，称为振动级。这种量纲是以对数为基础的，其规定如下：

位移：

$$x_{dB} = 20\lg\frac{x_1}{x_2} \tag{10-11}$$

速度：

$$v_{dB} = 20\lg\frac{v_1}{v_2} \tag{10-12}$$

加速度：

$$a_{dB} = 20\lg\frac{a_1}{a_2} \tag{10-13}$$

式中，x_1——测量而得的位移均方根值（有效值）或峰值，mm；

x_2——参考值，mm，一般取 $x_2 = 10^{-8}$ mm；

v_1——测量而得的速度均方根值（有效值）或峰值，mm/s；

v_2——参考值，mm/s，一般取 $v_2 = 10^{-5}$ mm/s；

a_1——测量而得的加速度均方根值（有效值）或峰值，mm/s²；

a_2——参考值，mm/s²，一般取 $a_2 = 10^{-2}$ mm/s²。

人体对振动的感觉与振动频率的高低、振动加速度的大小和在振动环境中暴露时间长短有关，也与振动的方向有关，综合这许多因素，国际标准化组织建议采取如图10-11所示的等感度曲线。

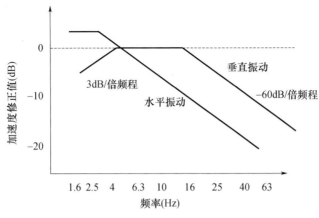

图 10-11　等感度曲线

2. 振动传递率 T

通常人们最感兴趣的并不是振动位移的大小，而是传递给基础的扰动大小。隔振效果的好坏一般用振动传递率（又称隔振系数）T 表示，它表示振动作用于机组的总力中有多少经过隔振系统传递给支撑结构。如果忽略系统的阻尼作用，其计算式为

$$T = F/F_0 = \frac{1}{\left| (f/f_0)^2 - 1 \right|} \tag{10-14}$$

式中，F——通过减振系统传给支撑结构的传递力；

F_0——振源振动的干扰力；

f——振源的振动频率，Hz；

f_0——弹性减振支座的固有频率（自然频率），Hz。

从上式中可以看出：当 f/f_0 趋近于 0 时，振动传递率接近 1，此时减振器不起作用；当 $f/f_0 = 1$ 时，传递率无穷大，表示系统共振，这种情况不仅没有隔振作用，而且使振动加剧，这是在隔振中必须避免的；当 $f/f_0 > \sqrt{2}$ 时，振动传递率 $T < 1$，这时减振器才起减振作用。f/f_0 越大，隔振效果越好，但因设计很低的 f_0 造价高，而且当 $f/f_0 > 5$ 时，隔振效果提高缓慢且成本较高，通常选用范围在 2.5～5 即可。所以在工程设计中规定，设备运转频率或扰动频率与减振器的固有频率之比大于等于 2.5。

3. 隔振效率 η

有阻尼时，隔振系统的传递系数（传递率）与频率比的关系要复杂得多，见图 10-12，计算公式为

$$T = \sqrt{\frac{1+(2\zeta\lambda)^2}{(1-\lambda^2)^2+(2\zeta\lambda)^2}}$$

(10-15)

式中，ζ——阻尼比；

λ——频率比，$\lambda = f/f_0$。

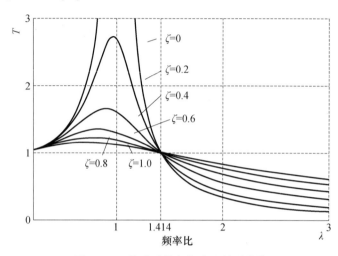

图 10-12　传递系数与频率比关系曲线

隔振系统的隔振效率为

$$\eta = (1-T) \times 100\%$$

(10-16)

要取得比较好的隔振效果，首先必须保证 $\lambda \geqslant \sqrt{2}$，即设计比较低的隔振系统频率。如果系统干扰频率比较低，系统设计时很难达到 $\lambda \geqslant \sqrt{2}$ 的要求，则必须通过增大隔振系统阻尼的方法以抑制系统的振动响应。减振设计时，各类建筑和设备所需的振动传递比宜符合表 10-4 的规定。

表 10-4　各类建筑和设备建议的振动传递比

隔离固体声的要求	建筑类别	T
很高	音乐厅、歌剧院、录播室、会议室	0.01～0.05
较高	医院、影剧院、旅馆、学校、高层公寓、住宅、图书馆	0.05～0.20
一般	办公室、多功能体育馆、餐厅、商店	0.20～0.40
只考虑隔声的场所	工厂、地下室、仓库、车库	0.8～1.5

10.3.2　振动控制

振动控制有两方面的含义，一是减少振动量，降低振动水平，以减少甚至消除振动的危害；二是隔离振动。因此治理振动主要从以下几个方面入手：

① 隔离振动。使要减振的部分与振动源相隔离，使振动在其被传递的过程中受到

阻断。又分为主动隔振与被动隔振两类；主动隔振是使振源与外界隔离，不让其传递出去；被动隔振是使欲保护部分与振源隔离，不让其受到振源的影响口。

②"吸收"振动。在要保护部分附加一些装置来改变振动的状态和能量，使振动能量大部分转移到非主要部件上去。

③阻尼减振。通过各种不同结构的阻尼器或阻尼能力很强的材料来抑制振动的振幅，即通过阻尼来消耗振动能量。

④通过改善旋转机械的平衡来消振。现场动平衡是卓有成效的技术之一，其实质是改变机械的振动源，是一种主动控制。

⑤通过（结构）动态设计或原结构的动态修改，改变起振系统的有关参数，以求得较佳的固有频率，较低的振幅和较佳的振型等。

10.3.3　隔振材料与减振器

凡能支承运转设备动力荷载产生弹性变形，在卸载后能立即恢复原状的材料或元件均可用于隔振。隔振的重要措施是在设备下的质量块和基础之间安装减振器或隔振材料，使设备和基础之间的刚性联结变成弹性支撑。下面介绍工程中应用广泛的材料和减振元件。

1. 常见的阻尼材料

①粘弹类阻尼材料，应用广泛，主要分橡胶类和塑料类，一般以胶片形式生产，使用时可用专用粘结剂将它贴在需要减振的结构上。

②金属阻尼材料，由高分子树脂加入适量填料以及辅助材料配制而成，是一种可涂覆在各种金属板状结构表面上，具有减振、绝热和一定密封性能的特种涂料。

③沥青型阻尼材料，以沥青为基材，并配入大量无机填料混合而成，有时加入适量的塑料、树脂和橡胶等。

④复合型阻尼材料，在两块钢板或铝板之间夹有非常薄的粘弹性高分子材料，就构成复合阻尼金属板材。金属板弯曲振动时，通过高分子材料的剪切变形，发挥其阻尼特性，它不仅损耗因子大，而且在常温或高温下均能保持良好的减振性能。

2. 减振器

（1）金属弹簧减振器

金属弹簧减振器是应用最广的隔振元件，有螺旋弹簧、锥形弹簧、圈弹簧、板片弹簧等。金属弹簧减振器优点很多，荷载范围很大（从几千克至数十吨），不怕高温、潮湿和油污，共振频率容易控制等，因此获得广泛应用。主要缺点是本身阻尼太小，阻尼比越小对降低传递率越有利，但是机器在起动后转速逐渐增大，激振频率逐渐提高，若隔振弹簧阻尼过小，当激振频率经过系统的固有频率时，将发生强烈振动，会损坏机器设备。因此，弹簧本身阻尼不能太小。工程中常用弹簧和橡胶构成复合式减振器，以获得更好效果。

用弹簧减振时，应使弹簧放在同一平面，保证受力均匀。为避免机器晃动，应使系统重心落在弹簧的几何中心，用短而粗的弹簧（如使弹簧的静态高度小于弹簧直径的 2 倍），或降低机器重心及扩大机器支撑面等。

在通风空调系统中，弹簧减振器主要用于风机、空调箱、空调机组、空压机、水泵、冷却塔等各类设备的振动隔离。

（2）橡胶隔振器

隔振原理是利用橡胶的弹性，当机器设备压在其上时，橡胶在水平方向胀大，发生弹性形变以达到隔振效果。通常减振器用硬度合适的橡胶制成，有压缩型、剪切型及压缩-剪压复合型三类。其优点是具有一定的阻尼，在共振频率附近有较好的减振效果，并适用于垂直、水平、旋转方向的隔振，刚度具有较宽的范围可供选择。

（3）气垫隔振器

气垫隔振器又称空气弹簧隔振器，是一种高效隔振器，由橡胶制作充气而成，振动频率很低，隔振效果比钢弹簧更好。优点是固有频率可低至 $0.1 \sim 5\,Hz$，在共振时阻尼高，在高频时则阻尼小；缺点是价格昂贵，负载有限，需经常检查。

（4）隔振垫和其他隔振措施

隔振垫由具有一定弹性的软材料，如软木、毛毡、橡胶垫和玻璃纤维板等构成，优点是价格低廉，安装方便，厚度可以自由控制。可裁剪成所需大小和重叠起来使用，以获得不同的隔振效果。

图 10-13 是常见的几种减振器的结构示意图。

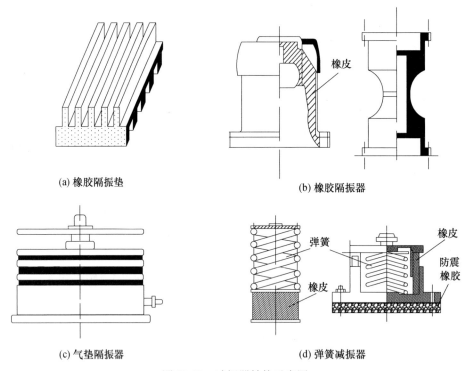

(a) 橡胶隔振垫

(b) 橡胶隔振器

(c) 气垫隔振器

(d) 弹簧减振器

图 10-13 减振器结构示意图

10.3.4 减振器的应用

减振器的选型步骤：

（1）算出设备运行总重量，即设备与配重静态重量之和乘以安全系数之后的运行重量。

（2）根据设备总重量选择减振器个数，如果总重量在 1t 以上，应选 6 个以上减振器，以增加稳定性。如果设备有偏重，减振器应不均匀分布。设备运行总重量除以减振器个数，得到每个减振器荷载量。

（3）根据算出的荷载量选择合适的减振器型号，以接近弹簧减振器最佳荷载为原则（通常选取弹簧减振器的最佳荷载略大于减振器荷载量，以减少减振器疲劳）。

（4）确定隔振系统的静态压缩比、频率比、固有频率。

① 固有频率。固有频率可根据隔振系统的传递系数、扰动频率以及频率比确定，可按下式估算：

$$f_0 = \frac{\sqrt{\frac{g}{\delta}}}{2\pi} \approx \frac{5}{\sqrt{\delta}} \tag{10-17}$$

式中，δ——静态压缩量，cm；

　　　g——重力加速度，9.8m/s²。

② 频率比。频率比中的扰动频率，通常可取设备的最低扰动频率，一般频率比取2.5～5。

③ 隔振参量的验算。隔振参量包括传振系数 T、隔振效率 η 等，有需要降噪要求的还有评估噪声降低量等。各类建筑由于允许噪声的标准不同，因而对隔振的要求也不尽相同。由设备隔振而使与机房毗邻房间内的噪声降低量 NR 可由经验公式得出

$$NR = 12.5\lg\frac{1}{T} \tag{10-18}$$

此外，对于旋转机械如电动机等，在这些机械的启动和停止过程中，其干扰频率是变化的，在这个过程中必然会出现隔振系统频率与机器扰动频率一致的情形，为了避免系统共振，设计这些设备的隔振系统时就必须考虑采用一定的阻尼以限制共振区附近的振动。

通常减振器的阻尼比 $\zeta=2\%\sim20\%$，钢制弹簧 $\zeta<1\%$，纤维垫 $\zeta=2\%\sim5\%$，合成橡胶 $\zeta>20\%$。

【例 10-1】　某水泵质量 571kg，配用电机 259kg，转速 1470r/min。包括水泵底座和基座其总静荷载为 1944kg，要求隔振率 95%，试选择减振器并进行校核计算。

【解】　（1）由于系统质量较大，选用 8 只减振器。选用阻尼弹簧型，查样本选择减振器 ZTA—240，该减振器极限载荷 3100N，最佳载荷 2400N，阻尼比 $\zeta=0.05$，刚度 850N/cm。

（2）按静荷载计算减振器变形和固有频率。

每只减振器静载荷：$\frac{19440}{8}=2430$N

减振器变形：$\delta=\frac{2430}{850}=28.6$mm

自振频率：$f=\frac{1470}{60}=24.5$Hz

固有频率：$f_0=\frac{\sqrt{g}}{2\pi\sqrt{\delta}}=\frac{\sqrt{9.8}}{2\times3.14\times\sqrt{0.0286}}=2.95$Hz

频率比：$\lambda=\frac{f}{f_0}=\frac{24.5}{2.95}=8.3$

（3）传递率和隔振效率。

传递率：$T=\sqrt{\dfrac{1+(2\zeta\lambda)^2}{(1-\lambda^2)^2+(2\zeta\lambda)^2}}=\sqrt{\dfrac{1+(2\times0.05\times8.3)^2}{(1-8.3^2)^2+(2\times0.05\times8.3)^2}}=0.02$

隔振效率：$\eta=(1-T)\times100\%=98\%>95\%$

满足要求。

10.3.5 通风空调系统防振和隔振设计

在通风空调系统中，风机、水泵、空调机组等设备，因为包含转动机械都会产生振动，而且部分风机安装在室内，因此造成的振动对人体的影响非常大。对某些安装在制冷机房或空调机房的振动设备，由于管道传递振动的作用，也会对人产生不良的影响。在通风空调系统中，重点减振隔振对象是以下几种。

1. 通风空调机房防振

为了防止振动对人体和设备的危害，在设计中，要求通风空调机房的位置应符合下列要求：

① 冷、热源机房宜设于建筑的地下室或其他对空调房间影响较小的地点，或单独建设。

② 分散于各层设置的通风空调机房，不宜与对振动要求标准较高的房间相邻。振动较大的设备，应设于专用的机房内，并采取必要的减振措施。

2. 民用建筑通风空调系统的减振设计内容和隔振措施

当通风空调、制冷装置以及水泵等设备的振动靠自然衰减不能达标时，应设置减振器或采取其他隔振措施。

① 需要考虑减振的设备主要包括：冷水机组、空调机组、水泵、风机（包括落地式安装和吊装风机）以及其他可能产生较大振动的设备。

② 管道的隔振，主要是防止设备的振动通过水管及风管进行传递。

③ 减振台座设计，宜采用钢筋混凝土预制件或型钢架做减振台座，其尺寸应满足设备安装的要求；减振台座的质量，不宜小于设备质量（包括电机）的 1.5 倍。冷水机组等质量较大（数吨以上）的设备，可以不设减振台座，设备直接设于减振器之上。

④ 对本身不带有隔振装置的设备，当其转速小于或等于 1500r/min 时，宜选用弹簧减振器；转速大于 1500r/min 时，根据环境需求和设备振动的大小，亦可选用橡胶等弹性材料的隔振垫块或橡胶减振器。

⑤ 选择弹簧减振器时，宜符合下列要求：

设备的运转频率与弹簧减振器垂直方向的固有频率之比，应大于或等于 2.5，宜为 4～5；弹簧减振器承受的载荷，不应超过允许工作载荷；当共振振幅较大时，宜与阻尼大的材料联合使用；弹簧减振器与基础之间宜设置一定厚度的弹性隔振垫。

⑥ 选择橡胶减振器时，应符合下列要求：应计入环境温度对减振器压缩变形量的影响；计算压缩变形量，宜按生产厂家提供的极限压缩量的 1/3～1/2 采用；设备的运转频率与橡胶减振器垂直方向的固有频率之比，应大于或等于 2.5，宜为 4～5；橡胶减振器承受的荷载，不应超过允许工作荷载；橡胶减振器与基础之间宜设置一定厚度的弹性隔振垫。橡胶减振器应避免太阳直接辐射或与油类接触。

⑦ 冷（热）水机组、空调机组、通风机以及水泵等设备的进口、出口宜采用软管

连接。水泵出口设止回阀时，宜选用消锤式止回阀。

⑧ 受设备振动影响的管道应采用弹性支吊架。

3. 管道隔振实例

设备的振动及输送介质的扰动冲击造成管道的振动。风机与风管间的挠性连接，多采用人造革材料的软管，其软管的合理长度可根据风机型号确定，见图 10-14 和图 10-15。

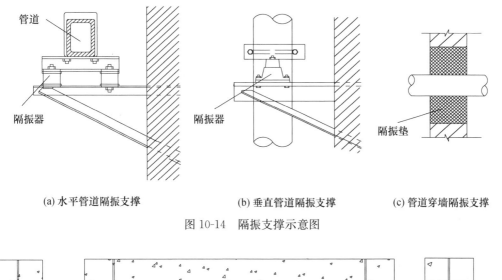

(a) 水平管道隔振支撑　　　　(b) 垂直管道隔振支撑　　　　(c) 管道穿墙隔振支撑

图 10-14　隔振支撑示意图

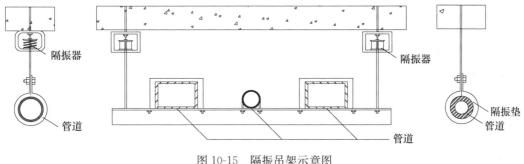

图 10-15　隔振吊架示意图

思考题与习题

1. 声音的物理度量有哪些？为什么声强级、声压级等的计量均用对数标度？

2. 噪声对人体会产生哪些危害？

3. 通风空调系统中，哪些设备和构件会产生噪声？

4. 简述消声器的消声原理？常用的消声器有哪些形式？

5. 阻性、抗性和共振消声器的消声原理和主要特点是什么？

6. 什么是振动传递率？如何根据使用场合选定允许的振动传递率？

7. 通风空调系统中常用的消声、减振措施有哪些？

8. 在什么情况下，选择金属弹簧减振器？

第11章　空调工程应用举例

11.1　空调工程在公共建筑的应用举例

11.1.1　工程概况

本建筑位于成都市，地上十三层，并有地下室，建筑总面积为 $13000m^2$。一层为大堂、商场、大堂吧、办公室，层高 4.5m；二层为中餐厅、包间、中餐操作间、大堂上空等，层高 4.5m；三层为客房，男、女更衣室，游泳池，网球场等，层高4.5m；四至十一层为标准客房，层高 3.3m；地下室为制冷机房、水泵房、配电室等，层高 4.2m。

11.1.2　负荷计算

1. 建筑结构参数

本设计中，依据成都市所属地区及《公共建筑节能设计标准》（GB 50189—2012）选择围护结构传热系数。

（1）建筑外墙构造：外粉刷加喷浆 20mm，砖墙厚度 240mm，保温材料为水泥膨胀珍珠岩，厚 140mm，内粉刷 20mm。外墙传热系数 K_1 取 $0.58W/(m^2 \cdot K)$。

（2）建筑内墙构造：内墙采用砖墙，一砖两面抹灰，传热系数 $K_2 = 1.65W/(m^2 \cdot K)$。

（3）楼板构造：选取楼面，保温材料选用水泥膨胀珍珠岩，厚度 δ 为 150mm，传热系数 $K_3 = 0.63W/(m^2 \cdot K)$。

（4）门的型号：玻璃外门，传热系数 $K_4 = 6.04W/(m^2 \cdot K)$；塑料框单层实体门，传热系数 $K_5 = 3.02W/(m^2 \cdot K)$；

（5）窗的型号：双层标准玻璃钢框窗，内挂浅蓝色布窗帘或活动百叶，无外遮阳设施，$K_6 = 2.9W/(m^2 \cdot K)$。

（6）玻璃幕墙：$K_7 = 3.01W/(m^2 \cdot K)$，$X_g = 0.85$，$C_n = 0.60$，$C_s = 0.86$。

2. 空调计算气象参数

（1）空调冷负荷计算室外设计温度表（表 11-1）

表 11-1　空调冷负荷计算室外设计温度表

城市	夏季空调日平均温度（℃）	夏季空调干球温度（℃）	夏季空调湿球温度（℃）
成都市	28	36.1	26.7

（2）空调计算室内计算参数（表 11-2）

表 11-2　空调计算室内计算参数

房间名称	温度（℃）		湿度（%）		新风量（m³/人·h）	人员密度（人/m²）	照明功率（W/m²）
	夏季	冬季	夏季	冬季			
商场	25～28	20～22	55～65	40～55	18～20	1	40～50
中餐厅	24～26	20～22	55～65	40～50	25	0.5	40
操作间	25～27	18～20	——	60	≥30	0.2	100
贵宾室	24～26	20～22	55～65	40～50	40	0.2	30
多功能厅	24～26	20～22	55～65	40～50	40	0.2	25～30
游泳池	25～27	22～24	60～70	50～60	30	0.2	30
客房	24～26	20～24	55～65	40～50	50	2～3（人/间）	15
会议室	25～27	20～22	55～70	30～50	30	0.5	30～40
办公室	25～27	20～24	55～65	40～50	30	0.2	20
大堂、中厅、大堂吧	25～27	17～20	55～65	30～50	中厅、大堂吧 10，大堂 0	0.1	20

11.1.3　空调方案经济技术分析及确定

在工程上应综合考虑建筑物的用途、性质、热湿负荷的特点、温度、湿度和控制要求，空调机房的面积和位置，投资及维修费用等多方面因素，来选定合理的空调系统。

1. 空调方案的确定

本建筑物为十三层酒店综合建筑，一层为大堂、商场，大堂采用全空气一次回风系统，二层的中餐厅操作间、部分包间也采用全空气一次回风系统，其他房间均采用风机盘管加新风系统，各系统分述如下：

（1）K—1 空调系统：采用 ZK—30 型组合式空调机组一台，风量 3000m³/h，制冷量 181.72kW。置于一层空调机房内，为一层的大堂、商场、大堂等使用房间进行空气调节。新风由设置在室外的防雨百叶风口引入。

（2）K—2 空调系统：采用 ZK—30 型组合式空调机组一台，风量 3000m³/h，制冷量 181.72kW。置于二层空调机房内，为二层的中餐厅和包间等使用房间进行空气调节。新风由设置在室外的防雨百叶风口引入。

（3）其余房间均采用风机盘管加新风系统，新风由设置在走廊内的吊顶式新风机组处理后送入各空调房间。新风和风机盘管送风均采用双层百叶送风口。

2. 空气处理方案的确定

本设计风盘加新风系统，属于全年新风量固定的系统，室内要求正压，多余风量靠门窗缝隙排风，不需局部排风，不设机械排风。

3. 风机选择与风口设置

（1）风机选择

该工程采用风机盘管加独立新风系统和全新风系统，根据新风量和新风负荷选择机组。根据建筑布局及系统布置方式，以 K－1 空调系统为例。K－1 空调系统位于一层空调机房内，为一层的大堂、商场、大堂吧等空调房间进行空气调节。采用 ZK－30 型组合式空调机组一台风量为 3000m³/h，制冷量为 181.72kW，新风由设置在室外的防雨百叶风口引入。各个系统新风机组的布置详见图 11-1～图 11-10。

（2）新风口设置

新风进口位置：应设在室外洁净的地点，进风口处室外空气有害物的含量不应大于室内作业地点最高容许浓度的 30%。布置时要使排风口和进风口尽量远离，使进风口尽量放于排风口的上风侧（进、排风同时使用季节的主要风向的上风侧），且进风口应低于排风口（用于排出有害物），为避免吸入室外地面灰尘，进风口的底部距室外地坪不宜低于 2m，布置在绿化地带时，不低于 1m。

11.1.4 主要空气处理设备

以 401 房间为例进行选型分析（表 11-3）。

表 11-3 选型分析

型号	结构型式	安装形式	制冷量（W）	制热量（W）	水流量（kg/h）	输入功率（W）	电压（V）
FP－6.3	卧式	暗装	3960	6020	9044	43	220

根据房间的布局、用途及美观要求，选用 FP－6.3 型号卧式暗装风机盘管机组一台，进水温度为 7℃，水流量为 9044kg/h，工作压力为 1.0 MPa 时，每台该型号风机盘管机组的制冷量为 3.96kW，制热量为 6.02kW，输入功率为 43W，能满足要求，并且都有一定的富余量。

风机盘管机组的处理过程分析及选型计算以 401 房间计算为例，其他房间方法相同。各个空调系统设备选型详见表 11-4。

表 11-4 设备材料表

系统编号	序号	设备名称	设备型号及规格	单位	台数
制冷机房	1	螺杆式冷水机组	KLSW－160D 型，单机制冷量 537kW，进出水温 12℃/7℃	台	2
	2	换热器	BR12 型板式换热器，31 片	台	1
	3	冷冻水泵	GJ 125－32－22－4NY 型，流量 125m³/h，扬程 32m	台	3
	4	冷却水泵	GJ 125－32－22－4NY 型，流量 125m³/h，扬程 32m	台	3
	5	集水器	内径 300mm，长 1310mm，高 450mm	台	1
	6	分水器	内径 300mm，长 1310mm，高 450mm	台	1
	7	冷却塔	LBCM－125 型，每台水量 125m³/h	台	2
K－1 空调系统	8	空调机组（四排管）	ZK－30，G＝3000m³/h，Q＝181.72kW	台	1
	9	对开多叶调节阀	1600×500	个	1
			500×400	个	3
			1000×500	个	1
	10	电动风量阀	630×500	个	1

续表

系统编号	序号	设备名称	设备型号及规格	单位	台数
K－1 空调系统	11	风管蝶阀	630×400	个	2
			500×400	个	3
			250×120	个	1
			320×200	个	1
	12	防火阀	1600×500，70℃	个	1
			1250×500，70℃	个	1
			200×160，70℃	个	1
			500×400，70℃	个	1
	13	方形散流器	FK－10，240×240	个	24
			FK－10，180×180	个	4
	14	双层百叶送风口	FK－19，250×850	个	4
	15	单层百叶回风口	FK－20，150×850	个	13
	16	防雨百叶新风口	FK－19，630×500	个	1
	17	消声静压箱	1600×600，长 500mm	个	1
K－2 空调系统	18	空调机组（四排管）	ZK－30，$G=3000\text{m}^3/\text{h}$，$Q=181.72\text{kW}$	台	1
	19	对开多叶调节阀	1600×500	个	1
			500×200	个	3
	20	电动风量阀	630×500	个	1
	21	风管蝶阀	500×400	个	6
			500×200	个	3
	22	防火阀	1600×500，70℃	个	3
			1000×500，70℃	个	1
	23	方形散流器	FK－10，240×240	个	36
	24	双层百叶送风口	FK－19，250×850	个	15
	25	单层百叶回风口	FK－20，150×850	个	5
	26	防雨百叶新风口	FK－19，630×500	个	1
	27	消声静压箱	1600×600，长 500mm	个	1
X－1 空调系统	28	新风机组（六排管）	ZK－DB6－2.5，$G=2500\text{m}^3/\text{h}$，$Q=32.4\text{kW}$	台	1
	29	对开多叶调节阀	500×400	个	1
	30	电动风量阀	500×400	个	1
	31	风管蝶阀	320×160	个	6
	32	防火阀	500×400，70℃	个	1
	33	双层百叶送风口	FK－19，100×400	个	2
	34	双层百叶送风口	FK－19，100×250	个	9
	35	防雨百叶新风口	FK－19，500×400	个	1
	36	方形散流器	FK－10，240×240	个	2
	37	消声静压箱	1600×600，长 500mm	个	1

系统编号	序号	设备名称	设备型号及规格	单位	台数
X—2 空调系统	38	新风机组（六排管）	ZK—DB6—2×2，G＝4000m³/h，Q＝50.1kW	台	1
	39	对开多叶调节阀	630×320	个	1
	40	电动风量阀	630×320	个	1
	41	风管蝶阀	320×160	个	7
	42	防火阀	630×320，70℃	个	1
	43	双层百叶送风口	FK—19，200×300	个	3
	44	双层百叶送风口	FK—19，100×300	个	5
	45	防雨百叶新风口	FK—19，630×320	个	1
	46	方形散流器	FK—10，240×240	个	1
	47	消声静压箱	2000×600，长500mm	个	1
X—3 空调系统	48	新风机组（六排管）	ZK—DB6—2，G＝2000m³/h，Q＝26.1kW	台	1
	49	对开多叶调节阀	500×200	个	1
	50	电动风量阀	500×200	个	1
	51	风管蝶阀	250×120	个	9
	52	防火阀	500×200，70℃	个	1
	53	双层百叶送风口	FK—19，100×250	个	8
	54	双层百叶送风口	FK—19，150×250	个	1
	55	防雨百叶新风口	FK—19，500×200	个	1
	56	方形散流器	FK—10，240×240	个	3
	57	消声静压箱	1200×400，长500mm	个	1
X—4～ X—13 空调系统图	58	新风机组（六排管）	ZK—DB6—2.5，G＝2500m³/h，Q＝32.4kW	台	1
	59	对开多叶调节阀	500×320	个	1
	60	电动风量阀	500×320	个	1
	61	风管蝶阀	250×120	个	14
	62	防火阀	500×320，70℃	个	1
	63	双层百叶送风口	FK—19，100×250	个	14
	64	防雨百叶新风口	FK—19，500×320	个	1
	65	方形散流器	FK—10，240×240	个	1
	66	消声静压箱	1600×600，长500mm	个	1
风机盘管系统	67	风机盘管	FP—3.5	台	3
	68		FP—5	台	10
	69		FP—6.3	台	5
	70		FP—7.1	台	3
	71		FP—8	台	6
	72		FP—10	台	7
	73		FP—12.5	台	1
	74		FP—14	台	12
	75		FP—16	台	4

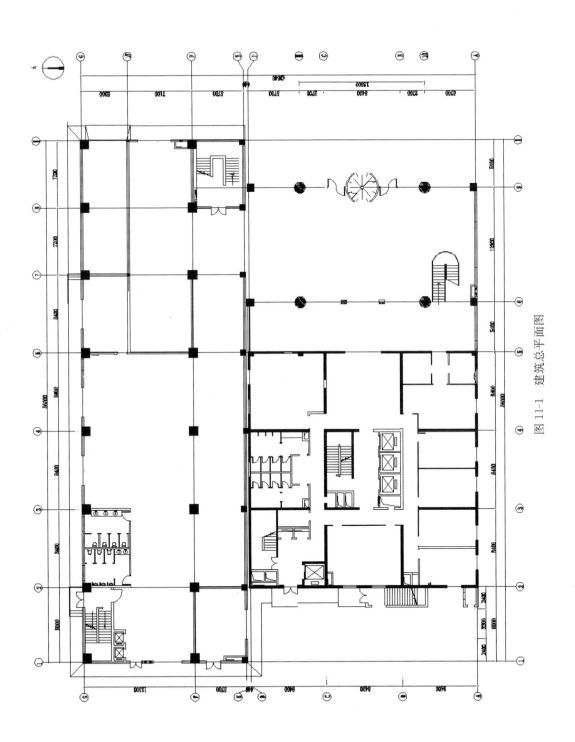

图 11-1　建筑总平面图

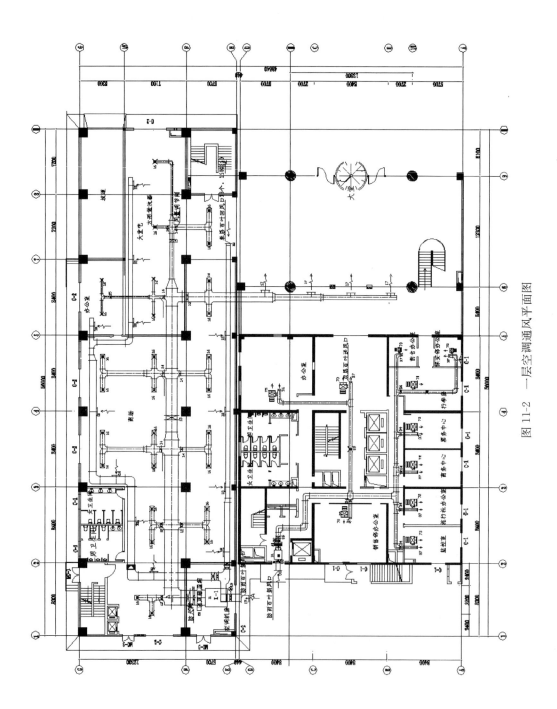

图 11-2 一层空调通风平面图

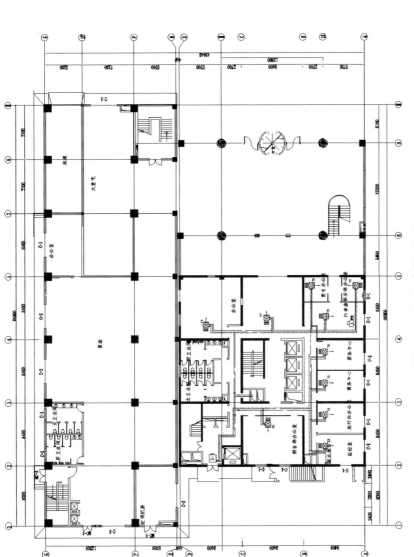

图 11-3 一层空调水管平面图

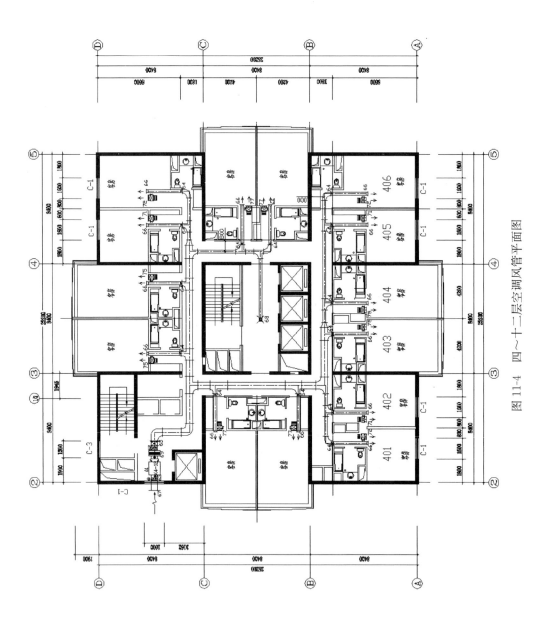

图 11-4 四～十二层空调风管平面图

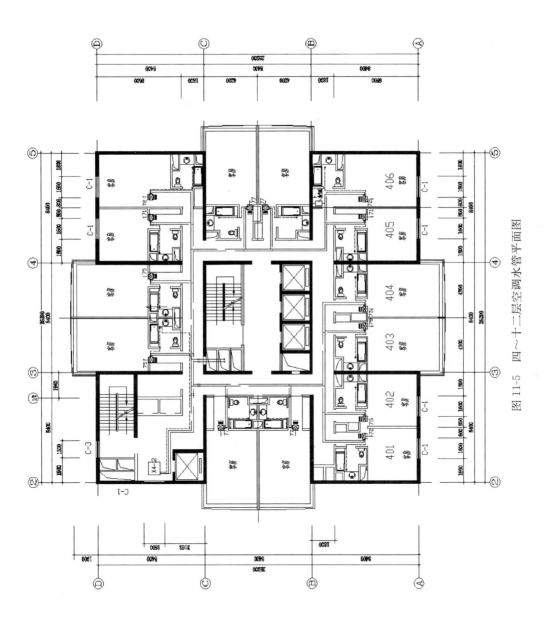

图 11-5　四～十二层空调水管平面图

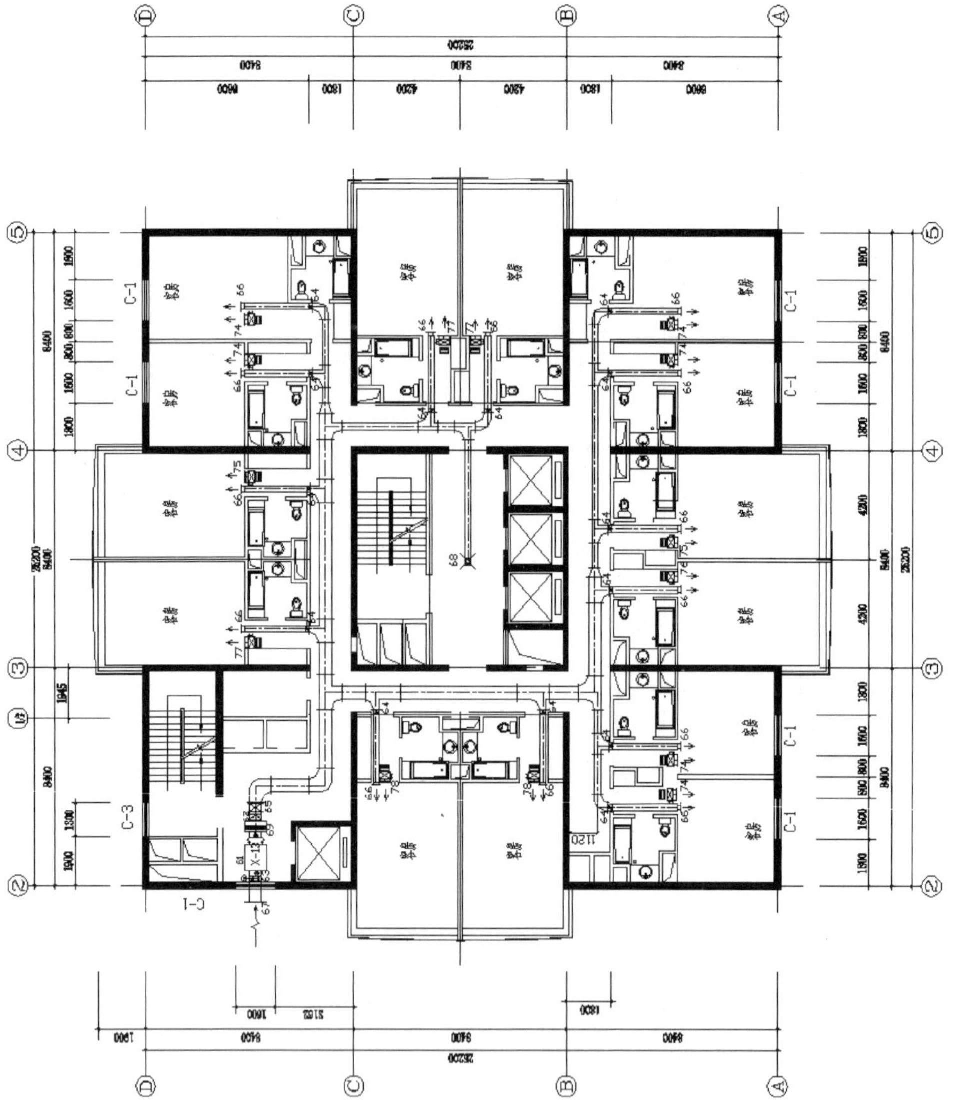

图 11-6　十三层空调通风平面图

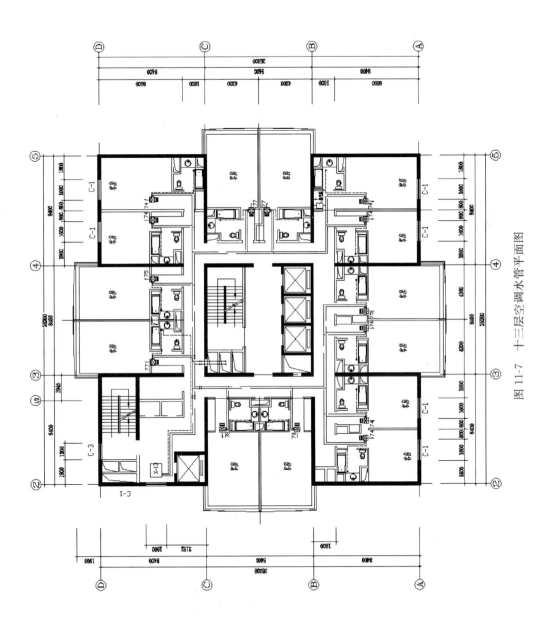

图 11-7　十三层空调水管平面图

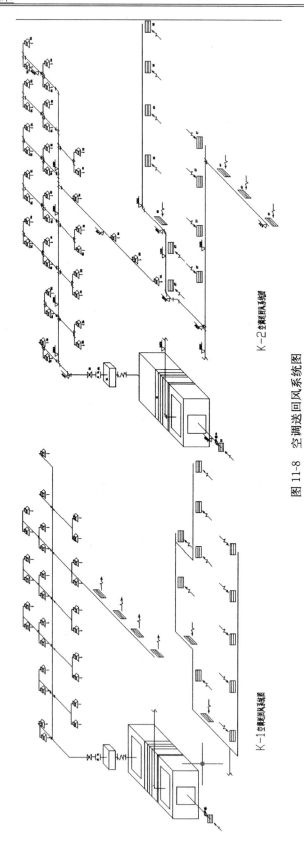

图 11-8 空调送回风系统图

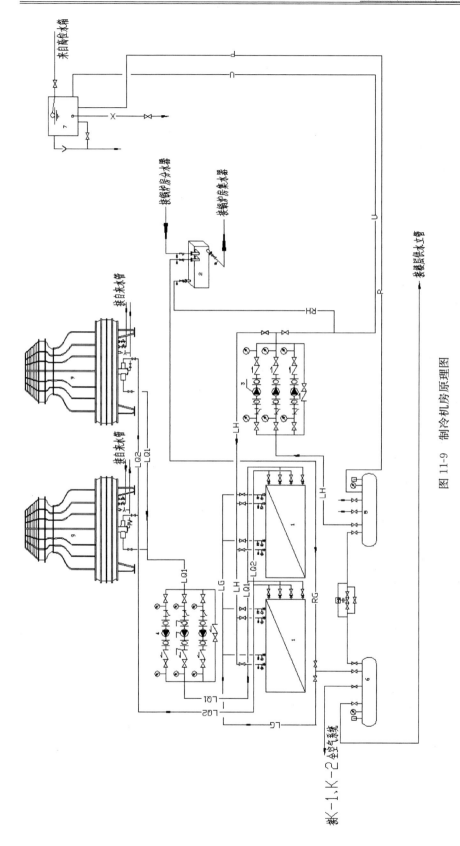

图 11-9　制冷机房原理图

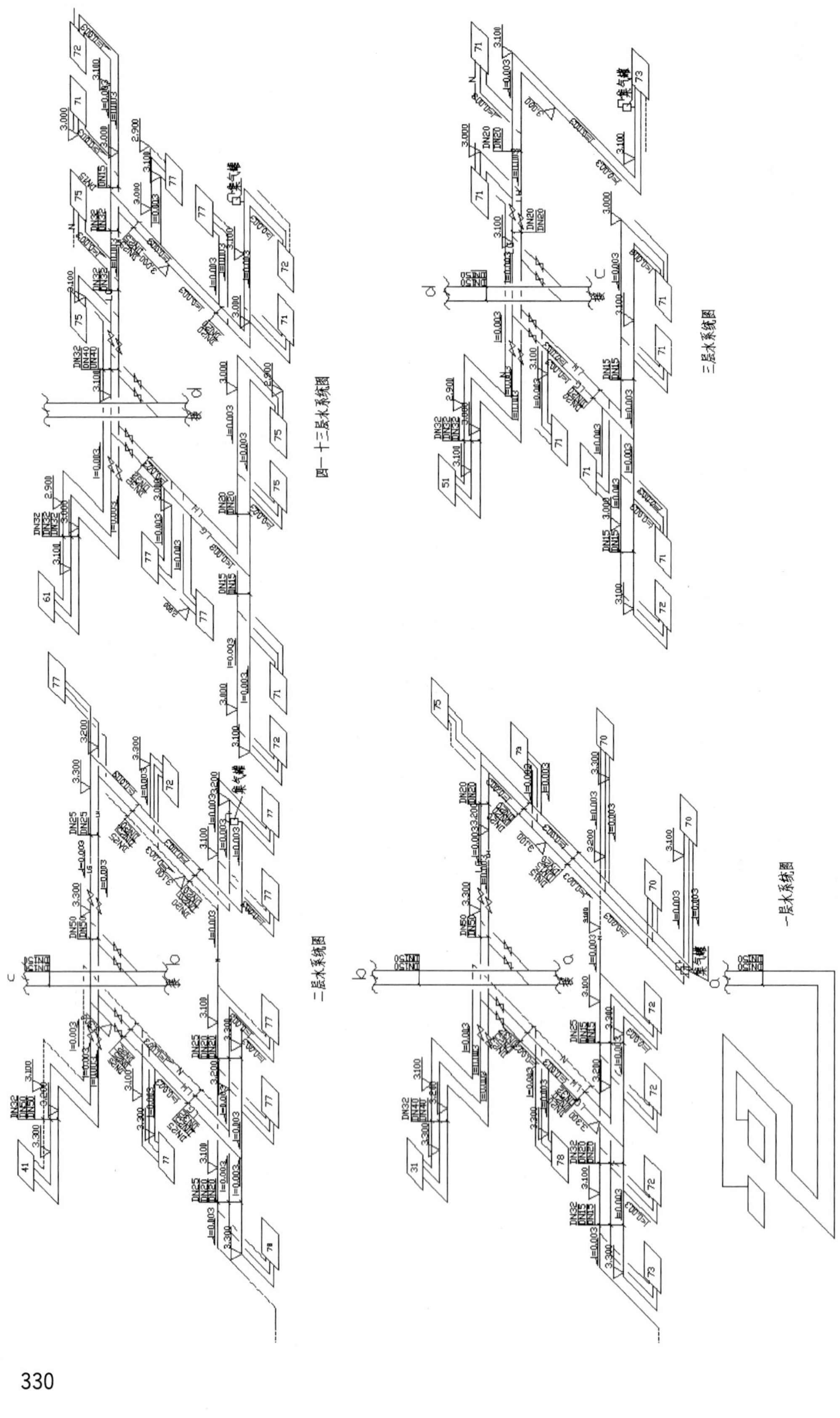

图 11-10　各层水系统图

附　录

附录 1-1

半密闭罩敞开面断面最小平均吸入速度

	工艺过程	散发的有害物	v_{min}（m/s）
金属热处理	油槽淬火与回火	油蒸汽及其分解产物、热量	0.5
	硝石槽内淬火（400～700℃）	硝石的气溶胶、热量	0.5
	盐槽淬火（350～1100℃）	盐的气溶胶、热量	0.5
	熔铅（400℃）	铅的气溶胶、铅蒸汽	1.5
	盐炉氰化（800～900℃）	氰化物、粉尘	1.5
金属电镀（冷过程）	氰化镀镉、镀银	氢氰酸蒸汽	1～1.5
	氰化镀铜	氢氰酸蒸汽	1～1.5
	镀铅	铅	1.5
	镀铬	铬酸雾和铬酐	1～1.5
	脱脂：汽油	汽油蒸汽	0.5
	氯化烃	氯化烃蒸汽	0.7
	电解	碱雾	0.5
	酸洗：硝酸	酸蒸汽和硝酸	0.7～1.0
	盐酸	酸蒸汽（氯化氢）	0.5～0.7
	氰化镀锌	氢氰酸蒸汽	1～1.5
其它	喷漆	漆悬浮物和溶液蒸汽	1～1.5
	手工混合、称重、分装、配料	加工物料粉尘	0.7～1.5
	小件喷砂、清理	硅酸盐粉尘	1～1.5
	金属喷镀	金属粉尘	1～1.5
	小零件焊接	金属气溶胶	0.8～0.9
	柜内化学试验	各种烟气和蒸汽	0.5～1.0
	用汞的工序：不必加热	汞蒸汽	0.7～1.0
	加热	汞蒸汽	1～1.25

附录 2-1

辅助建筑物及辅助用室的冬季室内计算温度 t_n（最低值）

辅助建筑物	温度（℃）	辅助建筑物	温度（℃）
办公室	16～18	更衣室	20
盥洗室、厕所	12	食堂	14
浴室	25	幼儿园、医务室	20

附录 2-2

几种铸铁散热器传热系数 K_s 计算方法

型号	散热面积（m²/片）	水容量（L/片）	重量（kg/片）	工作压力（MPa）	传热系数 K_s 计算公式
M－132 型	0.240	1.320	7.000	0.500	$K_s = 2.426 \Delta t^{0.286}$
四柱 760 型	0.235	1.160	6.600	0.500	$K_s = 2.503 \Delta t^{0.298}$
四柱 640 型	0.200	1.030	5.700	0.500	$K_s = 3.663 \Delta t^{0.160}$
四柱 813 型（带腿）	0.280	1.400	8.000	0.500	$K_s = 2.237 \Delta t^{0.302}$
二柱 700 型（带腿）	0.240	1.350	6.000	0.500	$K_s = 2.020 \Delta t^{0.271}$

注：本表为铸铁柱型散热器表面喷银粉漆、明装、同侧连接上进下出，密闭试验台数据。翼型散热器参考其它规范。

附录 2-3

散热器组装片修正系数 β_1 值

每组片数	<6	6~10	11~20	>20
β_1	0.95	1.00	1.05	1.10

注：仅适用于各种柱型散热器；长翼型和圆翼型不修正；其他散热器需要修正时，参见产品说明。

附录 2-4

散热器连接形式修正系数 β_2 值

连接形式	同侧上进下出	同侧下进上出	异侧上进下出	异侧下进下出	异侧下进上出
四柱 813 型	1.000	1.426	1.004	1.239	1.422
M—132 型	1.000	1.396	1.009	1.251	1.386
长翼型（大 60）	1.000	1.369	1.009	1.331	1.331

注：本表数值由哈尔滨工业大学标准状态下实验得到，其他散热器可近似参考使用表中数据。

附录 2-5

金属辐射板的最低安装高度（m）

热媒平均温度（℃）	水平安装	倾斜安装（与水平面的夹角）			垂直安装
		30°	45°	60°	
110	3.2	2.8	2.7	2.5	2.3
120	3.4	3.0	2.8	2.7	2.4
130	3.6	3.1	2.9	2.8	2.5
140	3.9	3.2	3.0	2.9	2.6
150	4.2	3.3	3.2	3.0	2.8
160	4.5	3.4	3.3	3.1	2.9
170	4.8	3.5	3.4	3.1	2.9

附录 2-6

水在各种温度下的密度 ρ（在压力为 100kPa 的条件下）

温度（℃）	密度（kg/m³）	温度（℃）	密度（kg/m³）	温度（℃）	密度（kg/m³）	温度（℃）	密度（kg/m³）
0	999.80	58	984.25	76	974.29	94	962.61
10	999.73	60	983.24	78	973.07	95	961.92
20	998.23	62	982.20	80	971.83	97	960.51
30	995.67	64	981.13	82	970.57	100	958.38
40	992.24	66	980.05	84	969.30		
50	988.07	68	978.94	86	968.00		
52	987.15	70	977.81	88	966.68		
54	986.21	72	976.66	90	965.34		
56	985.25	74	975.48	92	963.99		

附录 2-7

在自然循环上供下回双管热水供暖系统中，由于水在管路内冷却而产生的附加压力（Pa）

系统的水平距离（m）	锅炉到散热器的高度（m）	自总立管至计算立管之间的水平距离（m）					
		<10	10～19	20～29	30～49	50～74	75～100
1	2	3	4	5	6	7	8
未保温的明装立管							
（1）1层或2层的房屋							
<25	<7	100	100	150	—	—	—
25～49	<7	100	100	150	200	—	—
50～74	<7	100	100	150	150	200	—
75～100	<7	100	100	150	150	200	250
（2）3层或4层的房屋							
<25	<15	250	250	250	—	—	—
25～49	<15	250	250	300	350	—	—
50～74	<15	250	250	250	300	350	—
75～100	<15	250	250	250	300	350	400
（3）高于4层的房屋							
<25	<7	450	500	550	—	—	—
<25	≥7	300	350	450	—	—	—
25～49	<7	550	600	650	750	—	—
25～49	≥7	400	450	500	550	—	—
50～74	<7	550	550	600	650	750	—
50～74	≥7	400	400	450	500	550	—
75～100	<7	550	550	550	600	650	700
75～100	≥7	400	400	400	450	500	650
未保温的暗装立管							
（1）1层或2层的房屋							
<25	<7	80	100	130	—	—	—
25～49	<7	80	80	130	150	—	—
50～74	<7	80	80	100	130	180	—
75～100	<7	80	80	80	130	180	230
（2）3层或4层的房屋							
<25	<15	180	200	280	—	—	—
25～49	<15	180	200	250	300	—	—
50～74	<15	150	180	200	250	300	—
75～100	<15	150	150	180	230	280	336

系统的水平距离（m）	锅炉到散热器的高度（m）	自总立管至计算立管之间的水平距离（m）					
		<10	10～19	20～29	30～49	50～74	75～100
（3）高于4层的房屋							
<25	<7	300	350	380	—	—	—
<25	≥7	200	250	300	—	—	—
25～49	<7	350	400	430	530	—	—
25～49	≥7	250	300	330	380	—	—
50～74	<7	350	350	400	430	530	—
50～74	≥7	250	250	300	330	380	—
75～100	<7	350	350	380	400	480	530
75～100	≥7	250	360	280	300	350	450

注：1. 在下供下回式系统中，不计算水在管路中冷却而产生的附加作用压力值。

2. 对于单管式系统，附加值采用本表中相应值的50%。

附录 2-8

供暖系统各种设备供给每 1kW 热量的水容量 V_c（L）

供暖系统设备和附件	V_c	供暖系统设备和附件	V_c
长翼型散热器（60 大）	16.0	钢串片闭式对流散热器（240×100）	1.13
长翼型散热器（60 小）	14.6	钢串片闭式对流散热器（300×80）	1.25
四柱 813 型	8.4	板式散热器（带对流片）600×（400～1800）	2.4
四柱 760 型	8.0	板式散热器（不带对流片）800×（400～1800）	2.5
四柱 640 型	10.2	扁管散热器（带对流片）（416～614）×1000	4.1
二柱 700 型	12.7	扁管散热器（不带对流片）（416～614）×1000	4.4
M－132 型	10.6	空气加热器、暖风机	0.4
圆翼型散热器（d50）	4.0	室内机械循环管路	6.9
钢制柱型散热器（600×120×45）	12.0	室内重力循环管路	13.8
钢制柱型散热器（640×120×35）	8.2	室外管网机械循环	5.2
钢制柱型散热器（620×135×40）	12.4	有鼓风设备的火管锅炉	13.8
钢串片闭式对流散热器（150×80）	1.15	无鼓风设备的火管锅炉	25.8

注：1. 该表部分摘自《供暖通风设计手册》。

2. 该表按低温水热水供暖系统估算。

3. 室外管网与锅炉的水容量，最好按实际设计情况，确定总水容量。

附录 3-1

湿空气的密度、水蒸气压力、含湿量和焓（大气压 *B*＝101.3kPa）

空气温度 t（℃）	干空气密度 ρ（kg/m³）	饱和空气密度 ρ_b（kg/m³）	饱和空气的水蒸气分压力 p_{b,q}（Pa）	饱和空气含湿量 d_b［g/kg（a）］	饱和空气焓 h_b［kJ/kg（a）］
−20	1.396	1.395	102	0.63	−18.55
−19	1.394	1.393	113	0.70	−17.39
−18	1.385	1.384	125	0.77	−16.20
−17	1.379	1.378	137	0.85	−14.99
−16	1.374	1.373	150	0.93	−13.77
−15	1.368	1.367	165	1.01	−12.60
−14	1.363	1.362	181	1.11	−11.35
−13	1.358	1.357	198	1.22	−10.05
−12	1.353	1.352	217	1.34	−8.75
−11	1.348	1.347	237	1.46	−7.45
−10	1.342	1.341	259	1.60	−6.07
−9	1.337	1.336	283	1.75	−4.73
−8	1.332	1.331	309	1.91	−3.31
−7	1.327	1.325	336	2.08	−1.88
−6	1.322	1.320	367	2.27	−0.42
−5	1.317	1.315	400	2.47	1.09
−4	1.312	1.310	436	2.69	2.68
−3	1.308	1.306	475	2.94	4.31
−2	1.303	1.301	516	3.19	5.90
−1	1.298	1.295	561	3.47	7.62
0	1.293	1.290	609	3.78	9.42
1	1.288	1.285	656	4.07	11.14
2	1.284	1.281	704	4.37	12.89
3	1.279	1.275	757	4.70	14.74
4	1.275	1.271	811	5.03	16.58
5	1.270	1.266	870	5.40	18.51
6	1.265	1.261	932	5.79	20.51
7	1.261	1.256	999	6.21	22.61
8	1.256	1.251	1070	6.65	24.70
9	1.252	1.247	1146	7.13	26.92
10	1.248	1.242	1225	7.63	29.18
11	1.243	1.237	1309	8.15	31.52
12	1.239	1.232	1399	8.75	34.08
13	1.235	1.228	1494	9.35	36.59

续表

空气温度 t (℃)	干空气密度 ρ (kg/m³)	饱和空气密度 ρ_b (kg/m³)	饱和空气的水蒸气分压力 $p_{b,q}$ (Pa)	饱和空气含湿量 d_b [g/kg (a)]	饱和空气焓 h_b [kJ/kg (a)]
14	1.230	1.223	1595	9.97	39.19
15	1.226	1.218	1701	10.6	41.78
16	1.222	1.214	1813	11.4	44.80
17	1.217	1.208	1932	12.1	47.73
18	1.213	1.204	2059	12.9	50.66
19	1.209	1.200	2192	13.8	54.01
20	1.205	1.195	2331	14.7	57.78
21	1.201	1.190	2480	15.6	61.13
22	1.197	1.185	2637	16.6	64.06
23	1.193	1.181	2802	17.7	67.83
24	1.189	1.176	2977	18.8	72.01
25	1.185	1.171	3160	20.0	75.78
26	1.181	1.166	3353	21.4	80.39
27	1.177	1.161	3556	22.6	84.57
28	1.173	1.156	3771	24.0	89.18
29	1.169	1.151	3995	25.6	94.20
30	1.165	1.146	4232	27.2	99.65
31	1.161	1.141	4482	28.8	104.67
32	1.157	1.136	4743	30.6	110.11
33	1.154	1.131	5018	32.5	115.97
34	1.150	1.126	5307	34.4	122.25
35	1.146	1.121	5610	36.6	128.95
36	1.142	1.116	5926	38.8	135.65
37	1.139	1.111	6260	41.1	142.35
38	1.135	1.107	6609	43.5	149.47
39	1.132	1.102	6975	46.0	157.42
40	1.128	1.097	7358	48.8	165.80
41	1.124	1.091	7759	51.7	174.17
42	1.121	1.086	8180	54.8	182.96
43	1.117	1.081	8618	58.0	192.17
44	1.114	1.076	9079	61.3	202.22

续表

空气温度 t（℃）	干空气密度 ρ （kg/m³）	饱和空气密度 ρ_b（kg/m³）	饱和空气的水蒸气分压力 $p_{b,q}$（Pa）	饱和空气含湿量 d_b [g/kg（a）]	饱和空气焓 h_b [kJ/kg（a）]
45	1.110	1.070	9560	65.0	212.69
46	1.107	1.065	10061	68.9	223.57
47	1.103	1.059	10587	72.8	235.30
48	1.100	1.054	11133	77.0	247.02
49	1.096	1.018	11707	81.5	260.00
50	1.093	1.043	12304	86.2	273.40
55	1.076	1.013	15694	114	352.11
60	1.060	0.981	19870	152	456.36
65	1.044	0.946	24938	204	598.71
70	1.029	0.909	31082	276	795.50
75	1.014	0.868	38450	382	1080.19
80	1.000	0.823	47228	545	1519.81
85	0.986	0.773	57669	828	2281.81
90	0.973	0.718	69931	1400	3818.36
95	0.959	0.656	84309	3120	8436.40
100	0.94700	0.589	101300	—	—

附录 4-1

外墙的构造类型

序号	构造	壁厚 δ （mm）	保温层材料	保温层厚度 （mm）	传热系数 [W/（m²·K）]	类型
1	1—砖墙 2—白灰粉刷	240 370 490			2.05 1.55 1.26	Ⅲ Ⅱ Ⅰ
2	1—水泥泥浆 2—砖墙 3—白灰粉刷	240 370 490			1.97 1.50 1.22	Ⅲ Ⅱ Ⅰ

续表

序号	构造	壁厚δ (mm)	保温层材料	保温层厚度 (mm)	传热系数 [W/(m²·K)]	类型
3	 1—砖墙 2—泡沫混凝土 3—木丝板 4—白灰粉刷	240 370 490			0.90 0.78 0.70	Ⅱ Ⅰ 0
4	 1—水泥泥浆 2—砖墙 3—木丝板	240 370			1.57 1.26	Ⅲ Ⅱ
5	 1—水泥砂浆抹灰，喷浆 2—砖墙 3—防潮层 4—保温层 5—水泥砂浆抹灰加油漆	240	水泥膨胀珍珠岩	190 140 110 80 60 50 40	0.45 0.57 0.66 0.80 0.93 1.02 1.12	Ⅱ Ⅱ Ⅲ Ⅲ Ⅲ Ⅳ Ⅳ
6	 1—水泥砂浆抹灰，喷浆 2—砖墙 3—防潮层 4—保温层 5—水泥砂浆抹灰加油漆	240	沥青膨胀珍珠岩	160 110 80 65 50 40	0.44 0.58 0.71 0.80 0.92 1.01	Ⅱ Ⅲ Ⅲ Ⅲ Ⅳ Ⅳ
7	 1—水泥砂浆抹灰，喷浆 2—砖墙 3—防潮层 4—保温层 5—水泥砂浆抹灰加油漆	370	水泥膨胀珍珠岩	120 90 60 45	0.57 0.67 0.81 0.91	Ⅱ Ⅱ Ⅱ Ⅲ

序号	构造	壁厚δ (mm)	保温层材料	保温层厚度 (mm)	传热系数 [W/(m²·K)]	类型
8	12345 20|δ|L|20 1—水泥砂浆抹灰，喷浆 2—砖墙 3—防潮层 4—保温层 5—水泥砂浆抹灰加油漆	370	沥青膨胀珍珠岩	100 70 50 40	0.56 0.69 0.80 0.87	Ⅱ Ⅱ Ⅲ Ⅲ

附录 4-2

屋顶的构造类型

序号	构造	壁厚 δ(mm)	保温厚		导热热阻 (m²·K/W)	传热系数 [W/(m²·K)]	质量 (kg/m²)	热容量 [kJ/(m²·K)]	类型
			材料	温度t(℃)					
1	1. 预制细石混凝土板 25mm，表面喷白色水 泥浆 2. 通风层≥200mm 3. 卷材防水层 4. 水泥砂浆找平层 5. 保温层 6. 隔汽层 7. 找平层20mm 8. 预制钢筋混凝土板 9. 内粉刷	35	水泥膨胀珍珠岩	25 50 75 100 125 150 175 200	0.77 0.98 1.20 1.41 1.63 1.84 2.06 2.27	1.07 0.87 0.73 0.64 0.56 0.50 0.45 0.41	292 301 310 318 327 336 345 353	247 251 260 264 272 277 281 289	Ⅳ Ⅳ Ⅲ Ⅲ Ⅲ Ⅲ Ⅱ Ⅱ
			沥青膨胀珍珠岩	25 50 75 100 125 150 175 200	0.82 1.09 1.36 1.63 1.89 2.17 2.43 2.70	1.01 0.79 0.65 0.56 0.49 0.43 0.38 0.35	292 301 310 318 327 336 345 353	247 251 260 264 272 277 281 289	Ⅳ Ⅳ Ⅲ Ⅲ Ⅲ Ⅲ Ⅱ Ⅱ
			加泡气沫混混凝凝土土	25 50 75 100 125 150 175 200	0.67 0.79 0.90 1.02 1.14 1.26 1.38 1.50	1.20 1.05 0.93 0.84 0.76 0.70 0.64 0.59	298 313 328 343 358 373 388 403	256 268 281 293 306 318 331 344	Ⅳ Ⅳ Ⅲ Ⅲ Ⅲ Ⅲ Ⅲ Ⅱ

序号	构造	壁厚 δ(mm)	保温厚 材料	保温厚 温度 t(℃)	导热热阻 (m²·K/W)	传热系数 [W/(m²·K)]	质量 (kg/m²)	热容量 [kJ/(m²·K)]	类型
2	1. 预制细石混凝土板 25mm，表面喷白色水泥浆 2. 通风层≥200mm 3. 卷材防水层 4. 水泥砂浆找平层 20mm 5. 保温层 6. 隔汽层 7. 现浇钢筋混凝土板 8. 内粉刷	70	水泥膨胀珍珠岩	25	0.78	1.05	376	318	Ⅲ
				50	1.00	0.86	385	323	Ⅲ
				75	1.21	0.72	394	331	Ⅲ
				100	1.43	0.63	402	335	Ⅱ
				125	1.64	0.55	411	339	Ⅱ
				150	1.86	0.49	420	348	Ⅱ
				175	2.07	0.44	429	352	Ⅱ
				200	2.29	0.41	437	360	Ⅰ
			沥青膨胀珍珠岩	25	0.83	1.00	376	318	Ⅲ
				50	1.11	0.78	385	323	Ⅲ
				75	1.38	0.65	394	331	Ⅲ
				100	1.64	0.55	402	335	Ⅱ
				125	1.91	0.48	411	339	Ⅱ
				150	2.18	0.43	420	348	Ⅱ
				175	2.45	0.38	429	352	Ⅱ
				200	2.72	0.35	437	360	Ⅰ
			加气泡沫混凝土加气泡沫混凝土	25	0.69	1.16	382	323	Ⅲ
				50	0.81	1.02	397	335	Ⅲ
				75	0.93	0.91	412	348	Ⅲ
				100	1.05	0.83	427	360	Ⅲ
				125	1.17	0.74	442	373	Ⅱ
				150	1.29	0.69	457	385	Ⅰ
				175	1.41	0.64	472	398	Ⅰ
				200	1.53	0.59	487	411	Ⅰ

附录 4-3

以北京地区气象条件为依据的外墙逐时冷负荷计算温度 t_{w1}（单位：℃）

时间 \ 朝向	Ⅰ型外墙 S	Ⅰ型外墙 W	Ⅰ型外墙 N	Ⅰ型外墙 E	Ⅱ型外墙 S	Ⅱ型外墙 W	Ⅱ型外墙 N	Ⅱ型外墙 E
0	34.7	36.6	32.2	37.5	36.1	38.5	33.1	38.5
1	34.9	36.9	32.3	37.6	36.2	38.9	33.2	38.4
2	35.1	37.2	32.4	37.7	36.2	39.1	33.2	38.2
3	35.2	37.4	32.5	37.7	36.1	39.2	33.2	38.0
4	35.3	37.6	32.6	37.7	35.9	39.1	33.1	37.6
5	35.3	37.8	32.6	37.6	35.6	38.9	33.0	37.3
6	35.3	37.9	32.7	37.5	35.3	38.6	32.8	36.9
7	35.3	37.9	32.6	37.4	35.0	38.2	32.6	36.4
8	35.2	37.9	32.6	37.3	34.6	37.8	32.3	36.0
9	35.1	37.8	32.5	37.1	34.2	37.3	32.1	35.5
10	34.9	37.7	32.5	36.8	33.9	36.8	31.8	35.2
11	34.8	37.5	32.4	36.6	33.5	36.3	31.6	35.0
12	34.6	37.3	32.2	36.4	33.2	35.9	31.4	35.0
13	34.4	37.1	32.1	36.2	32.9	35.5	31.3	35.2
14	34.2	36.9	32.0	36.1	32.8	35.2	31.2	35.6
15	34.0	36.6	31.9	36.1	32.9	34.9	31.2	36.1
16	33.9	36.4	31.8	36.2	33.1	34.8	31.3	36.6
17	33.8	36.2	31.8	36.3	33.4	34.8	31.4	37.1
18	33.8	36.1	31.8	36.4	33.9	34.9	31.6	37.5
19	33.9	36.0	31.8	36.6	34.4	35.3	31.8	37.9
20	34.0	35.9	31.8	36.8	34.9	35.8	32.1	38.2

续表

时间 \ 朝向	Ⅰ型外墙				Ⅱ型外墙			
	S	W	N	E	S	W	N	E
21	34.1	36.0	31.9	37.0	35.3	36.5	32.4	38.4
22	34.3	36.1	32.0	37.2	35.7	37.3	32.6	38.5
23	34.5	36.3	32.1	37.3	36.0	38.0	32.9	38.6
最大值	35.3	37.9	32.7	37.7	36.2	39.2	33.2	38.6
最小值	33.8	35.9	31.8	36.1	32.8	34.8	31.2	35.0

时间 \ 朝向	Ⅲ型外墙				Ⅳ型外墙			
	S	W	N	E	S	W	N	E
0	38.1	42.9	34.7	39.1	37.8	44.0	34.9	38.0
1	37.5	42.5	34.4	38.4	36.8	42.6	34.3	37.0
2	36.9	41.8	34.1	37.6	35.8	41.0	33.6	35.9
3	36.1	40.8	33.6	36.7	34.7	39.5	32.9	34.9
4	35.3	39.8	33.1	35.9	33.8	38.0	32.1	33.9
5	34.5	38.6	32.5	35.0	32.8	36.5	31.4	32.9
6	33.7	37.5	31.9	34.1	31.9	35.2	30.7	32.0
7	33.0	36.4	31.3	33.3	31.1	33.9	30.0	31.1
8	32.2	35.4	30.8	32.5	30.3	32.8	29.4	30.6
9	31.5	34.4	30.3	32.1	29.7	31.9	29.1	30.8
10	30.9	33.5	30.0	32.1	29.3	31.3	29.1	32.0
11	30.5	32.8	29.8	32.8	29.3	30.9	29.2	33.9
12	30.4	32.4	29.8	34.1	29.8	30.9	29.6	36.2
13	30.6	32.1	30.0	35.6	30.8	31.1	30.1	38.5
14	31.3	32.1	30.3	37.2	32.3	31.6	30.7	40.3
15	32.3	32.3	30.7	38.5	34.1	32.3	31.5	41.4
16	33.5	32.8	31.3	39.5	36.1	33.5	32.3	41.9
17	34.9	33.7	31.9	40.2	37.8	35.3	33.1	42.1
18	35.3	35.0	32.5	40.5	39.1	37.7	33.9	42.0
19	37.4	36.7	33.1	40.7	39.9	40.3	34.5	41.7
20	38.1	38.7	33.6	40.7	40.2	42.8	35.0	41.3
21	38.6	40.5	34.1	40.6	40.0	44.6	35.5	40.7
22	38.7	42.0	34.5	40.2	39.5	45.3	35.6	39.9
23	38.5	42.8	34.7	39.7	38.7	45.0	35.4	39.0
最大值	38.7	42.9	34.7	40.7	40.2	45.3	35.6	42.1
最小值	30.4	32.1	29.8	32.1	29.3	30.9	29.1	30.6

时间 \ 朝向	Ⅴ型外墙				Ⅵ型外墙			
	S	W	N	E	S	W	N	E
0	36.2	42.7	34.2	36.0	33.7	39.0	32.6	33.5
1	34.9	40.5	33.3	34.7	32.4	36.6	31.5	32.3
2	33.7	38.4	32.3	33.6	31.3	34.6	30.5	31.2
3	32.6	36.5	31.4	32.5	30.3	32.9	29.6	30.3
4	31.5	34.9	30.5	31.5	29.4	31.6	28.8	29.4
5	30.6	33.4	29.7	30.6	28.6	30.4	28.1	28.6
6	29.8	32.1	29.0	29.7	27.9	29.4	27.5	27.9
7	29.0	31.0	28.4	29.1	27.4	28.6	27.2	28.1
8	28.4	30.1	28.1	29.4	27.2	28.3	27.7	30.4
9	28.1	29.6	28.3	31.1	27.5	28.4	28.5	34.5
10	28.3	29.4	28.7	34.1	28.6	29.0	29.3	39.2
11	29.0	29.7	29.3	37.4	30.5	30.0	30.2	43.2
12	30.5	30.3	30.0	40.5	33.3	31.2	31.3	45.8
13	32.7	31.1	30.9	42.8	36.5	32.5	32.6	46.6

续表

时间 \ 朝向	V型外墙				VI型外墙			
	S	W	N	E	S	W	N	E
14	35.2	32.2	31.9	43.8	39.7	34.2	33.8	45.9
15	37.7	33.7	33.0	43.9	42.2	36.8	34.9	44.6
16	39.8	36.0	34.0	43.6	43.7	40.6	35.8	43.5
17	41.3	39.1	34.8	43.0	44.1	44.8	36.4	42.5
18	42.0	42.5	35.5	42.4	43.4	48.7	36.8	41.5
19	41.9	45.7	36.0	41.7	42.0	51.3	37.1	40.4
20	41.2	47.9	36.4	40.8	40.3	51.6	37.1	39.1
21	40.1	48.4	36.4	39.7	38.5	49.1	36.4	37.7
22	38.9	47.2	36.0	38.5	36.7	45.4	35.2	36.2
23	37.5	45.1	35.2	37.2	35.1	42.0	33.9	34.8
最大值	42.0	48.4	36.4	43.9	44.1	51.6	37.1	46.6
最小值	28.1	29.4	28.1	29.1	27.2	28.3	27.2	27.9

附录 4-4

以北京地区气象条件为依据的屋顶逐时冷负荷计算温度 t_{wl}（单位:℃）

时间 \ 屋面类型	I	II	III	IV	V	VI
0	43.7	47.2	47.7	46.1	41.6	38.1
1	44.3	46.4	46.0	43.7	39.0	35.5
2	44.8	45.4	44.2	41.4	36.7	33.2
3	45.0	44.3	42.4	39.3	34.6	31.4
4	45.0	43.1	40.6	37.3	32.8	29.8
5	44.9	41.8	38.8	35.5	31.2	28.4
6	44.5	40.6	37.1	33.9	29.8	27.2
7	44.0	39.3	35.5	32.4	28.7	26.5
8	43.4	38.1	34.1	31.2	28.4	26.8
9	42.7	37.0	33.1	30.7	29.2	28.6
10	41.9	36.1	32.7	31.0	31.4	32.0
11	41.1	35.6	33.0	32.3	34.7	36.7
12	40.2	35.6	34.0	34.5	38.9	42.2
13	39.5	36.0	35.8	37.5	43.4	47.8
14	38.9	37.0	38.1	41.0	47.9	52.9
15	38.5	38.4	40.7	44.6	51.9	57.1
16	38.3	40.1	43.5	47.9	54.9	59.8
17	38.4	41.9	46.1	50.7	56.8	60.9
18	38.8	43.7	48.3	52.7	57.2	60.2
19	39.4	45.4	49.9	53.7	56.3	57.8
20	40.2	46.7	50.8	53.6	54.0	54.0
21	41.1	47.5	50.9	52.5	51.0	49.5
22	42.0	47.8	50.3	50.7	47.7	45.1
23	42.9	47.7	49.2	48.4	44.5	41.3
最大值	45.0	47.8	50.9	53.7	57.2	60.9
最小值	38.3	35.6	32.7	30.7	28.4	26.5

附录 4-5

Ⅰ～Ⅳ型构造的地点修正值 t_d（单位：℃）

编号	城市	S	SW	W	NW	N	NE	E	SE	水平
1	北京	0.0	0.0	0.0	0.0	0.0	0.0	0.0	0.0	0.0
2	天津	−0.4	−0.3	−0.1	−0.1	−1.6	−2.0	−1.9	−1.7	−2.7
3	沈阳	−1.4	−1.7	−1.9	−1.9	−1.6	−2.0	−1.9	−2.8	−4.1
4	哈尔滨	−2.2	−2.8	−3.4	−3.7	−3.4	−3.8	−3.4	−2.8	−4.1
5	上海	−0.8	−0.2	0.5	1.2	1.2	1.0	0.5	−0.2	0.1
6	南京	1.0	1.5	2.1	2.7	2.7	2.5	2.1	1.5	2.0
7	武汉	0.4	1.0	1.7	2.4	2.2	2.3	1.7	1.0	1.3
8	广州	−1.9	−1.2	0.0	1.3	1.7	1.2	0.0	−1.2	−0.5
9	昆明	−8.5	−7.8	−6.7	−5.5	−5.2	−5.7	−6.7	−7.8	−7.2
10	西安	0.5	0.5	0.9	1.5	1.8	1.4	0.9	0.5	0.4
11	兰州	−4.8	−4.4	−4.0	−3.8	−3.9	−4.0	−4.0	−4.4	−4.0
12	乌鲁木齐	0.7	0.5	0.2	−0.3	−0.4	−0.4	0.2	0.5	0.1
13	重庆	0.4	1.1	2.0	2.7	2.8	2.6	2.0	1.1	1.7

附录 4-6

单层窗玻璃的传热系数值 K_w［单位：W/（$m^2 \cdot$ K）］

α_w/［W/（$m^2 \cdot$ K）］ ＼ α_N/［W/（$m^2 \cdot$ K）］	5.3	6.4	7.0	7.6	8.1	8.7	9.3	9.9	10.5	11
11.6	3.87	4.13	4.36	4.58	4.79	4.99	5.16	5.34	5.51	5.66
12.8	4.00	4.27	4.51	4.76	4.98	5.19	5.38	5.57	5.76	5.93
14.0	4.11	4.38	4.65	4.91	5.14	5.37	5.58	5.79	5.81	6.16
15.1	4.20	4.49	4.78	5.04	5.29	5.54	5.76	5.98	6.19	6.38
16.3	4.28	4.60	4.88	5.16	5.43	5.68	5.92	6.15	6.37	6.58
17.5	4.37	4.68	4.99	5.27	5.55	5.82	6.07	6.32	6.55	6.77
18.6	4.43	4.76	5.07	5.61	5.66	5.94	6.20	6.45	6.70	6.93
20.9	4.55	4.90	5.23	5.59	5.86	6.15	6.44	6.71	6.98	7.23
22.1	4.61	4.97	5.30	5.63	5.95	6.26	6.55	6.83	7.11	7.36
23.3	4.65	5.01	5.37	5.71	6.04	6.34	6.64	6.93	7.22	7.49
24.4	4.70	5.07	5.43	5.77	6.11	6.43	6.73	7.04	7.33	7.61
25.6	4.73	5.12	5.48	5.84	6.18	6.50	6.83	7.13	7.43	7.69
26.7	4.78	5.16	5.54	5.90	6.25	6.58	6.91	7.22	7.52	7.82
27.9	4.81	5.20	5.58	5.94	6.30	6.64	6.98	7.30	7.62	7.92
29.1	4.85	5.25	5.63	6.00	6.36	6.71	7.05	7.37	7.70	8.00

附录 4-7

双层窗玻璃的传热系数值 K_w［单位：W/（$m^2 \cdot$ K）］

α_w［W/（$m^2 \cdot$ K）］ ＼ α_n［W/（$m^2 \cdot$ K）］	5.8	6.4	7.0	7.6	8.1	8.7	9.3	9.9	10.5	11
11.6	2.37	2.47	2.55	2.62	2.69	2.74	2.80	2.85	2.90	2.73
12.8	2.42	2.51	2.59	2.67	2.74	2.80	2.86	2.92	2.97	3.01

$\alpha_n[W/(m^2 \cdot K)]$ / $\alpha_w[W/(m^2 \cdot K)]$	5.8	6.4	7.0	7.6	8.1	8.7	9.3	9.9	10.5	11
14.0	2.45	2.56	2.64	2.72	2.79	2.86	2.92	2.98	3.02	3.07
15.1	2.49	2.59	2.69	2.77	2.84	2.91	2.97	3.02	3.08	3.13
16.3	2.52	2.63	2.72	2.80	2.87	2.94	3.01	3.07	3.12	3.17
17.5	2.55	2.65	2.74	2.84	2.91	2.98	3.05	3.11	3.16	3.21
18.6	2.57	2.67	2.78	2.86	2.94	3.01	3.08	3.14	3.20	3.25
19.8	2.59	2.70	2.80	2.88	2.97	3.05	3.12	3.17	3.23	3.28
20.9	2.61	2.72	2.83	2.91	2.99	3.07	3.14	3.20	3.26	3.31
22.1	2.63	2.74	2.84	2.93	3.01	3.09	3.16	3.23	3.29	3.34
23.3	2.64	2.76	2.86	2.95	3.04	3.12	3.19	3.25	3.31	3.37
24.4	2.66	2.77	2.87	2.97	3.06	3.14	3.21	3.27	3.34	3.40
25.6	2.67	2.79	2.90	2.99	3.07	3.15	3.20	3.29	3.36	3.41
26.7	2.69	2.80	2.91	3.00	3.09	3.17	3.24	3.31	3.37	3.43
27.9	2.70	2.81	2.92	3.01	3.11	3.19	3.25	3.33	3.40	3.45
29.1	2.71	2.83	2.93	3.04	3.12	3.20	3.28	3.35	3.41	3.47

附录 4-8

不同结构玻璃窗的传热系数值 K_w

玻璃		间隔层厚度（mm）	间隔层充气体	窗玻璃的传热系数 K_w [W/(m²·℃)]	窗框修正系数 α							
					塑料		铝合金		PA断热桥铝合金		木框	
普通玻璃	玻璃厚度 3mm	—	—	5.8	0.72	0.79	1.07	1.13	0.84	0.90	0.72	0.82
		12	空气	3.3	0.84	0.88	1.20	1.29	1.05	1.07	0.89	0.93
	玻璃厚度 6mm	—	—	5.7	0.72	0.79	1.07	1.13	0.84	0.90	0.72	0.82
		12	空气	3.3	0.84	0.88	1.20	1.29	1.05	1.07	0.89	0.93
Low—E 玻璃		—		3.5	0.82	0.86	1.16	1.24	1.02	1.03	0.86	0.90
中空玻璃		6	空气	3.0	0.86	0.93	1.23	1.46	1.06	1.11		
		12		2.6	0.90	0.95	1.30	1.59	1.10	1.19		
辐射率≤0.25 Low—E 中空玻璃（在线）		6	空气	2.8	0.87	0.94	1.24	1.49	1.06	1.13		
		9		2.2	0.95	0.97	1.36	1.73	1.14	1.27		
		12		1.9	1.03	1.04	1.45	1.91	1.19	1.38		
		6	氩气	2.4	0.92	0.96	1.32	1.63	1.11	1.22		
辐射率≤0.15 Low—E 中空玻璃（离线）		12	空气	1.8	1.01	1.02	1.49	1.98	1.21	1.42		
			氩气	1.5	1.05	1.11	1.63	2.25	1.29	1.59		
双银 Low—E 中空玻璃		12	空气	1.7	1.02	1.05	1.53	2.06	1.24	1.47		
			氩气	1.4	1.07	1.14	1.69	2.37	1.33	1.66		
窗框比（窗框面积与整窗面积之比）					30%	40%	20%	30%	25%	40%	30%	45%

附录 4-9

玻璃窗逐时冷负荷计算温度 t_{w1}（单位：℃）

时间（h）	0	1	2	3	4	5	6	7	8	9	10	11
t_1	27.2	26.7	26.2	25.8	25.5	25.3	25.4	26.0	26.9	27.9	29.0	29.9
时间（h）	12	13	14	15	16	17	18	19	20	21	22	23
t_1	30.8	31.5	31.9	32.2	32.2	32.0	31.6	30.8	29.9	29.1	28.4	27.8

附录 4-10

玻璃窗的传热系数修正值 C_w

窗框类型	单层窗	双层窗	窗框类型	单层窗	双层窗
全部玻璃	1.00	1.00	木窗框，60％玻璃	0.80	0.85
木窗框，80％玻璃	0.90	0.95	金属窗框，80％玻璃	1.00	1.20

附录 4-11

玻璃窗的地点修正值 t_d（单位：℃）

编号	城市	t_d	编号	城市	t_d	编号	城市	t_d	编号	城市	t_d
1	北京	0	11	杭州	3	21	成都	−1	31	二连	−1
2	天津	0	12	合肥	3	22	贵阳	−3	32	汕头	1
3	石家庄	1	13	福州	2	23	昆明	−6	33	海口	1
4	太原	−2	14	南昌	3	24	拉萨	−11	34	桂林	1
5	呼和浩特	−4	15	济南	3	25	西岸	2	35	重庆	3
6	沈阳	−1	16	郑州	2	26	兰州	−3	36	敦煌	−1
7	长春	−3	17	武汉	3	27	西宁	−8	37	格尔木	−9
8	哈尔滨	−3	18	长沙	3	28	银川	−3	38	和田	−1
9	上海	1	19	广州	1	29	乌鲁木齐	1	39	喀什	0
10	南京	3	20	南宁	1	30	台北	1	40	库车	0

附录 4-12

夏季各纬度带的日射得热因数最大值 $D_{j,max}$（单位：W/m²）

朝向 纬度带	S	SE	E	NE	N	NW	W	SW	水平
20°	130	311	541	465	130	465	541	311	876
25°	146	332	509	421	134	421	509	332	834
30°	174	374	539	415	115	415	539	374	833
35°	251	436	575	430	122	430	575	436	844
40°	302	477	599	442	114	442	599	477	842
45°	368	508	598	432	109	432	598	508	811
拉萨	174	462	727	592	133	593	727	462	991

注：每一纬度带包括的宽度为±2°30′纬度。

附录 4-13

窗玻璃的遮阳系数值 C_s

玻璃类型	C_s值	玻璃类型	C_s值
标准玻璃	1.00	6mm 厚吸热玻璃	0.83
5mm 厚普通玻璃	0.93	双层 3mm 厚普通玻璃	0.86
6mm 厚普通玻璃	0.89	双层 5mm 厚普通玻璃	0.78
3mm 厚吸热玻璃	0.96	双层 6mm 厚普通玻璃	0.74
5mm 厚吸热玻璃	0.88		

注：1. 标准玻璃指 3mm 的单层普通玻璃。

2. 吸热玻璃指上海耀华玻璃厂生产的浅蓝色吸热玻璃。

3. 表中 C_s 对应的内、外表放热系数分别为 $\alpha_n = 8.7\mathrm{W}/(\mathrm{m}^2 \cdot \mathrm{K})$ 和 $\alpha_w = 18.6\mathrm{W}/(\mathrm{m}^2 \cdot \mathrm{K})$。

4. 这里的双层玻璃内、外层玻璃是相同的。

附录 4-14

窗内遮阳设施的遮阳系数值 C_i

内遮阳类型	颜色	C_i
白布帘	浅色	0.50
浅蓝布帘	中间色	0.60
深黄、紫红、深绿布帘	深色	0.65
活动百叶帘	中间色	0.60

附录 4-15

窗的有效面积系数值 C_a

系数 \ 窗的类别	单层钢窗	单层木窗	双层钢窗	双层木窗
有效面积系数 C_a	0.85	0.70	0.75	0.60

附录 4-16

北区（北纬 27°30′以北）无内遮阳窗玻璃冷负荷系数

朝向	时间																							
	0	1	2	3	4	5	6	7	8	9	10	11	12	13	14	15	16	17	18	19	20	21	22	23
S	0.16	0.15	0.14	0.13	0.12	0.11	0.13	0.17	0.21	0.28	0.39	0.49	0.54	0.65	0.60	0.42	0.36	0.32	0.27	0.23	0.21	0.20	0.18	0.17
SE	0.14	0.13	0.12	0.11	0.10	0.09	0.22	0.34	0.45	0.51	0.62	0.58	0.41	0.34	0.32	0.31	0.28	0.26	0.22	0.19	0.18	0.17	0.16	0.15
E	0.12	0.11	0.10	0.09	0.09	0.08	0.29	0.41	0.49	0.60	0.56	0.37	0.29	0.29	0.28	0.26	0.24	0.22	0.19	0.17	0.16	0.15	0.14	0.13
NE	0.12	0.11	0.10	0.09	0.09	0.08	0.35	0.45	0.53	0.54	0.38	0.30	0.30	0.30	0.29	0.27	0.26	0.23	0.20	0.17	0.16	0.15	0.14	0.13
N	0.26	0.24	0.23	0.21	0.19	0.18	0.44	0.42	0.43	0.49	0.56	0.61	0.64	0.66	0.66	0.63	0.59	0.64	0.64	0.38	0.35	0.32	0.30	0.28
NW	0.17	0.15	0.14	0.13	0.12	0.12	0.13	0.15	0.17	0.18	0.20	0.21	0.22	0.22	0.28	0.39	0.50	0.56	0.59	0.31	0.22	0.21	0.19	0.18
W	0.17	0.16	0.15	0.14	0.13	0.12	0.12	0.14	0.15	0.16	0.17	0.17	0.18	0.25	0.37	0.47	0.52	0.62	0.55	0.24	0.23	0.21	0.20	0.18
SW	0.18	0.16	0.15	0.14	0.13	0.12	0.13	0.15	0.17	0.18	0.20	0.21	0.29	0.40	0.49	0.54	0.64	0.59	0.39	0.25	0.24	0.22	0.20	0.19
水平	0.20	0.18	0.17	0.16	0.15	0.14	0.16	0.22	0.31	0.39	0.47	0.53	0.57	0.69	0.68	0.55	0.49	0.41	0.33	0.28	0.26	0.25	0.23	0.21

附录 4-17

北区有内遮阳窗玻璃冷负荷系数

朝向	时间																							
	0	1	2	3	4	5	6	7	8	9	10	11	12	13	14	15	16	17	18	19	20	21	22	23
S	0.07	0.07	0.06	0.06	0.06	0.05	0.11	0.18	0.26	0.40	0.58	0.72	0.84	0.80	0.62	0.45	0.32	0.24	0.61	0.10	0.09	0.09	0.08	0.08
SE	0.06	0.06	0.06	0.05	0.05	0.05	0.30	0.54	0.71	0.83	0.80	0.62	0.43	0.30	0.28	0.25	0.22	0.17	0.13	0.09	0.08	0.08	0.07	0.07
E	0.06	0.05	0.05	0.05	0.04	0.04	0.47	0.68	0.82	0.79	0.59	0.38	0.24	0.24	0.23	0.21	0.18	0.15	0.11	0.08	0.07	0.07	0.06	0.06
NE	0.06	0.05	0.05	0.05	0.04	0.04	0.54	0.79	0.79	0.60	0.38	0.29	0.29	0.29	0.27	0.25	0.21	0.16	0.12	0.08	0.07	0.07	0.06	0.06
N	0.12	0.11	0.11	0.10	0.09	0.09	0.59	0.54	0.54	0.65	0.75	0.81	0.83	0.83	0.79	0.71	0.60	0.61	0.68	0.17	0.16	0.15	0.14	0.13
NW	0.08	0.07	0.06	0.06	0.06	0.06	0.09	0.13	0.17	0.21	0.23	0.25	0.26	0.26	0.35	0.57	0.76	0.83	0.67	0.13	0.10	0.09	0.09	0.08
W	0.08	0.07	0.06	0.06	0.06	0.06	0.08	0.11	0.14	0.17	0.18	0.19	0.20	0.34	0.56	0.72	0.83	0.77	0.53	0.11	0.10	0.09	0.09	0.08
SW	0.08	0.08	0.07	0.07	0.06	0.06	0.09	0.13	0.17	0.20	0.23	0.23	0.38	0.58	0.73	0.63	0.79	0.59	0.37	0.11	0.10	0.10	0.09	0.09
水平	0.09	0.09	0.08	0.08	0.07	0.07	0.13	0.26	0.42	0.57	0.69	0.77	0.58	0.84	0.73	0.84	0.49	0.33	0.19	0.13	0.12	0.11	0.10	0.09

附录 4-18

南区（北纬 27°30′以南）无内遮阳窗玻璃冷负荷系数

朝向	时间																							
	0	1	2	3	4	5	6	7	8	9	10	11	12	13	14	15	16	17	18	19	20	21	22	23
S	0.21	0.19	0.18	0.17	0.16	0.14	0.17	0.25	0.33	0.42	0.48	0.54	0.59	0.70	0.70	0.57	0.52	0.44	0.35	0.30	0.28	0.26	0.24	0.22
SE	0.14	0.13	0.12	0.11	0.11	0.10	0.20	0.36	0.47	0.52	0.61	0.54	0.39	0.37	0.36	0.35	0.32	0.28	0.23	0.20	0.19	0.18	0.16	0.15
E	0.13	0.11	0.10	0.09	0.09	0.08	0.24	0.39	0.48	0.61	0.57	0.38	0.31	0.30	0.29	0.28	0.27	0.23	0.21	0.18	0.17	0.15	0.14	0.13
NE	0.12	0.12	0.11	0.10	0.09	0.09	0.26	0.41	0.49	0.59	0.54	0.36	0.32	0.32	0.31	0.29	0.27	0.24	0.20	0.18	0.17	0.16	0.14	0.13
N	0.28	0.25	0.24	0.22	0.21	0.19	0.38	0.49	0.52	0.55	0.59	0.63	0.66	0.68	0.68	0.68	0.69	0.69	0.60	0.40	0.37	0.35	0.32	0.30
NW	0.17	0.16	0.15	0.14	0.13	0.12	0.12	0.15	0.17	0.19	0.20	0.21	0.22	0.27	0.38	0.48	0.54	0.63	0.52	0.25	0.23	0.21	0.20	0.18
W	0.17	0.16	0.15	0.14	0.13	0.12	0.12	0.14	0.16	0.17	0.18	0.19	0.20	0.28	0.40	0.50	0.54	0.61	0.50	0.24	0.23	0.21	0.20	0.18
SW	0.18	0.17	0.15	0.14	0.13	0.12	0.13	0.16	0.19	0.23	0.25	0.27	0.29	0.37	0.48	0.55	0.67	0.60	0.38	0.26	0.24	0.22	0.21	0.19
水平	0.19	0.17	0.16	0.15	0.14	0.13	0.14	0.19	0.28	0.37	0.45	0.52	0.52	0.68	0.67	0.53	0.46	0.38	0.30	0.25	0.25	0.23	0.22	0.20

附录 4-19

南区有内遮阳窗玻璃冷负荷系数

朝向	时间																							
	0	1	2	3	4	5	6	7	8	9	10	11	12	13	14	15	16	17	18	19	20	21	22	23
S	0.10	0.09	0.09	0.08	0.08	0.07	0.14	0.31	0.47	0.60	0.69	0.77	0.87	0.84	0.74	0.66	0.54	0.38	0.20	0.13	0.12	0.12	0.11	0.10
SE	0.07	0.06	0.06	0.05	0.05	0.05	0.27	0.55	0.74	0.83	0.75	0.52	0.40	0.39	0.36	0.33	0.27	0.20	0.13	0.09	0.09	0.08	0.08	0.07
E	0.06	0.05	0.05	0.05	0.04	0.04	0.36	0.63	0.81	0.81	0.63	0.41	0.27	0.27	0.25	0.23	0.20	0.15	0.10	0.08	0.07	0.07	0.07	0.06
NE	0.06	0.06	0.05	0.05	0.05	0.04	0.40	0.67	0.82	0.76	0.56	0.38	0.31	0.30	0.28	0.25	0.21	0.17	0.11	0.08	0.08	0.07	0.07	0.06
N	0.13	0.12	0.12	0.11	0.10	0.10	0.47	0.67	0.70	0.72	0.77	0.82	0.85	0.84	0.81	0.78	0.77	0.75	0.56	0.18	0.17	0.16	0.15	0.14
NW	0.08	0.07	0.07	0.06	0.06	0.06	0.08	0.13	0.17	0.21	0.24	0.26	0.27	0.34	0.54	0.71	0.84	0.77	0.46	0.11	0.10	0.09	0.09	0.08
W	0.08	0.07	0.07	0.06	0.06	0.06	0.07	0.12	0.16	0.19	0.21	0.22	0.23	0.37	0.60	0.75	0.84	0.73	0.42	0.10	0.10	0.09	0.09	0.08
SW	0.08	0.08	0.07	0.07	0.06	0.06	0.09	0.16	0.22	0.28	0.32	0.35	0.36	0.50	0.69	0.84	0.83	0.61	0.34	0.11	0.10	0.09	0.09	0.09
水平	0.09	0.08	0.08	0.07	0.07	0.06	0.09	0.21	0.38	0.54	0.67	0.76	0.85	0.83	0.72	0.61	0.45	0.28	0.16	0.12	0.11	0.10	0.10	0.09

附录 4-20　有罩设备和用具显热散热冷负荷系数

连续使用小时数	开始用后的小时数																							
	1	2	3	4	5	6	7	8	9	10	11	12	13	14	15	16	17	18	19	20	21	22	23	24
2	0.27	0.40	0.25	0.18	0.14	0.11	0.09	0.08	0.07	0.06	0.05	0.04	0.04	0.03	0.03	0.30	0.02	0.02	0.02	0.02	0.01	0.01	0.01	0.01
4	0.28	0.41	0.51	0.59	0.39	0.30	0.24	0.19	0.16	0.14	0.12	0.10	0.09	0.08	0.07	0.06	0.05	0.05	0.04	0.04	0.03	0.03	0.02	0.02
6	0.29	0.42	0.52	0.59	0.65	0.70	0.48	0.37	0.30	0.25	0.21	0.18	0.16	0.14	0.12	0.11	0.09	0.08	0.07	0.06	0.05	0.05	0.04	0.04
8	0.31	0.44	0.54	0.61	0.66	0.71	0.75	0.78	0.55	0.43	0.35	0.30	0.25	0.22	0.19	0.16	0.14	0.13	0.11	0.10	0.08	0.07	0.06	0.06
10	0.33	0.46	0.55	0.62	0.68	0.72	0.76	0.79	0.81	0.84	0.60	0.48	0.39	0.33	0.28	0.24	0.21	0.18	0.16	0.14	0.12	0.11	0.09	0.08
12	0.36	0.49	0.58	0.64	0.69	0.74	0.77	0.80	0.82	0.85	0.87	0.88	0.64	0.51	0.42	0.36	0.31	0.26	0.23	0.20	0.18	0.15	0.13	0.12
14	0.40	0.52	0.61	0.67	0.72	0.76	0.79	0.82	0.84	0.86	0.88	0.89	0.91	0.92	0.67	0.54	0.45	0.38	0.32	0.28	0.24	0.21	0.19	0.16
16	0.45	0.57	0.65	0.70	0.75	0.78	0.81	0.84	0.86	0.87	0.89	0.90	0.92	0.93	0.94	0.94	0.69	0.56	0.46	0.39	0.34	0.29	0.25	0.22
18	0.52	0.63	0.70	0.75	0.79	0.82	0.84	0.86	0.88	0.89	0.91	0.92	0.93	0.94	0.95	0.95	0.96	0.96	0.71	0.58	0.48	0.41	0.35	0.30

附录 4-21　无罩设备和用具显热散热冷负荷系数

连续使用小时数	开始用后的小时数																							
	1	2	3	4	5	6	7	8	9	10	11	12	13	14	15	16	17	18	19	20	21	22	23	24
2	0.56	0.64	0.15	0.11	0.08	0.07	0.06	0.05	0.04	0.04	0.03	0.03	0.02	0.02	0.02	0.02	0.01	0.01	0.01	0.01	0.01	0.01	0.01	0.01
4	0.57	0.65	0.71	0.75	0.23	0.18	0.14	0.12	0.10	0.08	0.07	0.06	0.05	0.05	0.04	0.04	0.03	0.03	0.02	0.02	0.02	0.02	0.01	0.01
6	0.57	0.65	0.71	0.76	0.79	0.82	0.29	0.22	0.18	0.15	0.13	0.11	0.10	0.08	0.07	0.06	0.06	0.05	0.04	0.04	0.03	0.03	0.03	0.02
8	0.58	0.66	0.72	0.76	0.80	0.82	0.85	0.87	0.33	0.26	0.21	0.18	0.15	0.13	0.11	0.10	0.09	0.08	0.07	0.06	0.05	0.04	0.04	0.03
10	0.60	0.68	0.73	0.77	0.81	0.83	0.85	0.87	0.89	0.90	0.36	0.29	0.24	0.20	0.17	0.15	0.13	0.11	0.10	0.08	0.07	0.07	0.06	0.05
12	0.62	0.69	0.75	0.79	0.82	0.84	0.86	0.88	0.89	0.91	0.92	0.93	0.38	0.31	0.25	0.21	0.18	0.16	0.14	0.12	0.11	0.09	0.08	0.07
14	0.64	0.71	0.76	0.80	0.83	0.85	0.87	0.89	0.90	0.92	0.93	0.93	0.94	0.95	0.40	0.32	0.27	0.23	0.19	0.17	0.15	0.13	0.11	0.10
16	0.67	0.74	0.79	0.82	0.85	0.87	0.89	0.90	0.91	0.92	0.93	0.94	0.95	0.96	0.96	0.97	0.42	0.34	0.28	0.24	0.20	0.18	0.15	0.13
18	0.71	0.78	0.82	0.85	0.87	0.99	0.90	0.92	0.93	0.94	0.94	0.95	0.96	0.96	0.97	0.97	0.97	0.98	0.43	0.35	0.29	0.24	0.21	0.18

附录 4-22

照明散热冷负荷系数

灯具类型	空调设备运行实数 (h)	开灯时数 (h)	0	1	2	3	4	5	6	7	8	9	10	11	12	13	14	15	16	17	18	19	20	21	22	23
明装荧光灯	24	13	0.37	0.67	0.71	0.74	0.76	0.79	0.81	0.83	0.84	0.86	0.87	0.89	0.90	0.92	0.29	0.26	0.23	0.20	0.19	0.17	0.15	0.14	0.12	0.11
明装荧光灯	24	10	0.37	0.67	0.71	0.74	0.76	0.79	0.81	0.83	0.84	0.86	0.87	0.29	0.26	0.23	0.20	0.19	0.17	0.15	0.14	0.12	0.11	0.10	0.09	0.08
明装荧光灯	24	8	0.37	0.67	0.71	0.74	0.76	0.79	0.81	0.83	0.84	0.29	0.26	0.23	0.20	0.19	0.17	0.15	0.14	0.12	0.11	0.10	0.09	0.08	0.07	0.06
明装荧光灯	16	13	0.60	0.87	0.90	0.91	0.91	0.93	0.93	0.94	0.94	0.95	0.95	0.96	0.96	0.97	0.29	0.26								
明装荧光灯	16	10	0.60	0.82	0.83	0.84	0.84	0.84	0.85	0.85	0.86	0.88	0.90	0.32	0.28	0.25	0.23	0.19								
明装荧光灯	16	8	0.51	0.79	0.82	0.84	0.85	0.87	0.88	0.89	0.90	0.29	0.26	0.23	0.20	0.19	0.17	0.15								
明装荧光灯	12	10	0.63	0.90	0.91	0.93	0.93	0.94	0.95	0.95	0.95	0.96	0.96	0.37												
暗装荧光灯或明装白炽灯	24	10	0.34	0.55	0.61	0.65	0.68	0.71	0.74	0.77	0.79	0.81	0.83	0.39	0.35	0.31	0.28	0.25	0.23	0.20	0.18	0.16	0.15	0.14	0.12	0.11
暗装荧光灯或明装白炽灯	16	10	0.58	0.75	0.79	0.80	0.80	0.81	0.82	0.83	0.84	0.86	0.87	0.39	0.35	0.31	0.28	0.25								
明装白炽灯	12	10	0.69	0.86	0.89	0.90	0.91	0.91	0.92	0.93	0.94	0.95	0.95	0.50												

附录 4-23

人体显热散热热冷负荷系数

在室内的总小时数	1	2	3	4	5	6	7	8	9	10	11	12	13	14	15	16	17	18	19	20	21	22	23	24
2	0.49	0.58	0.17	0.13	0.10	0.08	0.07	0.06	0.05	0.04	0.04	0.03	0.03	0.02	0.02	0.02	0.02	0.01	0.01	0.01	0.01	0.01	0.01	0.01
4	0.49	0.59	0.66	0.71	0.27	0.21	0.16	0.14	0.11	0.10	0.08	0.07	0.06	0.06	0.05	0.04	0.04	0.03	0.03	0.03	0.02	0.02	0.02	0.01
6	0.50	0.60	0.67	0.72	0.76	0.79	0.34	0.26	0.21	0.18	0.15	0.13	0.11	0.10	0.08	0.07	0.06	0.06	0.05	0.04	0.04	0.03	0.03	0.03
8	0.51	0.61	0.67	0.72	0.76	0.80	0.82	0.84	0.38	0.30	0.25	0.21	0.18	0.15	0.13	0.12	0.10	0.09	0.08	0.07	0.06	0.05	0.05	0.04
10	0.53	0.62	0.69	0.74	0.77	0.80	0.83	0.85	0.87	0.89	0.42	0.34	0.28	0.23	0.20	0.17	0.15	0.13	0.11	0.10	0.09	0.08	0.07	0.06
12	0.55	0.64	0.70	0.75	0.79	0.81	0.84	0.86	0.88	0.89	0.91	0.92	0.45	0.36	0.30	0.25	0.21	0.19	0.16	0.14	0.12	0.11	0.09	0.08
14	0.58	0.66	0.72	0.77	0.80	0.83	0.85	0.87	0.89	0.90	0.91	0.92	0.93	0.94	0.47	0.38	0.31	0.26	0.23	0.20	0.17	0.15	0.13	0.11
16	0.62	0.70	0.75	0.79	0.82	0.85	0.87	0.88	0.90	0.91	0.92	0.93	0.94	0.95	0.96	0.96	0.49	0.39	0.33	0.28	0.24	0.20	0.18	0.16
18	0.66	0.74	0.79	0.82	0.85	0.87	0.89	0.90	0.92	0.93	0.94	0.94	0.95	0.96	0.96	0.97	0.97	0.97	0.50	0.40	0.33	0.28	0.24	0.21

附录 5-1

部分水冷式表面冷却器的传热系数和阻力试验公式

型号	排数	作为冷却用的传热系数 $K[\text{W}/(\text{m}^2\cdot\text{℃})]$	干冷时空气阻力 ΔH_g 和湿冷时空气阻力 ΔH_s (Pa)	水阻力 (kPa)	作为加热用的传热系数 $K[\text{W}/(\text{m}^2\cdot\text{℃})]$	试验用的型号
B 或 U–Ⅱ 型	2	$K=\left[\dfrac{1}{34.3V_y^{0.781}\xi^{1.03}}+\dfrac{1}{207w^{0.8}}\right]^{-1}$	$\Delta H_g=20.97V_y^{1.39}$			B–2B–6–27
B 或 U–Ⅱ 型	6	$K=\left[\dfrac{1}{31.4V_y^{0.857}\xi^{.87}}+\dfrac{1}{281.7w^{0.8}}\right]^{-1}$	$\Delta H_g=29.75V_y^{1.98},\ \Delta H_s=38.93V_y^{1.84}$	$\Delta h=64.68w^{1.854}$		R–6R–8–24
GL 或 GL–Ⅱ 型	6	$K=\left[\dfrac{1}{21.1V_y^{0.845}\xi^{1.15}}+\dfrac{1}{216.6w^{0.8}}\right]^{-1}$	$\Delta H_g=19.99V_y^{1.862},\ \Delta H_s=32.05V_y^{1.695}$	$\Delta h=64.68w^{1.854}$		GL–6R–8.24
W	2	$K=\left[\dfrac{1}{42.1V_y^{0.52}\xi^{1.03}}+\dfrac{1}{332.6w^{0.8}}\right]^{-1}$	$\Delta H_g=5.68V_y^{1.89},\ \Delta H_s=25.28V_y^{0.895}$	$\Delta h=8.18w^{1.93}$	$K=34.77V_y^{0.4}w^{0.078}$	小型试验样品
JW	4	$K=\left[\dfrac{1}{39.7V_y^{0.52}\xi^{1.02}}+\dfrac{1}{332.6w^{0.8}}\right]^{-1}$	$\Delta H_g=11.96V_y^{1.74},\ \Delta H_s=42.8V_y^{1.39}$	$\Delta h=12.54w^{1.93}$	$K=31.87V_y^{0.48}w^{0.08}$	小型试验样品
JW	6	$K=\left[\dfrac{1}{41.5V_y^{0.52}\xi^{1.02}}+\dfrac{1}{325.6w^{0.8}}\right]^{-1}$	$\Delta H_g=16.66V_y^{1.75},\ \Delta H_s=62.23V_y^{1.1}$	$\Delta h=14.5w^{1.93}$	$K=30.7V_y^{0.485}w^{0.08}$	小型试验样品
JW	8	$K=\left[\dfrac{1}{41.5V_y^{0.52}\xi^{1.02}}+\dfrac{1}{325.6w^{0.8}}\right]^{-1}$	$\Delta H_g=23.8V_y^{1.74},\ \Delta H_s=70.56V_y^{1.21}$	$\Delta h=20.19w^{1.93}$	$K=27.3V_y^{0.58}w^{0.075}$	小型试验样品
KL–1	4	$K=\left[\dfrac{1}{32.6V_y^{0.57}\xi^{0.987}}+\dfrac{1}{350.1w^{0.8}}\right]^{-1}$	$\Delta H_g=24.21V_y^{1.828},\ \Delta H_s=24.01V_y^{1.913}$	$\Delta h=18.03w^{2.1}$	$K=\left[\dfrac{1}{28.6V_y^{0.656}}+\dfrac{1}{286.1w^{0.8}}\right]^{-1}$	
KL–2	4	$K=\left[\dfrac{1}{29V_y^{0.622}\xi^{0.758}}+\dfrac{1}{385w^{0.8}}\right]^{-1}$	$\Delta H_g=27V_y^{1.43},\ \Delta H_s=42.2V_y^{1.39}\xi^{0.18}$	$\Delta h=22.5w^{1.8}$	$K=11.16V_y+15.54w^{0.276}$	KL–2–4–10/600
KL–3	6	$K=\left[\dfrac{1}{27.5V_y^{0.778}\xi^{0.843}}+\dfrac{1}{460.5w^{0.8}}\right]^{-1}$	$\Delta H_g=26.3V_y^{1.39},\ \Delta H_s=63.3V_y^{1.2}\xi^{0.15}$	$\Delta h=27.9w^{1.81}$	$K=12.97V_y+15.08w^{0.13}$	KL–3–6–10/600

附录 5-2　水冷式表面冷却器的 E′值

冷却器型号	排数	迎面风速（m/s）				
		1.5	2.0	2.5	3.0
B 或 U－Ⅱ型 GL 或 GL－Ⅱ	2	0.543	0.518	0.499	0.484
	4	0.791	0.767	0.748	0.733
	6	0.905	0.887	0.875	0.863
	8	0.957	0.946	0.937	0.930
JW 型	2 *	0.590	0.545	0.515	0.490
	4 *	0.841	0.797	0.768	0.740
	6 *	0.940	0.911	0.888	0.872
	8 *	0.977	0.964	0.954	0.945
KL－1 型	2	0.466	0.440	0.423	0.408
	4 *	0.715	0.686	0.665	0.649
	6	0.848	0.800	0.806	0.792
	8	0.917	0.824	0.887	0.877
KL－2 型	2	0.553	0.530	0.511	0.493
	4 *	0.800	0.780	0.762	0.743
	6	0.909	0.896	0.886	0.870
KL－3 型	2	0.450	0.439	0.429	0.416
	4	0.700	0.685	0.672	0.660
	6 *	0.834	0.823	0.813	0.802

附录 5-3

JW 型表面冷却器技术数据

型号	风量 L(m³/h)	每排散热面积 F_d(m²)	迎风面积 F_y(m²)	通水断面积 F_w(m²)	备注
JW10-4	5000~8350	12.15	0.944	0.00407	共有四、六、八、十排四种产品
JW20-4	8350~16700	24.05	1.87	0.00407	
JW30-4	16700~25000	33.40	2.57	0.00553	
JW40-4	25000~33400	44.50	3.43	0.00553	

附录 5-4

部分空气加热器的传热系数和阻力试验公式

加热器型号		传热系数 K[W/(m²·℃)] 蒸汽	传热系数 K[W/(m²·℃)] 热水	空气阻力 ΔH(Pa)	热水阻力 (kPa)
SRZ 型 5,6,10X	5,6,10D	$13.6(v\rho)^{0.49}$	—	$1.76(v\rho)^{1.998}$	
	5,6,10Z	$13.6(v\rho)^{0.49}$		$1.47(v\rho)^{1.98}$	D 型:$15.2w^{1.96}$
	5,6,10X	$14.5(v\rho)^{0.532}$		$0.88(v\rho)^{1.22}$	Z,X 型:
	7D	$14.3(v\rho)^{0.51}$		$2.06(v\rho)^{1.97}$	$19.3w^{1.83}$
	7Z	$14.3(v\rho)^{0.51}$		$2.94(v\rho)^{1.52}$	
	7X	$15.1(v\rho)^{0.571}$		$1.37(v\rho)^{1.917}$	
SRL 型	B×A/2	$15.2(v\rho)^{0.40}$	$16.5(v\rho)^{0.24}$	$1.71(v\rho)^{1.67}$	
	B×A/3	$15.1(v\rho)^{0.43}$	$14.5(v\rho)^{0.29}$	$3.03(v\rho)^{1.62}$	
SYA 型	D	$15.4(v\rho)^{0.297}$	$16.6(v\rho)^{0.36}w^{0.226}$	$0.86(v\rho)^{1.96}$	
	Z	$15.4(v\rho)^{0.297}$	$16.6(v\rho)^{0.36}w^{0.226}$	$0.82(v\rho)^{1.94}$	
	X	$15.4(v\rho)^{0.297}$	$16.6(v\rho)^{0.36}w^{0.226}$	$0.78(v\rho)^{1.87}$	
I 型	2C	$25.7(v\rho)^{0.375}$	—	$0.80(v\rho)^{1.985}$	
	1C	$26.3(v\rho)^{0.423}$		$0.40(v\rho)^{1.985}$	
GL 型或 GL-II 型		$19.8(v\rho)^{0.608}$	$31.9(v\rho)^{0.46}w^{0.5}$	$0.84(v\rho)^{1.862}\times N$	$10.8w^{1.854}\times N$
B,U 型或 U-II 型		$19.8(v\rho)^{0.608}$	$25.5(v\rho)^{0.558}w^{0.0115}$	$0.84(v\rho)^{1.862}\times N$	$10.8w^{1.854}\times N$

附录 5-5

SRZ 型空气加热器技术数据

规格	散热面积(m²)	通风有效载面积(m²)	热媒流通面积(m²)	管排数	管根数	连接管径(in)	质量(kg)
5×5D	10.13	0.154	0.0043	3	23	1.25	54
5×5Z	8.78	0.155					48
5×5X	6.23	0.158					45
10×5D	19.92	0.302					93
10×5Z	17.26	0.306					84
10×5X	12.22	0.312					76
6×6D	15.33	0.231	0.0055	3	29	1.5	77
6×6Z	13.29	0.234					69
6×6X	9.43	0.239					63
10×6D	25.13	0.381					115
10×6Z	21.77	0.385					103
10×6X	15.42	0.393					93
12×6D	31.35	0.475					139
15×6D	37.73	0.572					164
15×6Z	32.67	0.579					146
15×6X	23.13	0.591					139
7×7D	20.31	0.320	0.0063	3	33	2	97
7×7Z	17.60	0.324					87
7×7X	12.48	0.329					79
10×7D	28.59	0.450					129
10×7Z	24.77	0.456					115
10×7X	17.55	0.464					104
12×7D	35.67	0.563					156
15×7D	42.93	0.678					183
15×7Z	37.18	0.685					164
15×7X	26.32	0.698					145
17×7D	49.90	0.788					210
17×7Z	43.21	0.797					187
17×7X	30.58	0.812					169
22×7D	62.75	0.991					260

注：1in＝25.4mm。

参 考 文 献

[1] 国家环境保护总局. 2001 年室内空气质量国际研讨会论文集 [C]. 2001.

[2] 白红玉. 装修对室内环境的污染及其危害的防范 [J]. 科技与经济，2006 (1)：55—56.

[3] 潘峰. 室内空气污染不容忽视 [N]. 科学时报，1999-3-23.

[4] 周中平，赵寿堂，朱立，等. 室内污染检测与控制 [M]. 北京：化学工业出版社，2002.

[5] 姚智兵，石勇，史新宇. 室内空气污染成因、危害及防治对策 [J]. 中国社会医学杂志，2006，23 (3)：186—189.

[6] Angle Elizabeth, GalBraith Susan. Building Air Quality——A Guide for Building Owners and Facility Managers [S]. Washington：U. S. Government Printing Office，1991.

[7] 周扬胜. 病态建筑综合症的原因与解决办法 [J]. 环境保护，1998 (5)：36—37.

[8] Sten Nilsson. The future of the European solid wood industry [R]. Melbourne，2001.

[9] 环境保护部，国家质量监督检验检疫总局. 环境空气质量标准（GB3095—2012）[S]. 北京：中国环境科学出版社，2012.

[10] 中华人民共和国环境保护部. 大气污染指标：总悬浮颗粒物（TSP）[EB/OL]. 2006. http：//www. zhb. gov. cn/hjjc09/xcd/200604/t20060421_76036. htm.

[11] 孙一坚. 工业通风 [M]. 3 版. 北京：中国建筑工业出版社，2005.

[12] 李楠，李百战，沈艳，等. 住宅建筑自然通风对室内热环境的影响 [J]. 重庆大学学报，2009 (7)：736—742.

[13] 李峥嵘，王晶晶，黄继红. 自然通风技术在现代城市建筑中的应用探讨 [J]. 上海节能，2005，5：3—6.

[14] 许居鹓. 机械工业采暖通风与空调设计手册 [M]. 上海：同济大学出版社，2007.

[15] 采暖通风设计经验交流会. 采暖通风设计手册 [M]. 2 版. 北京：中国建筑工业出版社，1973.

[16] 王汉青，等. 通风工程 [M]. 北京：机械工业出版社，2005.

[17] 贺平，孙刚. 供热工程 [M]. 4 版. 北京：中国建筑工业出版社，2009.

[18] 陆耀庆. 供热通风设计手册 [M]. 北京：中国建筑工业出版社，1988.

[19] 曾丹苓，等. 工程热力学 [M]. 3 版. 北京：高等教育出版社，2012.

[20] 朱明善，等. 工程热力学题型分析 [M]. 2 版. 北京：清华大学出版社，2000.

[21] 沈维道，等. 工程热力学 [M]. 2 版. 北京：高等教育出版社，1983.

[22] 动力工程师手册编辑委员会. 动力工程师手册 [M]. 北京：机械工业出版社，1999.

[23] 赵荣义，等. 简明空调设计手册 [M]. 北京：中国建筑工业出版社，2003.

[24] Conde Engineering. Thermophysical properties of humid air：models and background [R]. Zurich，2007.

[25] 中国气象局气象信息中心气象资料室，清华大学建筑技术科学系. 中国建筑热环境分析专用气象数据集 [M]. 北京：中国建筑工业出版社，2005.

[26] 国家质量技术监督局. 中等热环境 PMV 和 PPD 指数的测定及热舒适条件的规定（GB/T 18049—2000）[S]. 北京：中国计划出版社，2000.

[27] 中华人民共和国住房和城乡建设部，中华人民共和国国家质量监督检验检疫总局. 民用建筑供暖通风与空气调节设计规范（GB 50736—2012）[S]. 北京：中国计划出版社，2012.

[28] 中华人民共和国建设部. 工业建筑供暖通风与空气调节设计规范（GB 50019—2015）[S]. 北

京：中国计划出版社，2015.

[29] 中华人民共和国建设部，中华人民共和国国家质量监督检验检疫总局. 公共建筑节能设计标准 （GB 50189—2015）[S]. 北京：中国建筑工业出版社，2015.

[30] 国家质量监督检验检疫总局，卫生部，国家环境保护总局. 室内空气质量标准（GB/T 18883—2002）[S]. 北京：中国计划出版社，2002.

[31] 陈沛霖，岳孝方. 空调制冷技术手册 [M]. 2版. 上海：同济大学出版社，1999.

[32] 郎四维. 公共建筑节能设计标准宣贯辅导教材 [M]. 北京：中国建筑工业出版社，2005.

[33] 赵荣义，范存养，薛殿华，等. 空气调节 [M]. 4版. 北京：中国建筑工业出版社，2009.

[34] 陆亚俊，马最良，邹平华. 暖通空调 [M]. 北京：中国建筑工业出版社，2002.

[35] 郑爱平. 空气调节工程 [M]. 北京：科学出版社，2002.

[36] 薛殿华. 空气调节 [M]. 北京：清华大学出版社，1991.

[37] 刘向东. 四类民用建筑冷负荷概算的研究 [D]. 哈尔滨：哈尔滨建筑大学，1996.

[38] 马最良，姚杨. 民用建筑空调设计 [M]. 北京：化学工业出版社，2003.

[39] 黄晨. 建筑环境学 [M]. 北京：机械工业出版社，2005.

[40] 国家技术监督局，中华人民共和国建设部. 采暖通风与空气调节术语标准（GB 50155—1992）[S]. 北京：中国计划出版社，1992.

[41] 黄翔. 空调工程 [M]. 北京：机械工业出版社，2006.

[42] 电子工业部第十设计研究院. 空气调节设计手册 [M]. 2版. 北京：中国建筑工业出版社，1995.

[43] 马最良、姚扬. 民用建筑空调设计 [M]. 2版. 北京：化学工业出版社，2010.

[44] 陆亚俊. 暖通空调 [M]. 2版. 北京：中国建筑工业出版社，2007.

[45] 陆耀庆. 实用供热空调设计手册 [M]. 2版. 北京：中国建筑工业出版社，2008.

[46] 尉迟斌. 实用制冷与空调工程手册 [M]. 北京：机械工业出版社，2002.

[47] 连之伟. 热质交换原理与设备 [M]. 2版. 北京：中国建筑工业出版社，2006.

[48] 赵相相，张燕，丁云飞，等. 除湿溶液表面蒸汽压的实验研究 [J]. 暖通空调，2007，（4）：15-18.

[49] 徐学利，张立志，朱冬生. 液体除湿研究与进展 [J]. 暖通空调，2004，（7）：22-24.

[50] 蔡伟力，李维，陈欢. 固定床除湿材料性能分析 [J]. 暖通空调，2011，（7）：138-140.

[51] 孔德慧，陈国民. 联合式除湿机组的设计探讨 [J]. 制冷，2003，（1）：63-66.

[52] 赵雷，周中平，葛伟，等. 室内空气净化器及其应用前景 [J]. 环境与可持续发展，2006，（1）：4-7.

[53] 高立新，陆亚俊. 室内空气净化器的现状及改进措施 [J]. 哈尔滨工业大学学报，2004，（12）：199-201.

[54] 胡燕燕. 用静电空气净化器改善室内空气品质的探讨 [J]. 制冷，2003，（6）：81-83.

[55] 顾洁，唐钢. 液体除湿的经济性分析 [J]. 暖通空调，2003，（6）：117-118.

[56] 曹小林，张明星，欧阳琴. 表面亲水处理强化汽车空调蒸发器传热性能的机理 [J]. 制冷学报，2008，（3）：54-57.

[57] 曹叔维，等. 通风与空气调节 [M]. 北京：中国建筑工业出版社，1998.

[58] 叶大法，杨国荣. 变风量空调系统设计 [M]. 北京：中国建筑工业出版社，2007.

[59] 中华人民共和国住房和城乡建设部. 辐射供暖供冷技术规程（JGJ 142—2012）[S]. 北京：中国建筑工业出版社，2013.

[60] 杨国荣. 变风量空调系统控制 [J]. 暖通空调，2012，11（42）：15—20.

[61] 郭笑冰，赵鹏，李雁鸣，等. 顶棚低温辐射采暖制冷的原理及施工工艺 [J]. 建筑技术，2006，2：111—113.

[62] 张海强，刘晓华，江亿．温湿度独立控制空调系统和常规空调系统的性能比较［J］．暖通空调，2011，41（1）：48－52.

[62] 马玉奇，等．毛细管平面空调系统简介［J］．建筑节能，2007，11：5－7.

[64] 汪明，李永安．毛细管平面辐射空调系统免费冷源的研究［J］．制冷与空调，2011，25（1）：36－39.

[65] 中华人民共和国建设部、中华人民共和国国家质量监督检验检疫总局．地源热泵系统工程技术规范（2009年版）（GB50366－2005）［S］．北京：中国建筑工业出版社，2009.

[66] Sandberg M，Sjoberg M．The use of moments for assessing air quality in ventilated rooms［J］．Building and Environment，1983，18（4）：181－197.

[67] Awbi M．Ventilation of building［M］．London：Taylor&Francis，2003.

[68] 梅启元．空调房间气流组织的数值计算与模拟［D］．南京：南京理工大学，2002.

[69] 樊瑛．变风量系统室内气流组织的理论分析和实验研究［D］．西安：西安建筑科技大学，2004.

[70] 赵承庆，姜毅．气体射流动力学［M］．北京：北京理工大学出版社，1998.

[71] 何天祺．供暖通风与空气调节［M］．重庆：重庆大学出版社，2013.

[72] 苏德权．通风与空气调节［M］．哈尔滨：哈尔滨工业大学出版社，2002.

[73] 付小平．空调技术［M］．北京：机械工业出版社，2009.

[74] 王天富，岳景飞．灯具式消声风口空气动力性能实验研究［J］．通风除尘，1994，（3）：1－3.

[75] 李兴友．空调水系统压力分布分析［J］．制冷与空调，2009，（6）：99－93.

[76] 王钰．超高层建筑空调水系统的分区技术［J］．中国建设信息——供热制冷，2007，（4）：51－55.

[77] 赵文武．高层建筑空调冷冻水系统划分．全国暖通空调制冷1994年学术年会［C］．北京，1994.

[78] 任秀宏，吴凤英．空调水系统的压力分析及定压点的选择［J］．低温与超导，2011，（6）：49－50.

[79] 刘云辉．中央空调水系统设计中的若干技术问题［J］．制冷，2001，（3）：72－74.

[80] 傅启清．空调水系统设计中应重视的几个问题［J］．铁道标准设计，2003，（9）：84－87.

[81] 黄水龙，吴建科，谢华．从高层住宅空调水系统调试看空调泄水阀排气阀的设计［J］．安装，2011（3）：30－31.

[82] 周文慧，刘东，程勇，等．集中式空调水系统调试的总结［J］．建筑节能，2011（11）：24－26.

[83] 易志芳，何勰，张国强，等．供热空调水系统阀门的种类和选用［J］．湖南大学学报，1998，25（5）：119－124.

[84] 赵亚新，吴春华，丁世明．动态流量平衡阀的原理与在暖通空调工程中的应用［J］．科技资讯，2008，（15）：37－38.

[85] 李广智．热水供暖系统的积气和排气［J］．暖通空调，1999，（4）：72－73.

[86] 陈国升．水压图在空调水系统中的应用［J］．发电与空调，2013，（3）：97－99.

[87] 曾艺，龙惟定．变风量空调系统的新风［J］．暖通空调，2001，31（6）：35－39.

[88] 安大伟．暖通空调系统自动化［M］．北京：中国建筑工业出版社，2009.

[89] 张海峰．VAV系统自动控制及优化［D］．山东：山东建筑大学，2008.

[90] 李娥飞．暖通空调设计通病分析手册［M］．2版．北京：中国建筑工业出版社，2004.

[91] 赵玫，周海亭，陈光冶，等．机械振动与噪声学［M］．北京：科学出版社，2004.

[92] 项端祈．空调制冷设备消声与隔振实用设计手册［M］．北京：中国建筑工业出版社，1990.

[93] 住房和城乡建设部工程质量安全监管司，中国建筑标准设计研究院．全国民用建筑工程设计技术措施2009——暖通空调·动力［M］．北京：中国计划出版社，2009.

[94] 环境保护部，国家质量监督检验检疫总局 . 声环境质量标准（GB 3096—2008）［S］. 北京：中国环境科学出版社，2008.

[95] 张思 . 振动测试与分析技术［M］. 北京：清华大学出版社，1992.

[96] 林远均 . 空调水泵减振装置的计算与制作安装［J］. 安装，2008，(5)：35，36.

[97] 高红武 . 噪声控制工程［M］. 武汉：武汉理工大学出版社，2003.

[98] 中华人民共和国建设部 . 民用建筑供暖通风与空气调节设计规范（GB 50736—2012）［S］. 北京：中国计划出版社，2012.

[99] 李向东 . 现代住宅空调设计［M］. 北京：中国建筑工业出版社，2003.

[100] 寿炜炜，姚国琦 . 户式中央空调设计与工程实例［M］. 北京：机械工业出版社，2005.

[101] 陈焰华 . 高层建筑空调设计实例［M］. 北京：机械工业出版社，2004.